AF466067

PRAIRIES

ET

ÉLEVAGE DU BÉTAIL

GUIDE PRATIQUE DE L'ÉLEVEUR

COMPRENANT :

1° LES SOINS A DONNER AUX PRAIRIES ;
LE CHOIX DES MEILLEURS PROCÉDÉS D'ÉTABLISSEMENT, D'ENTRETIEN
ET DE RÉCOLTE DES PRÉS ;
2° LA DESCRIPTION DES PRINCIPALES RACES DES ESPÈCES
BOVINE, OVINE ET PORCINE ; LEUR MODE RAISONNÉ D'ALIMENTATION
ET D'ENGRAISSEMENT ; LES SOINS QUI LEUR CONVIENNENT ;
DES NOTIONS SOMMAIRES SUR LEURS MALADIES ET LES TRAITEMENTS
A LEUR APPLIQUER ;
3° UNE TABLE DE LA COMPOSITION CHIMIQUE
DE TOUS LES ALIMENTS PROPRES A NOURRIR LE BÉTAIL

PAR

A. BEDEL

Rédacteur en chef du « Journal de la Vigne
et de l'Agriculture. »

PARIS

GARNIER FRÈRES, LIBRAIRES-ÉDITEURS

6, RUE DES SAINTS-PÈRES, 6

PRAIRIES

ET

ÉLEVAGE DU BÉTAIL

A LA MÊME LIBRAIRIE

DU MÊME AUTEUR

Traité complet de manipulation des vins. 1 beau vol. in-18 jésus, avec gravures. . . . . 3 fr. 50

Le sucrage des vendanges dans la vinification et la production des vins de seconde cuvée. — La fabrication des vins de raisins secs. 1 vol. in-18. . . . . 0 fr. 75

Les nouvelles méthodes de culture de la vigne et de vinification. 1 vol. in-18, orné de nombreuses gravures. . . . . 3 fr. 50

Traité pratique des Engrais : origine, utilité, emploi. 1 vol. in-18. . . . . 3 fr. 50

Traité de la Brasserie. 1 vol. in-18, avec gravures dans le texte. . . . . 3 fr. 50

SAINT-DENIS. — IMPRIMERIE H. BOUILLANT, 20, RUE DE PARIS.

PRAIRIES

ET

ÉLEVAGE DU BÉTAIL

GUIDE PRATIQUE DE L'ÉLEVEUR

COMPRENANT :

1° LES SOINS A DONNER AUX PRAIRIES ;
LE CHOIX DES MEILLEURS PROCÉDÉS D'ÉTABLISSEMENT, D'ENTRETIEN
ET DE RÉCOLTE DES PRÉS ;
2° LA DESCRIPTION DES PRINCIPALES RACES DES ESPÈCES
BOVINE, OVINE ET PORCINE ; LEUR MODE RAISONNÉ D'ALIMENTATION
ET D'ENGRAISSEMENT ; LES SOINS QUI LEUR CONVIENNENT ;
DES NOTIONS SOMMAIRES SUR LEURS MALADIES ET LES TRAITEMENTS
A LEUR APPLIQUER ;
3° UNE TABLE DE LA COMPOSITION CHIMIQUE
DE TOUS LES ALIMENTS PROPRES A NOURRIR LE BÉTAIL

PAR

A. BEDEL

Rédacteur en chef du « Journal de la Vigne
et de l'Agriculture. »

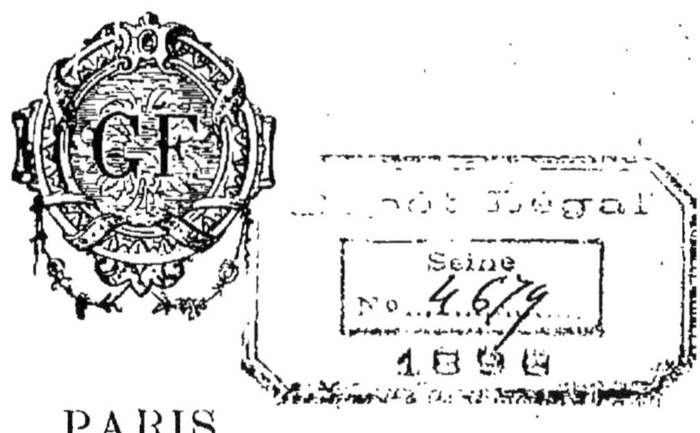

PARIS
GARNIER FRÈRES, LIBRAIRES-ÉDITEURS
6, RUE DES SAINTS-PÈRES, 6

CONSIDÉRATIONS GÉNÉRALES

SUR

L'ÉLEVAGE DU BÉTAIL EN FRANCE

S'il est une question vraiment vitale et digne de solliciter l'attention de tous ceux qui se préoccupent de la fortune et de la prospérité de notre pays, c'est à coup sûr la question agricole.

Jamais elle ne se posa, d'ailleurs, d'une façon aussi absorbante qu'à l'époque où nous sommes, alors que sous l'effort de la concurrence que nous font les producteurs étrangers, placés dans de meilleures conditions que nous ne le sommes au point de vue des frais généraux de leurs exploitations, ceux-ci sont en position de livrer leurs produits, dans le monde entier, à des prix auxquels, pour la plupart de nos denrées, nous ne pouvons nous abaisser sans pertes.

Nous avons, en effet, tout contre nous : ce sont, d'une part, les impôts qui chez nous vont sans cesse grossissant; c'est la main-d'œuvre renchérie en raison précisément du poids de l'impôt qui pèse sur elle; c'est notre organisation fiscale qui met obstacle à l'expansion des denrées de consommation arrêtées aux portes des villes par l'octroi; c'est l'avilissement de la valeur de la monnaie argent qui permet à la spéculation d'acheter aux Indes, par exemple, un sac de blé valant 20 francs, moyennant 10 francs payés en or; c'est notre législation immobilière, enfin et surtout, qui complique, comme à plaisir, les formalités imposées en matière de cessions d'immeubles, éloignant ainsi les capitaux qui seraient disposés à s'employer en achats de terres de culture et qui s'absorbent alors dans les valeurs de Bourse, tandis qu'ils rendraient de si grands services à notre agriculture démunie des ressources nécessaires à son extension et à son amélioration.

En réalité, nous assistons actuellement, à l'écrasement des prix de la plupart des produits agricoles; les céréales ne rémunèrent plus nos emblaveurs que dans quelques exploitations privilégiées où la nature du sol, des soins culturaux appropriés, mais très-dispendieux, permettent d'obtenir des rendements supérieurs grâce auxquels on joint à peu près les deux bouts : partout ailleurs ils sont en perte. La betterave paye à peine ses frais de main-d'œuvre et les fumures qu'elle exige, avec le sucre à 32 fr. les 100 kilogrammes et l'alcool à 31 francs l'hectolitre. La vigne même, protégée contre la concurrence étrangère, mais accablée par des fléaux innombrables, laisse plus souvent le viticulteur en face de désastres qu'avec des profits, si limités qu'ils soient.

Et cependant la science agricole s'est développée dans des proportions immenses, pendant ces dernières années; elle a surpris à peu près tous les secrets de la nature; elle a donné à tous nos exploitants du sol le moyen d'accroître sensiblemement leurs rendements culturaux.

Malheureusement, elle n'est pas encore parvenue à leur faire rompre avec la routine ni avec l'inertie un peu trop engourdie qui caractérise, en général, le tempérament de nos cultivateurs, les rend si réfractaires à l'adoption des méthodes de culture qui ont fait leurs preuves ailleurs, et, notamment, si résistants à toutes innovations que les circonstances leur commanderaient cependant parfois, et qui consisteraient, par exemple, à abandonner un genre de production trop peu rémunérateur pour en adopter un nouveau.

Nous savons bien que l'industrie agricole ne se transforme pas comme pourrait le faire l'industrie proprement dite et que, s'il suffit bien souvent à cette dernière de changer son outillage et ses modes de fabrication pour réaliser des profits là où elle était en perte, il n'en est pas de même pour la première, dont l'action est subordonnée à une foule de contingents, tels que le climat, la nature du sol, la proximité d'usines où elle écoule ses produits utilisés comme matières premières ou des grands centres de consommation qui lui demandent ses denrées.

Mais n'y a-t-il pas des foules de cas où toutes choses pourraient être conciliées au mieux des intérêts en jeu, et même commander un changement radical de manière de faire, quand il est bien démontré, qu'à persister dans la même voie, on ne peut recueillir que misères au bout de la route ?

Nous parlions tout à l'heure du sucre à 32 francs les 100 kilogrammes qui met, évidemment, nos semeurs de betteraves en perte. A coup sûr, cet extraordinaire avilissement des prix peut s'expliquer par le formidable rendement de racines saccharifères, obtenu dans une année exceptionnelle, et le producteur de ces racines peut être amené à supposer qu'exception n'est pas règle et que, l'année d'ensuite, il vendra plus avantageusement ses produits que l'année précédente.

Nous dirons, nous, qu'il y a bien des chances pour que ce raisonnement n'amène une suite de déceptions, alors surtout qu'il s'agit d'un produit livré à tous les hasards de la spéculation qui en a fait sa chose et, qu'au surplus, presque sur tous les points du globe, on fabrique maintenant du sucre, ici, parce que cette production est encore avantageuse et, ailleurs, comme en Allemagne, par exemple, parce qu'elle est favorisée par l'État lui-même qui lui accorde des primes, attendu qu'elle répond à certaines conceptions économiques de cet Empire.

Aussi, au lieu de se borner à dire aux semeurs de betteraves, comme on le leur conseille cette année, de réduire exceptionnellement leurs emblavements, sommes-nous convaincu qu'ils feraient bien mieux, d'abandonner, en partie et d'une manière définitive, ce genre de culture et de lui substituer des prairies et l'élève du bétail.

Il est constant, en effet, qu'en outre des avantages spéciaux que ce mode d'exploitation des terres est susceptible de fournir à ceux qui s'y livrent, à ce point de vue particulier que l'élevage du bétail et son exportation, non seulement n'enlèvent rien au sol de ses principes fertilisants, mais qu'au contraire le fumier qu'on en obtient contribue à l'amélioration de nos terres et, par suite, à l'obtention de rendements plus importants au profit des autres cultures du domaine, il faut considérer que nulle autre production, autant que celle de la viande, n'est assurée d'un débouché aussi certain et à des taux qui, par le fait de la concurrence étrangère, ne sont peut-être pas aussi rémunérateurs qu'il serait désirable, mais qui, tout au moins, sauf par exception, dans des années calamiteuses de sécheresse comme celle de 1893, ne tombent jamais à l'état d'avilissement où nous voyons les autres denrées se débattre.

Et s'il en est ainsi, c'est que notre production nationale à cet égard est loin, bien loin de correspondre aux besoins de notre propre consommation.

Il suffit, pour s'en convaincre, de se référer aux chiffres fournis par l'Administration des douanes et relatifs au commerce extérieur de la France.

Nous y constatons qu'en 1894, par exemple, notre importation de bétail s'est élevée à une valeur de 116,640,000 francs, à laquelle il convient d'ajouter 38 millions et demi de francs payés pour l'achat, à l'étranger, de viandes fraîches et conservées.

Si, en outre de ce total respectable, nous tenons compte des sommes plus importantes encore dont nous avons été tributaires, pour le payement aux nations qui nous entourent, des produits de diverse nature qu'aurait pu nous fournir ce bétail, si nous l'avions obtenu nous-mêmes, tels que peaux, laines, cornes, graisses, etc., nous arriverions à un chiffre formidable dont on ne peut que s'étonner que nous négligions d'en conserver le bénéfice.

Nous livrons ces chiffres et les considérations qui précèdent à la méditation des intéressés, convaincu qu'il s'en trouvera quelques-uns parmi eux qui n'hésiteront pas à en tirer les conclusions qu'elles appellent.

En réalité, il nous apparaît d'une manière évidente que nos agriculteurs, en général, font fausse route quand ils se laissent aller à copier presque servilement ce qui se fait dans leur entourage, alors que tout leur commanderait plutôt d'innover.

Ici, c'est la vigne que l'on plante à profusion, parce que le voisin en plante et sans réfléchir que, déjà presque, nous produisons plus de vin qu'il n'en faut pour notre consommation nationale et les besoins de notre exportation. Ailleurs, c'est le blé et la betterave que nous semons avec une prodigalité irraisonnée, tandis que nous ne devrions consacrer à ces cultures que celles de nos terres susceptibles de fournir des rendements suffisamment rémunérateurs. Ainsi du reste.

Eh bien! il faut, à notre sens, que l'agriculture, mieux éclairée sur la situation qui lui est faite, s'applique de plus en plus à tirer parti de toutes les forces que la nature met au service des résultats qu'elle poursuit; qu'elle sache tenir compte, mieux qu'elle ne le fait, des circonstances au milieu desquelles elle se trouve; enfin que, comme un industriel habile, elle s'ingénie à approprier, à modifier ses méthodes d'exploitation, en suivant attentivement les transformations économiques qui quelquefois bouleversent de fond en comble, comme aujourd'hui, les conditions d'une industrie.

Et puisque, par exemple, le bas prix auquel est tombé le froment rend la culture de cette céréale peu rémunératrice, ne serait-il pas plus raisonnable de diminuer les surfaces consacrées à cette production en ne lui affectant que les terres qui lui conviennent le mieux, et sur ces terres, d'y consacrer toutes nos ressources, tous nos moyens d'action, afin d'en élever le rendement le plus possible? Et sur les sols rendus ainsi disponibles, nous développerons les cultures fourragères en rapport avec le climat et la nature du sol, afin de donner aux spéculations animales toute l'extension que celles-ci peuvent comporter.

La surface affectée à la culture des céréales s'élève aujourd'hui en France à 8 ou 9 millions d'hectares. Eh bien, supposons qu'au lieu de 14 hectolitres par hectare, ce qui est le rendement moyen en France, on passe à 30 ou 35 hectolitres, 6 millions d'hectares suffiront amplement à notre alimentation, et sur les 3 ou 4 millions d'hectares restant, on pourrait faire une plus large part aux cultures fourragères et industrielles, à la production de la laine dont nous importons pour 200 millions par an; à la production de la viande dont tout le Midi manque et qui, dans le Nord, est à un prix trop élevé; à celle du lait, enfin, et des produits qui en dérivent, pour laquelle nous nous laissons distancer, sur certains marchés, par la concurrence de producteurs étrangers qui n'auraient jamais pu entrer en lutte avec nous, si nous avions fait ce qu'il fallait.

M. Tisserand, l'éminent directeur de l'Agriculture, constatait récemment notre infériorité à cet égard, dans un remarquable discours qu'il prononçait à un concours agricole tenu à Alençon.

Parlant en Normandie, « ce beau pays aux herbages remarquables, aux eaux saines et limpides, à l'air pur et vivifiant, à la population rurale intelligente », et comparant cette région privilégiée au Danemark, qui possède à peu près la même superficie, il relevait les observations suivantes.

L'été, le climat des deux pays a beaucoup d'analogie et les habitants ont la même origine ; mais tandis que la Normandie progressait lentement, le Danemark, plus entreprenant, plus énergique, marchait à pas de géant. A l'heure actuelle, ce petit pays possède 500.000 têtes de bétail de plus que la Normandie et exporte pour cent millions de beurre, tandis que la France entière n'en envoie à l'étranger que pour 40 à 50 millions.

On est confondu, ajoutait-il en substance, quand on pense qu'un grand marché comme le marché anglais n'est pas alimenté, presque exclusivement, pour les objets de consommation de cette nature qui lui sont indispensables, par les producteurs français qui sont ses voisins les plus proches. Des campagnes normandes à Londres, la distance n'est pas plus grande que de ces mêmes campagnes à Paris.

Enfin il terminait en recommandant à ses auditeurs de perfectionner leur outillage, de stériliser leur lait pour pouvoir l'exporter au loin, de bien nourrir leurs animaux, proclamant cette vérité que si bien nourrir coûte cher, mal nourrir coûte encore plus cher.

En résumé, il est une chose constante et qu'aucun agronome compétent ne conteste plus, c'est qu'avec une meilleure conception agronomique que celle par laquelle nous nous laissons diriger, en cessant de nous traîner, comme nous le faisons, dans les sentiers de la routine, notre revenu agricole, que l'on évalue de 6 à 7 milliards par année, pourrait, sans nul doute et sans trop de difficultés, atteindre 2 à 3 milliards de plus.

L'objectif d'une exploitation agricole bien ordonnée, serait, non pas de chercher à réaliser, par un excédent de travail, de grandes quantités de produits sur de grandes étendues de terres appauvries et de plus en plus infécondes par suite de ce déplorable moyen, auxquelles, d'ailleurs, on ne mesure que parcimonieusent l'engrais parce que l'on en est moins riche, mais, au contraire, d'obtenir des rendements égaux ou à peu près équivalents, sur de petites étendues convenablement fumées.

Partout où l'étendue des plantes fourragères de diverse nature est bien proportionnée à celle des cultures épuisantes et où l'on compte au moins une tête et demie de gros bétail par hectare, on est certain de voir naître la prospérité.

Consacrer aux fourrages un quantum d'hectares suffisant pour y nourrir le nombre d'animaux donnant la quantité d'engrais nécessaire pour féconder le reste de l'exploitation, au risque d'en retirer moins de blé ou de plantes industrielles sur l'ensemble du domaine, mais une somme plus élevée à l'hectare, constitue la véritable et la seule solution du problème de l'économie rurale.

A coup sûr, on peut prétendre qu'aujourd'hui, avec les engrais chimiques grâce auxquels la fertilité devient transportable à de grandes distances, comme le sont la chaleur, la lumière et le mouvement par l'intermédiaire de la houille, le problème de la productivité des terres n'est plus aussi complexe qu'autrefois et que l'on peut, à la rigueur, obtenir de grands rendements sans trop se préoccuper de la fumure naturelle fournie par le bétail.

Mais ne voit-on pas que la solution de ce problème est, en somme, encore toute théorique, que les substances fertilisantes achetées, ne sont jamais, sauf de rares exceptions, que distribuées fort parcimonieusement, parce que le paysan est généralement peu disposé à débourser son argent? Qu'au surplus, l'engrais chimique ne donne pas l'humus, cet agent essentiel de la fertilisation du sol? Qu'enfin le plus simple calcul démontre qu'il est plus avantageux de tirer deux moutures de son sac qu'une seule, c'est-à-dire du bétail à vendre en même temps que les autres denrées produites ordinairement sur les terres que l'on exploite, d'autant plus qu'au moyen du fumier fourni par ce bétail, on réalisera, certainement, sur la surface restreinte que l'on aura réservée aux cultures d'exportation après distraction des terres que l'on aura consacrées aux plantes fourragères, une production de ces denrées sensiblement équivalente à celle que fournissait tout le domaine avant cette nouvelle distribution.

Remarquons, d'ailleurs, que l'exportation des produits de la terre est épuisante pour le sol qui, à la longue, deviendrait absolument improductif, si on ne lui restituait à grands frais les principes fertilisants qu'on lui enlève chaque année. Il s'en faut de beaucoup que l'exportation de la viande prive la terre d'une proportion aussi importante de ces principes.

En effet, lorsqu'un animal est mis au régime de l'engraissement, on retrouve dans ses digestions, la totalité des minéraux et les trois quarts de l'azote contenus dans sa ration. Ainsi, tandis que, par l'exportation des récoltes en nature, l'azote et les minéraux eussent été perdus pour le sol, par la conversion de ces mêmes récoltes en viande, la perte se trouve réduite à un tiers de l'azote. Et si l'on ajoute que l'azote du foin et des racines qui entrent dans la nourriture des animaux, provient en grande partie de l'atmosphère, on voit que la production de la viande n'entraîne aucune perte pour le sol.

L'élève du bétail, il est vrai, ne peut être assimilé, sous ce rapport, à l'engraissement des animaux parvenus au terme de leur croissance. Dans le premier cas, indépendamment de l'azote qui est perdu par la respiration de l'animal, il s'en fixe une certaine quantité dans les tissus, il s'y fixe aussi du phosphate de chaux et de la potasse; mais cette perte est si faible, comparée à celle que produirait l'exportation des récoltes en nature, qu'il y a un avantage considérable, au point de vue de l'amélioration du sol, à substituer l'exportation des animaux à celle des produits végétaux.

Cet avantage s'augmente de ce fait que, d'après les différents modes d'assolement ou de culture, le sol est ordinairement occupé pendant une année par une plante sarclée, telle que le trèfle, par exemple, qui est consommé sur le domaine par les animaux de la ferme, lesquels le restituent en engrais. De plus, un agriculteur industrieux peut consacrer une partie de ses terres à la culture des plantes à sucre, betterave, sorgho, topinambour et adjoindre une distillerie agricole à son exploitation.

Le profit pour lui sera double et même triple. Tout d'abord, il trouvera un emploi immédiat d'une partie des produits de ses récoltes qu'il transformera en alcool; avec les vinasses de sa distillerie dont le bétail est très friand, il nourrira un grand nombre d'animaux destinés à la boucherie; ces animaux lui donneront d'importantes quantités d'engrais au moyen desquels il améliorera ses terres de culture et, néanmoins, lorsqu'il aura fait argent de sa viande et de son alcool, il n'aura pas enlevé la moindre parcelle de principes fertilisants à son sol, puisque, d'un côté, l'alcool qu'il exportera de son domaine est tout entier constitué par le carbone, l'hydrogène et l'oxygène fournis par l'atmosphère, réservoir inépuisable, et que, de l'autre côté, les éléments de fertilisation renfermés dans les vinasses, sont restitués à la terre sous forme des digestions du bétail.

C'est ainsi que les Allemands ont compris ce problème, lorsque, par un trait de véritable génie, M. de Bismarck a favorisé dans cet empire la multiplication des petites distilleries agricoles, en accordant des primes à leur fabrication et en favorisant l'exportation de leurs produits par une série de mesures qu'il serait trop long de rapporter ici, à la condition que la totalité des résidus ou autres provenant des brûleries, soient employés à nourrir le bétail d'une ou plusieurs exploitations appartenant au propriétaire même de ces brûleries et que la totalité du fumier ainsi obtenu fut utilisée au fumage des terres lui appartenant ou mises en culture par lui.

C'est, disait avec raison M. de Bismarck, du fumier que je donne ainsi aux terres allemandes.

Et de fait, par suite de ces combinaisons et de ces encouragements, l'agriculture allemande a pris un tel développement que ses produits envahissent de jour en jour davantage les marchés étrangers.

Assurément, dans l'industrie agricole les lois du climat sont inflexibles; de plus, l'outil primordial fourni à l'agriculteur, c'est-à-dire le sol, ne permet pas toujours à ce dernier d'en agir à sa guise et de se livrer à tel ou tel autre mode d'exploitation. Mais avec les progrès de la science, des soins attentifs, une intelligence active des faits, on peut bien souvent subordonner les éléments dont on dispose, de façon à les rendre propices à des vues bien arrêtées.

C'est ainsi que les Anglais, auprès desquels on peut toujours prendre d'excellents exemples dans l'art de l'exploitation agricole, n'ont pas hésité à abandonner sans rémission la culture du blé, partout où les conditions atmosphériques ou bien la nature du sol en rendaient les produits incertains. Ils y ont substitué la prairie et l'élève du bétail. Dans les comtés de l'ouest, qui sont exposées aux vapeurs humides de l'Océan atlantique, l'agriculture est essentiellement pastorale, tandis que, dans les contrées du centre et de l'est, qui jouissent d'un climat plus sain, la culture du blé est encore en faveur.

Cette distinction n'est pas l'effet d'un pur hasard. Depuis la grande réforme à laquelle sir Robert Peel a attaché son nom, la production de la viande s'est continuellement accrue, car son prix tend à s'élever en raison de la plus grande consommation qui s'en fait, grâce à l'augmentation de l'aisance générale, tandis que celui des grains baisse constamment devant le flot croissant des importations.

Ce sont les considérations que nous venons de développer qui nous ont engagé à écrire cet ouvrage de vulgarisation, dans lequel nous nous sommes efforcé de renseigner les agriculteurs, d'après les auteurs les plus compétents et les plus autorisés, sur les meilleures méthodes de conduite de prairies et d'élevage du bétail.

L'ÉLEVAGE DU BÉTAIL

PREMIÈRE PARTIE

LES PRAIRIES

CHAPITRE PREMIER

LA CULTURE FOURRAGÈRE. — CONDITIONS GÉNÉRALES D'ADAPTATION. — QUALIFICATION DES PRAIRIES. — ENSEMENCEMENT. — OBSERVATIONS SUR LES FORMULES D'ENSEMENCEMENT.

Posons d'abord en principe que la culture fourragère est praticable partout en France, mais qu'elle donne des résultats plus ou moins avantageux, suivant les sols et suivant les climats où on la pratique.

Conditions générales d'adaptation. — En dehors de la nature du sol dont nous nous occuperons plus loin, les productions herbacées se trouvent dans les meilleures conditions de réussite lorsqu'elles trouvent à leur service une chaleur tempérée et une certaine humidité.

Ce sont donc les climats doux, brumeux, humides, à longue saison végétative, à jours longs, nébuleux ou éclairés, enfin les climats à hivers peu rigoureux avec été sans chaleurs excessives qui sont les plus favorables.

Dans les pays septentrionaux, la végétation est interrompue pendant la moitié de l'année par les grands froids ou les neiges ; dans les régions méridionales, au contraire, elle est arrêtée à l'époque des grandes chaleurs ; entre ces deux extrêmes, se trouvent des contrées à hiver doux et à été suffisamment frais, qui sont éminemment propres à la production herbacée.

De même que les autres cultures, les prairies peuvent être soumises à la culture intensive ou à la culture extensive, selon la situation et la richesse du sol. Sur des parcelles éloignées de la ferme, par exemple, où les frais de culture sont élevés, il est bien préférable d'établir des prairies chaque fois que la chose est possible, car les dépenses se limitent aux frais de fumure et de récolte. Il n'y a même pas de meilleure utilisation des parcelles ou des enclaves éloignées.

La même observation s'applique aux terres situées en pente, aux terres de coteaux, de montagnes, à celles d'accès difficile, car la culture des fourrages à enfouir en vert y trouve une précieuse application en permettant d'emmagasiner dans le sol un stock considérable d'azote revenant à un prix moins élevé que celui produit par le fumier.

Faisons remarquer, d'ailleurs, que les prairies, une fois établies, présentent surtout cet immense avantage sur les autres cultures, de livrer leurs produits avec peu de soins d'entretien et de dépenses. De plus, ces produits sont plus certains et s'utilisent sous des formes variables (herbe verte, foin, regain, conserve ensilée, engrais vert), avec des frais peu élevés de transformation ou de préparation.

Qualification des prairies. — Suivant que les prairies sont plus ou moins riches, on les qualifie distinctement.

C'est ainsi que l'on donne généralement le nom d'herbages ou embouches aux prairies fournissant une herbe abondante et de bonne qualité, réservées habituellement à l'engraissement des bêtes bovines, tandis que les mots de pâturages et de pâtures s'appliquent plutôt à des prairies dont le produit, généralement pâturé, est plus faible que celui des embouches; la désignation de pâture est même plus souvent réservée à une friche qui s'est recouverte d'herbe et n'est destinée à rester en place que temporairement.

Les pacages sont des terrains recouverts d'une maigre végétation: ils occupent un degré en dessous des pâtures dans l'échelle de la fertilité, et sont ordinairement réservés aux moutons et aux chèvres; ils ne s'établissent guère que sur des surfaces arides, sèches et pierreuses.

Enfin, les polders sont des prés créés en sol conquis sur la mer, et les prés palustres sont ceux établis en terrains marécageux.

Ensemencement. — La méthode d'ensemencement des prés, par l'emploi des semences achetées, bien qu'elle soit préférable à tous égards, n'est généralement pas pratiquée, par un motif mal entendu d'économie. On trouve plus simple et plus économique de faire les nouveaux prés avec des fonds de grenier qui tombent du foin récolté.

Pour justifier ce dernier système, on explique que,

quoi qu'on fasse, à la longue, et sous la double influence du sol et du climat, les prés ensemencés des espèces les plus différentes, finissent toujours par offrir les mêmes plantes, la même herbe, le même foin, c'est-à-dire la composition herbeuse des prés établis depuis un temps immémorial dans la même région.

Le fait est exact si on abandonne le pré à lui-même et si on ne prend aucune précaution pour en éloigner les mauvaises espèces et y faire prédominer les meilleures.

Mais, tandis que l'on peut remédier à cet inconvénient au moyen d'engrais appropriés, susceptibles de modifier même la nature du sol, favoriser, par exemple, le développement des légumineuses à l'aide de fumures phosphatées ou bien celles des graminées par l'emploi des engrais azotés et potassiques ; tandis qu'il est possible aussi de retarder considérablement l'envahissement des plantes adventices, par des cultures préparatoires qui nettoient le sol avant son ensemencement, de manière à le purger des espèces qui lui sont propres et qui, germant en même temps que les semences importées, y acquerront une vigueur plus grande que ces dernières et parviendront même à les faire disparaître, il faut considérer que l'adoption du système ordinairement suivi par les agriculteurs qui ne voient les choses que superficiellement, risque de donner les pires résultats, pour les raisons suivantes.

Avec les balayures de grenier, en effet, on ne sait pas ce que l'on achète, et telle fenasse qui paraît riche en graines l'est plutôt en poussière ou en débris divers ; en outre, elle peut contenir des plantes plutôt dangereuses, dont on aura toutes les peines du monde à extirper les produits une fois qu'ils s'y sont implantés. Enfin, si on s'imaginait, avec ces débris, obtenir une végétation analogue à celle de la prairie qui les a fournis, on commettrait une grossière erreur, par la raison que cette prairie peut avoir été fauchée de bonne heure et que, dès lors, le grenier ne renfermera que les graines des espèces précoces, tandis que si elle n'a été fauchée qu'à un degré très avancé de maturité, il ne renfermera, au contraire, que les semences des plantes tardives, les autres étant tombées sur le sol.

Voici ce qu'écrit, à ce sujet, M. Amédée Boitel, dans son remarquable ouvrage, *Herbages et prairies naturelles,* ouvrage auquel nous ferons de nombreux emprunts dans le cours de ce travail.

« Si les fonds de grenier proviennent de foin d'une origine inconnue, c'est le hasard seul qui décide de la nature des graines dont ils sont composés. Il arrive souvent que cette fenasse, achetée dans le commerce, ne comprend que des feuilles et des débris de tiges associés à de mauvaises graines provenant d'espèces qui ne sont ni des graminées ni des légumineuses. Il m'est arrivé souvent d'examiner les plantes provenant d'un ensemencement de cette nature ; généralement, je n'y trouvais que les espèces propres au terrain, la fenasse n'ayant absolument rien produit. Aucune méthode ne vaut celle de l'emploi de semences pures, sévèrement analysées et contrôlées au point de vue de leur pureté et de leur faculté germinative.

Cette méthode pourtant, dirons-nous, pourrait ne pas être absolument condamnée, mais à la condition d'être pratiquée d'une façon judicieuse, c'est-à-dire de ne recueillir les semences dont on a l'intention de se servir, que dans les prés fournissant la meilleure herbe qu'on laissera bien mûrir avant d'en extraire la graine à laquelle on ajoutera, au besoin, d'autres graines achetées, choisies dans les espèces hâtives dont on serait privé en adoptant ce moyen, ou dans la catégorie de celles susceptibles de fournir un fourrage de bonne qualité. On obtient ainsi un ensemencement parfaitement approprié à la nature de son terrain.

Quoi qu'on fasse, d'ailleurs, on n'empêchera jamais les plantes adventices de croître spontanément au milieu des espèces dont les semences ont été confiées au sol des herbages ou des prairies naturelles, telles que les ombellifères en général, le pissenlit, le chrysanthème, la chicorée sauvage, le salsifis des prés, les chardons, les diverses crucifères, les joncs et les carex, etc., plantes parmi lesquelles quelques-unes sont alimentaires et recherchées par le bétail, mais dont beaucoup d'autres sont nuisibles et qu'on doit chercher à éliminer par tous les moyens possibles, sans hésiter même à procéder à un défrichement si elles devenaient trop envahissantes, sauf à revenir à la prairie par un choix judicieux de graminées et de légumineuses, après deux ou trois ans de cultures temporaires et nettoyantes, qui sont généralement rémunératrices sur un pré défriché.

Au surplus, nous avons déjà dit, et nous y reviendrons avec plus de détail plus loin, que par des soins culturaux intelligents, par des fumures appropriées, par des dispositions qui mettent les prairies à l'abri de l'excès ou du manque d'eau, il était généralement possible de préserver ces dernières contre l'envahissement des mauvaises espèces végétales.

Lorsque l'on prend lecture d'ouvrages, de brochures ou même de simples articles de journaux agricoles, traitant de la question d'ensemencement des prairies, on y trouve, généralement, des formules de mélanges dans lesquelles sont comprises les graines de diverse nature, susceptibles de fournir des herbes de meilleure qualité.

A coup sûr, il est bon de se livrer à une certaine sélection, mais point n'est nécessaire que celle-ci soit aussi minutieuse qu'on le conseille et, d'ailleurs, ces formules toutes faites ne sauraient s'appliquer indifféremment à tous les terrains.

C'est en vain, en effet, que l'on chercherait à semer dans un terrain donné, des graines ne convenant pas à cette nature du sol ; les plantes nouvelles seraient vite dominées par la croissance des végétaux de la flore naturelle du pays et disparaîtraient au bout de quelques années.

Observations sur les formules d'ensemencement. — Il importe donc absolument, dans l'établissement des formules ou compositions de mélanges d'ensemencement, de ne choisir que des plantes utiles, bien nutritives, en les prenant uniquement au nombre de celles qui figurent dans les vieilles prairies permanentes situées dans les mêmes conditions du sol, de fertilité, de fraîcheur, de climat, etc., réputées pour donner, à conditions égales, les plus forts rendements.

Il faut également rechercher les moyens d'établir

ces formules aussi économiquement que possible, en n'y faisant pas entrer certaines plantes peu productives dont la graîne coûte quelquefois très cher, ou des variétés qui sont toujours en assez grande abondance soit dans le sol, soit au milieu des graines achetées dont le degré de pureté n'est qu'exceptionnellement garanti parfait dans le commerce, ou qui enfin sont toujours amenées tôt ou tard dans la prairie, parce qu'elles existent en profusion dans la région.

C'est ainsi que, par exemple, la flouve odorante serait bien inutilement comprise dans toute formule de mélange, non pas seulement parce que, en raison de son odeur balsamique, les qualités fourragères de cette graminée ont été bien surfaites, mais aussi parce que, en raison de sa production facile dans tous les endroits herbeux où elle se multiplie à l'infini et finit même quelquefois par dominer, on est toujours certain qu'elle ne fera jamais défaut dans aucune prairie.

En somme, l'objectif désirable à atteindre dans la composition d'une prairie, serait d'y réunir moitié graminées, trois cinquièmes de légumineuses, un cinquième d'ombellifères, un cinquième de composés choisis parmi les espèces que nous examinerons plus loin. On aurait aussi un foin substantiel, suffisamment abondant et éminemment propre à l'alimentation des animaux de la ferme.

CHAPITRE II

LE SOL DES PRAIRIES. — TERRAINS GRANITIQUES. — TERRAINS DE TRANSITION. — TERRAINS TRIASIQUES. — TERRAINS JURASSIQUES. — TERRAINS CRÉTACÉS. — TERRAINS TERTIAIRES. — TERRAINS QUATERNAIRES. — TERRAINS ALLUVIONNAIRES MODERNES.

La composition physique et chimique du sol joue un rôle prépondérant, non seulement au point de vue de la productivité des prairies, mais encore à celui des espèces de plantes qui sont susceptibles d'y végéter, d'y prospérer et d'y développer leurs qualités nutritives. Il ne faut pas perdre de vue, en effet, que c'est le sol qui, d'après sa nature, fera peu à peu la sélection des plantes qu'il est le plus apte à nourrir, d'après les éléments fertilisants qu'il contient en plus ou moins grande abondance, favorisant quelquefois le développement de celles qui seraient les moins désirables, au détriment de celles qu'on voudrait voir s'y multiplier, à moins qu'on ne change la nature de ces terrains ou qu'on les améliore, par des amendements ou des apports de principes fertilisants.

D'une façon générale, on peut considérer comme étant les plus propices à une bonne culture herbagère, les sols frais où l'excès d'humidité ne domine pas, possédant en proportions suffisantes le calcaire, le sable et l'argile, ces deux derniers étant même prédominants. Des terrains ainsi constitués, présenteront d'ailleurs une végétation d'autant plus luxuriante, qu'ils seront plus riches en principes fertilisants, acide phosphorique, potasse, chaux, magnésie et azote.

Les types de prairies les plus riches et les plus anciennes, se rencontrent, en effet, dans les terres d'alluvions et dans les limons argilo-calcaires.

Terrains granitiques. — Les terrains granitiques proviennent, comme leur nom l'indique, de la désagrégation sous diverses influences physiques et mécaniques, ou par la décomposition résultant de combinaisons chimiques, des *roches granitiques* formées essentiellement de feldspath, de quartz et de mica; des *gneiss* qui ne sont, en réalité, que des granits schisteux dans lesquels le mica domine; des *schistes* et des *micaschistes* formés de quartz et de mica; de *porphyres* qui contiennent du quartz et du feldspath.

Ces roches, en se désagrégeant, forment des terres très argileuses, très dures, imperméables, contenant peu de chaux et d'acide phosphorique, mais abondamment pourvues de potasse. Mais ces terres peuvent être transformées d'une manière complète, et de stériles devenir très fertiles, à la condition d'y apporter la chaux et l'acide phosphorique qui leur manquent.

Au surplus, le caractère de compacité et d'imperméabilité qu'offrent, en général, les terrains de cette nature, peut comporter des exceptions, lorsque, par exemple, les cristaux de quartz y sont prédominants, ceux-ci étant d'une très grande dureté et restant ordinairement à l'état de grains, dont les eaux n'entraînent que les parties les plus fines, formant, en un mot, des *sables* granitiques à des degrés de finesse très variés , qui modifient la ténacité des terres compactes, les rendent perméables et les ameublissent.

« C'est dans ces sortes de terrains, explique M. Boitel, qu'on rencontre d'immenses étendues de landes peuplées de bruyères, de fougères, d'ajoncs et de quelques graminées. Ces landes défrichées et traitées d'abord par le phosphate fossile et ensuite par de forts marnages ou chaulages, sont aptes, après quelques années de culture, à se convertir en herbages permanents dont les produits seront plus ou moins considérables, suivant les soins dont ils seront l'objet. Les surfaces en coteaux, bien arrosées avec les eaux alcalines des granits, peuvent donner d'abondantes récoltes de foin. Les portions non irrigables s'améliorent par les fumiers et par les composts composés de chaux et de terreau. Plus on met de chaux, plus les herbes deviennent abondantes et nutritives. Ce sont des herbages propres à l'élevage du bétail et à la production du lait, mais rarement favorables à l'engraissement des animaux. Quant aux bas-fonds, ils produisent plus d'ajoncs que d'herbes, si, par des drainages et des assainissements bien entendus, par l'emploi du chaulage et des amendements calcaires, on ne modifie leur composition et on ne leur enlève pas leur humidité qui nuit à la végétation des bonnes espèces végétales ».

Terrains volcaniques. — Les roches volcaniques, au contraire : *basaltes, trachytes* et *laves*, produits d'origine ignée, subissent une désorganisation plus facile que les granits, sont généralement riches en chaux et en acide phosphorique, dans des proportions moyennes qui varient, pour les *basaltes*, de 10 à 12 p. 100 de chaux et de 0,5 à 1 p. 100 d'acide phosphorique; pour les *trachytes*, de 5 à 10 p. 100 de chaux et de 0,5 d'acide phosphorique; pour les *laves*, de 5 à 10 p. 100 de chaux et de 1 p. 100 au moins d'acide phosphorique. Ces roches, en se réduisant, et qui, par surcroît, contiennent des quantités notables de potasse, 2 à 6 p. 100, forment dès lors, ces dernières surtout, des terres arables d'une très grande richesse et aptes à la production de toutes les récoltes.

C'est dans les terrains de cette nature, tels que l'on en rencontre notamment dans le Puy-de-Dôme, le Cantal, l'Ardèche, que l'on trouve les prairies les plus plantureuses, composées des meilleures espèces de graminées et de légumineuses. Les animaux y vivent dans l'abondance, et ce qui prouve bien que c'est à la qualité exceptionnelle de la nourriture que leur fournissent ces prairies qu'ils doivent leur prospérité, c'est que la dégénérescence ne tarde pas à les frapper dès qu'ils sont transportés dans d'autres pâturages.

Terrains de transition. — Ces terrains, formés de schistes et qu'on désigne plus généralement sous le nom de terres schisteuses, sont composés de silice et d'argile en proportions variables, suivant la roche dont ils proviennent et leur situation. Leur perméabilité dépend de la proportion d'argile qu'ils contiennent et qui les fait classer sous la dénomination de terres argilo-silicieuses ou silico-argileuses, suivant l'élément qui y domine.

Comme les terres granitiques, les terrains schisteux sont pauvres en chaux et en acide phosphorique, ils ne fournissent, le plus souvent, que de maigres pacages composés de graminées secondaires et sur lesquels les légumineuses ne peuvent prospérer. On peut cependant les améliorer par des composts à base de chaux, des chaulages, des marnages et des phosphatages.

C'est ainsi que les sols schisteux qui, abandonnés à eux-mêmes, se couvrent de bruyères, de maigres ajoncs et de quelques graminées parmi lesquelles l'agrostis rouge et l'agrostis stolonifère, deux plantes mauvaises pour le foin et médiocres pour la pâture, ont pu être métamorphosés et rendus productifs, dans le Maine et dans le Cotentin.

Dans le Maine, grâce au calcaire et à l'anthracite qu'on a trouvé en abondance dans les terres schisteuses, ce qui a permis de fabriquer la chaux à un bon marché exceptionnel ; dans le Cotentin, grâce à la tangue qui s'y trouve en quantité et que l'on administre en composts composés de terreaux, de fumier, de chaux et de tangue.

Dans cette dernière région surtout, par ces procédés et au moyen de cultures soignées, on est arrivé à obtenir des herbages de toute beauté, dans lesquels s'est développée l'une de nos meilleures races françaises pour la production du lait, du beurre et de la viande.

Terrains triasiques. — Constitués par la décomposition des *grès*, des *calcaires coquilliers ou dolomitiques*, des *marnes* et des *argiles* connues sous le nom de marnes irisées, les terrains de cette nature se différencient considérablement au point de vue de leur qualité productive, suivant les éléments qui y dominent. Les *grès*, dans lesquels la chaux, la potasse et l'acide phosphorique dépassent rarement la proportion de 0,02 p. 100, ne peuvent être considérés que comme des terrains de pauvre fertilité. Mais leur grande perméabilité permet de les irriguer et de mettre ainsi à leur disposition les matières utiles contenues dans l'eau. On a pu, ainsi, établir de bons pâturages, principalement dans les Vosges.

Les *calcaires*, par leur désagrégation, produisent des terres sèches et très perméables, favorables à la production des graines et des prairies artificielles, notamment du sainfoin, mais ne sont que très peu aptes à donner de l'herbe en abondance et d'une bonne qualité, sauf dans les situations assez rares où il est possible de les arroser en hiver et en été.

Enfin, les *marnes* et les *argiles* peuvent constituer des sols aptes à se convertir en terres labourables mais d'une culture difficile à cause de leur contexture motteuse avant l'hiver et tombant en poussière après les gelées. Toutefois, les prairies établies sur les sols de cette nature donnent de bons résultats dans les vallées; elles se montrent riches en graminées et plus ou moins fournies en légumineuses, surtout quand le calcaire y est plus abondant. Les moins productives sont celles qui sont exclusivement argileuses.

Terrains jurassiques. — Le groupe jurassique, explique M. Boitel, dont nous suivons l'ordre de classification des terrains qu'il a adopté dans son ouvrage [1], se distingue des formations précédentes par la prédominance des roches calcaires qui affleu-

[1] *Herbages et Prairies naturelles*. Firmin-Didot, éditeur.

rent à la surface du sol. Après les terrains granitiques, c'est ce groupe qui occupe la superficie la plus considérable dans l'agrologie française.

Tantôt il se présente sous la forme de calcaire rocheux fournissant des pierres de taille à toute la région de l'est de la France; ou pierreux tel que les plaines pierreuses de l'Indre, du Cher, de la Haute-Marne nous en montrent des exemples et où rien ne pousse, si ce n'est un maigre pâturage à moutons, garni çà et là d'euphorbes et de genévriers ; ou enfin tout à fait meubles, telles les alluvions jurassiques, heureusement composées de calcaire, d'argile et de sable siliceux, et suffisamment fraîches en toutes saisons, qui ont été la base des herbages les plus renommés du Nivernais, du Charolais et de la Normandie.

Terrains crétacés. — Ces terrains d'une nature crayeuse, plus ou moins marneuse, constituent, généralement, des sols cultivables de médiocre qualité.

En vallée fraîche et moyennant des fumures réitérées à petite dose, on peut cependant y établir des prairies et des herbages de bonne qualité, comme on peut le constater dans la vallée de la Marne. En coteau et en plateau, les terres crayeuses, pierreuses ou graveleuses, ne donnent que des pâturages à moutons et des pins sylvestres.

Terrains tertiaires. — Ces terrains dérivent des formations suivantes : calcaire grossier, sable siliceux, argiles plastiques, vertes, argiles à meulières et marnes.

Les terres provenant de la désagrégation des calcaires grossiers, sont ordinairement sèches, légères et riches en calcaire, mais conviennent assez peu à l'établissement des prairies.

Celles où domine le sable siliceux, sont encore moins aptes que ces dernières à donner une bonne production d'herbe, si ce n'est peut-être dans les vallées arrosées, et cela, en raison de leur pauvreté en chaux et en acide phosphorique.

L'argile plastique et l'argile bleue, sauf quand elles se trouvent en contre-bas et qu'on peut assainir les sols où ces éléments dominent, ne donnent, généralement, qu'un foin médiocre, infecté de carex, de mousses ou d'autres mauvaises plantes.

Les argiles meulières ne fournissent guère que des sols cultivables plus mauvais encore que les argiles plastiques. Les prairies qu'on y établirait ne pourraient y être maintenues qu'avec des soins tout particuliers et des fumures appropriées, tandis qu'elles ne fourniront guère que des graminées, à moins qu'on ne les dote de fortes doses de chaux ou de marne, condition indispensable à la végétation des légumineuses.

Terrains quaternaires. — Les terrains quaternaires ne sont, en réalité, que des alluvions anciennes que l'on retrouve aussi bien sur les flancs des collines et des plateaux que sur leur sommet. Déposées par les eaux troubles et peu agitées, ces anciennes alluvions sont de véritables limons constitués par les parties les plus fines et les plus ténues des roches les plus anciennes. Elles ont retenu de ces roches les substances les plus stables et les moins altérables, c'est-à-dire la silice et l'argile, auxquels sont venus s'ajouter quelquefois des détritus organiques et une faible proportion de calcaire. Il en est résulté des terres argilo-siliceuses ou silico-argileuses suivant que l'argile ou le sable siliceux apparaît comme l'élément dominant (Boitel).

Ces dernières sont préférables au point de vue cultural, en raison de leur perméabilité et peuvent être encore considérablement améliorées par des façons multipliées, de forts marnages et de grosses fumures, comme dans la région du Nord, par exemple, où toutes les cultures fourragères et industrielles ont pris un développement et une prospérité que l'on ne rencontre nulle part ailleurs en France, sauf quelques rares exceptions.

Au contraire, lorsque c'est l'argile qui domine, le sol rendu imperméable se dessèche et durcit, il est battu par les pluies qui n'y pénètrent pas plus, d'ailleurs, que l'air atmosphérique dont les racines des plantes sont ainsi privées. Ces terrains, dont la Bresse, les Dombes, la Sologne nous offrent les principaux types, et auxquels le calcaire fait généralement défaut, peuvent se prêter assez fructueusement à la culture des céréales, mais sont défavorables à l'installation des prairies.

Terrains alluvionnaires modernes. — Formés par les débris divers qu'entraînent les cours d'eau et que ceux-ci déposent dans les vallées au moment des crues, les terrains ainsi constitués d'éléments fertilisants de toutes variétés, sont, généralement, éminemment propres à la production de l'herbe. Non seulement ils sont submersibles, mais presque toujours aussi arrosables, grâce à la présence de l'eau dans le voisinage. Ils réunissent donc toutes les conditions favorables à une végétation vigoureuse et fournissent d'excellentes prairies.

CHAPITRE III

CLASSIFICATION PRATIQUE DES TERRAINS. — MODIFICATION DES TERRES PAR LA MAIN DE L'HOMME ET PAR LA NATURE. — EXAMEN ET ANALYSE CHIMIQUE DES SOLS. — DÉTERMINATION DE LA NATURE DES TERRAINS PAR LES VÉGÉTATIONS SPONTANÉES. — MODIFICATION DE LA NATURE DES SOLS PAR LES SOINS CULTURAUX ET DES TRAVAUX SPÉCIAUX.

Nous venons de passer en revue les diverses formations géologiques en indiquant, d'une façon sommaire, les caractères généraux propres à chacune d'elles, la nature des terrains qui en dérivent et les aptitudes culturales particulières à chacun de ces derniers.

Mais ces terrains ne sont pas toujours exclusivement constitués avec les particules terreuses des roches dont les circonstances ont amené la désagrégation dans leurs alentours, car s'il en était ainsi, peu d'entre eux offriraient un degré de fertilité suffisant, attendu, qu'en somme, un sol ne peut être regardé comme complet qu'à la condition de renfermer une certaine proportion de ces trois principes : sable, argile, calcaire.

Fort heureusement, la main de l'homme, dans certains cas, par des travaux et des amendements divers, tels que défoncements du sous-sol qui peut ramener à la surface des éléments qui faisaient défaut, apports de terres et de fumures, la nature elle-même, dans d'autres cas, en imposant à ses cours d'eau le soin de porter au loin les débris de toutes sortes arrachés aux sols qu'ils ravissent, aux roches qu'ils effritent, ont pu, dans la plupart de nos exploitations agricoles, modifier la composition chimique et la constitution physique des sols en y mélangeant les différents éléments de fertilité qui leur sont nécessaires.

D'un autre côté, un certain nombre d'agriculteurs, malgré l'étude des terrains que nous venons de mettre sous leurs yeux, pourraient encore être embarrassés pour déterminer dans quelle catégorie ils doivent faire rentrer telle ou telle terre de leur domaine et s'ils peuvent, avantageusement, l'affecter à la création de prairie.

Ce que nous avons dit à ce sujet peut mettre sur la voie des améliorations qu'il convient d'apporter dans certains sols, suivant leur origine ; mais encore faut-il pouvoir distinguer ces sols, ce qui n'est pas toujours sans présenter certaines difficultés.

Examen des terres. — Un examen sommaire des terres peut donner d'utiles renseignements ; si par exemple, par le délayage dans l'eau, nous constatons la présence de notables quantités d'argile mise en suspension, nous pouvons dire d'un côté que ces terres sont suffisamment compactes, de l'autre qu'elles ne manquent pas de potasse ; si nous constatons qu'elles produisent une forte effervescence avec de l'acide sulfurique, nous sommes certains d'y avoir une quantité suffisante de chaux, et, généralement aussi, d'acide phosphorique.

On peut aussi recourir à l'analyse chimique faite dans le laboratoire ; mais il ne faut pas attribuer à l'analyse des terres une importance exagérée, par ce motif que le laboratoire est encore impuissant à fournir des indications bien précises sur les proportions de matières fertilisantes dosées qui sont susceptibles d'être assimilées par les plantes.

C'est ainsi que l'analyse du laboratoire nous révèlera que les terres argileuses, les terres siliceuses, les terres à base organique formant les landes, les terres tourbeuses, sont riches en azote ; seulement l'azote n'y nitrifie pas parce que le calcaire y fait défaut et les plantes y vivraient misérablement au sein de l'abondance, si on n'améliorait les sols de cette nature en leur apportant le calcaire qui leur manque, opération que l'on réalise au moyen du chaulage ou du marnage.

Végétation spontanée. — A défaut de l'analyse chimique, l'observation bien conduite peut fixer le cultivateur sur la nature de son sol et la convenance des cultures qu'on peut lui confier avec certaines chances de succès. Ainsi, l'examen des plantes qui croissent spontanément sur les terrains, montre, dans une certaine mesure, quelle est la nature de celui-ci.

La digitale pourprée, l'arnica des montagnes, le sureau à grappes, le châtaignier et le framboisier, caractérisent les roches granitiques.

L'arobanche rouge est plus spéciale aux régions basaltiques.

Les légumineuses poussent de préférence dans les sols calcaires qui sont assez bien spécifiés par l'abondance des sainfoins, des trèfles, de la minette, du mélampyre, des fléoles, de l'anémone pulsatile, de la bugrane ou *arrête-bœuf;* tandis que la matricaire, l'oseille, la bruyère, l'ajonc, la fougère, les houlques annoncent des sols qui sont dépourvus de chaux.

D'autres plantes, telles que le tussilage ou pas d'âne, l'hièble, la potentille ansérine, se rencontrent dans les argiles ; la chicorée sauvage, l'inule, dans les terres qui ont un sous-sol argileux.

Les terrains tourbeux contiennent, à côté des carex et des sphaignes, la pédiculaire, le jonc et la linaigrette que l'on reconnaît à son duvet cotonneux.

Les sables se recouvrent de spergules et de pensées sauvages, de houlque laineuse, d'élyme et de roseau des sables ; le chiendent et l'avoine à chapelet se plaisent sur les sols de cette nature.

Assurément ces indications n'ont pas une valeur absolue, mais elles peuvent cependant donner des renseignements utiles, lorsqu'elles se présentent avec un certain caractère de généralité.

Modification des sols. — Au surplus, nous l'avons déjà dit, dans bien des cas, par des soins culturaux ou par des travaux spéciaux, on peut améliorer considérablement un terrain et d'impropre qu'il était à certaine production, le rendre apte à nourrir toutes les plantes.

Aux terres argilo-siliceuses, souvent imperméables à l'air et à l'eau, l'apport de marne et mieux encore de chaux, avec de bonnes fumures, et en recourant à un drainage intelligemment conçu quand l'abondance de l'argile y fait séjourner l'eau à la surface, constitueront une série d'opérations susceptibles de modifier du tout au tout la nature du sol.

Les terres sablo-argileuses, plus légères et, par

conséquent, plus faciles à travailler mais très perméables et souffrant facilement de la sécheresse, gagneront à l'apport de fumier de ferme bien consommé et deviennent des terres fertiles si le sous-sol étant également perméable, elles peuvent être bien irriguées.

Les terres argilo-calcaires réunissent généralement toutes les qualités voulues pour une bonne végétation. Il n'en est pas de même des terres argilo-humifères où l'eau séjourne avec tant de ténacité qu'elles doivent être très souvent assainies, soit par des drainages, des fossés ou des rigoles. Quant aux terres argileuses complètement imperméables, elles sont d'un travail extrêmement difficile, et, à certaines époques, impénétrables aux instruments. Pour réussir quand même dans ces terres rebelles, on emploie le drainage, le chaulage ou la culture en billons.

Les terres sablo-calcaires, comme celles qui sont sablo-argileuses, sont des plus perméables et se dessèchent aussi très facilement : les apports d'argile peuvent les améliorer, ainsi que des fumures fréquentes de fumier de ferme. Les terres sablo-humifères, dont on tire la terre de bruyère et où l'on établit aussi les houblonnières, n'existent que dans des sols humides et acquièrent certaines qualités, amendées avec du calcaire. Quant aux terres sablonneuses, elles sont tellement perméables, que vraiment excellentes quand elles peuvent être abondamment arrosées, elles sont absolument stériles quand elles sont privées d'eau. Les terres entièrement calcaires sont de culture tellement difficile, que le boisement est souvent la seule méthode pratique pour en tirer parti.

Nous ne pouvons pas, naturellement, passer en revue toutes les combinaisons d'après lesquelles les sols sont différemment constitués et qui varient à l'infini, non seulement au point de vue de leur composition chimique, mais qui encore empruntent un caractère différent à leur situation, à leur nivellement, à l'épaisseur de la terre arable qui les recouvre, à la nature de leur sous-sol.

C'est au cultivateur qui, autant par la pratique que par l'observation, apprend à bien connaître sa terre, qu'il appartient d'examiner et de résoudre ce problème sans cesse posé devant lui et qui consiste à savoir de quelle façon la plus avantageuse pour lui, il devra diriger son exploitation et si telle ou telle autre culture offre des chances de prospérité suffisante sur les terrains dont il dispose.

Au point de vue spécial des prairies, lorsque la nature physique et chimique du sol n'est pas absolument réfractaire à ce mode d'exploitation et que, du reste, on a pu l'y rendre propre par des fumures appropriées ou d'autres améliorations du genre de celles que nous avons indiquées, disons, d'ailleurs, que la culture herbacée par elle-même, suffit bien souvent à donner une production abondante dans des terrains qui, au premier abord, semblaient peu aptes à ce genre de culture.

L'explication de ce phénomène réside dans ce fait que, d'une part, l'herbe des prairies, surtout lorsque les légumineuses y sont associées en proportions convenables avec les graminées, soutire à l'atmosphère, à l'état d'ammoniaque, par ses organes aériens, la plus grande partie de l'azote nécessaire à son alimentation, tandis que ses racines dont le développement successif considérable multiplie à l'intérieur la surface d'absorption, accaparent et retiennent dans leurs tissus tous les matériaux qui arrivent à leur portée : azote, acide phosphorique, potasse, etc., dont les eaux d'irrigation, qui circulent d'ordinaire en masse énorme dans les prairies, sont un réservoir inépuisable.

Aussi, et bien que les prairies ne soient pas, tant s'en faut, insensibles à un apport judicieux de fumures appropriées, à l'aide desquelles on arrive à augmenter leur rendement dans de larges proportions, peut-on ajouter que leur production peut se maintenir dans des limites égales et même progressives, pendant de longues années et sans le secours d'aucun engrais.

C'est ainsi que, d'après des constatations dues à MM. Lawes et Gibert, une prairie restée sept années sans engrais, a donné, en moyenne, pendant cette période, 3,165 kilogrammes de foin et, pour les quatre dernières années, 3,275 kilogrammes.

CHAPITRE IV

ENTRETIEN ET AMÉLIORATION DES SOLS DE PRAIRIES. — EXIGENCES DE LA PRODUCTION HERBAGÈRE EN PRINCIPES FERTILISANTS. — CAS OU LES APPORTS DE FUMURES SONT NÉCESSAIRES. — RESTITUTION DES PRINCIPES FERTILISANTS ENLEVÉS PAR LES RÉCOLTES. — CHOIX DES FUMURES.

A l'aide des indications qui précèdent, nous sommes déjà fixés sur la nature des terrains dans lesquels des prairies pourraient être installées avantageusement. Mais nous savons aussi que, sans fournir, à beaucoup près, des produits en aussi grande abondance et d'aussi bonne qualité, tous les sols sont à peu près aptes à donner naissance, d'une façon pour ainsi dire spontanée, à la végétation herbacée, que ces sols sont susceptibles d'améliorations physiques et chimiques, assurant, dans une certaine limite, le succès des plantes cultivées, enfin qu'avec des soins, des amendements et des engrais appropriés, il est possible d'obtenir une production fourragère à peu près suffisante à l'entretien de quelque bétail, dans n'importe quelles conditions.

Exigences de la production herbagère en principes fertilisants. — On peut considérer comme représentant le type des sols doués d'une bonne fertilité, et aptes, si on les convertit en prairies permanentes, à fournir une série d'abondantes récoltes fourragères, les terres argilo-calcaires suffisamment perméables et largement pourvues d'acide phosphorique de potasse et de chaux.

Si, en effet, on considère, pour une récolte moyenne de foin et regain de 6,000 kilogrammes à l'hectare, à l'état frais, quelle est la quantité de principes fertilisants absorbés par cette végétation, on constate les proportions suivantes :

	Kilog.
Azote	78.6
Acide phosphorique	21.0
Potasse	96.0
Chaux	46.2
Magnésie	15.6

On voit de suite, d'après ce tableau, quelles sont les exigences de la production herbagère.

Mais il convient ici de placer immédiatement une première observation, à savoir que sans être insensible à un apport de fumure azotée, les prairies naturelles peuvent s'en passer au besoin, malgré l'enlèvement des produits en herbe ou en foin, à raison de la propriété non encore bien expliquée que possèdent ces végétaux, de s'assimiler l'azote de l'atmosphère et qui n'en demandent, par conséquent, que fort peu au sol.

Il n'en est pas de même des autres principes fertilisants qui peuvent faire défaut au sol ou qui lui sont enlevés pour l'exportation des produits.

Une première condition qui s'impose dès lors à quiconque se dispose à convertir un terrain, quel qu'il soit, en prairie permanente, c'est de s'assurer, par l'analyse, que ce terrain est suffisamment riche en substances favorables à la végétation des plantes fourragères et, dans le cas contraire, de l'en doter avant tout ensemencement.

Cas où les apports de fumures sont nécessaires. — D'après M. Boitel, si l'analyse chimique ne dénote pas une provision d'au moins 2,000 kilogrammes à l'hectare d'acide phosphorique dans $0^{m},20$ d'épaisseur, il est à conseiller d'en mettre une certaine quantité, sous forme de phosphate fossile. On ne risque pas d'en employer 1,500 à 2,000 kilogrammes qu'on mélangera au sol, aussi intimement que possible, par plusieurs hersages ou roulages.

Si, ajoute le même auteur, le sol ne contient pas 1 p. 100 de chaux, il faudra l'enrichir de cet amendement, par des composts ou par un chaulage pratiqué de telle sorte que cette substance soit scrupuleusement mélangée à la terre arable. Enfin, si le sol ne contient pas les 10,000 kilogrammes de potasse à l'hectare que possèdent les terres les plus fertiles, il faudra au début, et dans la suite, administrer au sol, et sous forme d'engrais potassiques, la potasse nécessaire à la récolte.

Ajoutons qu'il y aura toujours avantage à ce que le sol de la prairie soit riche en humus, ce que l'on obtiendra à l'aide des engrais organiques, fumier de ferme, terreaux, composts, tombes et autres éléments similaires.

Quant à la magnésie, la plupart des sols en renferment suffisamment pour les besoins des végétaux et les engrais de diverse nature que l'on apporte à la terre en contiennent généralement des proportions assez grandes pour que, d'une part, il ne soit point nécessaire d'en doter le sol et, d'autre part, pour compenser les pertes provenant de l'exportation des récoltes.

N'omettons pas de faire remarquer ici que les terrains dont l'analyse chimique aurait dénoncé une insuffisance des proportions de principes fertilisants considérées comme nécessaires à une bonne végétation herbacée, et dans lesquels, par suite, il convient d'effectuer des apports de fumures étrangères pour rétablir l'équilibre, peuvent fort bien n'avoir pas besoin de ces apports si les substances qui font défaut sont contenues dans le sous-sol, ce qui arrive fréquemment.

Il convient donc, dans ce cas, d'examiner aussi la composition de ces sous-sols dont les terres, si elles renferment les éléments de fertilisation qui manquent à la terre arable, seront ramenées à la surface au moyen d'un défonçage énergique.

Tout ce que nous avons dit précédemment au sujet des modifications qui peuvent être apportées dans l'état physique d'un sol nous dispense d'insister sur la nécessité de procéder à des travaux d'assainissement, quand il y a lieu, soit par un drainage bien conçu lorsque le terrain est trop humide ou insuffisamment perméable, soit par des apports de terres et de calcaire dans les terrains tourbeux, soit, au contraire, par des travaux de captation d'eau, lorsque l'irrigation n'est pas assurée, ou enfin par l'emploi de cendres lessivées, autrement dit la *charrée*, si l'excès d'arrosage provoquait l'envahissement des mauvaises herbes, joncs et carex, promptes à se multiplier sur les sols acides et mal assainis, enfin par une infinité d'autres procédés que l'expérience et l'observation peuvent conseiller à un agriculteur qui a bien étudié sa terre et qui possède certaines connaissances générales indispensables à tout chef d'exploitation agricole désireux de réussir dans son entreprise.

Restitution des principes fertilisants enlevés par les récoltes. — Mais il ne s'agit pas seulement de s'être assuré que le terrain destiné à l'établissement d'une prairie est suffisamment doté au point de vue des principes fertilisants ; il faut aussi, quand on veut maintenir la fertilité d'un pré, lui restituer annuellement les éléments que les coupes successives de foin lui enlèvent.

A cet égard, deux points sont à considérer : ou bien la prairie est habituellement pâturée par les animaux qui y sont installés à demeure, quelquefois nuit et jour, et même, dans certains pays, pendant la saison rigoureuse, ou bien elle est régulièrement fauchée et les produits en sont exportés.

Dans le premier cas, l'appauvrissement en principes fertilisants est généralement de peu d'importance, le bétail, par ses déjections liquides et solides, restituant au sol la plus grande partie des éléments absorbés et ne retenant que de minimes proportions de chaux et d'acide phosphorique, pour la constitution de sa charpente osseuse, encore s'il s'agit de jeunes animaux en voie de croissance, ceux qui sont arrivés à leur complet développement n'empruntant rien de ces principes.

Lorsque le foin est exporté, au contraire, les substances fertilisantes s'épuisent en proportion des produits fournis par le fauchage, et la récolte ne se soutiendrait pas en plein rapport si on ne venait pas régulièrement restituer au sol de la prairie, sous forme de fumures appropriées, les éléments nutritifs qu'on lui enlève.

Mais, dans cette opération, faut-il encore procéder judicieusement et ne pas s'exposer à des dépenses inutiles, pour l'apport des fumures qui ne seraient pas absolument nécessaires.

Les restitutions de principes fertilisants peuvent, en effet, être effectuées naturellement, tout au moins pour quelques-uns d'entre eux, par l'eau que l'on fait, d'ordinaire, circuler en masses considérables à travers les prairies et qui contient toujours en dissolution ou en suspension, et en proportions plus ou moins élevées, des particules terreuses plus ou moins richement dotées en substances utiles, ramassées ou entraînées dans son parcours à travers des sols de composition variable. Ces substances s'incorporent au sol de la prairie, au travers duquel l'eau filtre suivant la plus ou moins grande perméabilité du terrain qui se trouve ainsi récupérer certains éléments perdus d'autre part.

D'autre part, les plantes qui croissent sur les différents herbages, ont des exigences variables en principes fertilisants. Personne n'ignore, par exemple, que les légumineuses consomment beaucoup plus de chaux, d'acide phosphorique et de potasse que les graminées. Suivant, dès lors, que l'on entendra faire prédominer l'un ou l'autre de ces végétaux, ou même seulement les y maintenir dans une proportion à peu près constante, il conviendrait d'opérer les restitutions de principes utiles, en observant attentivement les fléchissements qui peuvent se manifester dans la production ou simplement la vigueur de végétation de ces plantes.

A cet égard, on peut consulter avec fruit le tableau ci-après, dressé par le docteur Stebler, et qui donne la composition de 1,000 kilogrammes des principales espèces fourragères à l'état de foin, avec 14 p. 100 d'eau.

ESPÈCES	AZOTE	ACIDE	CHAUX	POTASSE
	kilog.	kilog.	kilog.	kilog.
Foin de prairie...	15.5	4 3	9.6	16.0
Paturin commun.	9.8	12.7	7.2	26.3
Paturin des prés..	9.9 à 16.6	3.9 à 8.2	2.1 à 4 3	15.0 à 20
Vulpin des prés...	13 1	4.2	2.6	28 9
Fléole..........	15.5	6.9	4.7	20.4
Ray-grass vivace.	18.9	10.0	10 6	39.3
Ray-grass d'Italie.	20.8	3.8	6.0	7.5
Fromental.......	18.4	5.0	3.8	»
Avoine jaunâtre .	10.1	4.2	3.6	16.4
Dactyle..........	18.3	3.7	3.1	16.8
Fétuque des prés.	14.7	7.4	9.2	25 6
Trèfle blanc......	22.5	8.0	19 0	13.5
Trèfle hybride....	24.6	4.1	13.8	11.3
Trèfle ordinaire...	19.7	5.7	20.6	19 0
Luzerne..........	23.6	7.3	34.9	21.9
Minette..........	24.2	4.6	15.4	17.3
Sainfoin........	21.9	4.7	17.3	13.4
Anthylide........	22.8	4.8	28.5	14.9

On comprend qu'à l'aide de ce tableau, si on voit plus particulièrement péricliter l'une des espèces qui y sont énumérées, c'est que le sol ne procurerait plus à la plante, en proportion suffisante, les éléments nutritifs dont elle est spécialement avide et qu'il conviendrait alors de lui restituer.

Au surplus, faisons observer d'une manière générale, que les prairies n'ont guère besoin d'engrais azotés, la végétation herbacée, avons-nous dit, soutirant cette substance à l'atmosphère et surtout les légumineuses qu'il faut donc chercher à maintenir en bonne proportion, ce à quoi on parvient par des fumures potassiques et phosphatées, si le sol est suffisamment riche en chaux et, dans le cas contraire, par des chaulages et des marnages.

En dehors de cet élément fertilisant, qui est en somme le plus coûteux et dont on peut se dispenser sauf dans quelques cas exceptionnels, on ne saurait rien négliger pour restituer au sol les autres substances minérales exigées par les plantes, sous peine de voir les bonnes herbes dépérir et même disparaître, tandis que les mauvaises herbes moins exigeantes prendront le dessus et changeront du tout au tout la nature des herbages.

Choix des fumures. — Les fumures ne devront être appliquées que suivant la nature réelle de celles dont le besoin se fait le plus particulièrement sentir; autrement on s'expose à une dépense inutile en appliquant, à tort, un engrais qui n'est pas nécessaire. Il ne faut donc pas recourir à des formules faites à l'avance qui simplifient, il est vrai, le travail, mais qui présentent aussi une foule d'inconvénients.

Le superphosphate, les scories phosphatées, les phosphates naturels fourniront aux prairies et aux herbages l'acide phosphorique qu'ils réclament; la potasse leur est fournie sous forme de sulfate et de chlorure et la chaux à l'état de chaux ou de sulfate de chaux.

Le purin, étendu d'eau à cause de sa causticité qui aurait pour effet de brûler les plantes, exercera presque toujours un effet merveilleux sur les prairies. La nature des purins est généralement alcaline.

Or les engrais alcalins conviennent à tous les sols et en particulier à ceux qui renferment de l'humus acide. On conçoit, d'après cela, l'effet salutaire qu'ils produisent à la surface des prairies. Ils favorisent la nitrification de l'azote organique des matières en décomposition, lesquelles sont toujours en extrême abondance dans un pré ; ils neutralisent l'acidité de la couche arable et des plantes ; ils font disparaître les mousses, les herbes acides et dures ; ils détruisent une multitude d'insectes nuisibles.

En Angleterre, les purins servent dans maintes exploitations à l'irrigation des prairies. Le liquide est amené, pour la circonstance, dans des rigoles disposées à cet effet, les étables des animaux dominant les propriétés qu'il s'agit d'arroser.

Mais l'usage continu du purin ayant pour effet de provoquer une production plus considérable qui permet, quelquefois, de réaliser trois coupes dans une année, exige, en compensation, des restitutions plus abondantes en acide phosphorique, notamment, si le sol est, naturellement, suffisamment riche en potasse et en chaux.

Pour nous résumer, disons que l'eau stagnante, l'acidité du sol, sa pauvreté en acide phosphorique et en potasse, sont autant de causes défavorables à la bonne végétation d'une prairie. C'est dans les herbages ainsi constitués que l'on voit se développer des herbes détestables où les joncs et les carex dominent, détruisant les bonnes plantes qu'elles étouffent. Il faut donc assainir ces terrains et les enrichir des éléments réclamés par les graminées et les légumineuses, si on veut que celles-ci prennent le dessus et triomphent de ces mauvaises plantes qui sont un fléau pour un grand nombre de prairies naturelles. Souvent il suffit, pour faire disparaître ces mauvaises herbes, d'un drainage bien compris avec un chaulage à haute dose, d'un apport de charrée à la dose de 1,000 à 1,500 kilogrammes par hectare, de phosphate fossile à la dose de 1,000 kilogrammes ou de fumier de ferme à la dose de 30,000 à 40,000 kilogrammes. Si, malgré ces mesures, on ne parvient pas à en triompher, mieux vaut défricher temporairement le terrain et s'efforcer, par les moyens que nous avons indiqués plus haut, de rendre le sol apte à se convertir ultérieurement en une prairie naturelle de bonne qualité.

CHAPITRE V

ENSEMENCEMENT DES PRAIRIES. — GRAMINÉES. — LÉGUMINEUSES. OMBELLIFÈRES. — COMPOSÉES. — ÉNUMÉRATION, DESCRIPTION SOMMAIRE ET CARACTÈRES DES DIFFÉRENTES ESPÈCES A FAVORISER OU A ÉLIMINER.

Quoi que l'on fasse au point de vue de l'ensemencement, avons-nous déjà dit, les espèces propres au pays finissent toujours par prendre le dessus sur celles qu'on veut propager artificiellement, à moins qu'on ne modifie profondément la composition physique et chimique du sol, au moyen d'engrais, d'amendement et de divers travaux d'amélioration, de façon à y maintenir et à y faire prédominer les espèces de meilleure qualité.

Grâce à cette végétation spontanée, on rencontre dans la plupart des prairies une variété plus ou moins considérable d'herbes différentes se partageant entre les familles des graminées, des composées, des ombellifères et de plusieurs autres familles ; mais une bonne prairie est celle où les espèces dominantes appartiennent aux graminées et aux légumineuses.

GRAMINÉES

Parmi les graminées, les espèces aptes à fournir les herbes les meilleures et les plus abondantes, convenant à la plupart des terrains, végétant dans presque toutes les conditions de climat et d'altitude, enfin se multipliant avec facilité, les plus estimées en un mot, sont le paturin commun, le paturin des prés, le vulpin des prés, la fléole, le ray-grass anglais, le ray-grass d'Italie, le fromental ou avoine élevée, le dactyle et la fétuque des prés.

Ce sont donc ces espèces que l'on cherchera à propager par le semis, avant toutes les autres, d'autant plus que l'on peut être certain que, sans qu'il soit nécessaire de faire la dépense qu'entraînerait l'achat de semences d'une foule d'autres plantes de qualité inférieure et même mauvaise, et dont on désirerait pourtant voir quelques échantillons dans ses prés, celles-ci s'y introduiront spontanément et même s'y montreront envahissantes à l'excès, si on ne prend pas toutes les précautions nécessaires pour les détruire.

Telles sont les houlques laineuses qui se multiplient de préférence dans les prairies siliceuses ou argileuses, pauvres en carbonate de chaux et sur les fonds plus ou moins tourbeux et humides ; les bromes qui végètent bien sur les terrains calcaires, mais qui sont coriaces, peu nutritifs et, pour cette raison, peu recherchés des animaux ; les agrostis, qui sont des graminées très répandues dans les prés, les pâturages et les herbages, mais peu nutritives, peu recherchées par le bétail, envahissantes et nuisibles aux bonnes plantes; la crételle, que rien ne recommande au choix des semeurs de prairies, en raison surtout du prix élevé de sa graine, et qui croît spontanément partout, notamment dans les terrains siliceux; la flouve odorante, dont l'odeur balsamique a contribué à surfaire les qualités fourragères médiocres et qu'il est généralement inutile de reproduire artificiellement, les prairies en contenant presque toujours assez, car elle y vient presque toujours spontanément, sauf, dans le cas contraire, qui ne peut se manifester que fort rarement, à ne comprendre la graine de cette graminée que pour une proportion de 1 kilogramme au plus dans l'ensemencement d'un hectare de prairie, dans le but d'en parfumer le foin; l'orge faux seigle, la canche, la molinie et tant d'autres enfin qu'il serait trop long d'énumérer, toutes d'espèces inférieures, trop vantées par le commerce et même par des auteurs qui ne se sont pas suffisamment rendu compte de leur rendement et de leur valeur alimentaire.

Voici à cet égard les très justes observations présentées par M. Amédée Boitel dans son remarquable ouvrage sur les « Herbages et Prairies naturelles » à l'autorité duquel il faut toujours recourir pour être fixé sur les meilleures règles à suivre dans l'établissement et la direction de ce mode d'exploitation agricole.

« Pourquoi, dit cet auteur, admettre dans la composition des prairies, des espèces peu vigoureuses et peu rustiques, quand nous en possédons de plus avantageuses sous le rapport de la qualité de l'herbe, et plus aptes à prospérer dans les terrains frais et fertiles? Est-ce qu'on aurait jamais l'idée de remplacer dans la prairie artificielle, le trèfle ordinaire par un mélange de trèfles ou de légumineuses spontanées de qualité inférieure ou de rendement moins abondant? Deux ou trois coupes de trèfle ordinaire ne vaudront-elles pas mieux qu'une composition hétérogène de légumineuses spontanées? Ce principe n'est pas moins vrai pour l'herbage et la prairie naturelle; les hommes d'expérience s'en tiennent aux espèces qui l'emportent sur les autres par l'abondance et la qualité de leurs produits. Laissons donc de côté ces formules pleines d'espèces faibles et insignifiantes, supportables seulement comme plantes spontanées de pâturages et de terres incultes; leur seul mérite quand elles viennent se joindre aux fortes espèces ensemencées, c'est de varier la qualité de l'herbe et de prévenir l'épuisement du sol toujours plus fatigué quand il reproduit indéfiniment les mêmes plantes. Mais rien n'est plus facile que de maintenir la production des meilleures plantes, à l'aide de soins particuliers tels que les terreautages, les amendements calcaires, l'emploi des fumiers et des engrais chimiques.

LÉGUMINEUSES

Une prairie qui ne contiendrait que des graminées nourrirait peut-être le bétail qu'on y mettrait à pâturer ou dont on lui donnerait les produits à l'état de foin quand il est en stabulation, mais ne l'engraisserait pas. Il est donc indispensable d'associer celles-ci, en proportions suffisantes, aux légumineuses fourragères, soit que l'on vise à l'élevage ou à l'engraissement des animaux.

D'ailleurs, ces deux sortes de végétaux se complètent

l'une par l'autre, car dans les années de sécheresse, par exemple, tandis que les graminées dont les racines vivent et se développent sur les parties superficielles du terrain, peuvent souffrir d'une insuffisance d'humidité, les légumineuses, au contraire, aux racines pivotantes qui vont chercher leur nourriture plus profondément dans le sol, risquent moins de pâtir.

D'un autre côté, si la première récolte de foin est plus prospère avec des graminées, le regain, au contraire, sera plus abondant si la prairie contient une proportion suffisante de légumineuses, par la raison que celles-ci, qui ne se sont pas encore développées au moment de la première coupe, ont acquis tout leur développement lorsque l'on procède au second fauchage, tandis que les graminées, à l'exception de deux ou trois espèces tardives, ne donnent plus guère que des feuilles, sans graines ni tiges, c'est-à-dire d'une valeur alimentaire restreinte.

Mais les légumineuses exigent pour végéter convenablement, des sols fertiles, profonds et surtout suffisamment calcaires, qui ne soient pas trop abondamment arrosés et dans lesquels, notamment, les graminées ne se montreront pas d'une végétation trop exubérante sous laquelle les légumineuses s'étioleraient faute d'air et de lumière, c'est-à-dire des terrains dans lesquels on évitera d'employer des fumures trop azotées, particulièrement favorables à la végétation des graminées. Au surplus, les légumineuses, qui s'assimilent abondamment l'azote de l'air, suffiront presque toujours à assurer aux sols sur lesquels elles se trouveront en proportion normale, la quantité d'azote nécessaire à une bonne végétation des graminées. Ce n'est donc que très exceptionnellement et dans le cas de défaillance bien constatée, que les prairies auront besoin d'un apport de fumures azotées, car, à tout dire, les terres de prairie, en raison de l'azote que la végétation herbacée soutire constamment à l'atmosphère par ses organes aériens, sont presque toujours plus riches en substances azotées après quelques années qu'au moment où la prairie a été établie.

Il arrive même parfois que cette accumulation d'azote devient exagérée et rend le terrain acide au grand détriment de la qualité de l'herbe.

La prairie s'enrichit continuellement en azote, mais s'appauvrit chaque jour en éléments minéraux réclamés pour obtenir l'équilibre parfait de la fertilité. — Les bêtes d'élevage qui ont à former leurs os et leur chair enlèvent au sol, outre l'azote, 30 à 35 kilos d'acide phosphorique, 68 kilos de chaux, 110 kilos de potasse.

Les herbages ont donc de plus en plus besoin d'engrais minéraux, selon que la bête s'engraisse, produit du lait ou s'accroît. — Il convient de maintenir l'équilibre entre les divers éléments de fertilité, de façon à éviter la pléthore du sol en azote ; on y arrive par les chaulages annuels et l'emploi judicieux des engrais phosphatés et potassiques, ainsi que nous l'avons déjà dit.

Parmi les légumineuses les plus recommandables, nous citerons d'abord toute la série des trèfles dans laquelle sont compris : le trèfle blanc et le trèfle des prés qui végètent bien sur tous les sols suffisamment calcaires et à toutes les altitudes ; le trèfle hybride, qui se plaît en terre humide plus ou moins calcaire, très répandu et très apprécié par les herbagers de l'est de la France ; le trèfle souterrain, plante annuelle qu'il faut ressemer tous les ans et qui est très répandue dans les prairies schisteuses ou granitiques ; le trèfle incarnat, qui croît spontanément dans les cultures et les lieux herbeux, de même que le trèfle filiforme, le trèfle fraise et le trèfle tombant ; le trèfle étalé qu'on rencontre communément dans les sols humides et tourbeux ; le trèfle jaunâtre qui, au contraire, affectionne les terrains secs, montueux et ombragés ; le trèfle des champs, très commun mais peu recherché par les animaux, tandis que ceux-ci paissent volontiers le trèfle des montagnes et le trèfle des Alpes qui croissent surtout aux hautes altitudes.

Au milieu de cette série, nous distinguerons d'une façon toute particulière le trèfle blanc, en raison de sa puissante végétation, de sa facile reproduction, de sa haute valeur alimentaire qui n'expose pas le bétail qui le broute au danger de la météorisation comme quelques autres légumineuses, de son peu d'exigence car il s'accommode de tous les terrains, qu'ils soient secs ou humides, perméables ou non, qualités qui font que certains herbagers ne sèment pas d'autre légumineuse dans leurs prairies, ce qui est un tort assurément, car « pour des raisons faciles à comprendre, dit M. Boitel, on a tout intérêt à varier les espèces. Elles ne souffrent pas des mêmes intempéries, elles établissent entre elles une alternance avantageuse, toutes conditions qui tendent à régulariser et à augmenter la production fourragère et à ménager la fertilité du sol. »

Après les trèfles, viennent les luzernes parmi lesquelles : la luzerne cultivée, plutôt cultivée en grande culture, mais que l'on aurait intérêt à introduire, à raison de 2 à 3 kilogrammes par hectare, dans la composition des semis destinés à la création des prairies, à la condition que celles-ci fussent établies sur des sols profonds, fertiles et frais et non humides, argileux et pauvres en calcaires dans lesquels cette légumineuse ne végéterait que fort misérablement.

La minette qui, tout comme le trèfle blanc, s'accommode de tous les terrains, calcaires ou non, secs ou humides, placés en plaine ou en montagne, dont la valeur alimentaire est justement appréciée et qui n'occasionne non plus jamais la météorisation.

Vient ensuite le sainfoin réussissant parfaitement en sol sec et calcaire et dont les animaux sont avides aussi bien à l'état d'herbe verte que de fourrage sec.

Nous mentionnerons encore : la gesse des prés, qui se montre spontanément dans beaucoup de prairies quelle que soit la nature du sol, et qui est fort appréciée par le bétail; et le lotier corniculé, qui est une plante fourragère estimable à tous égards et que l'on aurait intérêt à propager dans les prairies, ce que l'on ne fait pas parce que sa graine, très difficile à recueillir, se vend à un prix trop élevé.

Nous ne parlerons que pour mémoire des ajoncs et des genêts dont les terrains pauvres des Landes, de la Bretagne, de la Gascogne et de la Sologne, où ils croissent spontanément, sont l'habitacle ordinaire, mais que l'on aura toujours intérêt à extirper des prairies bien entretenues lorsqu'on les y rencontrera.

En dehors des graminées et des légumineuses qui, par leur association, constituent ou plutôt devraient constituer la composition idéale des prairies naturelles, celles-ci nourrissent généralement une infinité d'autres espèces de végétaux qui viennent s'y reproduire spontanément et qui souvent y prennent une place importante sinon même prépondérante si, par des soins culturaux, on ne s'oppose pas à leur envahissement.

Non pas que toutes ces plantes adventices soient, sans exceptions, de mauvaise nature et qu'on puisse trop regretter leur présence dans un herbage si elles ne s'y montrent pas avec excès. On peut même dire, au contraire, que leur présence, si elle est limitée à des proportions restreintes, est plutôt favorable à l'alimentation du bétail, en lui offrant ainsi une nourriture plus variée, plus aromatique et plus sapide, par cela même plus nutritive pour les animaux qui la recherchent avec plus de plaisir.

Mais encore faut-il que ces plantes soient de bonne qualité.

On les range en deux grandes catégories : les ombellifères et les composées.

OMBELLIFÈRES

Dans cette catégorie se trouvent de fort mauvaises plantes, très envahissantes, dont quelques-unes même sont nuisibles à la santé des animaux et à l'extension desquelles il y a lieu, par conséquent, de s'opposer dans les prairies, par tous les moyens possibles.

Parmi celles-ci nous citerons :

La Berce, appelée vulgairement *Angélique sauvage, Héraclie, Panais sauvage, Patte de loup, Bibreuil, Acanthe,* plante envahissante qu'il faut extirper jusqu'au moindre fragment de racine avant que la graine n'arrive à maturité; lorsqu'elle est trop dominante, il faut un défrichement suivi de cultures sarclées.

Le Cerfeuil sauvage qu'il convient de traiter comme la Berce.

La Ciguë, plante extrêmement vénéneuse pour le bétail (surtout en vert), qui, heureusement, l'évite d'instinct lorsqu'elle n'est pas mêlée aux fourrages coupés. Il faut s'opposer à la dissémination des graines de cette plante, en la fauchant avant sa maturité et procéder au défrichement total ou partiel de la prairie dans laquelle cette ombellifère s'est substituée aux bonnes espèces fourragères.

La Carotte sauvage très envahissante qui se substitue aux bonnes espèces dans les prairies où on la laisse se développer. Les animaux la broutent avec plaisir, mais ils la rejettent quand elle est dans tout son développement. Si on s'opposait à la maturité de sa graine, elle ne tarderait pas à disparaître, ce à quoi on arrive par des arrachages répétés.

Dans cette catégorie, au contraire, on peut, sans inconvénient et même avec avantage, laisser occuper une certaine place au Boucage à grandes feuilles et au Boucage saxifrage qui ne sont jamais dominants et nuisibles aux autres espèces et qui sont volontiers appétés par les animaux.

Les Livèches et le Cumin, qu'on rencontre particulièrement dans les pâturages montagneux et qui procurent un lait aromatisé excellent au bétail qui les broute.

COMPOSÉES

Parmi les composées voici quelques-unes des espèces que l'on rencontre le plus communément dans nos prairies.

Le Pissenlit, très commun dans toutes les prairies, très apprécié à l'état vert par les bêtes à cornes, mais d'une valeur médiocre à l'état sec. On peut donc le laisser croître dans les herbages mais veiller à ce qu'il ne les envahisse pas trop.

Les Léontodon qui présentent les mêmes caractères alimentaires que le Pissenlit.

La Jacée qui, en petite quantité, n'est pas nuisible dans le foin, mais qui devient mauvaise quand elle y est en trop grande abondance, ce à quoi on s'oppose en fauchant avant la floraison et en coupant les racines à 0m08 ou 0m10, avec un échardonnoir.

La Chicorée sauvage dont les animaux se contentent de manger les feuilles radicales, mais qui délaissent les tiges qui sont très dures et presque ligneuses.

La Barkause qui présente les mêmes caractères alimentaires que la Chicorée, mais dont on peut se débarrasser plus facilement si elle devient trop envahissante, en la fauchant avant la dissémination de ses graines.

Le Millefeuille qui, bien que les animaux le recherchent et l'aiment en feuilles à l'état vert, ne donne qu'un fourrage très médiocre. En outre, c'est une plante très envahissante et qu'il convient plutôt d'éliminer des prairies.

Le Chrysanthème, mauvaise plante ligneuse, rejetée par les animaux, de plus envahissante et se substituant aux bonnes espèces. Il convient donc de s'en débarrasser par arrachages multipliés chaque fois qu'on la rencontre. Dans le cas où elle serait devenue trop prédominante, il serait préférable de défricher la prairie et de la soumettre à deux ou trois années de culture pour la réensemencer ensuite en pré.

Les Aulnées, qui envahissent les prairies humides et que les animaux refusent en vert aussi bien qu'à l'état sec. On se débarrasse de ces mauvaises plantes en assainissant le terrain par des drainages ou autrement et on s'oppose autant que possible à leur multiplication, en fauchant avant la dissémination des graines.

Les Chardons, trop connus de tous les agriculteurs qui devraient s'entendre pour les extirper partout où ils les rencontrent, en raison des dommages que cette détestable plante cause dans toutes les cultures au milieu desquelles elle se mutiplie le plus souvent avec une rapidité et une vigueur extraordinaires.

Le Tussilage ou Pas d'âne, mauvaise plante dédaignée des animaux, de plus envahissante, se rencontre en sols frais et fertiles où elle se substitue aux bonnes espèces. On la supprime par des sarclages.

La Cardamine, que les animaux broutent volontiers mais qui présente une telle puissance de reproduction qu'elle ne tarderait pas à envahir les prairies, surtout en sols humides favorables à sa végétation. On s'oppose à son extension en assainissant les terres où elle devient trop envahissante et en y apportant des fumures appropriées pour y fortifier les bonnes plantes sous lesquelles la cardamine ne tardera pas à s'affaiblir et à être étouffée.

La Moutarde sauvage, la Ravenelle et le Diphotaxis, trois plantes qui, écrit M. Boitel, sont d'une abondance et d'une force de reproduction qui font le désespoir des agriculteurs. Il n'est pas, ajoute-t-il, d'espèces plus envahissantes au milieu des plantes cultivées et dont la destruction occasionne plus de frais de sarclages et de façons aratoires ; prises d'une façon modérée, elles n'occasionnent aucun accident aux troupeaux à l'étable et aux pâturages, mais absorbées en grande quantité, elles deviennent météorisantes et très-laxatives, pouvant donner lieu à des accidents et à des pertes importantes.

Les Joncs, les Carex, les Laiches, les Linaigrettes, qui ne fournissent qu'un fourrage très grossier, dur et délaissé par les animaux. Comme ce sont des plantes qui ne peuvent vivre que dans les milieux humides, le moyen le plus efficace de les détruire est assurément le drainage. Les fumures minérales phosphatées et potassiques principalement, ainsi que les chaulages et marnages contribuent aussi à leur destruction en faisant prédominer les légumineuses ou d'autres bonnes espèces à leur place. Lorsque ces plantes se sont développées avec trop de vigueur, la pioche ne suffit pas pour les extirper et on ne peut s'en débarrasser que par des moyens mécaniques, par le défrichement à la charrue munie de forts attelages.

A comprendre également dans la catégorie des herbes les plus détestables :

La Pédiculaire des marais, dénommée vulgairement herbe à poux, parce que le mauvais foin qui la renferme a la fâcheuse faculté de donner des poux aux animaux qui le consomment. Plante essentiellement aquatique qui ne vient pas dans les prés assainis et bien entretenus.

La Rhynante, espèce essentiellement nuisible en raison de sa faculté d'empêcher l'herbe de croître autour des places qu'elle envahit et dont on empêche la propagation en la coupant avant la maturité de ses graines.

Le Colchique, plante vénéneuse qu'il convient à tout prix d'empêcher d'envahir les prairies où elle se multiplie avec une extraordinaire abondance si on ne s'y oppose pas et qui est très-difficile à extirper car ses bulbes pénètrent à une grande profondeur dans la terre. On la détruit cependant par l'arrachage répété des tiges avant la formation de la graine et par le pâturage répété.

Les Renoncules qui offrent de nombreuses variétés, plantes annuelles ou vivaces, en général à fleurs jaunes, qui toutes contiennent à des doses plus ou moins élevées un principe âcre qui les fait rebuter du bétail; certaines sont même vénéneuses; consommées en assez grande quantité, elles peuvent occasionner des troubles très graves, telles sont:

La renoncule bulbeuse (*Ranunculus bulbosus*).
— scélérate (*Ranunculus sceleratus*).
— à feuille d'aconit (*Ranunculus aconitifolius*).
— langue (*Ranunculus lingua*).
— flamette (*Ranunculus flammula*).
— ficaire (*Ranunculus ficaria*).
— aquatique (*Ranunculus aquatilis*).
— flottante (*Ranunculus fluitans*).

Il est cependant deux variétés qui sont plus inoffensives que les autres et que l'on rencontre très-communément dans toutes les prairies, nous voulons parler de la Renoncule âcre (Renunculus acris) et la Renoncule rampante (Renunculus repens).

La première se distingue de sa congénère par sa plus grande taille et ses feuilles velues, tachées de brun, tandis que l'autre est souvent maculée de blanc. Enfin la renoncule âcre n'émet pas les stolons rampants qui caractérisent la renoncule rampante.

La renoncule âcre préfère les terres humides et les prairies grasses. Sa destruction n'est pas facile, car elle est vivace, les sarclages et les apports d'engrais n'en viennent pas toujours à bout. Elle peut produire l'avortement, la diarrhée, l'inflammation de l'intestin. C'est une mauvaise herbe que les animaux évitent, mais qui perd par la dessication une partie de ses propriétés nuisibles.

Ces propriétés se retrouvent, mais à un degré beaucoup moindre, dans la renoncule rampante; cette dernière, mangée en petite quantité, ne produit même aucun trouble chez les animaux. Elle est très envahissante, aussi doit-elle être extirpée des prairies, par des sarclages et des arrachages réitérés, au besoin par le défrichement suivi de cultures sarclées si elle devient trop dominante.

Ces renoncules portent un grand nombre de noms: *Bouton d'or, Bassinet, Pied de poule, Piépon, Jauneau, Bassin d'or, Piécot, Pied de Corbin, etc.*

Dans cette même famille des renonculacées, nous devons encore signaler les Anémones, parmi lesquelles l'Anémone des bois dont la consommation provoque la diarrhée chez les animaux et l'anémone pulsatille, appelée vulgairement *Sylvie* ou Pâquerette, ayant les mêmes inconvénients que la précédente. Ce sont de mauvaises plantes que les animaux dédaignent à l'état sec, dont il convient d'empêcher autant que possible la prédominance au détriment des bonnes espèces auxquelles elles se substituent.

Les Plantains sont des plantes vivaces qui font

beaucoup de tort aux prairies naturelles, de même qu'aux trèfles, luzernes, etc., quand il s'y trouvent en trop grande quantité. Il n'en existe guère que trois variétés importantes dans les prairies. Le grand plantain, le plantain lancéolé, le plantain moyen.

Tous trois sont envahissants, en raison de la grande quantité de graines qu'ils produisent et qui se répandent sur le sol en donnant naissance à un nombre considérable de plantes vigoureuses et étouffantes pour les bonnes espèces. On les supprime en les arrachant à la main quand ils ne paraissent pas en trop grande abondance ou en les coupant entre deux terres comme on le fait pour le chardon des champs, puis pratiquer des apports de fumures. Si la plante devient trop dominante, comme on n'aurait plus alors qu'un foin coriace et peu nutritif, il faut procéder sans hésitation au défrichement de la prairie à laquelle on reviendra au bout de deux ou trois ans, quand on aura épuré le sol par des cultures temporaires et nettoyantes.

La Reine des prés est une rosacée vivace de valeur fourragère médiocre mais dont les feuilles très-abondantes dans le regain donnent un foin assez bien mangé par les animaux. Elle se montre envahissante et dominante dans les prés humides.

La Pimprenelle, de la même famille que la Reine des prés, est une plante précieuse pour les sols peu fertiles, secs, calcaires, sablonneux et pour les pâturages à moutons. Elle donne un bon résultat dans les terres pauvres où d'autres plantes fourragères ne pourraient pas prospérer. On la fauche rarement, elle est plutôt pâturée, les animaux la mangent parfaitement quand on ne la laisse pas durcir.

Très rustique, résistant fort bien au froid de même qu'à la chaleur, elle entre dans la composition des semis de la plupart des prairies en sols médiocres et secs.

Le semis s'effectue au printemps dans une céréale ou sur une terre nue à l'automne ; il est suivi d'un hersage moyen et d'un roulage.

Les Scabieuses sont des dipsacées généralement vivaces, envahissantes, dépuratives, et d'un goût amer qui déplaît au bétail aussi bien à l'état vert que sec. On les supprime en les arrachant.

Les Valérianes donnent du foin de mauvaise qualité et leur présence dans une prairie est l'indice d'un sol humide qu'il convient d'améliorer par des drainages et des fossés d'écoulement.

Dans la famille des Labiées, nous signalerons principalement :

La Sauge des prés, qui se plaît plus particulièrement dans les sols secs et perméables où elle devient quelquefois dominante, qui à l'état d'herbe est refusée par les animaux tandis que son foin est ligneux et détestable. On entrave sa propagation en empêchant d'arriver à maturation ses graines toujours très-nombreuses sur le même pied. Pour cela faire on l'extirpe chaque fois qu'on la rencontre.

La *Brunelle commune,* la Bugle rampante et la Bétoine, appartiennent à la même famille, mais ce sont des plantes qui ne sont jamais trop envahissantes, dont l'herbe et le foin sont de qualité ni bonne ni mauvaise et dont on n'a pas, par suite, trop lieu de se préoccuper.

Le *Caille-lait.* — *Gaillet.* —Les Gaillets appelés plus souvent caille-lait, parce que l'on croyait autrefois qne les fleurs de ces plantes avaient la propriété de faire cailler le lait, appartiennent à la famille des rubacées.

On distingue trois espèces principales qui sont :

Le gaillet croisette (*Galium cructatum*).
Le gaillet jaune (*Galium verum*).
Le gaillet blanc (*Galium mollugo*).

Le premier est vivace, précoce, atteint 0m60 à 0m80 de hauteur, il se trouve surtout à la lisière des bois ; le deuxième atteint 0m60, il préfère les endroits secs et il noircit toujours en séchant ; le troisième, qui se rencontre surtout dans les bois et les haies, atteint 1m50 mais il a besoin d'une autre plante pour le soutenir.

Ces trois variétés sont bien mangées par les animaux pour lesquels elles constituent même une excellente nourriture quand elles ne sont pas vieilles. Elles sont en faible proportion dans les prés et rendent toniques les foins auxquels elles sont mélangées en raison de la dose assez considérable de tanin qu'elles contiennent. Cependant, il ne faut pas les laisser se développer avec excès, d'autant que leurs tiges, en devenant vieilles, constituent un fourrage dur, ligneux et peu nutritif.

Dans la famille des Polygonées, dont plusieurs croissent spontanément dans les prairies, toutes les plantes sont mauvaises à l'exception de la Bistorte.

Nous signalerons tout spécialement parmi ces plantes qui sont faciles à reconnaître par leur grande ressemblance avec l'oseille des jardins :

La *grande Patience* (Rumex patientia) appelée aussi *patience des moines, patience officinale, patielle, pa-*

rielle, très vivace, dont les feuilles très amples et très nombreuses empêchent le développement des bonnes espèces fourragères, très commune dans les prairies grasses et humides et dont il faut se débarrasser à tout prix en coupant les racines qui sont très pivotantes, à une grande profondeur, avant la formation des graines.

Les différentes espèces d'*Oseille,* moins envahissantes que la Patience, mais dont la présence dans les prés est un indice que ceux-ci ont besoin de calcaire et demandent par conséquent un chaulage ou un marnage.

La *Persicaire,* très mauvaise plante qui foisonne et fait beaucoup de mal dans les prés et les cultures où le sol est imperméable et humide, et dont on empêcherait la propagation en assainissant les terrains dans lesquels elle se montre trop envahissante et en empêchant, par des sarclages, la dissémination de ses graines à la surface du sol.

Enfin la *Bistorte*, vulgairement appelée *feuillote, serpentaine,* ainsi nommée parce qu'elle a un rhizome tordu et se repliant plusieurs fois sur lui-même. Les animaux la consomment volontiers à l'état vert, mais son foin est de qualité inférieure et sèche difficilement. On peut donc la tolérer dans les prairies de pâturage, mais il conviendrait plutôt de l'éliminer des prés à faucher, ce à quoi on parvient facilement par les fumures et les assainissements qui favorisent les bonnes espèces.

Les *Prêles — Queue de rat* — qui forment la famille des Equisétacées se trouvent dans les prés humides, tourbeux et marécageux, en compagnie des joncs et des carex. En raison de leur souche très puissante, il est assez difficile de les détruire. Le meilleur moyen de les faire disparaître est d'assainir le sol où elles végètent.

Nous passerons rapidement sur d'autres espèces qui croissent spontanément dans certaines prairies, telles que :

La *Gentiane*, que l'on ne trouve guère que dans les hautes altitudes, que le bétail ne broute que lorsqu'il est pressé par la faim et dont on ferait bien d'empêcher la reproduction par ses graines, en l'extirpant des pâturages où elle prend parfois un rôle dominant, nuisible au développement des bonnes espèces fourragères :

Les *Campanules*, la Raiponce, mangées en vert par le bétail mais qui donnent un foin dur et de mauvaise qualité ;

Le *Géranium des prés*, qui donne une herbe peu abondante et peu estimée ;

Le *Faux-narcisse*, dont les feuilles sont susceptibles de produire des inflammations d'estomac et qu'il faut éliminer à tout prix des prairies en l'extirpant et en le fauchant avant la dissémination de ses graines ;

La *petite Orobanche*, plante parasite sur les trèfles des prés et les trèfles blancs auxquels elle s'unit par des fibres radicales ou suçoirs à leurs racines et qu'elle fait périr en leur enlevant la sève. On la détruit en partie par des arrachages ou coupes fréquentes avant la formation des graines.

Le *Pavot des champs* — *Coquelicot* — plante très mauvaise qui détermine des convulsions et des coliques chez les animaux qui la consomment ; facile à détruire en l'arrachant avant la maturité des graines.

La *Pâquerette*, connue de tout le monde et très répandue dans les champs, qui est insignifiante comme espèce herbagère et dont la trop grande abondance est l'indice d'un sol maigre, appauvri, négligé, réclamant des soins et des engrais.

CHAPITRE VI

FORMULES D'ENSEMENCEMENT. — SOPHISTICATION DES SEMENCES. MODE DE SEMIS. — ÉPOQUES D'ENSEMENCEMENTS

Nous avons dit que dans toute prairie bien aménagée, les graminées et les légumineuses devaient se trouver régulièrement associées en proportions convenables, condition qui, si elle n'était pas remplie, aurait pour résultat de ne donner au fourrage qu'une valeur alimentaire insuffisante au bétail destiné à l'engraissement.

Dans la rapide revue que nous venons de passer, nous avons fait ressortir les qualités fourragères de chacune de ces plantes en indiquant celles d'entre elles qu'il y avait particulièrement intérêt à faire naître et à multiplier dans un herbage, la plupart des autres végétaux familiers aux prairies s'y propageant spontanément, sans qu'il soit nécessaire de les y introduire artificiellement et, souvent même, malgré les efforts que l'on pourrait faire pour les en éliminer.

Il ne nous reste plus qu'à indiquer quelques formules d'ensemencement que nous emprunterons à l'ouvrage de M. de Boitel.

« En tenant compte, dit cet auteur, des exigences

du sol, de la destination de la prairie, de l'expérience des praticiens et des principes de la science, nous réduirons à cinq les formules à recommander pour la création des prairies permanentes. Ces formules sont les suivantes :

PREMIÈRE FORMULE

Herbages du Nivernais en sol d'alluvions riches plus ou moins calcaires.

Paturin des prés.	10	kilog.
Fléole.	10	—
Ray-grass vivace.	10	—
Fétuque des prés.	10	—
Trèfle blanc.	10	—

Cette composition expérimentée et recommandée par M. Chamard, devrait convenir également, pour les embouches de la Normandie et de la Flandre.

DEUXIÈME FORMULE

Prairies à faucher à établir sur les alluvions fraîches et fertiles des vallées.

Paturin commun. .	10	kilog.	Fétuque des prés. .	5	kilog.
Fléole.	5	—	Trèfle blanc.. . . .	2	—
Ray-gras vivace. .	10	—	— ordinaire. . .	4	—
Fromental.	5	—	— hybride. . .	3	—
Dactyle.	5	—	Minette.	2	—

TROISIÈME FORMULE

Prairies à faucher sur sol riche, en coteau ou en plateau, moins frais que les alluvions des vallées.

Paturin commun. .	10	kilog.	Trèfle ordinaire.. .	4	kilog.
Ray-grass vivace. .	10	—	— hybride. . .	2	—
Fromental.	10	—	Luzerne..	2	—
Dactyle.	10	—	Minette.	2	—
Trèfle blanc. . . .	2	—	Sainfoin.	10	—

QUATRIÈME FORMULE

Prairies à faucher en sol calcaire de bonne qualité, en coteau ou en plateau, profond et perméable.

Paturin commun. .	10	kilog.	Trèfle blanc. . . .	2	kilog.
Ray-grass vivace. .	10	—	— ordinaire . .	4	—
Fromental.	5	—	Luzerne.	2	—
Avoine jaunâtre . .	10	—	Minette.	4	—
Dactyle.	5	—	Sainfoin.	20	—

CINQUIÈME FORMULE

Prairies à faucher en sol calcaire pierreux très perméable, d'une moyenne fertilité.

Ray-grass vivace. .	10	kilog.	Trèfle blanc. . . .	2	kilog.
Fromental.	10	—	— ordinaire. . .	4	—
Avoine jaunâtre. .	10	—	Minette.	4	—
Dactyle.	5	—	Sainfoin	30	—
			Trèfle jaune des prés.	1	—

En terre siliceuse ou argilo-siliceuse pauvre en calcaire et peu fertile, la prairie permanente ne dure pas; on n'y fait que des prairies temporaires.

Mais rappelons que ces terrains eux-mêmes peuvent être très avantageusement modifiés par les procédés que nous avons indiqués et qu'on peut arriver à leur faire produire en quantités appréciables, des fourrages de bonne qualité.

Lorsque, cependant, il est démontré que ces terrains ne remplissent pas les conditions d'une bonne végétation fourragère, que le rendement ne s'y soutient pas ou ne s'y maintient qu'à force d'apports dispendieux de fumures, que les bonnes espèces de plantes en disparaissent pour faire place à d'autres de qualité inférieure, il est préférable de ne pas persister, de rompre la prairie et d'en faire rentrer le sol dans la catégorie des terres cultivées. On a avantage alors à se contenter de prairies temporaires qui, suivant la nature du sol, peuvent donner de bons résultats pendant deux ou trois ou quatre années consécutives et dans lesquelles on ensemence les différentes espèces de graminées et de légumineuses, associées suivant les combinaisons qui paraîtront donner les rendements les plus satisfaisants.

C'est ainsi que dans les terrains silico-argileux des environs de Nancy, M. Genay s'est bien trouvé de la composition suivante :

Trèfle ordinaire. . .	6 kilog.	Ray-grass d'Italie. .	2 kilog.
— hybride . . .	3 —	Dactyle.	2 —
— blanc.	1 —	Houlque laineuse. .	4 —
Minette.	2 —	Fléole des prés. . .	3 —
Ray-grass vivace. .	2 —		

En terrain argilo-calcaire très compact et d'une culture difficile M. Boitel recommande le mélange ci-après :

Trèfle ordinaire. . .	2 kilog.	Houlque laineuse. .	2 kilog.
Luzerne.	1 k. 250	Ray-grass anglais. .	5 —
Trèfle hybride. . .	3 kilog.	Fromental.	5 —
Trèfle blanc.	1 k. 200	Dactyle.	2 —
Fléole.	1 k. 500		

Du même auteur pour sol calcareux-argileux, très caillouteux et peu profond.

Sainfoin.	25 kilog.	Ray-grass anglais. .	7 k. 500
Minette.	3 —	Brome des prés. . .	6 kilog.
Trèfle jaune des sables.	3 —	Fétuque ovine. . .	1 k. 500
Trèfle blanc	1 k. 200	Fléole des prés. . .	0 k. 300

Du même pour sol calcaire, sec, pierreux, très superficiel, destiné à faire un pâturage à moutons :

Sainfoin.	24 kilog.	Ray-grass anglais. .	10 kilog.
Minette.	2 —	Brome des prés. . .	3 —
Trèfle jaune des sables.	3 —	Fétuque ovine. . .	1 k. 500
Trèfle blanc. . . .	1 k. 800	Avoine jaunâtre. .	3 kilog.

SOPHISTICATION DES SEMENCES.

Ici nous devons présenter une observation qui est de la plus haute importance.

Il est bien évident que les proportions de semences que nous venons d'indiquer ne seront réellement acquises aux terrains dans lesquels on les répandra, qu'à la condition absolue que, pour chaque espèce, le poids de graines employées soit bien celui qui aura été arrêté.

Or, la fraude sur les graines de semences de prairies est au moins aussi habile et aussi fréquente que celle qui s'exerce sur les engrais. Non seulement on ne se fait aucun scrupule, chez certains commerçants, de mélanger des espèces bon marché à d'autres d'un prix beaucoup plus élevé et que l'on fait payer, naturellement, au tarif des meilleures graines, mais encore il n'est pas rare de voir ajouter à un lot, des matières inertes dépourvues de toute faculté germinative, ou même des graines de mauvaises plantes aux lots de semences spécifiées par les acheteurs, de façon à augmenter le poids, en vue de réaliser des bénéfices illégitimes.

L'agriculteur que son industrie oblige à acheter des graines de semences, à quelque catégorie qu'il appartienne, doit donc se prémunir, par tous les moyens possibles, contre des fraudes. Non seulement il importe pour lui d'obliger son vendeur à lui garantir sur facture le degré de pureté et la faculté germinative des graines qu'il achète, mais il doit encore, même avec cette garantie, faire examiner et analyser ces semences par les institutions spéciales créées à cet effet, au centre de beaucoup de syndicats agricoles et, à défaut, à l'Institut agronomique de Paris.

C'est ainsi que, en s'adressant à M. Schribaux, à l'Institut agronomique, 16, rue Claude-Bernard, à Paris, qui en a reçu la mission officielle, et moyennant une dépense de quelques francs (2 à 4 francs suivant la nature des graines), tous les agriculteurs peuvent être édifiés sur la valeur réelle de la graine qu'on leur propose et sur la présence ou l'absence dans cette semence de graines d'espèces nuisibles. Un autre mode de procéder consiste à demander à M. Schribaux, qui les leur communiquera, l'adresse des douze ou quatorze grands négociants en graines qui ont soumis leurs semences au contrôle de la station, c'est-à-dire qui livrent avec les graines un bulletin de pureté et de faculté germinative. Ce mode d'achat donne au cultivateur le droit de faire vérifier, gratuitement pour lui, par la station de l'Institut agronomique, les qualités des semences vendues.

L'article 423 du Code pénal et la loi du 27 mars 1851 sur la répression des fraudes dans la vente des marchandises, sont suffisants pour garantir les cultivateurs qui prendront les mesures nécessaires pour en réclamer l'application, contre les fraudes aussi variées que productives dont certains négociants se rendent journellement coupables.

Il n'est pas indifférent, en effet, de payer, par exemple 300 francs les 100 kilogrammes, de la graine de trèfle blanc; 430 francs de la graine de flouve odorante ou 210 francs de la graine de vulpin des prés, alors que la marchandise vendue contiendra à peine 80, 70, 60 et souvent moins pour 100 de semences susceptibles de germer ou répondant exactement à l'espèce demandée. En admettant un degré de pureté de 70 p. 100, ce qui est une bonne proportion moyenne, on voit qu'aux tarifs ci-dessus, on payerait, en réalité, 390 francs les 100 kilogrammes de trèfle blanc, 559 francs les 100 kilogrammes de flouve odorante et 273 francs le vulpin des prés, ce qui serait tout à fait excessif, sans compter les risques que l'on court en introduisant dans la prairie de mauvaises plantes dont on aura toutes les peines du monde à se débarrasser plus tard.

Une fois fixé sur la valeur réelle de la semence, il convient encore, d'après son coefficient de pureté, de calculer la quantité à employer dans un cas déterminé et d'après le plan arrêté d'avance.

Supposons, par exemple, en nous reportant à l'une des formules que nous avons données plus haut, que nous voulions ensemencer une prairie avec 10 kilogrammes de trèfle blanc et 10 kilogrammes de pâturin des prés à l'hectare, et que l'analyse nous ait fait savoir que les semences dont nous disposons ne répondent qu'à 71 p. 100 de pureté. Si nous répandions dans notre champ 10 kilogrammes d'une semence de ce genre, la proportion de graines utiles ne serait, en réalité, que de 7 kilog. 10 au lieu des 10 kilogrammes qui nous sont nécessaires et dont la quotité sera établie en résolvant la proposition suivante :

$$\frac{10 \times 100}{71} = 14.1$$

le nombre 10 représentant la quantité réelle de semences à employer et celui de 71 le coefficient de pureté.

On voit que dans les conditions ci-dessus, la quantité de semences à employer, sera de 14 kilog. 10 au lieu de 10 kilog.

Nous ne saurions trop engager l'acheteur de graines de semences à prendre en très sérieuse considération les observations qui précèdent. Son intérêt y est engagé à tous les points de vue car, autrement, il risque : 1° de payer la marchandise à un prix excessif ; 2° d'empoisonner son champ avec de mauvaises plantes.

MODE DE SEMIS

Les semences de légumineuses et de graminées destinées aux semis des prairies, présentent des différences profondes quant au poids et au volume ; de plus, les unes doivent être enterrées à une certaine profondeur, tandis que les autres demandent à être peu recouvertes. Le défaut de trop recouvrir les graines, surtout dans les terres argileuses, est une des principales causes d'insuccès des prairies. Pour simplifier les semis, on s'est borné à classer ces graines en deux grandes catégories :

1° Les légumineuses et les graminées les plus lourdes et généralement les plus volumineuses, destinées à être enterrées à la herse, et que l'on est convenu d'appeler *graines de premier semis*, graines à herser ou grosses graines ;

2° Les légumineuses et les graminées les plus légères et généralement les moins volumineuses, destinées le plus souvent à être recouvertes simplement par le passage du rouleau, et que l'on a l'habitude d'appeler *graines de deuxième semis*, graines à rouler, graines fines et graines légères.

PRINCIPALES GRAINES DE 1er SEMIS

Graminées.	*Légumineuses.*
Les bromes.	Le trèfle violet.
Le dactyle pelotonné.	Le trèfle jaune des sables (anthyllide).
Le fromental.	La luzerne,
Les houques.	La minette.
Les fétuques.	Les sainfoins.
Les ray-grass.	La pimprenelle.
	La jacée des prés.

PRINCIPALES GRAINES DE 2e SEMIS

Graminées.	*Légumineuses.*
Les agrostis.	Le trèfle blanc.
L'avoine jaunâtre.	Le trèfle hybride.
Les canches.	Le lotier velu.
La crételle des prés.	Le lotier corniculé.
La fléole.	
La flouve odorante.	
Les pâturins.	
Le vulpin des prés.	

Avant d'opérer le semis on mélangera, les variétés de premier semis aussi intimement que possible, en vidant les sacs de semences les unes après les autres sur une surface plane, de manière à mélanger parfaitement, à la pelle et à la main, le sac 1 et le sac 2, puis en mélangeant le sac 3 avec les deux premiers, et ainsi de suite.

On fera de même pour les variétés du deuxième semis.

Après ces opérations, on sèmera par un temps

calme, dans la crainte du vent qui pourrait empêcher la bonne répartition des semences, d'abord les graines de premier semis, en une fois et même en deux fois, (moitié en long et moitié en travers), afin d'avoir un semis plus uniforme, si on a à sa disposition un semeur habile pour cela ; puis l'on passera un coup de herse, de façon à enterrer les graînes à 3 centimètres de profondeur. On fera de même ensuite pour les graines de deuxième semis, que l'on recouvrira plus superficiellement par un ou plusieurs hersages légers avec une herse à chaînons ou plus simplement un fagot d'épines. Si la terre ne paraît pas ensuite parfaitement émiettée et bien en contact avec les graines, un roulage léger avec un rouleau de bois terminera avantageusement tous ces travaux qui sont beaucoup plus rapides que ne pourrait le donner à croire cette longue description.

Nous ajouterons qu'on se trouvera bien d'effectuer encore un roulage peu de temps après la levée, au moyen d'un rouleau plombeur. Le rouleau fait taller les graminées, c'est-à-dire qu'en passant sur la plante, il produit au collet des blessures d'où partent de nouveaux bourgeons qui deviennent autant de tiges ; puis il tasse le sol et le rend plus difficile à l'accès des larves d'insectes, qui, plus tard, se nourrissent des petites radicelles des plantes, tels que les vers blancs.

Si, pour une raison ou pour une autre, le semis a été trop clair sur certaines étendues, il suffira de laisser, la première année, les principales plantes mûrir leurs graines et de les secouer fortement à la fourche sur le sol après la fauchaison, un coup de herse légère suffira pour les enterrer ensuite comme il convient.

Si des vides se sont produits par places, on devra les ensemencer à nouveau.

Mais on ne se repent jamais d'avoir semé trop épais ; la somme dépensée en plus est peu importante et l'on évite ainsi les inconvénients que nous venons de signaler.

ÉPOQUES D'ENSEMENCEMENTS

L'époque propice à l'ensemencement varie suivant les climats ; préférable au début du printemps dans les pays tempérés, elle est, au contraire, recommandable à l'automne dans les pays méridionaux où l'hiver est peu rigoureux et où les plantes ont plutôt besoin d'être suffisamment développées pour résister à la sécheresse dès le premier printemps.

Même pour les semis du printemps, les façons culturales seront, autant que possible, exécutées à l'automne, car, pendant l'hiver, les alternatives de gelées désagrègent le sol et divisent les mottes toujours si nuisibles aux graines fines, en sorte que, si la terre est propre, il ne reste qu'à donner un coup de herse ou d'extirpateur au printemps, pour qu'elle soit prête à recevoir la semence.

Les semis d'automne ont lieu de préférence sur terre nue, mais peuvent s'effectuer dans une céréale d'hiver ; les semis du printemps ont toujours lieu dans des céréales semées soit à l'automne précédent, soit au printemps, simultanément avec la prairie ou, ce qui est meilleur, quelque temps avant.

Ces céréales, si justement appelées *plantes protectrices*, ou récoltes protectrices, garnissent le sol en attendant le développement de la prairie, empêchent la pousse des mauvaises herbes toujours si nuisibles, abritent plus tard la jeune prairie contre les hâles du printemps, les ardeurs du soleil et les effets désastreux de la sécheresse.

Pour les semis du printemps, l'avoine convient très bien comme plante protectrice, surtout lorsqu'elle est destinée à être coupée en vert de bonne heure, ce qui, tout en favorisant la croissance des plantes fourragères, permet d'obtenir une seconde coupe qui, de même que la première, doit être fauchée un peu haute; en année très sèche, cependant, il serait préférable de laisser l'avoine venir à maturité.

Le blé, l'orge, le seigle, sont aussi de bons abris; de même que l'avoine ils doivent être semés très peu serrés, afin de ne pas priver la prairie d'air et de lumière; d'autre part, il est important de ne pas laisser séjourner des récoltes versées sur les jeunes plantes fourragères si l'on ne veut pas que ces dernières s'étiolent et disparaissent.

CHAPITRE VII

SOINS A DONNER AUX PRAIRIES. — UTILITÉ DES HERSAGES. — ENTRETIEN DES RIGOLES D'ARROSAGE. — DISPERSION DES DÉJECTIONS. — DESTRUCTION DES MAUVAISES PLANTES. — SOINS DE PROPRETÉ. — ÉTAUPINAGE ET DESTRUCTION DES ANIMAUX NUISIBLES. — SOINS DIVERS : CHAULAGES, TERREAUTAGES ET ENGRAIS. — SUBORDINATION DE L'IMPORTANCE DU TROUPEAU A L'ABONDANCE DE L'HERBE.

Les prairies demandent des soins minutieux qu'on leur refuse malheureusement trop souvent ou qu'on ne leur accorde, le plus ordinairement, que lorsque l'on constate l'affaissement de leur production et leur envahissement par les plantes adventices de mauvaise qualité.

Cependant, il est démontré depuis longtemps que la prairie produit en raison des soins et des engrais qu'on lui donne. Il ne faut pas conclure de ce que les prairies sont appelées *naturelles*, que la nature seule les rende productives ; il faut aider à la nature ; plus elles sont soignées, plus elles reçoivent d'engrais appropriés, plus elles donnent de fourrage et plus la qualité de ce fourrage est bonne. On retrouve toujours dans une prairie et avec bénéfice, les sacrifices qu'on y a faits.

On ne doit pas faucher une prairie la première année, car on ferait ainsi disparaître certaines plantes qu'on a pourtant intérêt à y faire prospérer et qui n'ayant pas encore acquis la vigueur nécessaire, périraient si on les coupait. Il est préférable de les faire pâturer, mais à la condition toutefois que le terrain soit bien sec et retienne ainsi assez énergiquement les plantes pour qu'elles ne soient pas arrachées par les animaux.

Ce n'est qu'après un temps plus ou moins long que l'on voit se former à la surface des prairies, cette espèce de feutrage résultant de l'enchevêtrement des tiges, des racines et des collets et, qui forme, il est vrai, un manteau protecteur grâce auquel les racines des plantes sont plus ou moins garanties contre les excès du froid ou de la chaleur, qui maintient à la surface une certaine humidité favorable à la végétation, mais qui aussi, lorsqu'il est trop accentué, empêche l'air de pénétrer là où son action serait pourtant utile et même indispensable.

Utilité des hersages. — Aussi, n'y a-t-il pas de meilleure méthode, parmi les soins à donner aux prairies, au moment du départ de la végétation, que le hersage cependant bien peu pratiqué. On peut dire que beaucoup de prairies voient ralentir leur production, précisément parce qu'on néglige de les herser.

Tous les détritus végétaux, tiges et feuilles mortes s'accumulent sur les prairies, les racines s'entrecroisent, les vieilles souches des graminées pourrissent, et tout cela forme une sorte de feutre à travers lequel les jeunes tiges qui poussent ne peuvent se faire jour ; les racines manquent d'air, les nouvelles plantes qui commencent à germer sont étouffées ; un vigoureux coup de hersage vient détruire ce feutrage, donner de l'air et de la lumière aux racines, au sol, le vivifier et le féconder. Les jeunes plantes poussent alors avec vigueur.

Le hersage est également indispensable pour permettre aux engrais répandus en couverture sur la prairie de pénétrer jusqu'aux racines des plantes. C'est aussi par le hersage qu'on détruit les mousses des prairies, les mauvaises herbes ; le hersage, c'est un coup de peigne sur les prairies : il donne aux plantes une vigueur nouvelle, un élan à la végétation, parce qu'il rompt la croûte formée sur le sol et qu'il fait pénétrer l'air et la lumière. C'est donc une opération capitale pour avoir de bonnes prairies, propres, exemptes de mauvaises plantes, et aussi une herbe vigoureuse et drue. Ce hersage permet encore de regarnir les éclaircies de la prairie, en semant au préalable des graines dans ces parties dégarnies.

Après le hersage et l'épandage des engrais, une bonne pratique serait de passer le rouleau plombeur tout comme on le fait après la levée des graines de semis. Les résultats seront tout aussi avantageux.

Entretien des rigoles d'arrosage. — On doit surveiller les rigoles d'arrosage aussi bien l'hiver que l'été. Celles-ci peuvent s'engorger et l'eau ne trouvant plus un écoulement régulier, se répand à l'entour et y provoque un excès d'humidité favorable à l'éclosion des plantes marécageuses. Il faut, autant que possible, ne jamais mettre les animaux au pâturage dans des prés dont des pluies persistantes ont amolli le sol. Dans ces conditions, les sabots des animaux creusent des trous dans lesquels l'eau séjourne au grand détriment des plantes qui y pourrissent et, par surcroît, celles-ci sont facilement arrachées du sol amolli qui ne les retient plus suffisamment contre l'effort du broutement.

Dispersion des déjections. — On devrait toujours avoir soin dans les pâtures, de disperser les déjections solides déposées par les animaux, sinon ceux-ci délaissent les plantes qui croissent dans leur voisinage immédiat; de plus, ces plantes sont susceptibles de prendre l'ergot, qui peut amener dans les étables l'avortement épizootique. Avant la floraison, toutes les tiges restées intactes doivent être soigneusement enlevées, car c'est alors que l'ergot se développe.

Destruction des mauvaises plantes. — Nous avons indiqué sommairement, en passant en revue les diverses plantes adventices de mauvaise qualité qui sont susceptibles de se multiplier dans une prairie, les moyens de les détruire ou tout au moins de s'opposer à leur extension. C'est là un point sur lequel on ne saurait trop appeler l'attention des intéressés s'ils ne veulent pas voir leur pré bientôt empoisonné, ne donnant plus qu'une herbe détestable, et leur bétail dépérir devant cette nourriture insuffisante.

On voit souvent des prairies envahies par la mousse et la petite oseille. La présence de ces végétations que l'on ne peut pas, à proprement parler, ranger dans la catégorie des mauvaises plantes, mais qui prennent la place de celles qu'il y aurait avantage à conserver, est toujours l'indice d'un excès d'humidité du sol et d'une insuffisance de calcaire. On y remédie par le drainage, le marnage ou le chaulage, le tout précédé et accompagné d'un vigoureux hersage.

On a préconisé contre la mousse des prairies, l'épandage au printemps et au début de la végétation d'une solution de sulfate de fer au 10e et quelquefois on a obtenu de bons résultats de ce remède ; mais il n'a qu'une action passagère si on laisse subsister les causes du mal.

Soins de propreté. — Au début du printemps également, il est toute une série de mesures de propreté que l'on doit prendre pour que la prairie soit nette, telles que le ramassage des feuilles mortes, des débris de bois, si l'herbage est entouré d'arbres ou de haies vives. Les feuilles de chêne et de châtaignier, notamment, doivent être enlevées avec soin, car elles renferment de fortes proportions de tannin qui donnerait, par décomposition, un terreau acide susceptible de nuire à la végétation des espèces de bonne nature ; de plus, leur trop grande abondance sur le sol, empêcherait l'accès de l'air et étoufferait le gazon.

Étaupinage et destruction des animaux nuisibles. — L'une des opérations les plus importantes du printemps, écrivent MM. Denaiffe, dans leur manuel pratique de culture fourragère, est assurément l'*étaupinage*. Les taupinières élevées par les taupes avec la terre enlevée aux galeries souterraines qu'elles creusent, gênent beaucoup le fauchage quand elles sont trop nombreuses. Leur épandage ne présente aucune difficulté, il s'opère à la main, avec une pelle ou une houe. Mais lorsqu'on a une grande surface à étaupiner, il faut avoir recours à l'étaupinoir ; un des plus simples est celui de Mathieu de Dombasle, il est très répandu dans l'est de la France. Il se compose en principe de deux limons solides assemblés par deux barres plus légères ; au milieu du carré ainsi formé, sont placées deux traverses obliques assez grosses, munies à leur partie inférieure de deux lames d'acier. Ce sont ces lames qui tranchent les taupinières ou autres aspérités et déposent dans les parties creuses ce qu'elles ont enlevé. Cet étaupinoir a 1^{m},50 de largeur et peut être traîné par un cheval.

Quant à la taupe elle-même, elle n'est réellement nuisible que dans les prairies irriguées. Là il faut de toute nécessité la détruire, parce qu'avec ses galeries elle détourne le cours des rigoles et entrave le bon fonctionnement des irrigations. Si l'on ne veut pas s'en débarrasser au moyen des pièges, il suffit de mettre à sa portée des morceaux de lombrics mélangés avec de la noix vomique, en prenant bien soin de ne pas toucher les vers avec la main.

Les ennemis les plus redoutables des prairies sont les vers blancs ; on peut essayer de les détruire avec le *Botrytis tenella*, quand la prairie n'est ni trop sèche ni trop humide et que la température moyenne a atteint 14 ou 15 degrés.

Les campagnols, les souris et les mulots sont aussi un fléau pour les prairies quand ils sont en trop grand nombre ; pour les campagnols, les mulots et rats des champs, la Myocktamine est, sans contredit, le remède le plus sûr et le plus efficace.

Soins divers : chaulages, terreautages et engrais. — Chaque année, les chaulages, les terreautages doivent entretenir et améliorer l'herbe, et les prairies doivent recevoir les engrais voulus : phosphate, potasse et chaux.

Si on omet de donner les fumures en temps voulu, les bonnes herbes dépérissent, les mauvaises herbes, moins exigeantes, prennent le dessus et changent du tout au tout la nature des herbages.

Le superphosphate, les scories phosphatées, les phosphates naturels fournissent aux prairies et aux herbages l'acide phosphorique qu'ils réclament; la potasse leur est fournie sous forme de sulfate ou de chlorure, et la chaux à l'état de chaux ou de sulfate de chaux.

L'azote, sauf quelques cas exceptionnels, n'a pas besoin d'être fourni aux prairies dans lesquelles les légumineuses sont en proportions suffisantes, ces plantes assimilant abondamment l'azote de l'air et enrichissant ainsi, en azote, le sol qu'elles couvrent.

L'engrais par excellence pour les herbages, le seul peut-être qui y produise toujours plus d'effet que dans les terres, c'est l'engrais liquide, soit purin (jus de fumier, urine de bétail), soit lizier (fumier délayé dans l'eau), soit vidange (engrais humain).

Pour répandre les engrais liquides sur les prairies ou herbages, on se sert de tonneaux montés sur roues et munis d'un appareil épandeur. On ajoute au lizier ordinaire deux fois, au purin quatre ou cinq fois et à la vidange six à huit fois leur volume d'eau, plus ou moins, suivant que la température est plus ou moins élevée et que la végétation est plus ou moins avancée. Il faut aussi choisir un temps sec pour que le sol soit ferme, car lorsque le sol est détrempé et ramolli, le transport des tonneaux sur l'herbage peut occasionner des dégâts.

Les effets du purin sur les herbages sont toujours merveilleux et on ne s'explique vraiment pas la négligence de la majorité des agriculteurs qui laissent souvent se perdre cet agent de fertilisation par excellence.

Subordination de l'importance du troupeau à l'abondance de l'herbe. — Pour le pâturage comme pour l'herbage, l'essentiel est de savoir proportionner l'importance du troupeau à l'abondance de l'herbe. Si l'on y met trop d'animaux, ils se nourrissent mal et fatiguent beaucoup l'herbage qu'ils rongent quelquefois jusqu'à la racine, enfin y produisent, sous la sollicitation de la faim, toutes sortes de ravages qui ont pour effet de nuire à l'abondance et à la qualité des récoltes suivantes. Si on en met trop peu, l'herbe domine le bétail et une partie mal broutée n'est pas bien utilisée. Dans tous les cas, il vaut mieux pécher par défaut que par excès.

L'accès de la prairie doit être formellement interdit aux porcs et aux oies. Les premiers bouleversent la surface du sol avec leur groin, tandis que les secondes, avec leur bec tranchant, coupent l'herbe au-dessus du collet, détruisent les bourgeons, le nœud vital et rendent la repousse difficile, sans compter que leurs déjections sont corrosives et que leurs plumes mêlées à l'herbe, déplaisent au bétail.

CHAPITRE VIII

RÉCOLTE ET CONSERVATION DU FOIN. — ÉPOQUE ET MODE DE FANAGE. — EMMAGASINAGE DU FOIN. — ENSILAGE DES FOURRAGES VERTS : SILOS EN TERRASSEMENT COUVERT OU NON ; SILOS EN PLEIN AIR SUR SOL ; SILOS EN MAÇONNERIE. — CONDITIONS DE L'ENSILAGE. — MODIFICATIONS PHYSIQUES ET CHIMIQUES DES FOURRAGES ENSILÉS ; ENSILAGE ACIDE ; ENSILAGE DOUX.

Lorsque l'herbe de la prairie n'est pas consommée sur place par la dépaissance, on tire généralement de celle-ci deux récoltes successives :

Du foin de première coupe ;

Du foin de seconde coupe ou regain.

Le mode de récolte, appelé le fanage, est trop connu pour que nous ayons à entrer dans de longs détails à ce sujet. L'opération vise à ce résultat final de convertir le fourrage vert en foin suffisamment sec ou plus exactement à enlever au foin une quantité d'eau assez grande pour que celui-ci puisse se conserver.

L'ouvrage de M. Amédée Boitel, auquel nous avons déjà fait de larges emprunts, contient sur cette opération importante, des détails, des observations et des recommandations qui constituent à nos yeux le meilleur guide à suivre en cette circonstance.

C'est pourquoi nous nous permettons de reproduire le chapitre consacré par cet auteur à cette question, dans son livre sur les « herbages et les prairies naturelles ».

Époque et mode de fanage. — « L'époque de la coupe, écrit M. Boitel, est indiquée par l'état même de la plante. Quand la plupart des graminées montrent les organes de la production, le moment propice est arrivé ; si on attend la floraison ou la grenaison, le rendement en foin est plus considérable, mais c'est au détriment de sa valeur nutritive. Il en résulte que les foins destinés à la vente doivent être fauchés tardivement et qu'il faut couper de bonne heure ceux qu'on réserve pour la consommation de son propre bétail.

« Les prés hauts, bien assainis, sont mûrs les premiers ; c'est par eux qu'il faut commencer la récolte, les prés bas, humides, ont souvent quinze jours et même un mois de retard sur les premiers. On réalisera une certaine économie et on activera la rentrée du foin en se servant de la machine à faucher et du rateau à cheval.

« La machine à faucher fait un meilleur travail que la faulx, pourvu que le pré ne soit pas humide et ne présente pas d'irrégularités et de reliefs à la surface.

« Pour obtenir une belle couleur verte, il faut éviter d'exposer les andains à la rosée, surtout quand ils ont déjà subi un commencement de dessication. Ils doivent être réunis en petits tas pendant la nuit et étendus au soleil dès que la rosée ne laisse plus de trace sur le sol. Le ramassage et l'étendage se répètent autant de fois qu'il le faut pour obtenir une bonne dessiccation. Le foin est suffisamment sec quand ses tiges se brisent au moindre effort; les tas refaits le soir doivent être d'autant plus gros que la dessiccation est plus avancée. Quand la pluie est imminente, on fait les tas aussi gros que possible, afin de diminuer la portion de foin qui doit être forcément mouillée. Dans la région du Nord, on fait mieux encore, on abrite les tas sous des paillassons. D'autres fois, avec un foin long et raide, on fait de petites moyettes coniques liées par le haut et abandonnées ainsi jusqu'à complète dessiccation. Par ce système, la portion blanchie par la pluie et la rosée est assez considérable; il n'y a que l'intérieur de la moyette qui conserve sa belle couleur verte. Ce mode de dessication est le plus économique dans les régions brumeuses et pluvieuses. Il n'en est pas question dans les régions bien ensoleillées où il suffit d'une journée ou deux de beau temps, pour bien sécher le foin. Le fanage par des femmes a l'inconvénient d'être lent et cher. Il y a avantage à le remplacer par le travail de la faneuse mécanique. Cette machine, traînée par un cheval et conduite par un homme, remplace dix à douze femmes et fait un travail plus régulier et plus parfait.

« Le foin étendu et remué par la faneuse une ou deux fois dans la même journée, doit être ramassè le soir en petits tas, pour le soustraire en partie à l'action de la rosée qui le détériore et le blanchit. Pour ce travail, on se sert soit du râteau à main, soit de la fourche en bois.

« Les râteaux à main ne sont pas expéditifs. L'opération est plus rapide et devient moins chère quand, après la faneuse, on fait passer le râteau à cheval sur le foin étendu, de manière à en former de gros rouleaux parallèles qu'on rassemble ensuite en petits tas coniques à l'aide du râteau à main, et mieux, de la fourche en bois. »

Emmagasinage du foin. — « La conservation après la récolte, exige certaines précautions, si l'on veut que le foin ne perde pas ses qualités nutritives. Dans les magasins, il doit être à l'abri de l'humidité, au premier étage plutôt qu'au rez-de-chaussée. Mis en contact avec le sol ou des murs humides, il devient poudreux et malsain pour le bétail. Il demande à être tassé autant que possible. Les foins comprimés mécaniquement et liés en balles de 100 kilos se conservent admirablement; le foin mis en bottes sur la prairie se conserve très-bien en magasin, à la condition qu'on le tasse fortement et qu'on ne laisse aucun vide entre les balles.

« Le foin placé dans des greniers au-dessus des étables, se détériorerait très vite s'il existait des ouvertures ou des fissures laissant passage aux vapeurs chaudes des animaux. L'humidité condensée dans le foin le réduirait à l'état de fumier.

« Les meules bien couvertes et munies d'un socle en pierres sèches ou en maçonnerie interceptant l'humidité du sol constituent un excellent mode de conservation. Il n'y a que la surface exposée à l'air qui s'altère sur une faible épaisseur. C'est une perte de peu d'importance. Elle est plus considérable sur les meules non couvertes de paille et reposant directement sur le sol. Dans les régions où l'on manque de soleil et de beau temps pour la dessiccation des regains, l'ensilage à l'état vert et bien conduit, pour obtenir un produit *doux* et non acide, constitue le mode de conservation le plus simple et le plus avantageux. »

Ensilage des fourrages. — Ici nous avons à dire quelques mots sur l'ensilage, procédé qui tend à se généraliser depuis quelques années.

D'une manière générale, on peut ensiler toutes les plantes fourragères vertes, mais ce procédé de conservation s'impose presque d'une façon absolue pour tous les produits herbagers ne se prêtant pas ou très difficilement à la dessiccation, ou bien perdant beaucoup par suite de leur passage à l'état sec, comme le maïs, le sorgho, le seigle coupé en vert, le trèfle incarnat, la spergule, la chicorée, le colza, la navette, le sainfoin, les vesces, etc.

Les herbes des prairies et, notamment, les regains que l'on ensile moins, donneraient pourtant des résultats avantageux s'ils étaient soumis à ce procédé qui a pour effet d'apporter dans la composition chimique des plantes, certaines modifications qui rendent celles-ci plus facilement digestives et augmentent dans des proportions considérables leur valeur nutritive, au point, disent MM. Joulie et Cottu, que « bien que le silo détruise une portion de la matière utile contenue dans le fourrage, son intervention est néanmoins très précieuse, puisqu'elle assure l'alimentation de l'animal dans de telles conditions qu'il pourra détruire de vingt à trente fois moins ces principes alimentaires pour donner le même résultat d'accroissement.

Quoi qu'il en soit, si, lorsque l'on procède au fanage, on est surpris par le mauvais temps, il ne faut pas hésiter et user largement de l'ensilage, car un foin lavé perd de ses principes solubles, tels que les sucres, les principes minéraux solubles, une partie de ses matières albuminoïdes. Il perd surtout aussi son arome et sa saveur qui augmentent la digestibilité et stimulent l'appétit du bétail, lequel, dans ces conditions, ne prend plus sa nourriture qu'avec répugnance.

Avec l'ensilage, l'herbe aussitôt coupée est rentrée et mise en silo, aucune partie tendre et nutritive n'est perdue. Il y a bien une perte par moisissure sur les parois du silo ou dans les encoignures, mais cette perte est beaucoup plus faible que par le fanage. De plus, le fourrage étant ainsi conservé dans l'état où il est le plus facile à digérer, c'est-à-dire à l'état aqueux, il est plus homogène et nourrit autant que l'herbe verte.

On se trouvera également très bien de l'ensilage pour conserver des sous-produits ou déchets dont l'utilisation ne pourrait être complète. Tel est le cas des marcs de raisin, des pulpes de betterave, des feuilles de vigne et d'autres arbres ou arbrisseaux et des feuilles de carottes, navets, rutabagas, panais, etc.

Les silos peuvent s'établir de diverses sortes :

1° Les silos en terrassement couverts ou non ;

2° Les silos en plein air sur le sol ;

3° Les silos en maçonnerie.

§ I. — *Silos en terrassement couvert ou non.*

Les silos en terrassement sont de simples fosses creusées en terre. Leur longueur varie avec l'abondance des fourrages à y renfermer ; la profondeur peut être de 1 m. 50 à 3 mètres suivant les dispositions du terrain et la largeur de 3 à 4 mètres et plus.

Leurs parois doivent être rigoureusement verticales.

Un des principaux avantages de ce genre de silos, c'est de permettre le déchargement des voitures presque constamment de haut en bas, alors qu'avec les autres procédés il faut élever la plus grande partie du fourrage, ce qui double la main-d'œuvre.

Le fourrage doit s'élever extérieurement à une hauteur égale à celle de la profondeur du silo. Après tassement elle ne dépassera guère que de 0 m. 50 la surface du sol.

Les silos ainsi confectionnés sont faciles à couvrir avec la terre provenant de la fouille. 30 à 40 centimètres d'épaisseur suffisent à la parfaite conservation des fourrages.

§ II. — *Silos en plein air sur le sol.*

Dans les terrains humides où les déblais sont impraticables, on peut faire des silos également en plein air sur le sol. Ils sont moins coûteux à établir que les autres ; aussi leur emploi tend-il à se généraliser de plus en plus et le procédé à se substituer aux autres.

Ils consistent en une meule de 5 à 6 mètres de large, de longueur variable et légèrement bombée vers le milieu. On la recouvre de matériaux aussi lourds que possible, poutres, pierres, pavés, etc. Et mieux encore, de madriers dont on augmente la pression au moyen de chaînes en fer fixées au sol. Cet appareil est peu coûteux, et on ne saurait trop en recommander l'emploi, tant il simplifie le tassement qui est le point essentiel pour un bon ensilage.

§ III. — *Silos en maçonnerie.*

Les silos en maçonnerie peuvent se construire en fosse ou sur le sol. Dans le premier cas leur établissement est identique (aux murailles près) à celui des silos en simples terrassements en fosse. Dans le second cas, construits sur le sol avec des murailles latérales, ils participent aux avantages et aux inconvénients des deux précédents. Le prix quelque peu élevé de leur construction les fait un peu délaisser.

CONDITIONS DE L'ENSILAGE

Quel que soit le mode d'établissement auquel on s'arrête, on doit, dans tous les cas, ensiler le fourrage à l'état frais, c'est-à-dire n'ayant pas subi de dessiccation. Il n'y a aucun inconvénient à ensiler des fourrages mouillés par la rosée ou par la pluie; certains praticiens estiment même que la conservation se fait mieux dans ces conditions.

La précaution primordiale et d'où dépend la réussite consiste à empêcher l'intrusion de l'air dans la masse ensilée ; un tassement méthodique est donc de toute nécessité et c'est avec le plus grand soin qu'on devra l'opérer, soit qu'on ensile en bottes comme souvent avec le maïs, soit qu'on ensile en vrac comme avec la plupart des autres fourrages.

On peut également ensiler les fourrages verts hachés; le tassement s'opère d'autant mieux et l'on introduit ainsi un tiers environ de marchandises de plus par mètre cube dans le silo.

On emplit le silo par couches bien horizontales et des hommes sont chargés de tasser avec leurs pieds ; si le silo est enfoncé en terre, on piétine surtout le long des murs ; s'il est superficiel (à l'air libre ou non), on s'attache de même à fouler le long des bordures.

On se trouve bien de mettre sur la face supérieure, une couche de balles d'avoine de 0 m. 05 à 0 m. 10 d'épaisseur, enfin le tout doit être serré par le moyen de compression que l'on aura choisi et de façon à obtenir une pression de 400 à 500 kilogrammes par mètre carré. On utilise à cet effet, des pierres, des poids en fer ou de la terre.

Au début de la pratique des ensilages, on pensait qu'il fallait remplir très vite le silo, on estimait que, pour être fait dans de bonnes conditions, il devait être confectionné dans une journée. Mais, aujourd'hui, on a reconnu qu'il était préférable de procéder au remplissage du silo en plusieurs jours ; on obtient ainsi un tassement qui permet d'ensiler une quantité bien plus considérable de fourrage dans le même silo. Ajoutons cependant qu'il est préférable qu'il y ait le moins d'interruption possible dans le remplissage, c'est-à-dire qu'il faut s'arranger de manière à apporter chaque jour une couche nouvelle.

Dans la masse ensilée, il se produit des modifications physiques et chimiques profondes. Il y a d'abord une fermentation avec perte d'eau et d'acide carbonique qui réduit le volume initial ; il y a aussi transformation d'une partie de certains principes plus assimilables. Tel est le cas de la cellulose et de l'amidon qui donnent des sucres ; par contre, il y a perte sur les matières albuminoïdes et surtout sur les matières extractives non azotées (amidons, sucres, gommes), enfin, il y a fréquemment transformation des substances albuminoïdes en amides.

Le fourrage ensilé passe par trois phases nettement caractérisées, pour aboutir à la décomposition complète.

Dans la première, il y a fermentation basse, catalytique qui ne produit qu'une simple mutation de principes immédiats, avec dégagement d'acide carbonique et formation d'alcool. Le fourrage, pendant cette période, a une odeur agréable, facile à déceler et qui peut durer de plusieurs jours à trois mois, selon les conditions de l'ensilage. Pendant cette première phase, le thermomètre ne doit pas marquer moins de 37°.

Dans la seconde période, on obtient la fermentation acide, dans laquelle il y a production d'acide acétique avec diminution de principes immédiats. L'odeur, alors, est légèrement acide et moins agréable que précédemment. Plus tard enfin, il se dégage une odeur encore plus accentuée qu'auparavant, c'est surtout l'acide butyrique qui domine et donne son goût désagréable. La fermentation putride ne tarde pas à se produire, amenant la décomposition totale du fourrage avec dégagement de gaz infects.

C'est là le système de l'*ensilage acide*, le seul réalisé par la grande majorité des agriculteurs.

Il existe une autre méthode beaucoup moins connue et beaucoup moins pratiquée, quoiqu'elle soit préconisée par certaines autorités agricoles : nous voulons parler de l'*ensilage doux*.

Ce système présente l'avantage de diminuer la formation des acides organiques en quantité aussi considérable que dans la première méthode et, notamment, celle de l'acide butyrique dont l'odeur est si répugnante. Il présenterait aussi l'avantage, paraît-il,

de décomposer en proportion moindre les substances albuminoïdes digestibles, de fournir enfin un fourrage accepté plus volontiers par les animaux et d'être mieux utilisé par eux.

Voici comment on procède dans l'ensilage doux :

On opère lentement le remplissage du silo; cette opération se fait en quatre ou cinq jours, M. Wœlker cite même le cas d'un ensilage qui a duré vingt jours, puis, au lieu d'employer l'herbe fraîchement coupée, on lui laisse perdre une partie de son eau sur le terrain. Enfin, dernière précaution, *on ne doit jamais tasser ni couvrir le silo que lorsque la température a atteint 52°*. A cette température, le ferment acétique est tué et l'acidification est diminuée dans de notables proportions.

M. Mer, attaché à la station des recherches de l'École forestière, s'est beaucoup occupé de l'ensilage. D'après ses expériences de 1886 à 1888, il donne la préférence à l'ensilage doux. Nous résumons ses observations :

1° L'ensilage acide ne diminue pas la sécrétion lactée, mais parfois il communique au lait un goût désagréable qui se communique au beurre lui-même.

2° L'ensilage acide, loin de favoriser l'engraissement, le retarde.

3° Il arrive parfois que des animaux soumis au régime de l'ensilage acide, contractent des inflammations intestinales assez graves qui vont jusqu'à leur faire perdre l'appétit, tandis que l'ensilage doux ne présenterait aucun de ces inconvénients.

MM. Denaiffe, les cultivateurs de graines bien connus, dans un manuel pratique de culture fourragère dont ils sont les auteurs, contestent ces observations.

« Nous voulons bien croire, disent-ils, que l'ensilage acide consommé en trop grande quantité et dans des conditions particulières, ait pu communiquer un mauvais goût au lait, mais le cas est très rare.

« Quant à l'influence désastreuse exercée sur l'engraissement, nous n'en connaissons pas d'exemples et, sous ce rapport, il y a contradiction avec les résultats obtenus par des praticiens sérieux ; aussi pensons-nous que les défiances de M. Mer sont exagérées. Mais il est entendu que les fourrages ensilés ne doivent jamais entrer que pour une part dans la ration des animaux.

La ration alimentaire des bovidés, par exemple, peut être constituée pour moitié par des fourrages ensilés ; et le reste par des tourteaux, des farineux, du foin et de la paille. Le foin et la paille hachés, et mélangés quelque peu à l'avance à la conserve de fourrage vert, sont plus tendres et mieux utilisés par les animaux.

« Si on a procédé à l'ensilage de fourrages verts tels que luzerne, trèfle, sainfoin, vesces, on peut se dispenser de leur adjoindre des éléments concentrés, mais si l'on a affaire à des maïs ou à d'autres fourrages dont le rapport nutritif est lâche, il faut de toute nécessité leur associer des éléments riches en matières azotées, pour resserrer la ration.

« Nous croyons utile de citer quelques courts extraits des conclusions de l'enquête anglaise faite sur l'ensilage en 1885 en nous limitant à ce qui a trait à l'alimentation :

1° D'après les praticiens, chimistes et agronomes consultés, le lait est plus riche et rend plus de beurre que lorsque les bêtes sont nourries au foin ; le baratage s'opère plus vite.

2° Une tonne d'ensilage équivaut à une demi-tonne de foin.

3° L'ensilage acide vaut l'ensilage doux et ce dernier présente l'inconvénient de se gâter plus vite que le premier.

4° Les praticiens déclarent qu'en généralisant la méthode de l'ensilage, ils peuvent nourrir un tiers ou moitié en plus d'animaux ».

Quoi qu'il en soit, les intéressés sont en face de deux systèmes ayant chacun leurs partisans; il leur est loisible de les expérimenter l'un et l'autre et de s'arrêter à celui qui leur paraîtrait le plus avantageux.

CHAPITRE IX

CONCLUSIONS GÉNÉRALES SUR L'IMPORTANCE DE LA QUESTION DES PRAIRIES. — PERTES DE L'AGRICULTURE RÉSULTANT D'UNE MAUVAISE EXPLOITATION AGRICOLE : LES PRÉS COMMUNAUX. — L'EXPLOITATION DU SOL A L'ÉTRANGER. — DIMINUTION DE LA VALEUR DE LA PROPRIÉTÉ CULTIVÉE EN FRANCE.

Nous en avons fini avec les prairies sur lesquelles nous nous sommes étendu peut-être un peu plus longuement que nous ne l'avions projeté tout d'abord, quoique nous soyons resté cependant dans un cadre bien restreint si nous envisageons le développement considérable que cette question pourrait offrir.

Mais si nous avons quelque peu insisté sur les conditions que comportent l'établissement des herbages de bonne qualité et leur maintien en bon état de végétation, c'est, d'une part, parce que nous avons voulu appeler la sérieuse attention de nos agriculteurs sur l'une de leurs exploitations à laquelle ils n'apportent généralement pas tous les soins qu'elle comporterait, sans doute parce que l'herbe poussant toujours plus ou moins, leur sollicitude n'est pas aussi immédiatement appelée sur les affaiblissements qui peuvent se manifester dans la culture herbacée,

6.

que lorsqu'il s'agit de leurs autres cultures en général.

D'autre part, la prairie étant, sans contredit, la base de l'élevage du bétail, et le but de cet ouvrage étant précisément d'amener à ce mode d'exploitation agricole le plus grand nombre possible de partisans, étant persuadé, d'ailleurs, qu'en l'état actuel des choses ils y trouveront des profits qu'aucune autre culture, quelle qu'elle soit, ne saurait leur fournir au même degré, il était tout naturel que nous insistions sur cette question.

On ne saurait trop redire, en effet, que malgré la beauté de notre climat, un sol incomparablement fertile, notre agriculture en France, à part quelques régions privilégiées, est dans un état d'infériorité marquée par rapport à celle des nations qui nous environnent.

La superficie du sol cultivable en France est d'environ cinquante millions d'hectares. Sur ces cinquante millions d'hectares, plus de huit millions appartenant soit à l'État, soit aux communes, soit à des particuliers, sont encore incultes et, de ce seul fait, la France se trouve frustrée chaque année d'un revenu de plus d'un milliard.

A cet égard, M. Boitel nous cite les prairies s'étendant le long des rives de la Saône et qui, bien qu'en situation de fournir de magnifiques produits en raison des colmatages fréquents auxquelles elles sont soumises par suite des débordements de la rivière, ne rendent rien ou presque rien.

« Ces prairies sont communales et il en est d'elles, ajoute M. Boitel, comme de tous les terrains communaux; tout le monde en abuse et personne ne songe à les ménager et encore moins à les améliorer. On y met trois fois plus d'animaux que la prairie ne pourrait en nourrir. Sur un communal d'une trentaine d'hectares, on lâche 200 à 300 bêtes à cornes avec 40 ou 50 chevaux. Cette troupe affamée y est conduite constamment, qu'il y ait de l'herbe ou qu'il n'y en ait pas, et quel que soit l'état du sol et de la température. Par les temps pluvieux, les bêtes défoncent le pré et y détruisent les meilleures espèces de graminées et de légumineuses. Si quelques endroits souffrent d'un excès d'humidité, personne ne se soucie de les assainir et de les niveler, Pendant la saison du pâturage, l'herbe est si rare et si tondue qu'il semblerait que les animaux dussent y mourir de faim. C'est ce qui arriverait, si le bétail communal ne trouvait pas à sa rentrée à l'étable, une pitance supplémentaire, la maigre pâture du communal étant loin de suffire à son alimentation journalière. En somme, chaque habitant de la commune tire un bien mince profit d'une prairie si négligée et livrée ainsi au bétail communal, sans aucune mesure préservatrice. Ces mêmes terrains deviendraient, au contraire, des prairies d'une grande valeur, s'ils étaient loués ou vendus à particuliers qui les exploiteraient au mieux de leurs intérêts.

Il est d'autant plus triste de faire de telles constatations que le tableau retracé ci-dessus pourrait être réédité pour maintes régions de notre pays où, pour une cause ou pour une autre, la prairie est négligée et totalement livrée aux hasards de la pure nature.

Ainsi s'explique notre infériorité agricole. En négligeant la prairie nous nous privons des sources de profits considérables que nos agriculteurs retireraient de l'élevage, et faute de bétail, nous n'avons pas d'engrais pour fertiliser nos champs ou restituer à la terre les principes que lui enlèvent la récolte.

Aussi, la moyenne des rendements du sol cultivé est-elle elle-même insuffisante, si on la compare à celle obtenue par des pays voisins moins favorisés que nous sous le rapport du climat et de la fertilité du sol.

Pour ne parler que des céréales, les enquêtes officielles ont relevé qu'en Angleterre, en Allemagne, en Belgique, la moyenne des rendements sur une grande échelle atteint trente-cinq et même quarante hectolitres à l'hectare, alors qu'en France il est démontré que la production moyenne des céréales ne dépasse pas seize hectolitres à l'hectare; on peut donc se demander s'il est possible d'attribuer un pareil écart à la nature du sol, au climat, à des conditions dont les modifications échappent à l'homme, ou si ce n'est pas plutôt que nous n'avons pas une bonne conception de l'exploitation agricole.

C'est, à notre sens, à cette dernière hypothèse qu'il nous faut, malheureusement, nous arrêter et que vient corroborer ce que nous voyons en Angleterre où, sur vingt millions d'hectares cultivés, onze le sont en prairie, tandis que, en France, la moyenne n'est que de sept sur quarante-deux. En d'autres termes, nos agriculteurs consacrent un sixième seulement de leurs terres à la prodution de la viande et les Anglais plus de moitié. Il suit de là que les Anglais ont non seulement plus de viande que nous, mais qu'ils ont aussi plus d'engrais, et c'est là l'une des principales causes de leurs abondantes récoltes de céréales.

Il en est de même des autres cultures.

Diminution de la valeur de la propriété cultivée en France. — Il semble, au surplus, que cette question d'engrais, si capitale pourtant, n'ait pu encore pénétrer l'esprit de nos agriculteurs, comme elle le mériterait cependant.

On peut affirmer, sans crainte d'être contredit, que les trois quarts au moins du sol cultivable, en France, ne reçoivent jamais la proportion de fumures qui seraient nécessaires pour fournir une entière récolte.

Est-ce le résultat du morcellement de la propriété? C'est assurément l'une des causes.

C'est bien, en effet, sous le rapport de la fumure des terres que se révèle l'infériorité de la petite culture.

D'où voulez-vous, en effet, que le propriétaire d'un ou deux hectares tire son engrais? Il ne peut songer à mettre une partie de son champ en prairie. Toutes ses ressources en bétail se composent d'une ou deux vaches chétives qu'il fait paître sur les communaux ou dans les fossés qui bordent les chemins. Ici, remarquez-le bien, l'excès de travail ne peut être une compensation. On peut certainement, par des soins plus assidus, par une main-d'œuvre plus attentive, tirer un meilleur parti des agents de fertilité que le sol contient; mais quelque ménagement qu'on y mette, il n'y a pas de tonneau si bien rempli qui ne finisse par se vider, si l'on y puise sans jamais rien y mettre. A force de prendre à la terre, on l'épuise. Aussi voyez où la petite culture en est réduite. C'est à peine si elle obtient de 12 à 15 hectolitres de froment à l'hectare.

Quelle est la conséquence de cet état de choses?

Lorsque les documents statistiques, plus ou moins exacts, arrivent à notre portée, ils nous permettent de constater que la moyenne de production d'un hectare de froment, par exemple, en France, n'atteint guère plus de 15 à 16 hectolitres. Dans certaines régions, cette moyenne descend à 10 ou 12 hectolitres et même moins.

En présence de résultats aussi misérables, que peut bien se dire le capitaliste qui serait disposé à consacrer une partie de ses capitaux à l'exploitation d'une propriété rurale? Il se dit, naturellement, qu'au prix auquel on paye le blé, c'est-à-dire 18 à 19 francs le quintal, il serait bien fou de détourner ses fonds pour les exposer avec la presque certitude que, non seulement ils ne seront pas rémunérés, mais que peut-être même ils se trouveront engloutis dans une succession de mauvaises récoltes.

Car ce capitaliste, qui ne juge que par les résultats qu'il a sous les yeux, n'est pas obligé de savoir que la terre rend avec usure, suivant qu'on lui prête largement, et qu'une exploitation rurale, de déficitaire qu'elle était, peut devenir prospère, à la condition d'être intelligemment dirigée.

Le capital s'abstenant, il ne reste plus à la terre que des ressources trop restreintes pour que l'on puisse tirer d'elle tout le profit qu'on en obtiendrait en l'exploitant industriellement, c'est-à-dire en l'améliorant par de riches apports d'engrais, en la modifiant physiquement au moyen de travaux bien compris tels que: drainages, défonçages, etc.

Nous tournons ainsi dans un cercle vicieux et c'est pourquoi la valeur de la propriété agricole diminue chez nous tous les jours et que non seulement la terre est dépréciée, mais que dans certaines régions, on ne trouve plus à louer les terres les plus fertiles.

Tout cela parce que l'on déserte la terre. Et l'équivoque ou plutôt l'erreur autour de cette question de l'exploitation rurale s'épaissit tellement que, bien qu'on se plaigne de la cherté et de la rareté de la main d'œuvre, il ne vient même pas à l'idée des exploitants du sol de se livrer à un mode d'exploitation agricole qui, précisement, réduirait cette main-d'œuvre aux plus strictes proportions, nous voulons dire la prairie et l'élevage du bétail.

Et cependant, tous les hommes d'expérience ont reconnu, proclamé et démontré que l'élevage du bétail, spécialement en vue de la production de la viande, est, actuellement, l'opération agricole la plus avantageuse. Cette vérité a été si bien comprise par certains agronomes producteurs de blé, qu'ils n'ont pas hésité, au lieu de vendre leur marchandise 18 à 19 francs à des acheteurs à deux pieds, de la vendre à des acheteurs à quatre pieds qui l'ont payée 26 francs le quintal: Le blé, transformé en viande, a acquis, par suite de cette métamorphose opérée dans le corps du bœuf, une plus-value de 5 à 6 francs les 100 kilogrammes.

L'industrie de la viande n'est pas une industrie qui puisse péricliter, voilà ce dont il faut se persuader, car la consommation de cet aliment va toujours en augmentant. A la ville, aussitôt que l'ouvrier peut se donner un peu de bien-être, il commence par manger de la viande; ce n'est que plus tard qu'il songe à améliorer son vêtement, puis son habitation. A la campagne, le progrès sous ce rapport n'est pas moins notable. Autrefois, on n'y mangeait guère de viande qu'aux fêtes carillonnées. Alors, un boucher suffisait à plusieurs villages. Aujourd'hui, il n'est guère de village qui n'ait le sien; il en est même qui en ont plusieurs.

C'est là ce qui a donné à l'industrie de l'élevage du bétail cet élan qui ne fera qu'augmenter. La hausse même des prix de la viande démontre l'accroissement de la demande. On peut dire que le cours de la viande a sans cesse progressé. Depuis soixante ans, le prix de la viande a doublé. La viande est l'aliment de force; on n'en saurait trop produire. On peut en faire sans crainte de manquer de débouchés.

Par une exploitation mieux raisonnée et conforme à celle que nous indiquons, la vérité est que nous pouvons tirer double parti certain de nos terres : celui que nous procurera la viande produite par nos pâturages et celui que nous donnera l'engrais d'un nombreux bétail à l'étable, qui doublera les rendements de nos terres cultivées. Nous gâchons tout cela pour rester dans la routine.

Nous le disons bien hautement, le jour où ces vérités seront comprises et où on les appliquera, le sort de notre agriculture changera totalement de face et sa pénurie se changera en richesse.

Pour nous procurer de la viande, du blé et tant d'autres produits agricoles, nous dépensons, chaque année, des centaines de millions en achats à l'étranger. Cet argent, à coup sûr, pourrait rester en France parce que nous pouvons nous suffire à nous-mêmes si on le veut bien.

Et le jour où une meilleure conception aura permis

à cette industrie de réaliser des bénéfices qui lui échappent aujourd'hui, les capitaux qui se refusent, actuellement, à s'associer à sa situation par trop précaire, lui viendront par surcroît pour l'améliorer encore, nous en avons l'intime conviction.

DEUXIÈME PARTIE

L'ÉLEVAGE DU BÉTAIL

CHAPITRE PREMIER

NOTIONS GÉNÉRALES SUR L'ALIMENTATION DES ANIMAUX. — MODES DE PRÉHENSION ET D'ÉLABORATION DES ALIMENTS PAR LES DIFFÉRENTS ANIMAUX. — LA RUMINATION. — DESCRIPTION DE L'ESTOMAC DES RUMINANTS. — MODIFICATIONS CHIMIQUES SUBIES PAR LES ALIMENTS DANS LE CORPS DE L'ANIMAL. — ACTIONS DES SUCS GASTRIQUES SUR LES ALIMENTS. — INDICATIONS FOURNIES PAR LES DÉJECTIONS.

Suivant les circonstances locales, le sol, le climat, les débouchés, les ressources pécuniaires dont on dispose personnellement et celles que présentent la région où l'on opère, au point de vue de l'alimentation du bétail, l'objectif de l'éleveur pourra être tout différent, car il n'est peut-être pas d'industrie dont les conditions soient subordonnées à autant de facteurs divers.

Dans un cas, il devra se borner à faire naître et à vendre dès le premier âge, dans un autre à élever jusqu'à l'âge adulte; enfin, un troisième achètera l'adulte pour le soumettre à l'engraissement.

Mais quelle que soit la situation dans laquelle on se place, le souci de l'alimentation convenant à l'animal doit entrer en toute première ligne.

C'est pour cette raison que nous croyons devoir placer, en tête de cette étude, quelques considérations générales sur les phénomènes généraux de la nutrition chez les animaux.

Modes de préhension et d'élaboration des aliments, par les différents animaux. — Disons d'abord que le mode de préhension des aliments n'est pas le même pour toutes les espèces. En effet, tandis que les chevaux, ânes, mulets, c'est-à-dire les animaux appartenant à la famille des équidés, se servent pour l'effectuer, des lèvres et des dents incisives, les bêtes bovines attirent les aliments dans leur bouche, surtout à l'aide de leur langue fortement rugueuse et sans presque utiliser leurs lèvres qui sont rigides et leurs incisives trop peu verticales pour leur être d'un grand secours, mais qui, pourtant, leur permettent d'inciser les plantes au collet et de ne point les détruire en arrachant leurs racines, sauf dans des cas tout spéciaux, comme, par exemple, une grande humidité de sol.

Les moutons, au contraire, ont la mâchoire supérieure dépourvue d'incisives ; ces dents y sont remplacées par un bourrelet fibreux, revêtu de la muqueuse buccale, sur lequel vient s'appuyer la table des incisives de la mâchoire inférieure. Cette disposition ne permet pas au mouton d'inciser les plantes ; il ne peut que les presser entre ses dents et son bourrelet pour les rompre au delà du point saisi en tirant dessus. Cela fait facilement comprendre qu'il arrache, en les broutant, toutes celles dont la tige offre à ses efforts de traction une résistance moindre que celle opposée par la racine fixée dans le sol.

Cette particularité est avantageusement utilisée

lorsqu'il s'agit de purger un sol meuble des mauvaises herbes qui peuvent l'infecter au moment où leur pousse s'effectue ; mais elle devient un grave inconvénient dès que l'on fait pâturer par les moutons de jeunes plantes cultivées qui n'ont pas encore eu le temps d'étendre leurs racines. Dans des pâturages de ce genre, encore peu affermis, les moutons font des vides d'autant plus difficiles à combler par le tallage et le semis, que le nombre des sujets arrachés par leur dent a été plus grand.

Tandis que, d'autre part, chez les équidés, les aliments une fois dans la bouche, y sont triturés, mâchés par les dents molaires, puis réduits à l'état semi-pâteux à l'aide du liquide secrété par les glandes salivaires dont ils s'imprègnent et enfin conduits directement dans l'estomac par le canal œsophagique, sous forme de bol alimentaire, chez les bovidés et les ovidés, les fonctions de déglutition ne s'opèrent pas avec la même simplicité. La raison en est que ces animaux ne sont pourvus que d'un système dentaire très rudimentaire ; ils ne mâchent pas complètement leurs aliments à mesure qu'ils les prennent et, surtout, ne les ensalivent pas. Ils se bornent à les diviser grossièrement et à les déglutir ensuite dans l'un de leurs appareils digestifs dans les conditions que nous allons expliquer.

Cette dernière catégorie d'animaux a reçu le nom de *ruminants*.

La rumination. — Description de l'estomac des ruminants. — Les ruminants doivent ce nom à la faculté remarquable qu'ils possèdent de *ruminer*, c'est-à-dire de faire revenir à leur bouche les aliments qu'ils ont déjà introduits une première fois dans leur estomac; ils les broient de nouveau, les mâchent et les avalent enfin pour les digérer. Cette propriété est due à la conformation de l'estomac des ruminants; celui-ci est divisé en quatre eompartiments qui communiquent entre eux et, en outre, avec l'œsophage.

Le premier compartiment appelé *herbier, rumen* ou *panse* est le plus vaste de tous. Il se compose d'une grande poche dans laquelle l'animal entasse l'herbe, le foin et les feuilles, pendant la précipitation qui accompagne la récolte des aliments. Le rumen est donc une sorte de magasin où la nourriture est tenue en réserve.

Le *bonnet* se trouve à droite de l'œsophage et en avant de la panse dont, au premier coup d'œil, il semble faire partie. On l'appelle aussi *réseau* à cause des plis en forme de gaufre que forme sa membrane muqueuse.

Le *feuillet* doit son nom aux larges replis longitudinaux qui garnissent son intérieur; il est divisé en une multitude de loges membraneuses où les aliments reçoivent une première élaboration.

Enfin la *caillette* est ainsi nommée, parce qu'elle fournit une substance qui jouit de la propriété de faire cailler le lait.

Chacun de ces quatre compartiments a sa fonction spéciale. C'est d'abord dans l'œsophage que se réunissent les aliments. Là, ils se divisent à la gouttière œsophagienne et prennent une direction différente. Les plus grossiers se rendent dans le rumen, les autres dans le feuillet et de là dans la caillette.

De la panse, les aliments grossiers et imparfaitement mâchés sont conduits par petites portions dans le bonnet qui les dispose en pelotes de la grosseur du poing. Ensuite, par un mécanisme musculaire particulier, l'animal fait remonter ces boulettes jusqu'à sa bouche, les mâche soigneusement dans ses moments de tranquillité et les avale de nouveau. C'est ce qui constitue l'acte de la rumination. Ces aliments étant suffisamment mâchés, ne retournent plus dans la panse, mais ils se rendent au feuillet dans les langes membraneux duquel ils reçoivent une première élaboration. Passant ensuite dans la caillette, organe essentiel de la digestion et qui peut être considéré comme l'estomac proprement dit, tandis que les autres compartiments ne servent en quelque sorte qu'à préparer les aliments au travail opéré par ce dernier, ces aliments y reçoivent les modifications que nous indiquons plus loin et finissent par se rendre dans les intestins.

Modifications chimiques subies par les aliments dans le corps de l'animal. — Indiquons maintenant sommairement les différentes modifications chimiques que subissent les aliments au contact des substances de diverse nature qu'ils rencontrent dans leur trajet de la bouche à la base des intestins.

C'est d'abord la salive dont l'animal imprègne ses aliments préalablement à leur déglutition et qui renferme un ferment appelé *diastase*, identique à celui qui se développe dans les graines en germination et dont la propriété essentielle est de transformer l'amidon en glucose, conséquemment de le rendre soluble[1].

[1] Lorsqu'une graine féculente, presque dépourvue de sucre,

D'autre part, l'estomac secrète de son côté, un suc particulier qu'on appelle *suc* gastrique, qui contient aussi un ferment spécial appelé *pepsine,* élaboré par des petites glandes répandues dans l'épaisseur de la muqueuse, et qui a la propriété de transformer l'albumine et les albuminoïdes contenus dans les aliments, en peptones. Les peptones diffèrent des albuminoïdes par leur diffusibilité. La pepsine digère donc les albuminoïdes, mais elle n'agit que dans un milieu acide comme le suc gastrique.

Faisons encore connaître que les matières alimentaires mises en réserve dans le *rumen,* en attendant que les animaux de l'espèce *ruminants* procèdent à leur élaboration plus complète, ne peuvent y séjourner au delà d'un certain temps, sans y produire une gêne considérable et sans y subir une fermentation dont les conditions nécessaires, humidité, chaleur et présence d'une matière fermentescible sucrée ou glycogène, c'est-à-dire donnant naissance à du sucre, se trouvent toujours réunies. Les produits gazeux de cette fermentation, en s'accumulant, distendent outre mesure la panse qui refoule en avant le diaphragme, comprime les poumons dans la cavité thoracique, entrave la respiration et aussi la circulation du sang

se trouve soumise à l'influence de l'eau et d'une certaine température, dans des conditions telles que le jeune embryon qu'elle renferme, puisse commencer son évolution, la première modification que nous ayons à constater, est une absorption d'eau. Il se produit ensuite, ou peut-être simultanément, une modification de la matière albuminoïde, laquelle devient un agent transformateur énergique qui réagit sur la fécule et la change en sucre. Cette saccharification est d'autant plus rapide que la température est assez élevée et que l'eau ne manque pas à la graine. Cet agent transformateur a reçu le nom de *diastase.* (*La Brasserie*, par A. Bedel. — Garnier frères, éditeurs.)

dans les gros vaisseaux et détermine de la sorte une prompte asphyxie.

C'est ce que l'on appelle la *météorisation*.

La production de ce grave accident peut dépendre de la nature des aliments ingérés aussi bien que des entraves mises à la rumination par des influences extérieures. Celles-ci sont moins graves et moins fréquentes, en ce sens qu'elles n'atteignent, ordinairement, qu'un petit nombre d'individus. La qualité du fourrage, au contraire, étant la même pour tous, est plus à redouter.

Les plantes très sucrées qui ont été échauffées par le soleil, entrent en fermentation avec une grande facilité dès qu'elles sont arrivées dans le rumen et, par la distension exagérée de ce réservoir, elles mettent obstacle à son fonctionnement pour la rumination. C'est pour cela que le pâturage des prairies de légumineuses, au delà d'une certaine heure de la matinée, dans les jours où le soleil darde un peu trop, produit de si fréquents accidents.

Action des sucs gastriques sur les aliments. — Toute matière digestible, susceptible de fournir, à l'analyse chimique, des éléments analogues, sinon identiques à ceux du corps de l'animal, peut être considérée comme un aliment. On peut ajouter que la richesse de l'aliment, est exactement en proportion de la quantité des éléments de cette nature qui y sont renfermés sous un même poids ou sous un même volume.

De l'estomac, les aliments, en franchissant le pylore, arrivent dans l'intestin grêle, long tube de diamètre variable mais ne dépassant guère 4 à 5 centimètres et dont la longueur, chez les grands animaux, dépasse quelquefois 20 mètres. Là, ils se trouvent encore en contact avec un suc analogue à celui de l'estomac et qui est secrété par des glandes spéciales parsemées tout le long de l'intestin grêle, auquel suc vient se mélanger la bile connue sous le nom de fiel ou d'amer, élaborée par le foie, ainsi qu'un autre liquide visqueux élaboré par le pancréas, liquide qui contient de la diastase comme la salive et de la pepsine comme le suc gastrique.

Le suc intestinal, la bile et le suc pancréatique, forment ensemble un fluide mixte qui se mélange dans l'intestin aux matières alimentaires et agit sur elles pour achever l'œuvre de l'insalivation et de la digestion stomacales; mais son action spéciale porte sur les matières grasses intactes jusque-là. Celles-ci sont saponifiées par la bile et émulsionnées par le suc pancréatique et rendues par suite diffusibles.

L'action de ces sucs s'exerce tout le long de l'intestin grêle, au fur et à mesure que les substances ingérées et qui prennent alors le nom de *bouillie alimentaire,* y sont poussées par les contractions lentes et inconscientes de l'animal, et c'est dans ce trajet que les parties fluides de cette bouillie sont absorbées, en vertu des lois connues de la dialyse, par des vaisseaux capillaires sanguins qui débouchent sur la muqueuse intestinale, puis conduites dans la masse du sang.

Quant au surplus de ces substances et qui n'est plus que le résidu de la digestion, il pénètre dans le gros intestin, d'où il est évacué à l'état d'excrément.

Il n'y a pas de meilleur critérium de la digestion que celui qui est fourni par l'examen de ces résidus ou déjections solides. Celles-ci ont pour chaque genre d'animaux, des caractères normaux de consistance et de couleur que tout le monde apprend à distinguer après une courte observation. Les troubles digestifs s'y traduisent immédiatement, de façon à ne laisser aucun doute. Celui qui se présente le plus souvent, chez les sujets d'ailleurs bien portants, se caractérise par leur ramollissement plus ou moins accentué, qui indique une digestion plus ou moins incomplète.

CHAPITRE II

COMPOSITION GÉNÉRALE DES ALIMENTS. — VALEUR NUTRITIVE DES ALIMENTS. — TABLE DES ÉQUIVALENTS ALIMENTAIRES. — UTILISATION DES TABLES DES ÉQUIVALENTS. — OBJECTIONS AU SYSTÈME DES ÉQUIVALENTS NUTRITIFS.

Chez les animaux d'élevage, dont la fonction économique générale est de transformer leurs aliments en valeurs plus grandes, en réduisant au minimum les résidus de ces aliments, on ne saurait être trop attentif aux troubles de la digestion qui feront, au surplus, l'objet d'une étude spéciale dans ce travail.

Il importerait donc de connaître aussi exactement que possible, la composition chimique des différents végétaux ou résidus végétaux qui constituent à peu près exclusivement le mode alimentaire des animaux d'élevage. Mais, outre que cette composition varie à l'infini, même pour des produits de même origine, la chimie ne nous a pas encore fourni des méthodes d'analyse assez exactes pour que l'on puisse être fixé d'une façon tout à fait précise à cet égard.

Ce que l'on peut dire toutefois, c'est que les principales propriétés nutritives d'un aliment, sont subordonnées à la présence, dans leur contexte, d'éléments correspondants à quatre groupes distincts.

Dans le premier groupe, on comprend les matières protéiques ou azotées, correspondant aux substances albumineuses.

Au second groupe appartiennent les matières grasses;

Les matières saccharigènes, qu'on nomme en chimie hydrates de carbone parce que leur composition représente du carbone et de l'eau, telles que les amidons, les fécules et leurs dérivés : gommes, dextrines et sucres, sont comprises dans le troisième groupe.

Enfin, le quatrième groupe est constitué par la cellulose, c'est-à-dire la charpente ligneuse du végétal, dans laquelle sont renfermés des matériaux encore peu déterminés, mais possédant néanmoins certaines propriétés alimentaires.

En outre et à chacun de ces groupes de principes immédiats constituant de la substance organique sèche, se trouvent associées, en proportions plus ou moins élevées, des *matières minérales* : acide phosphorique, chaux, potasse, magnésie, dont le rôle, dans l'alimentation de l'animal, consiste à constituer son ossature.

On classe en outre les aliments en deux catégories, suivant leur degré de concentration.

Les *aliments dits concentrés*, sont ceux dans lesquels la cellulose ou charpente ligneuse entre pour une faible proportion, tandis que celle-ci domine dans les *aliments dits grossiers*.

Les aliments concentrés peuvent, d'ailleurs, être *faiblement* concentrés, ou *fortement* concentrés, ou *très fortement* concentrés.

Les graines céréales, telles que l'avoine, le maïs, l'orge, le seigle et le riz. appartiennent généralement à la catégorie des aliments faiblement concentrés, c'est-à-dire ne contenant guère plus de 12 p. 100 de matières protéiques ou azotées.

Les graines légumineuses : fèves, pois, vesces, etc. ; les graines oléagineuses : lin, colza, cameline, œillette, arachide, sésame et surtout leurs tourteaux, appartiennent à la catégorie des aliments fortement ou très fortement concentrés et renferment de 12 à 40 p. 100 de protéine.

Parmi les aliments grossiers, sont compris : les foins, les pailles, les siliques, les pulpes, etc.

On trouvera, d'ailleurs, à la fin de ce volume, un tableau que l'on pourra consulter avec fruit pour la formation des rations, indiquant non seulement toutes les substances qui peuvent être employées comme aliments par les animaux, mais encore la composition moyenne de ces aliments.

VALEUR NUTRITIVE DES ALIMENTS

La détermination de la valeur nutritive des aliments est un problème complexe et difficile ; les aliments, en effet, sont très nombreux et fort variables, surtout dans la proportion de leurs éléments : l'amidon, la fécule, les matières albumineuses, le ligneux se trouvent à des doses fort différentes ; de là une grande inégalité dans leur nutritivité et une modification profonde dans leur mode d'action.

Cependant, il existe entre différents aliments, des points de similitude qui permettent de les comparer. C'est cette comparaison essayée par quelques agronomes, qui a donné lieu à ce qu'on appelle le système des *équivalents nutritifs*.

Sans doute on peut arriver à cette détermination par la méthode expérimentale, c'est-à-dire en soumettant l'animal à des modes variés d'alimentation et en constatant les résultats obtenus au moyen de pesées successives qui diront si tel aliment donné dans des proportions déterminées, a été plus ou moins profitable que tel autre. Mais cette méthode donne lieu à de si grandes complications, elle est sujette à de si nombreuses causes d'erreurs en raison des facteurs multiples dont il conviendrait de tenir compte pour juger exactement des effets obtenus, qu'il est bien préférable de n'y point recourir autrement que dans la mesure des connaissances déjà acquises par des expériences de toute notoriété.

C'est pour suppléer à cette méthode expérimentale que l'on a inventé la table des équivalents, dans laquelle on fait figurer la proportion chimique des différents éléments contenus dans la plupart des substances alimentaires utilisées pour la nourriture du bétail et en plaçant au regard de chacune de ces données, la relation arithmétique existant entre les proportions de ces éléments et celles contenues dans le foin de prairie considéré comme type et auquel on attribue le coefficient 100 sous le rapport des matières azotées (protéine).

Montrons par un exemple comment procèdent les théoriciens de cette méthode.

Table des équivalents alimentaires. — Dans la table des équivalents, dressée par MM. Boussingault et Payen et dont nous reproduisons ci-après quelques articles, les aliments sont classés par nature afin qu'ils soient plus facilement comparables. Les colonnes 2 et 3 représentent les parties prétendues inertes des aliments, quoiqu'on ne soit pas encore bien fixé sur le rôle des ligneux. La 5ᵉ colonne, *matières grasses*, peut se totaliser avec la 6ᵉ. On la sépare cependant, parce que dans l'engraissement, ces matières jouent un rôle important par assimilation directe. L'azote de la 8ᵉ colonne se retrouve dans la 7ᵉ. La 9ᵉ colonne indique l'équivalent sous le rapport de l'azote. (Voir pages 125 et 126).

Utilisation des tables des équivalents — Voyons maintenant de quelle façon peuvent être utilisées ces tables. Soit une ration[1] de 15 kilogrammes de foin sec à remplacer par du trèfle. On voit dans la table que 0. 6 de trèfle égale 1 de foin ; on multiplie 15 kil. par 0. 6 et le produit, 9 kil. est la ration de trèfle équivalente à 15 kil. de foin. De même 0,38 × 15, soit 5 kil. 70 de graine de sarrazin, remplaceront ces mêmes 15 kil. de foin; 0, 19 × 15, soit 2 kil. 85 de tourteaux d'œillette se substitueront à cette même ration de foin considérée comme type. Il faudrait, au contraire, 3, 83 × 15, soit 57 kil. 45 de paille de froment, pour remplacer ces diverses rations, au point de vue de la matière azotée. On peut également fractionner les rations par les mêmes calculs. On veut, par exemple, remplacer 10 kil. de foin, sur 15 kil. par de l'avoine; l'équivalent de l'avoine étant 61, on multiplie 10 par six et on obtient 6 kil., équivalent de 10 kil. de foin; il ne faudra que 5 kil. 4 d'orge et 2 kil. 3 de féveroles pour le même équivalent.

[1] La quantité de substances alimentaires que le bétail consomme en vingt-quatre heures porte le nom de ration, et les procédés employés pour déterminer la quotité de cette dernière sont des méthodes de rationnement.

ALIMENTS	Eau.	Ligneux.	Phosphates.	Matières grasses.	Amidon sucre et analogues.	Albumino principes azotés.	Azote.	Équivalent chimique.
1	2	3	4	5	6	7	8	9
FOURRAGES SECS								
Foin de pré (bon ordin.)	13 0	24.4	7.6	3 80	44.4	7.2	1.15	100
— (regain)....	14.1	21.5	8.0	3 50	45.0	12.4	1.98	58
Foin de trèfle avec fleur.	12.2	12.1	8.1	4 00	41 3	13 3	2.13	54
Foin de trèfle en fleur.	20 0	22.0	5.0	3 20	39.2	10.6	1.62	67
Foin de luzerne en fleur.	15.0	22.0	3 7	3.50	41.8	12.0	1.92	60
PAILLES								
De froment (Alsace)..	26.0	89.9	5.1	2.20	35.9	1.9	0.30	383
De froment (ancienne).	12.3	36.3	5 1	2.20	39.9	3 1	0.50	230
De seigle.............	18.6	32.4	6 0	1 50	43.0	5 5	0 24	479
D'orge	14.2	34 4	3 0	1.70	43 8	1 9	0.30	383
D'avoine.............	21.10	30 0	4.0	5.10	38.4	1.9	0 30	388
GRAINS								
Froment poulard.....	14 4	1 5	1.9	1.00	65.6	12.3	2.50	46
Froment corné.......	14 8	2 3	1.6	2.00	65 7	15.6	2.18	53
Froment rouge.......	14.5	2.1	2 0	1.50	67.6	12.3	1 97	58
Seigle...............	16 6	3 0	1 9	2.00	67 6	8.9	1.42	81
Orge................	13.0	2 6	4.5	2.80	63.7	13.4	2 14	54
Avoine	14 0	4.1	3.9	5 50	61.5	11 9	1.90	61
Maïs...............	17.0	1.5	1.1	7.00	61.9	12.5	2.00	58
Millet	14 0	2 4	2.2	3 00	57 8	20.6	3.30	35
Sarrasin	13 0	3.5	2.5	3.00	64.0	13.1	2.00	38
Pois jaunes	8 9	3.6	2.0	2 00	59 6	23.9	3 83	30
Vesce, gesse	14 6	3 5	3 0	2.70	48 9	27 3	4 37	26
Féveroles	12.5	3 9	3.0	2 00	47 7	31 9	5.11	23
Lentilles	12.5	2 8	2.2	2.50	55.7	25.0	4 00	28
Haricots	15.0	3 8	3.5	3 00	48.0	26.0	4.30	27
Farine (blé corné)....	11.0	0.5	0 9	1.90	64.4	23.3	3.70	31
Son (gros)	21.0	8 5	3.3	4.00	31.6	11.9	1.90	61
PLANTES EN VERT								
Maïs en vert....	72.0	5.2	2.3	0.90	13.6	6 2	1.0	115
Luzerne fleurie.......	84.0	5.1	1.38	0.80	9.6	2.8	0 45	246
Trèfle fleuri	77 0	6 3	1.4	0.90	11.9	3 1	0.50	230
Trèfle (avec fleur).....	82.4	4.2	1.6	0 80	8 3	2.7	0 43	267
Chou cabus...........	90 1	0.6	0 8	0 90	5.3	2.3	0 37	311
Feuilles de vignes....	74 7	4 6	2.0	2 30	10.6	5.9	0.95	121
— de betteraves.	90.7	1 7	1.4	0.63	3 0	2 6	0 42	274
— de carottes...	82 2	3.0	3 6	1.0	7.0	3 2	0 52	221
— de topinamb.	80.0	3.4	2.7	0.80	9.8	3 3	0.53	217

ALIMENTS	Eau.	Ligneux.	Phosphates.	Matières grasses.	Amidon sucre et analogues.	Albumine principes azotés.	Azote.	Équivalent chimique.
1	2	3	4	5	6	7	8	9
PLANTES EN VERT								
Maïs en vert........	72.0	5.2	3.3	0.90	13.6	6.2	1.0	115
Luzerne fleurie......	84.0	5.1	1.38	0.80	0.6	2.8	0.45	246
Trèfle fleuri.........	77.0	6.3	1 4	0.90	11.3	3.1	0.50	230
Trèfle avant la fleur.	82.4	4.2	1.6	0 80	8.3	2.7	0.43	267
Chou cabus...	90.1	0 6	0.8	0.90	5.3	2.3	0.37	311
Feuilles de vigne ...	74.7	4.6	2.0	2.30	10.6	5.0	0.95	121
— de betteraves	90.7	1.7	1.4	0.63	3.0	2.6	0 42	274
— de carottes...	82.2	3.0	3.6	1.0	7 0	3.2	0.52	221
Flles et tiges de topin.	80.0	3.4	2.7	0.80	0.8	3.3	0.53	217
RACINES								
Betteraves blanches.	84.0	2.0	0.6	0.10	11.7	1.6	0.25	462
— rouges à sucre	82.0	2.5	1.0	0.10	11.6	2 8	0.45	256
— champêtre ...	87.8	2 2	0.6	0.10	7.9	1.3	0.21	548
Navet blanc.........	92.5	0.3	0.5	0.20	5.7	0.8	0.13	884
— turneps.....	86 0	0.4	0.9	0.15	10.8	1.6	0.25	460
— jaune........	85.1	0.5	0.9	0.20	11.5	1.9	0.30	383
Panais..............	88 3	1.0	0.7	0.20	8 2	1.5	0.25	460
Rutabaga	91.0	0.3	0.6	0 95	7.0	1.1	0.17	676
Pomme de terre jaune	75.9	0.4	0.8	0.20	20.2	2.5	0 40	287
— — rouge	70.0	0.6	0.0.	0.20	25.2	3.1	0.50	230
Topinambour.......	79.2	1.2	1.1	0.30	16.1	2.1	0.33	348
Pomme à cidre......	83 6	2.8	0.1	0.05	12.5	1 0	0.16	718
Citrouille	94.5	1.0	0 5	0.05	2.7	1.0	0.21	548
Gland...............	56.0	4.5	1 0	2.30	3.42	2.0	0.32	359
Châtaignes pelées...	48 2		1 8	»	»	3.0	0.48	329
Pulpe de betterave..	80 0	7.0	0 8	0 10	10.0	2 2	0 38	303
Marc de raisin	72.6		2.2	1.70	15 7	3.7	0.50	195
Chènevis...........	12.2	12.1	2.2	33 6	23.6	16.3	2.6	44
Noix mondées.......	85.0	1 17	1.6	55.8	16.1	16.3	2.6	44
Graine de pavot....	14.7	6.1	7 0	41 0	13.7	17.5	2.8	41
Faîne...............	30.0	27.0	3 6	26.5	3.4	8 5	1.36	85
Graine de lin........	12.3	3.2	6.0	3.9	19.0	20.5	3 38	35
TOURTEAUX								
D'œillette	11.7	1 19	6.0	10 10	23 3	37.8	6.05	19
De lin..............	13.4	5 1	8 3	6 0	33 2	32.7	5.20	22
De noix........	6.0	3.4	3.2	9.0	45.6	32.8	5.24	22
De colza	10.5	5.3	7.7	10.0	32 5	30.7	4.42	23
De cameline	6 5	9.5	8.6	7.0	34.0	34.4	5.51	21
De sésame...	10 0	5 0	18.0	8.20	16.3	42.5	6.80	17
De chènevis........	5.3	20.0	3.6	6.0	38.8	26 3	4 21	27
De faîne...........	12.0	50.6	6.8	10 0	16.4	10.8	2.69	43

Le même tableau pourrait encore servir à remplacer une ration par une autre, en tenant compte du prix d'achat. Ainsi 100 kilogrammes de foin valant 5 fr. à 6 fr., auront pour équivalent 61 kilog. d'avoine, valant 16 fr. les 100 kilog. et coûtant, par conséquent, 9 fr. 60; une ration équivalente en tourteau de colza dont l'équivalent est 22 et qui vaut 12 fr. 50 les 100 kil., ne reviendra qu'à 2 fr. 75; en paille de seigle, dont l'équivalent est de 479 et qui coûte 6 à 7 fr. les 100 kil, il faudrait dépenser, pour la même quantité, 30 fr. environ, etc.

Objections au système des équivalents nutritifs. — Mais qui ne voit combien ce système peut prêter à controverses, en raison des nombreux facteurs dont il ne tient pas compte et qui jouent cependant un rôle considérable dans les actes de l'alimentation et de la nutrition?

N'est-il pas évident, par exemple, que 15 kilog. de foin n'agiront pas de même façon vis-à-vis des agents digestifs, que 9 kilog. d'avoine ou 57 kilog. de paille de froment ou encore 3 kilog. 50 de tourteau de colza?

La vérité, c'est qu'en aucun cas, les aliments grossiers et les aliments concentrés ne peuvent se substituer par voie d'équivalence, les premiers, en dehors des considérations générales qui assignent à chaque ordre d'aliment son rôle particulier dans l'alimentation, possédant une propriété de digestibilité, de beaucoup inférieure aux seconds, c'est-à-dire abandonnant au corps de l'animal une quantité de principes utiles qui, dans le premier cas, pourra être très faible et considérable dans le second cas, toutes proportions égales, d'ailleurs, en ce qui concerne la composition chimique de ces différents aliments, c'est-à-dire en tenant compte de la loi de l'équivalence.

C'est ainsi que dans tel aliment, comme par exemple, dans le foin de pré, on ne voit point la valeur nutritive varier seulement en proportion de la richèsse en protéine (principes azotés). Dans celui de qualité moyenne contenant 9,7 p. 100 de protéine, il en sera digéré 5,4 ou seulement un peu plus de la moitié; dans celui de très bonne qualité qui en contiendra 11,7, la digestion en prendra 7,4 ou presque les deux tiers; dans celui de qualité excellente, en contenant 13,2, elle en prendra 9,2 ou un peu plus des deux tiers. C'est que la digestibilité relative s'accroît à mesure que la relation nutritive se rétrécit par l'augmentation de la richesse en protéine. Les valeurs nutritives, dans ces trois sortes de foin, ne sont donc point entre elles, seulement comme 9,7 : 11,7 : 13,5; elles sont, en outre, comme 5,4 : 7,4 : 9,2. Pour les apprécier, il faut joindre à la plus forte richesse la plus forte digestibilité.

De même si l'on compare au plus riche de ces foins, l'herbe de pâturage que le même pré peut fournir, celle-ci qui, à l'état vert, c'est-à-dire avec 80 p. 100 d'eau au lieu de 16 p. 100, contient, en moyenne, 4,4 de protéine, en livrera 3,1 à la digestion ou les trois quarts, ce qui revient à dire que le même poids de matière sèche alimentaire, sous forme d'herbes de pâturage, a une valeur nutritive plus forte.

Dans un autre ordre d'idées, l'expérience a démontré que la constitution de l'aliment influe sur la facilité plus ou moins grande avec laquelle il est digéré. Nous avons démontré que la constitution physique de l'aliment influe sur la facilité plus ou moins grande avec lequel il est digéré. Nous avons démontré que les aliments concentrés, tels que graisses, tourteaux, les racines charnues, les tubercules, sont plus digestibles, toutes choses égales, d'ailleurs, que les aliments grossiers, tiges, pailles, feuilles, balles, etc. De même, les graines concassées ou moulues sont plus digestibles que les graines entières; les substances cuites ou fermentées le sont davantage que les crues ou les fraîches; les jeunes pousses fourragères, que les parties de la même plante arrivées à l'état voisin de la maturité. Enfin la digestibilité va en diminuant, à mesure que la plante avance en âge, à mesure qu'augmente sa richesse en cellulose brute.

A propos d'expériences rapportées par quelques-uns de ses collègues et d'après lesquelles des animaux auraient été nourris exclusivement à l'aide de ramilles broyées et s'en seraient fort bien trouvés, M. Joulie, l'éminent chimiste agricole, présentait à la Société des agriculteurs de France les observations suivantes :

« On parle, disait-il, du dosage de l'azote, mais la connaissance de la quantité totale de cet élément ne suffit pas, car il y a de l'azote alimentaire et de l'azote non alimentaire, et il faut tenir compte des matières hydro-carbonées et de leur nature. Mais, même aussi complète qu'on peut la désirer, l'analyse ne peut dire dans quelle proportion seront digérés les éléments utiles? seul l'estomac des animaux peut résoudre ce problème. Or, l'effet produit sera forcément en rapport avec la digestibilité.

« Et rappelant des expériences faites par lui, en 1895, en collaboration avec M. Cottu, et qui sont de nature à prouver l'importance de cette question, il ajoutait qu'ayant soumis des animaux à l'alimentation du trèfle vert, du trèfle ensilé et du trèfle sec, voici quels résultats avaient été obtenus :

« La matière azotée alimentaire du trèfle vert a été digérée par l'animal soumis à l'expérience dans la proportion de 72 à 75; celle du trèfle ensilé n'a été digérée que dans une proportion beaucoup moindre, 29 à 35 p. 100, et enfin celle du trèfle sec a été digérée dans la proportion de 55 à 56 p. 100 intermédiaire entre les deux précédentes.

« Pour un même aliment, les proportions de digestibilité sont donc très différentes; à plus forte raison, des différences peuvent exister, quand on passe d'un aliment à un autre, et même d'un animal à un autre.

« Les analyses, concluait-il, doivent être prises seulement à titre de premier enseignement. L'emploi exclusif de tel ou tel aliment peut seul prouver exactement l'influence réelle exercée. Si cet aliment est noyé dans une masse d'autres substances, les résultats sont incertains ».

En résumé, on ne peut guère comparer entre eux que des aliments de même nature : tourteaux avec tourteaux; foins avec foins, pailles avec pailles, en donnant toujours la préférence à ceux de ces aliments de même nature qui accusent la plus forte richesse en principes utiles. Dans tous les cas, la connaissance de cette richesse et la garantie de celle-ci sur analyse doivent former la base de tous marchés contractés en vue de l'achat des substances alimentaires destinées aux animaux. Procéder autrement, c'est agir en aveugle et s'exposer aux mécomptes les plus coûteux.

Quoi qu'il en soit, les relations d'équivalence qui peuvent exister entre aliments de diverse nature, peuvent être d'une utilité incontestable et la connaissance de ces données est susceptible de rendre les plus grands services, en permettant des substitutions en cas de disette de fourrages et, en tous temps, des économies quelquefois importantes. A ce dernier point de vue, c'est surtout à l'égard des aliments concentrés qu'il est permis de se mouvoir dans un champ étendu, sans risquer de porter aucune atteinte à l'effet nutritif de l'alimentation.

CHAPITRE III

LES CONDIMENTS : LE SEL, SON ACTION SUR LES ORGANES DES ANIMAUX ; LES CONDIMENTS INDUSTRIELS. — LES BOISSONS : QUALITÉ DES EAUX A DONNER AU BÉTAIL ; EAUX DES MARES ; LA QUANTITÉ D'EAU NÉCESSAIRE A L'ABREUVAGE DES ANIMAUX.

LES CONDIMENTS

On peut classer, d'une manière générale, dans la catégorie des condiments, toutes substances susceptibles de modifier avantageusement les aliments ou les boissons fournis au bétail, ou bien d'exciter leurs fonctions digestives en provoquant une sécrétion plus active et plus abondante de la salive et des sucs avec lesquels les aliments se mélangent ou se combinent, pendant leur passage au travers du système digestif.

C'est ainsi que si on corrige une eau trop dure au moyen d'un alcalin quelconque, chaux, potasse, etc. ; que si on mouille des matières trop acides avec de l'eau de chaux ; que si encore on ajoute des composés ferrugineux ou phosphatés soit aux aliments, soit aux boissons, pour les rendre plus agréables ou dans le but d'exercer une action quelconque sur l'économie de l'animal, on a appliqué des condiments.

Parmi les substances généralement employées comme condiment, il faut faire une place à part au sel marin.

Tout le monde sait combien le bétail est friand de sel ; pour approcher une bête un peu sauvage, on n'a qu'à lui tendre une poignée de sel. Le sel jouit d'une propriété précieuse : il facilite au plus haut degré la digestion, en stimulant les organes chargés de cette fonction ; il en résulte qu'un aliment, additionné de sel, devient plus assimilable, et profite davantage ; l'usage du sel dans l'alimentation est un moyen peu coûteux d'activer l'accroissement et l'engraissement du bétail. De plus, et c'est un fait d'expérience, il améliore la qualité du lait et de la viande ; le lait des vaches suisses est assez renommé, et bien connue aussi est la coutume des vachers suisses, qui ont, pendue à leur côté, une petite escarcelle remplie de sel, pour attirer leurs bêtes. Le sel rend les aliments plus appétissants ; et c'est un avantage dont il faut savoir profiter, si l'on est réduit à faire consommer à son bétail une nourriture de médiocre qualité, telle que de la paille ou des foins avariés. Il y a des fourrages que les bêtes aiment moins que d'autres ; c'est le cas de les saupoudrer d'un peu de sel. Souvent aussi, quand un animal est mal disposé, laisse des restes, le mélange du sel à sa ration suffit pour lui rendre son appétit.

Quand on sèvre les jeunes veaux à l'étable, il est bon aussi de répandre un peu de sel dans leur crèche, pour amener leurs dents au contact des fourrages, auxquelles ils ne sont pas encore habitués. Le sel est encore avantageux parce qu'il excite à boire et que le bétail a besoin de s'abreuver beaucoup pour réparer les pertes dues à sa transpiration. Enfin, le sel augmente la puissance génératrice, et prévient certaines maladies, notamment la cachexie aqueuse pour les moutons. Il enrichit les urines en azote et augmente ainsi la valeur du fumier. Ces bons effets ont été appréciés depuis longtemps des agriculteurs intelligents. Aussi, dans les étables bien soignées, voit-on les vachers, après avoir distribué la nourture dans la crèche, jeter par-dessus une poignée de sel; voilà pourquoi aussi on suspend, dans les bergeries, des blocs de sel gemme, où les moutons viennent aiguiser leur langue avant de s'attaquer à la paille de leur râtelier. En France, nous sommes loin de prodiguer l'emploi du sel dans l'alimentation ; en Angleterre et en Suisse, il joue un rôle plus important dans la ration.

La dose à employer varie avec la nature de l'animal et avec son âge. Voici les proportions normales :

Par jour.			Par jour.		
—			—		
180 gr.	pour	un bœuf à l'engrais.	25 gr.	pour	un veau de 6 mois.
115	—	une vache à l'engr.	14	—	un mouton.
85	—	un veau d'un an.	35	—	un porc.

On se sert aussi du sel pour améliorer la nature des fourrages et assurer leur conservation. C'est ordinairement à leur rentrée au fenil qu'on procède à cette opération. On étend une première couche de 50 à 60 centimètres de fourrages ; puis on la saupoudre uniformément de sel, à raison de 1 kilo pour 100 kilos de fourrage ; on étend par-dessus une nouvelle couche de vert, puis on sale de nouveau et ainsi de suite alternativement. Le sel empêche la fermentation, qui se déclare d'ordinaire si le fourrage n'est pas rentré bien sec. Aussi, plus la dessiccation laisse à désirer, plus il faut augmenter la dose de sel. Au contact de l'eau du fourrage, le sel se dissout, et le tas se trouve bientôt imprégné d'eau salée, à l'abri de toute moisissure, et plus sain pour le bétail. Ainsi, la salaison du fourrage a un double effet : conserver parfaitement le fourrage, en augmentant sa digestibilité.

Enfin, en mêlant un peu de sel aux pulpes de pommes de terre, de betteraves, etc., et en aspergeant d'eau salée certaines substances grossières, on rend cette catégorie d'aliments plus appétissants et on remplace ainsi le sel qui leur a été enlevé par les opérations industrielles auxquelles ces matières ont été soumises.

Le plus souvent, on utilise pour les salaisons et pour l'alimentation du bétail, des sels dénaturés. Afin de dégrever le sel de l'impôt, qui rendrait coûteux son usage, un décret du 8 novembre 1869 a donné aux Compagnies des Salins l'autorisation de le dénaturer, c'est-à-dire de le mélanger à certaines substances, qui en modifient la nature en lui conservant ses propriétés.

On dénature le sel avec divers produits, et les sels dénaturés ne sont pas tous de même valeur. Les meilleurs sont les sels dénaturés aux tourteaux oléagineux, puis viennent les sels dénaturés au peroxyde de fer, à la mélasse, au goudron végétal, à la naphtaline, etc.

Quant aux ingrédients de diverse nature que l'industrie met à la disposition de l'élevage en leur prêtant des propriétés condimentaires toutes plus extraordinaires les unes que les autres, nous ne saurions trop engager les intéressés à se montrer très défiants à leur endroit, ces combinaisons n'ayant, le plus souvent, d'autre qualité que de coûter relativement fort cher pour l'effet bien médiocre qu'elles produisent.

LES BOISSONS

L'eau est un accessoire indispensable de l'alimentation; outre qu'elle renferme certains principes assimilables ou réparateurs, elle fournit à la circulation et au corps tout entier, les parties liquides qui leur sont indispensables. L'eau sert en outre de délayant et de véhicule aux autres substances alimentaires; enfin, les eaux contiennent toujours en dissolution une assez grande quantité de sels et de gaz qui sont introduits dans l'économie animale et y favorisent les divers phénomènes physiques et chimiques de la vitalité.

Les eaux, suivant leur origine, peuvent agir un peu différemment sur l'économie. Les eaux de source et de puits sont ordinairement dures et froides en été; les eaux qui sortent des forêts sont chargées de principes acides ou astringents ; les eaux de pluie convenablement recueillies sont salutaires.

En général, il est bon que l'eau soit aérée ; l'eau de puits ou de source devra être recueillie dans un abreuvoir où elle recevra cette aération. C'est une bonne mesure que d'établir dans les vacheries, bergeries, etc., de grands réservoirs recevant l'eau des toitures et placés à un niveau assez élevé pour que cette eau se distribue d'elle-même, à volonté, dans les auges d'abreuvement. On a ainsi une eau salubre, d'une température toujours égale.

Les eaux sont, quelquefois, chargées de sels de chaux, rarement, cependant, jusqu'au point d'être nuisibles; dans ce cas, elles sont rudes aux mains, ne dissolvent pas le savon, cuisent mal les légumes. En agitant ces eaux avec une ou deux poignées de farine de pois par hectolitre, on les déplâtre et on les rend suffisamment aptes à la boisson des animaux.

Dans les abreuvoirs, on se trouvera également bien, suivant les circonstances, de jeter quelques poignées de sel de chaux, si le pays est insuffisamment calcaire; un peu de son et agiter les eaux avec la main, si celles-ci sont trop froides. En hiver, la température des puits permet de donner l'eau immédiatement.

Le bétail montre une certaine prédilection pour les eaux des *mares* chargées de purin; ce n'est pas à dire qu'on doive l'y laisser s'y abreuver de préférence. D'ailleurs, dans une exploitation bien conduite, le purin, qui est une matière trop précieuse comme engrais, ne devrait jamais s'écouler que dans des fosses où on le recueillerait pour l'épandre ensuite sur les champs.

On n'a pas encore, à la vérité, constaté que les eaux de ce genre aient jamais provoqué des maladies parmi les animaux qui en font usage, tandis que, au contraire, ceux qui n'ont à leur disposition que des eaux courantes et d'une pureté parfaite, comme dans les montagnes d'Auvergne et en Suisse, par exemple, sont sujets à des affections plus nombreuses. Mais cette différence tient probablement à d'autres causes et il est certain, dans tous les cas, que les eaux des mares auxquelles viennent se mélanger les liquides chargés de matières organiques qui découlent des fumiers, peuvent à certains moments, au temps des chaleurs surtout, présenter certains dangers, en provoquant des fermentations donnant naissances à des bactéries de mauvaise nature.

Dans tous les cas, s'il est vrai que le gros bétail absorbe volontiers les eaux des mares croupissantes, les chevaux, les ânes et les mulets, ainsi que les moutons, refusent généralement les eaux troubles. Ils ne consentent à les boire que poussés jusqu'aux extrêmes limites de la soif. Il leur faut des boissons claires, telles que les fournissent les cours d'eau, les fontaines, les puits ou les citernes bien construites.

Quoi qu'il en soit, l'essentiel sera de ne jamais laisser les animaux manquer d'eau, principalement en été, et particulièrement, quand ils sont alimentés à sec. On devra la proportionner à leurs besoins.

Dans la généralité des cas, les animaux boivent à leur volonté et à leur soif. Il convient seulement de ne pas les laisser boire goulûment, surtout en été et quand ils ont chaud. Du reste, nous indiquerons, pour les cas particuliers, la meilleure manière d'abreuver les animaux. Ici, nous devons seulement nous occuper de déterminer la quantité de boisson nécessaire.

Pour les localités où, en toute saison, l'eau est abondante, la question n'a pas d'intérêt. Là on en peut donner à volonté. Mais, malheureusement, il n'en est pas ainsi partout. Dans trop de régions encore, il faut, sous la menace de disette, rationner les animaux. Il importe, conséquemment, de savoir jusqu'à quelle limite leur ration d'eau peut être réduite sans inconvénient.

M. Boussingault a calculé qu'un cheval de taille moyenne perd, dans les vingt-quatre heures, par les urines et par les surfaces des poumons et de la peau, environ 30 kil. d'eau. Henneberg et Stohmann, de leur côté, ont trouvé que le bœuf, dans les mêmes conditions, en perd 25 kil. ; mais Stohmann a fait voir depuis que l'appareil de Pettenkofer, avec lequel ils avaient opéré, en retient une forte partie sur ses parois, dont ils n'avaient point tenu compte. Il est probable, d'après cela, que sous ce rapport la différence n'est pas aussi forte qu'elle le paraît entre le bœuf et le cheval.

On peut donc admettre, sans chances de se tromper beaucoup, que le sang d'un de ces grands animaux de taille moyenne doit recevoir par jour 30 kil. d'eau, pour que les vaisseaux conservent leur tension normale et que les fonctions de nutrition s'accomplissent ainsi régulièrement.

Cette quantité, il doit la trouver, soit dans ses aliments solides, sous forme d'humidité, soit dans les boissons. Nul n'ignore que les animaux nourris au vert, comme on dit, boivent moins que ceux qui sont nourris au sec. Les aliments verts contiennent généralement de 70 à 80 p. 100 d'eau, et même au delà dans certains cas. Les aliments séchés à l'air n'en retiennent pas plus de 15 p. 100. Les derniers animaux ont conséquemment toujours plus soif que les premiers.

Donc, pour calculer la quantité d'eau en boisson qui doit être, au minimum, mise à la disposition des animaux, il faut commencer par déterminer celle qu'ils ont ingérée avec leurs aliments solides. Cette quantité est représentée par la différence entre 30 kil. ou 30 litres et la dernière. Dans une ration sèche de 15 kil. il y a 2 kilog. 250 d'eau. Elle doit ainsi être accompagnée de près de 28 litres d'eau.

Quant au mouton 1 litre et demi à deux litres par jour lui suffisent.

On fait boire le cheval ordinairement, après son repas, et le bœuf ou la vache pendant.

CHAPITRE IV

CONDITIONNEMENT DES ALIMENTS. — DIVISION ET MÉLANGE DES ALIMENTS. — CUISSON DES ALIMENTS : EXPÉRIENCE DE M. AIMÉ GIRARD. — FERMENTATION ET MACÉRATION. — AVANTAGES DES MÉLANGES.

Les animaux sont nourris au pâturage avec l'herbe des prés, ou bien à l'étable où leur alimentation se compose, en même temps que du foin récolté dans les prairies, d'une infinité d'autres substances végétales naturelles, conservées d'après divers systèmes, ou provenant de résidus industriels.

La préoccupation de l'élevage doit être, avant toute chose, de s'assurer que ces aliments quels qu'ils soient, réunissent toutes les conditions possibles d'une bonne qualité.

En ce qui concerne les herbages qui constituent, en réalité, soit à l'état frais soit à l'état de foin, l'élément de beaucoup le plus important de nutrition du bétail, nous avons consacré, dans la première partie de cet ouvrage, une étude aussi étendue que le comportait ce travail, à l'examen des conditions qui s'imposaient pour obtenir du sol, suivant les milieux dans lesquels on se trouve placé, les produits de meilleure sorte, puis pour assurer ultérieurement à ces derniers, les principes essentiels qui les font rechercher volontiers par les animaux et contribuent à leur développement.

Nous ne reviendrons point sur ce sujet et nous nous bornerons à examiner sommairement ici, dans quel état de conditionnement les diverses autres substances fournies au bétail doivent lui être présentées, pour qu'il en retire le plus grand avantage.

Nous n'avons pas besoin d'insister, tout d'abord, sur la nécessité de ne leur fournir que des aliments en bon état, c'est-à-dire non avariés, n'ayant subi aucun commencement de décomposition, non atteints de moisissures, ne répugnant point par les odeurs qu'ils ont contractées. A cet égard, les animaux sont comme les gens. Ce n'est que poussés par une faim trop prononcée, qu'ils se résignent à accepter une nourriture inférieure qui non seulement ne leur profite pas, mais qui est encore de nature à provoquer chez eux des accidents digestifs redoutables.

Dans le même ordre d'idées, les mangeoires devront être tenues dans le plus grand état possible de propreté.

Enfin l'expérience nous a fourni les moyens d'agir sur les différents aliments employés à la nourriture du bétail, de façon à ce qu'ils lui soient plus agréables et lui profitent davantage.

Division et mélange des aliments. — C'est ainsi que, sans qu'il soit besoin de donner d'explications à ce sujet, les aliments présentés dans un état de divisibilité bien comprise, auront sur le système digestif une action plus utile que s'ils sont dans un état plus compact. Le travail de la mastication sera moindre, l'insalivation des substances sera plus complète, celles-ci s'imprègneront davantage des sucs élaborés par l'estomac et par les intestins, il y aura, de ce fait, plus de matière enfin ayant subi le phénomène de la digestion et ayant produit, par conséquent, un effet alimentaire.

Il faut ajouter de plus que si l'on veut combiner des rations composées de diverses matières, cette division des aliments s'impose presque, puisque c'est à cette seule condition que l'on peut en faire un mélange suffisamment intime pour que l'animal n'absorbe pas uniquement ce qui lui plaît en délaissant ce qui n'est pas autant à sa convenance.

Cest ainsi que l'on pourra faire accepter par le bétail, en les mélangeant avec des aliments qui lui seront agréables, de la paille, des ajoncs, enfin certaines substances grossières que l'on aura préalablement hachées, écrasées, pilées et qu'il aurait certainement laissées de côté, à moins d'être trop sollicité par la faim, si l'on n'avait pas pris cette précaution.

Cuisson des aliments. — L'expérience a également démontré que la cuisson pour la plupart des aliments appartenant à la catégorie des féculents tels que les pommes de terre, les châtaignes, les topinambours, tout en faisant acquérir à ces aliments une saveur qui flatte agréablement les animaux, augmentait sensiblement leur valeur nutritive

C'est ainsi qu'il résulte d'expériences très méthodiques, effectuées par M. Aimé Girard, professeur de chimie au Conservatoire national des Arts et Métiers, que l'introduction des pommes de terre cuites dans l'alimentation du bétail, a donné les résultats les plus remarquables.

Voici comment M. Girard avait composé ses rations :

	Bœufs.		Moutons.
Pomme de terre. .	25 kil. »	mélangés.	2 kil. 500
Foin haché.	3 » »	mélangés.	0 » 300
Sel.	0 » 030	mélangés.	0 » 003
Foin en bottes. . .	6 » »	. . . .	0 » 600

C'est en trois repas que la ration journalière était répartie ; à la suite de chacun d'eux, et pour la compléter, chaque animal recevait, sous forme de bottes déliées, le tiers du foin afférent à sa ration.

Les animaux mis en expérience, étaient divisés en deux catégories dont la première recevait la ration ci-dessus, mais avec la pomme de terre non cuite et simplement débitée en cossettes au coupe-racine, tandis que pour la seconde catégorie, la pomme de terre est cuite. Chacune de ces catégories fut d'ailleurs soumise au même régime de nutrition, savoir : les bœufs pendant 71 jours et les moutons pendant 90 jours.

Au bout de ce temps, voici quels furent les résultats obtenus.

Relativement au *poids vif*, l'augmentation pour les bœufs soumis exclusivement à l'alimentation de la pomme de terre cuite et du foin, fut, pour les Charolais, de 14 et 10,8 p. 100 du poids initial ; pour les Durham-Manceaux, 11,4 et 10,4 p. 100 de ce poids ; chez les Limousins, de 15 et 11.50 p. 100.

Ce sont là des augmentations considérables qui, rarement, sont réalisées en une période de temps aussi courte.

Pour les moutons, l'augmentation du poids vif fut encore plus remarquable. Pour le lot de ces animaux nourris avec la pomme de terre cuite, elle n'atteignit pas moins de 44.5 p. 100 en moyenne, et resta à 39.3 p. 100 pour le lot nourri avec la pomme de terre crue.

Relativement au *rendement en viande nette*, alors qu'il ne dépasse que rarement 53 à 57 p. 100 pour les bœufs d'écurie, il atteignit 60,46 et 61,94 p. 100 pour ceux nourris à la pomme de terre cuite et au foin. Quant aux moutons, le rendement ne s'éleva pas à moins de 55,12 et 52,86 p. 100, alors que la moyenne n'atteint que très exceptionnellement 40 et 41 p. 100.

Ajoutons que c'est sous le rapport de la qualité de la viande, plus encore peut-être que sous le rapport de l'augmentation du poids vif et du rendement en viande nette, que s'affirma la supériorité de l'alimentation à la pomme de terre cuite et au foin.

« La pomme de terre riche et à grand rendement, conclut M. Aimé Girard, dans le rapport où il rend compte de ses expériences, doit être dorénavant considérée comme un fourrage de premier ordre.

« C'est une richesse nouvelle, ajoute-t-il, qu'offrent à l'agriculture française les bénéfices établis par ces recherches; c'est pour les contrées fertiles où l'élevage et l'engraissement sont déjà en honneur, le moyen d'augmenter le nombre des animaux qu'on y prépare pour la boucherie; c'est pour les contrées pauvres où les fourrages herbacés sont d'une culture difficile, où les pommes de terre prospèrent, au contraire, le moyen d'entrer en lice et de concourir, avec un grand profit, à l'augmentation de la production de la viande dans notre pays ».

Dudjon, de son côté, a nourri pendant neuf semaines, onze ieunes cochons avec des pommes de terre et de la paille de fève. Six qui recevaient leur nourriture cuite, ont gagné en tout 44 kilog. 800, ou en moyenne, par tête, 7 kilog. 4. Les cinq autres, avec cette même nourriture crue, n'ont gagné que 24 kilog. 500 ou, par tête, 4 kilog. 9. Walker a fait la même expérience avec des pommes de terre et de l'orge broyée. Cinq jeunes cochons recevant leur nourriture cuite, ont gagné, en quatre-vingt-dix jours, 86 kilog. 800 ou 17 kilog. 5 par tête; cinq autres, qui la recevaient crue, n'ont gagné dans le même temps que 57 kilog. 5, ou 11 kilog. 5 par tête.

Ces faits sont absolument concluants en faveur de la cuisson des aliments féculents.

Cette cuisson s'opère soit à feu nu, dans des marmites ou chaudières de plus ou moins grande capacité, suivant l'importance du bétail à nourrir, et mieux encore par la vapeur, au moyen d'autoclaves et d'instruments divers très ingénieusement conçus, que l'industrie met, aujourd'hui, à la disposition de l'agriculture.

Fermentation et macération. — Enfin la *fermentation* et la *macération* peuvent intervenir dans une foule de cas pour améliorer les aliments, les rendre plus digestibles et les faire accepter avec plus de plaisir par les animaux.

On soumettra à la fermentation les racines sucrées et les féculents, mais de façon cependant à ce qu'elle ne dépasse pas certaines limites qui sont celles de la fermentation alcoolique commençante. Si on poursuivait jusqu'à la fermentation acétique, on risquerait l'inconvénient de fournir au bétail une nourriture parfois irritante et que, parfois aussi, il refuserait. Toutefois, certains animaux ne se montrent pas dédaigneux de la saveur un peu piquante que l'on obtient de la sorte et qui constitue une espèce de stimulant qui peut être considéré comme condimentaire.

Mais alors, le mieux est de ne donner les produits traités de la sorte, que combinés avec d'autres aliments.

Afin d'éviter, au surplus, que la fermentation se poursuive trop loin et, de simplement alcoolique, ne devienne complètement acétique et, plus tard, putride, il est prudent de ne régler la quantité des substances destinées à cette transformation, que proportionnellement aux besoins prévus dans un temps déterminé.

C'est là une simple question d'observation et d'expérience. Suivant le milieu ambiant, suivant la température extérieure ou intérieure, suivant la nature des produits mis en œuvre et qui fermentent d'autant plus rapidement qu'ils sont plus sucrés, l'éleveur préparera ses rations de telle manière qu'elles aient acquis le degré de fermentation voulu au moment de les distribuer au bétail et qu'elles ne l'aient pas trop dépassé.

Quant à la macération, elle a pour but le ramollissement des aliments trop durs ou trop grossiers en les imbibant d'eau.

« Elle se pratique surtout, explique M. Sanson, professeur de zootechnie à l'Institut national agronomique, dans son traité de l'*Alimentation raisonnée des animaux,* à l'égard des graines légumineuses, dont l'enveloppe est épaisse, comme les fèves, par exemple. Elle les gonfle et fait éclater cette enveloppe, ce qui rend leur mastication plus facile. Son effet est, en outre, de rendre les principes immédiats nutritifs plus diffusibles et d'augmenter ainsi leur digestibilité. Son avantage sur la division mécanique est de n'exiger presque aucun frais. Il convient donc de la préférer toutes les fois qu'il est possible.

« Son action se combine toujours avec celle de la fermentation, lorsque celle-ci se produit dans un mélange alimentaire. C'est ainsi que s'explique, du moins pour une part, la digestibilité plus grande qu'acquièrent les aliments les plus grossiers et les plus pauvres, mélangés avec un aliment très fermentescible. La paille de froment hachée, dont le coefficient de digestibilité est de 0.26 à 0.30, quand on l'administre sèche et isolément, en acquiert un de 0.46 à 0.50 après avoir macéré en mélange avec des tranches ou des pulpes de betteraves. De même pour les autres pailles, les balles, les siliques de colza, etc.

« L'accroissement de la digestibilité est d'autant plus grand que le mélange est plus intime, et c'est en vue de la réaliser que la division est surtout utile.

Avantage des mélanges. — « Mais, ajoute M. Sanson, les *mélanges alimentaires* n'ont pas seulement l'avantage ainsi caractérisé. C'est à leur faveur que peut être réalisée, dans la pratique, la proposition formulée en commençant, à savoir que toute matière végétale ou animale qui ne contient pas de principe toxique, doit être considérée comme alimentaire et utilisée comme telle. Si elle a une saveur et des propriétés physiques qui la feraient refuser par les animaux, elle est prise sans difficulté, en faible proportion dans un mélange composé avec d'autres substances appétissantes. Cette proportion peut être, au besoin, progressivement augmentée ensuite. On habitue l'appareil digestif à tout, pourvu que l'accoutumance soit obtenue par des transitions bien ménagées. C'est ainsi que nous avons pu, il y a déjà bien des années, faire entrer utilement dans l'alimentation des vaches et des chevaux les enveloppes ou coques de la graine de cacao qui, auparavant, étaient sans valeur.

« En outre, le mélange des aliments de même ordre, par cela seul qu'il introduit de la variété dans l'alimentation, exerce une action condimentaire qui accroît leur effet utile. Nous reviendrons sur cette considération au moment opportun ».

Le volume des rations. — Enfin, il est une condition essentielle qui mérite d'appeler toute l'attention de l'éleveur, préoccupé de composer des rations alimentaires agissant de la façon la plus utile sur le bétail : c'est le volume de ces rations.

On a observé que les aliments doivent occuper un certain volume dans les différents organes digestifs pour que les fonctions de ces organes puissent s'exercer convenablement. Si, par exemple, chez les ruminants surtout, les tissus intérieurs de l'estomac ne sont pas suffisamment distendus par la quantité de substances qui y sont introduites, les sucs digestifs destinés à élaborer, à transformer ces substances, ne se produisent plus en proportions suffisantes pour que toutes les matières ingérées en profitent; par suite, des pertes d'aliments se produisent et sont évacuées sans profit.

Si, dès lors, on combine une ration dans laquelle on fait intervenir des substances possédant, sous un faible volume, une valeur nutritive considérable, telles que les tourteaux, par exemple, il importera de compenser ce volume par l'adjonction d'une substance volumineuse et peu nourrissante, comme de la paille.

Cette observation supporte certaines exceptions, et c'est ainsi que pour le porc et notamment pour les animaux d'engrais, on pourrait se montrer moins rigoureux et recourir à une alimentation plus concentrée. Mais si la règle que nous venons de rappeler supporte certain tempérament, ce n'est pas au point, cependant, qu'elle n'exige impérieusement qu'on en tienne compte et qu'on puisse la transgresser impunément.

En résumé, une alimentation bien comprise sera celle qui, sous un volume suffisant, réunira les conditions suivantes :

1° Composition des rations de telle manière que l'élément protéique qui est le plus essentiel, y soit aussi riche que possible. Si, par exemple, en nous référant aux tables de la composition chimique des aliments, que nous reproduisons à la fin de ce volume, nous composons une ration avec 5 kilog. de foin, 36 kilog. de betteraves et 4 kilog. de menue paille, on constatera que l'on a réuni ainsi 850 gr. environ de protéine. En ajoutant à ce mélange 2 kilogrammes 500 seulement de tourteau de colza, on augmentera de 600 gr. approximativement cette proportion de protéine ;

2° Variété dans la composition des rations, qui exerce toujours sur la digestion et aussi sur l'appétit, une influence des plus favorables ;

3° Enfin, introduction dans les rations d'une quantité déterminée de l'aliment constituant la nourriture normale de l'animal, lequel est l'herbe ou le foin des prairies pour les animaux de la race chevaline et bovine; les herbes fines et courtes des gazons de pâturages élevés et secs pour les bêtes ovines; les tubercules, les racines ou les fruits des arbres forestiers, avec une certaine proportion de matières animales, pour les porcs.

CHAPITRE V

RATIONS ALIMENTAIRES. — TABLES DE M. E. WOLFF. — INTERPRÉTATION DES TABLES DE WOLFF. — DÉMONSTRATION PRATIQUE DE LA THÉORIE DE LA RELATION NUTRITIVE.

Envisagé au point de vue de sa composition chimique, le corps des animaux est formé par l'association d'eau, de matières azotées, de graisse et de substances minérales.

Le rôle des aliments est de fournir à l'organisme les matériaux azotés, hydrocarbonés et minéraux nécessaires à la formation de la chair, de la graisse, du lait, etc., en un mot, de réparer les pertes résultant du jeu régulier des organes dans les divers états par lesquels peut passer l'animal (entretien, travail, lactation, engraissement). Les aliments répondent enfin à des besoins multiples, variables avec les cas particuliers ; ils servent à reconstituer les tissus et les liquides de l'organisme, incessamment en voie de transformation nécessitée par l'entretien des fonctions ; un autre rôle non moins important des aliments est d'engendrer, dans l'intimité des tissus de l'animal, la chaleur, source de toute production de travail. Enfin, chez les animaux non encore adultes, les aliments servent, en outre, à l'accroissement du corps.

Modifiés profondément dans leur texture et dans leurs caractères chimiques, pendant l'acte digestif, les principes utilisables des aliments constituent finalement le sang, milieu intérieur où vont puiser les éléments de leur organisation les divers tissus et liquides dont l'assemblage forme le corps des animaux.

Toutes les substances organiques alimentaires renferment du carbone, de l'hydrogène et de l'oxygène ; un certain nombre d'entre elles contiennent en outre de l'azote ; mais il ne suit pas de là que toutes les substances organiques soient alimentaires. On sait, par exemple, que l'albumine et la gélatine, si voisines dans leur composition, diffèrent essentiellement sous ce rapport, l'albumine étant l'aliment azoté par excellence, tandis que la gélatine se montre entièrement dépourvue de valeur nutritive. Il en est de même des diverses espèces de matières sucrées, etc. De plus, les mêmes principes immédiats des végétaux ne sont pas également utilisés par la même espèce animale ou par des individus d'espèces différentes.

L'expérience seule peut nous fixer d'une manière certaine sur la valeur relative des divers aliments, suivant les animaux et les produits divers qu'on leur demande.

Pour arriver à composer rationnellement l'alimentation d'un animal, c'est-à-dire à déterminer le poids et la composition du mélange fourrager qui permettra d'atteindre le plus économiquement possible le but qu'on a en vue, qu'il s'agisse de l'entretien de l'animal, de son élevage ou de son engraissement, il faut, comme point de départ, tenir compte aussi exactement que le permettent aujourd'hui les résultats des nombreuses expériences auxquelles a donné lieu l'alimentation du bétail, des deux principaux termes du problème :

1° Quantités en poids de principes immédiats digestibles (matières azotées sucrées, amylacées, grasses), nécessaires pour constituer la ration journalière de l'animal, suivant les divers buts à atteindre.

On entend par principes immédiats végétaux ou animaux, les composés qu'on y rencontre tout formés et qu'on en peut extraire par des opérations plus ou moins compliquées : tels sont les divers sucres, la fécule ou amidon, la cellulose, la matière grasse, l'albumine, la gélatine, la fibrine, etc.

2° Composition des divers aliments, c'est-à-dire leur teneur en chacune des catégories de principes digestibles énumérées ci-dessus.

Ce n'est point, en effet, le poids brut de chacun des principes immédiats entrant dans la composition d'un aliment qui seul doit servir à fixer la quantité de fourrage à administrer à un animal, mais bien le taux de substances azotées, grasses, féculentes, *digestibles* qu'il renferme.

Le tableau suivant, dans lequel le doyen des directeurs de Stations agronomiques, M. E. Wolff, l'éminent professeur de Hohenheim, a réuni les résultats les plus solidement acquis par l'expérimentation unie à la pratique des agronomes les plus distingués, résume l'état des connaissances sur les exigences alimentaires des animaux des espèces bovine, chevaline, ovine et porcine, dans les principales conditions que présente le bétail d'une exploitation rurale.

Il va sans dire que les données de ce tableau n'ont pas un caractère de rigueur absolue ; mais elles fournissent des indications précieuses pour le praticien auquel elles doivent servir de guide très utile dans la composition des rations de son bétail.

Pris comme point de départ du calcul des rations, les chiffres inscrits dans le tableau de Wolff, peuvent être modifiés par les éleveurs, suivant les races, les aptitudes spéciales de leur bétail à l'engraissement, à la lactation, etc.

Il ne faut pas perdre de vue, en effet, qu'une foule de facteurs peuvent intervenir, de nature à apporter des modifications aux proportions indiquées dans le tableau de M. Wolff. Si on peut, à la vérité, admettre ces proportions comme fixes pour les *rations d'entretien,* c'est-à-dire les rations destinées tout simplement à entretenir la vie de l'animal, et à le maintenir en bon état de santé, enfin à lui permettre d'accomplir, sans perte, un travail constant et normal, il n'en est pas de même pour la *ration de produit*, destinée à obtenir de l'animal un produit quelconque, augmentation de travail ou augmentation de poids.

Dans ce dernier cas, le poids initial de l'animal est assurément un facteur important dont il y a lieu de tenir compte pour la quotité de nourriture à lui fournir. Mais un autre facteur plus important encore, surtout s'il s'agit de bétail à l'engraissement, c'est l'appétit de l'animal qui devra plus particulièrement fixer sa ration journalière. Plus il mangera, sans toutefois que sa digestion en soit troublée et à la condition aussi, bien entendu, que l'animal soit bien constitué et que les aliments lui profitent réellement, plus aussi il profitera lui-même en poids, en graisse, en viande.

L'attention de l'éleveur, dans ce cas, devra donc se porter du côté des déjections. Tant que celles-ci conservent leur consistance normale, il n'y a aucun inconvénient à forcer l'alimentation. Si cette consistance s'affaiblissait, ce serait un indice que la limite de tolérance de l'appareil digestif est dépassée, que des troubles s'y produisent et il conviendrait alors de réduire sans brusquerie, c'est-à-dire peu à peu, la ration de produit, jusqu'à ce que les déjections reprennent leur apparence normale.

L'essentiel sera de constituer les rations de façon à se rapprocher aussi près que possible des proportions indiquées dans le tableau de M. Wolff, relatives à la somme des principes digestibles qui doivent composer les rations et entre lesquels doit exister un rapport que l'on désigne sous le nom de *Relation nutritive.*

Pour réaliser ces conditions, on se servira utilement du tableau que nous publions à la fin de ce volume et dans lequel est relatée la composition chimique de la généralité des aliments offerts au bétail.

Sous les réserves qui précèdent, voici le tableau de M. Wolff.

RATIONS ALIMENTAIRES NORMALES DES ANIMAUX DE LA FERME

DÉSIGNATION DES ANIMAUX	Substance organique totale.	Principes digestibles du fourrage. Albumine et amides.	Hydro-carbonates, amidon, sucres, etc.	Matières grasses.	Sommes des principes digestibles.	Relation nutritive.
A. — Par jour et par 1,000 kilogrammes de poids vif.						
1. **Bœufs** à la stabulation complète......	17^{k}5	0^{k}7	8^{k}0	0^{k}15	8^{k}85	1 : 12.0
2. **Moutons** à laine (races grossières)....	20 0	1.2	10.3	0.20	11.70	1 : 9.0
3. — — (races fines).........	22.5	1.5	11 4	0.25	13.15	1 : 8.0
4. **Bœufs** au travail moyen....	24.0	1.6	11.3	0.30	13.20	1 : 7.5
5. — — intense.	26.0	2.4	13.2	0.50	16.10	1 : 6.0
6. **Chevaux** au travail modéré..........	20.0	1.5	9.5	0.40	11.40	1 : 7.0
7. — — moyen....... ...	21.0	1.7	10.4	0.60	12.70	1 : 7.0
8. — — intense..........	24.0	2.3	12.5	0.80	15.60	1 : 6.0
9. **Vaches** laitières..........................	24 0	2 5	12.5	0.40	15.40	1 : 5.4
10. **Bœufs** à l'engrais (1re période)......	27.0	2.5	15 0	0.50	18.00	1 : 6.5
11. — — (2e —)......	26.0	3.0	14.8	0.70	18.50	1 : 5.5
12. — — (3e —)......	25.0	2.7	14.8	0.60	18.10	1 : 6.0
13. **Moutons** à l'engrais (1re période)......	26.0	3.0	15.2	0.50	18.70	1 : 5.5
14. — — (2e —)......	25.0	3.5	14.4	0.60	18.50	1 : 4.5
15. **Porcs** à l'engrais (1re période)........	36 0	5.0	27.5		32.50	1 : 5.5
16. — — (2e —)........	31.0	4.0	24.0		28.00	1 : 6.0
17. — — (3e —)........	23.5	2.7	17.5		20.20	1 : 6.5
18. **Veaux, génisses et bouvillons** :						
Ages. — Poids vif moyen par tête.						
2 à 3 mois — 75 kilogr.........	22.0	4.0	13.8	2.0	19.8	1 : 4.7
3 à 6 — 150 —	23.4	3.2	13.5	1.0	17.7	1 : 5.0
6 à 12 — 250 —	24.0	2.5	13.5	0.6	16.6	1 : 6.0
12 à 18 — 350 —	24.0	2.0	13.0	0.4	15.4	1 : 7.0
18 à 24 — 425 —	24.0	1.6	12.0	0.3	13.9	1 : 8.0
19. **Moutons et brebis** :						
5 à 6 mois — 28 kilogr.........	28.0	3.2	15.6	0.8	19.6	1 : 5.5
6 à 8 — 34 —	25.0	2.7	13.3	0.6	16.6	1 : 5.5
8 à 11 — 38 —	23 0	2.1	11.4	0.5	14.0	1 : 6.0
11 à 15 — 41 —	22.5	1.7	10.9	0.4	13.0	1 : 7.0
15 à 20 — 43 —	22.0	1.4	10.4	0.3	12.1	1 : 8.0
20. **Porcs** :						
2 à 3 mois — 25 kilogr....	42.0	7.5	30 0		37.5	1 : 4.0
3 à 5 — 50 —	34.0	5.0	25.0		30.0	1 : 5.0
5 à 6 — 62 —	31.5	4.3	23.7		28.0	1 : 5.5
6 à 8 — 85 —	27 0	3.4	20.4		23.8	1 : 6.0
8 à 12 — 125 —	21.0	2.5	16.2		18.7	1 : 6.5
B. — Par tête et par jour.						
Veaux, génisses et bouvillons :						
2 à 3 mois — 75 kilogr.........	1.7	0.3	1.0	0.15	1.45	1 : 4.7
3 à 6 — 150 —	3.5	0.5	2.0	0.15	2.65	1 : 5.0
6 à 12 — 250 —	6.0	0.6	3.4	0.15	4.15	1 : 6.0
12 à 18 — 350 —	8.4	0.7	4.5	0.14	5.34	1 : 7.0
18 à 24 — 425 —	10.2	0.7	5.2	0.13	6.03	1 : 8.0
Moutons et brebis :						
5 à 6 mois — 28 kilogr.........	0.8	0.09	0.44	0.023	0.55	1 : 5.5
6 à 8 — 34 —	0.8	0.09	0.43	0.020	0.54	1 : 5.5
8 à 11 — 38 —	0.8	0.08	0.43	0.019	0.53	1 : 6.0
11 à 15 — 41 —	0.9	0.07	0.44	0.016	0.53	1 : 7.0
15 à 20 — 43 —	1.0	0.06	0.44	0.012	0.51	1 : 8.0
Porcs :						
2 à 5 mois — 25 kilog.........	1.0	0.19	0.75		0.94	1 : 4.0
3 à 5 — 50 —	1.7	0.25	1.25		1.50	1 : 5.0
5 à 6 — 62 —	2.0	0.27	1.48		1.75	1 : 5.5
6 à 8 — 85 —	2 3	0.29	1.74		2.03	1 : 6.0
8 à 12 — 125 —	2.6	0.31	2.03		2.34	1 : 6.5

Pour les porcs, un seul chiffre est imprimé pour les colonnes Hydro-carbonates et Matières grasses réunies.

Interprétation des tables de Wolff. — Quelques explications sur la contexture de ce tableau et sur son emploi ne paraîtront sans doute pas inutiles. Il indique les quantités, en poids, des éléments digestibles des denrées alimentaires qu'il faut faire entrer dans la ration journalière des animaux de la ferme pour atteindre aussi complètement que possible le but qu'on se propose.

Dans la première division du tableau (A), les quantités de principes nutritifs sont rapportées à 1,000 kilogrammes de poids vif de chacun des animaux considérés. Une simple opération arithmétique permet de les ramener à un poids vif quelconque, directement déterminé pour un animal donné.

Supposons qu'une vache laitière pèse 460 kilogrammes. Sachant qu'il faut que la ration renferme, pour 1,000 kilogrammes de poids vif, 8 kilogrammes de matière hydrocarbonée (amidon, etc.), la proportion suivante donne le poids de matière hydrocarbonée correspondant à 460 kilogrammes :

$$1000 : 8 :: 460 : x$$

$$x = \frac{8 \times 460}{1000} = 3^{k}680$$

et ainsi de suite pour les autres éléments de la ration.

La deuxième division (B) du tableau indique, pour les animaux d'élevage, veaux, bouvillons, génisses, moutons et porcs, les quantités de chaque élément digestif correspondant aux poids vifs inscrits en regard de la composition de la ration.

La dernière colonne du tableau donne ce qu'on nomme la *relation nutritive* de la ration, c'est-à-dire le rapport des matières azotées (protéine) au poids des substances hydrocarbonées (exemptes d'azote) qui doivent entrer dans la ration.

Les recherches expérimentales sur l'alimentation, confirmées par la pratique des écuries et étables bien conduites, ont démontré qu'un mélange fourrager doit présenter un rapport assez étroit (variable avec les différents buts), entre le taux des matières azotées (protéine) et celui des substances hydrocarbonées (exemptes d'azote) de la ration. C'est ainsi que, pour le cheval de service, M. Grandeau a été amené à fixer à $\frac{1}{7}$ la relation nutritive de la ration qu'on considérait avant ces recherches comme ne devant pas s'écarter sensiblement du rapport $\frac{1}{5}$ pour le cheval de service.

Ce rapport $\frac{1}{7}$ signifie que pour 1 kilogramme de matière azotée, la ration du cheval de service doit contenir 7 kilogrammes environ de matières amylacée, sucrée et grasse.

Il convient d'expliquer à cette occasion comment on calcule le chiffre qui représente ensemble les matières hydro-carbonées et la graisse.

Les études de digestibilité du fourrage et les essais méthodiques d'alimentation ont confirmé le fait signalé par Lawes et Gilbert, dans leurs magistrales recherches sur le bétail, à savoir que 1 kilogramme de matière grasse équivaut, physiologiquement parlant, à 2 kilogr. 1/2 environ d'amidon ou de toute autre matière non azotée digestible. On a donc coutume de transformer, par le calcul, la matière grasse d'un aliment en son équivalent d'amidon, en multipliant le taux de graisse par le coefficient 2.5. Dans l'exemple choisi (ration du cheval au travail modéré), la ration doit contenir, pour 1,000 kilogrammes poids vif, 9 kil. 500 de matières hydrocarbonées, 0 kil. 400 de matière grasse et 1 kil. 500 de substance protéique. La relation nutritive se détermine en divisant la somme des matières hydrocarbonées et de la substance grasse transformée en amidon, par le poids de la substance azotée. Ce rapport s'établit de la manière suivante :

Matières hydrocarbonées.	9k5
Graisse transformée, 0k400 × 2.5 =	1.0
Total des matières hydrocarbonées.	10k5

$\frac{10.5}{1.5} = 7$, d'où le rapport $\frac{1}{7}$.

La somme de principes nutritifs digestibles que doit contenir la ration nécessaire à l'entretien de 1,000 kilogrammes de poids vif des divers animaux est inscrite dans la 5e colonne du tableau. La différence entre le poids total de substance organique sèche porté dans la colonne 1 et le chiffre de la colonne 5, correspond à la cellulose brute, aux matières organiques indéterminées et à la matière minérale que renferme la ration.

Démonstration pratique de la théorie de la relation nutritive. — Au surplus, pour bien faire comprendre cette question de *relation nutritive* nous croyons devoir entrer dans des détails aussi explicites que possible à son égard.

Pour qu'un animal soit bien nourri avec un aliment déterminé, il ne suffit pas que celui-ci contienne de la protéine (matière azotée), des extractifs non azotés, de la matière grasse et des sels minéraux. Il faut encore que ces divers éléments soient unis dans une proportion convenable, sans quoi l'aliment ne possède pas toute sa valeur digestible et, par conséquent, nutritive. Cette proportion est d'ailleurs variable avec l'âge des individus, car pendant le jeune âge, c'est-à-dire pendant la période de développement, toutes choses égales d'ailleurs, un sujet a une plus grande puissance de digestion et d'assimilabilité que quand il est arrivé à l'âge adulte ou qu'il a dépassé cet âge.

La proportion qui doit exister dans une ration alimentaire, entre les matières azotées et les matières non azotées, s'appelle la relation nutritive.

Elle se formule ainsi : $\frac{\text{MA}}{\text{MNA}}$ ou encore MA : MNA, ce qui signifie : *matière azotée* divisée par *matière non azotée*.

En d'autres termes, si l'on transforme les lettres en chiffres, on obtient une fraction dont le numérateur est donné par la quantité de matière azotée, et le dénominateur par les éléments non azotés.

Prenons un exemple : $\frac{1}{4{,}7}$ ou 1 : 4,7.

Ici le chiffre 1, numérateur, signifie que la ration contient 1 de matière azotée et les chiffres 4,7, dénominateur, expriment que dans cette même ration on trouve 4 fois et 7 dixièmes de fois autant de matière non azotée. En deux mots, cela veut dire qu'il y a un quart environ de matières azotées sur la quantité totale des aliments, le reste étant constitué par des éléments non azotés qui peuvent être composés de graisse, de sucre ou de fécule, d'amidon ou de cellulose.

La pratique et la méthode expérimentale, comme la théorie, ont démontré que si, dans une ration, l'un des éléments est en excès, celui-ci n'est pas utilement digéré. Si l'élément azoté est en excès, la perte peut n'être pas grave, parce que l'excédent va au fumier qui sera utilisé dans l'exploitation. Mais si, au contraire, les éléments non azotés sont en excès, ils partent aussi au fumier, mais n'ont aucune utilité comme engrais, ce qui constitue une perte sèche.

La théorie et la pratique enseignent que pour qu'une ration soit digérée au maximum et produise tous les effets utiles qu'on est en droit d'attendre, il faut que sa relation nutritive soit très approximativement $\frac{1}{5}$ pour les animaux ayant atteint ou dépassé l'âge adulte. Mais s'il s'agit de jeunes sujets en voie de développement, ayant besoin de fabriquer des tissus et d'accroître toutes les parties de leur organisme, le dénominateur de la fraction sera d'autant moins élevé que l'individu sera plus jeune et variera, selon l'âge :

$$\frac{1}{2}, \frac{1}{2,5}, \frac{1}{3}, \frac{1}{3,5}, \frac{1}{4}, \frac{1}{4,5}, \frac{1}{5}.$$

En effet, le jeune animal qui vit du lait de sa mère trouve dans cet aliment une proportion élevée de principes azotés dont il a besoin et les digère complètement. Au sevrage, s'il peut se passer du lait pour continuer à se développer, il faut qu'il trouve des aliments sensiblement aussi riches en protéine que le lait lui-même, et ces aliments lui sont fournis par les jeunes pousses des végétaux dont la relation nutritive varie entre $\frac{1}{2}$ à $\frac{1}{2,2}$ ou $\frac{1}{3}$. A mesure qu'il grandit, d'ailleurs, c'est-à-dire après la première année, le rapport pourra devenir, d'année en année, moins étroit, jusqu'à n'être plus, vers l'âge de 5 ans, que $\frac{1}{4,5}$ ou $\frac{1}{5}$.

Pendant la belle saison, il n'est pas difficile de constituer une ration convenable pour les jeunes animaux. Cela devient plus difficile en hiver où, pour obtenir la relation nutritive favorable, on est obligé de recourir à l'emploi des aliments concentrés.

S'il importe qu'un aliment soit constitué dans un rapport favorable entre les matières azotées et les matières ternaires (c'est-à-dire composé des trois éléments : oxygène, hydrogène, carbone), il n'importe pas moins qu'il existe un rapport, déterminé aussi par la théorie et par la pratique, entre les matières azotées et les matières grasses.

Ce rapport s'écrit : $\frac{MA}{mg}$.

Pour qu'il soit favorable à la digestibilité des matières azotées, il ne faut pas qu'il dépasse le chiffre de $\frac{1}{2}$. Il est, en effet, démontré que 2 parties de matières grasses unies à 1 partie de matière azotée digèrent complètement; inversement, 1 partie de matière azotée est complètement digérée si elle est unie à 2 parties de matières grasses.

Les tableaux que nous publions à la fin de ce volume, et dans lesquels est détaillée la composition chimique de la plupart des substances qui peuvent être employées comme aliments pour les animaux, rendront facile aux éleveurs qui se seront familiarisés avec eux, la combinaison des rations suivant les règles que nous venons d'expliquer.

Prenons, par exemple, une ration combinée par un bon auteur et calculée de façon à contenir 1 kilogramme de matière sèche totale.

Cette ration sera :

320 grammes de foin de pré.
3,000 grammes de betteraves.
170 grammes de balle d'avoine.
100 grammes de tourteau de colza.

Si nous nous reportons aux tables en question, nous voyons d'abord que le foin de prairie contient 85,7 p. 100 de matières sèches; la betterave, 12 p. 100; la balle d'avoine 85.7 p. 100 et le tourteau de colza, 85 p. 100. Si nous multiplions chacun de ces coefficients par le chiffre des quotités exprimées dans notre ration, et que nous additionnions ensemble ensuite les produits obtenus, nous trouvons, en effet, le total de 985 grammes, qui se rapproche sensiblement de 1,000 ou d'un kilogramme.

Appliquons le même mode de calcul en ce qui concerne les éléments protéiques, et nous trouvons 91 gr. 62; enfin, chacune des quotités qui composent la ration ci-dessus, multipliées par leur coefficient d'extractif non azoté, donnent au total 459 gr. 86, ce qui représente la relation nutritive de $\frac{91,62}{459,86}$ se rapprochant sensiblement de celle de $\frac{1}{5}$ visée.

CHAPITRE VI

DISTRIBUTION DES ALIMENTS A L'ÉTABLE. — INCONVÉNIENTS ET AVANTAGES DE LA STABULATION : ENTRETIEN DES ÉCURIES. — VARIÉTÉ DES ALIMENTS. — RÉGULARITÉ DANS LA DISTRIBUTION DES PORTIONS. — LA TRANQUILLITÉ A L'ÉTABLE. — AUTRES CONDITIONS ET AVANTAGES D'UNE BONNE ALIMENTATION.

Les animaux domestiques sont nourris soit au *pâturage*, soit à l'intérieur ; ce dernier mode a reçu le nom de *stabulation*. La stabulation est *permanente* quand les animaux ne sortent jamais, *temporaire* quand ils sortent par intervalle.

Les circonstances déterminent le choix des différents modes.

Nous examinerons ultérieurement, lorsque nous passerons en revue chacun des animaux de la ferme considérés à part, les conditions de pâturage particulières à chacun d'eux, suivant leurs aptitudes et les herbages dont on dispose.

Pour le moment, nous nous bornerons à étudier les conditions de l'alimentation à l'étable.

C'est d'ailleurs le mode le plus fréquemment mis en usage, soit que l'on opère dans des localités privées de pâturages ou dans lesquelles ceux-ci sont conditionnés de telle sorte qu'on n'y puisse mettre les animaux qu'à certaines époques, soit qu'on exploite le bétail aux alentours des grandes villes pour la production du lait notamment, soit enfin qu'on se livre à l'élevage dans des pays de riches cultures industrielles fournissant des fourrages verts et des litières en abondance.

Inconvénients et avantages de la stabulation. — M. Lefour, dans son ouvrage sur *Les animaux domestiques et la Zootechnie en général,* fait très bien ressortir les avantages, les inconvénients et les conditions de la stabulation.

« La stabulation, dit-il, donne les moyens de régler plus sûrement l'alimentation et le régime; elle permet, dans la production laitière, de mieux soigner la santé des animaux et leurs produits et de mieux soigner le travail des marcaires; en outre, elle fournit du fumier abondant et devient ainsi la base d'une culture riche et progressive. On lui a reproché d'exiger, en bâtiments et attirail, un capital plus élevé, de demander des agents intelligents, soigneux et beaucoup plus de main-d'œuvre pour l'affouragement, le charroi des fourrages, des litières et des fumiers, enfin d'agir défavorablement sur la santé des animaux, par suite du défaut d'exercice, de l'insalubrité de l'air de certaines écuries, des affections contagieuses qui y sont d'une transmission plus facile. On ajoute que l'élevage, dans ces conditions, produit des sujets moins vigoureux, moins bien conformés.

« Quelques-unes de ces objections ont peu de valeur; quant aux inconvénients réels tenant à l'hygiène, on les fait disparaître en grande partie par le système de la stabulation mixte et par l'usage de petites cours ou *paddoks* où les animaux peuvent trouver de l'air et de l'exercice »; enfin, ajouterons-nous de notre côté, en disposant les étables et en les maintenant dans un état de propreté tel que les animaux n'aient pas trop à y souffrir de leur séjour.

Voici ce que nous écrivions à ce sujet dans notre *Traité pratique des Engrais* [1] : « Et tout d'abord on ne saurait trop recommander l'étanchéité du sol des étables, écuries, bergeries, vacheries ou porcheries dans lesquelles les animaux sont réunis. Si ce sol est bitumé, pavé ou planchéié, il n'en vaudra que mieux. On conçoit que, de la sorte, on évite la perte gratuite de la partie la plus riche du fumier, c'est-à-dire des urines qui, autrement, s'infiltrent dans la terre, s'y écoulent sans profit pour personne et n'ont d'autre effet que de rendre bientôt tous les locaux insalubres et défavorables à la santé des animaux. A défaut de planchers établis de la sorte, on prendra la précaution de recouvrir le sol d'une couche de terre meuble, qu'on choisira aussi spongieuse que possible, qui absorbera le liquide qui s'échappe de la litière et que l'on recueillera en même temps que le fumier lui-même, car il contiendra de grandes proportions de principes fertilisants ».

« Il serait à désirer que le sol des étables, au lieu d'être plan, s'en allât en déclivité avec un système de caniveaux ou de petits ruisseaux aboutissant à la fosse à purin dans laquelle ils déverseraient les parties liquides. Par ce système, on économise d'abord la litière, qui, moins imprégnée d'urines,

[1] Un volume in-18, 3 fr. 50, à la même librairie.

épuise moins vite son pouvoir absorbant et, de la sorte, a besoin d'être renouvelée moins souvent ; on évite également, de la sorte, le trop grand développement de chaleur qui se manifeste au sein du milieu pailleux, lequel, en contact avec une plus grande quantité d'urine, entre plus vite en fermentation, peut dessécher et altérer les cornes des pieds des animaux et qui, dans tous les cas, provoque un développement très actif des vapeurs ammoniacales dont les bêtes de l'étable sont toujours fort incommodées, en même temps que, de ce fait, résulte une perte notable d'azote.

« Ce n'est point à dire, cependant, que ces mesures permettent de laisser séjourner indéfiniment le fumier dans les écuries. Dans toutes les fermes bien dirigées, l'enlèvement doit s'en faire plutôt chaque jour que plus rarement. On relève sous l'auge la paille qui peut encore servir et on fait sortir les crotins et les pailles qui ont été souillées par les excréments, que l'on transporte avec une brouette sur le tas. Ces précautions ne sont pas seulement imposées par le souci de conserver à l'engrais toutes ses qualités, mais encore et surtout au point de vue de l'hygiène du bétail qui, autrement, souffre de la chaleur, ne respire que dans une atmosphère impure, saturée de gaz ammoniacaux et dépérit dans le cloaque où on le confine, de sorte que l'agriculteur négligent, qui ne prend pas ces précautions vulgaires, y perd doublement, d'abord par la qualité de son engrais qui s'abaisse et ensuite par la valeur de ses animaux qui diminue, soit qu'on les destine à la boucherie ou au travail. »

Ceci dit, revenons aux conseils donnés par M. Lefour

relativement au mode de distribution des aliments aux animaux en stabulation.

« La nourriture donnée à l'intérieur, ajoute cet auteur, exige plus d'attention encore que le pâturage, pour le choix et la dose des aliments ; l'intelligence de l'homme doit suppléer, en partie, à l'instinct de l'animal. Il y a des règles spéciales pour certains animaux et certains régimes. On peut résumer dans ces quatre mots : *variété, régularité, propreté, tranquillité,* les principales règles de l'alimentation intérieure. La nécessité de varier les aliments est la conséquence de la variété même de leurs principes ; c'est le seul moyen de fournir les matériaux aux différents besoins de l'organisation ; il stimule l'appétit et prévient le dégoût. Il est reconnu qu'un aliment unique est peu favorable, surtout s'il consiste en grain ou matière très riche.

Variété des aliments. — « On varie les aliments non seulement sous le rapport de leur nature, mais aussi sous celui de leur état physique, humidité, sécheresse, volume, etc. ; on les varie soit par le mélange, soit en les alternant dans le repas, soit en changeant l'animal de pâture et même de lieu. On varie encore la ration suivant les animaux, leur espèce, leur nature, leur destination, les services qu'on exige d'eux ; suivant la température, la saison, les produits du sol, la valeur des substances, etc. C'est à l'intelligence du cultivateur à savoir apprécier toutes ces conditions. »

Toutefois, ferons-nous remarquer, la variété des aliments ne doit pas être confondue avec la variation dans l'alimentation. Rien ne vaut une grande diversité de mets servis avec régularité, seuls ou mélangés ensemble. Mais quand on s'est arrêté à une formule, en doit s'y maintenir autant que possible, car l'estomac des animaux a son accoutumance comme celle des individus et ce n'est pas sans inconvénients qu'on changerait brusquement de régime. Si un cas de force majeure contraignait néanmoins à cette nécessité, soit par épuisement des provisions, soit pour tout autre motif, il sera toujours prudent de prévoir cette nécessité par avance, de façon à ménager la transition et à amener insensiblement la substitution alimentaire qui, si elle était trop brusque, déprimerait certainement l'animal et lui ferait perdre de son poids, alors même que les nouveaux aliments qu'on lui fournirait seraient beaucoup plus riches que les précédents, en principes nutritifs. C'est la seule façon d'éviter l'impression défavorable du système digestif des animaux qui ne saurait pas, par exemple, passer du régime sec au régime vert ou humide, d'une alimentation très riche en principes protéiques à une autre plus pauvre et inversement.

Régularité et fréquence dans la distribution des portions. — La régularité dans la distribution des portions constitue, également, l'une des conditions essentielles d'une bonne nutrition. L'animal, à cet égard, est d'une exigence toute particulière ; son estomac est ponctuel et lorsqu'il n'est pas servi à l'heure fixe à laquelle il a été habitué, il s'inquiète, il s'agite et sa digestion s'en ressent défavorablement, car la faim, lorsqu'on l'a fait attendre, le pousse à manger gloutonnement, et les aliments absorbés dans ces conditions lui profitent mal. Autant que possible, les distributions devront être fréquentes, surtout pour les animaux destinés à l'engraissement, dont l'unique occupation doit être de manger et de digérer. Un repas donné toutes les deux heures au bétail comestible, réalisera l'objectif cherché, car, grâce à cette fréquence, on parviendra à lui faire ingérer, dans un temps déterminé, une ration journalière plus forte qu'il s'habituera à digérer plus activement.

« Dans les cas où les repas peuvent être nombreux, conseille M. Sanson, professeur de zoologie et de zootechnie à Grignon, dans son traité d'*Alimentation raisonnée des animaux,* il convient d'abord de ne pas donner à tous la même importance, ou, en d'autres termes, de ne point partager la ration en parties égales, poids et volume. Les aliments grossiers doivent être donnés en trois repas, quatre au plus, avec ou sans addition d'une portion des aliments concentrés à chaque repas. Cela dépend du but de l'alimentation. Les autres distributions ne peuvent être utilement que de petits repas composés exclusivement d'aliments concentrés. Autrement, il ne serait pas satisfait à la condition de réplétion de l'estomac, dont nous avons expliqué la nécessité.

« D'une manière générale, il convient de composer le premier repas de la journée, alors que la faim se fait vivement sentir, avec les aliments les moins appétissants et de réserver pour les derniers, au contraire, ceux qui sont pris avec le plus de plaisir. Le dernier de tous, celui du soir, qui peut durer une partie de la nuit et occuper les heures d'insomnie, sera principalement composé d'aliments grossiers.

« C'est pour satisfaire à ces nécessités précisément, qu'il y a toujours avantage à introduire la variété la plus grande possible dans la composition de la ration par les aliments complémentaires. Elle permet d'étudier les prédilections de chaque individu et de le faire manger davantage en s'y conformant. Il refuserait à une certaine heure du jour tel aliment, n'ayant pas faim, tandis qu'il consent volontiers à consommer tel autre qui excite son appétit.

La tranquillité à l'étable. — La *tranquillité* est essentielle pour le repas comme pour la digestion; on veillera donc à ce que les animaux ne soient pas dérangés ou tourmentés par leurs voisins plus forts ou plus avides. La séparation des auges en compartiments, sera avantageuse dans ce but; cette condition de tranquillité s'impose surtout pour les ruminants à l'état d'engraissement. L'isolement, l'obscurité, l'éloignement du bruit concourent à ce résultat.

Autres conditions et avantages d'une bonne alimentation. — Une condition non moins essentielle d'une bonne nutrition, réside dans la *propreté* dans l'affouragement, les râteliers et les mangeoires. Il conviendra de donner les aliments successivement, sans trop charger les mangeoires, autrement l'animal se dégoûte. S'il est délicat, il choisit les parties les meilleures en laissant les autres, à moins qu'on ne veuille, précisément, lui laisser opérer ce triage. S'il est gourmand, il s'emplit trop vite l'estomac. Nous répéterons que la meilleure méthode est de donner peu à la fois et souvent. C'est ainsi que l'alimentation à la main, poignée par poignée, est employée avec succès dans certains engraissements aux choux, aux raves, et dans des circonstances où on veut épargner le fourrage.

Quant aux boissons, il est bon de les distribuer

aux animaux, à leur volonté, pourvu qu'on ne les laisse pas boire goulûment. Beaucoup d'entre eux ont soif avant même de commencer leur repas; si on ne les satisfaisait pas à ce moment, ils mangeraient peu et, quelquefois même, refuseraient toute nourriture. Il convient de veiller à ce qu'il n'en soit pas ainsi. Le mieux, quand cela est possible, serait de mettre l'eau à leur disposition, en même temps qu'on leur distribue la nourriture. Cette façon de procéder, explique M. Sanson, serait surtout avantageuse pour les animaux qui doivent manger le plus possible. Elle est, ajoute cet auteur, pratiquée à notre connaissance par certains éleveurs de moutons, qui en obtiennent des résultats excellents. Ce n'est, d'ailleurs, qu'une imitation des conditions naturelles, dont on fait toujours bien de se rapprocher le plus possible.

En résumé, l'éleveur ne saurait trop s'attacher à apporter dans la question d'alimentation de son bétail, toute l'attention, tout le soin, toute la perspicacité, toute l'intelligence dont il est capable. Ce n'est qu'à cette condition qu'il réalisera des bénéfices dans son exploitation, en se rappelant bien que toute parcimonie mal raisonnée à cet égard, se traduira par des pertes au lieu des profits espérés.

Un écrivain allemand présentait à ce sujet des observations dont la justesse nous avait frappé au point que, depuis leur lecture, nous n'avons jamais rencontré un agriculteur exploitant un bétail plus ou moins nombreux sans lui en faire part.

On ne comprend pas encore, écrivait cet auteur, quels avantages il y a à bien nourrir les animaux, et et il résumait ainsi ces avantages.

« La même quantité de fourrage consommée par dix

animaux bien nourris, produit plus de travail et de viande que par vingt mal nourris.

« Ils font plus et de meilleur fumier.

« Ces dix animaux exigent moins de capital ; par conséquent, leur compte a moins d'intérêts à servir.

« Avec moins de bêtes on a moins de risques.

« On a aussi moins de travail pour les soins à leur donner, par conséquent moins de main-d'œuvre.

« Une bête en bon état qu'on est forcé de réformer, a une bien plus grande valeur qu'une bête maigre. Si un accident survient sur une bête maigre, elle est presque entièrement perdue.

« S'il survient une année de disette, des animaux en bon état supporteront mieux les privations.

« Des bêtes bien nourries mangent régulièrement et ne sont pas exposées aux accidents qui arrivent si souvent aux bêtes affamées. »

On appréciera la valeur de ces observations, si on se réfère par la pensée à la terrible année de disette fourragère que nous avons eu à traverser en 1893.

A ce moment, tandis que, à raison du prix élevé de la nourriture nécessaire au bétail, nombre d'exploitants agricoles se voyaient dans la triste nécessité de vendre leurs animaux, ceux d'entre ces derniers qui, mal nourris, présentaient un aspect minable et rachitique, obtenaient à peine le prix payé par l'équarrisseur et souvent même ne trouvaient pas d'acheteur, quel que fut le sacrifice consenti, alors qu'au contraire, les animaux en bon état ont toujours rencontré des acquéreurs à des taux inespérés pour ceux qui les possédaient et qui les vendaient d'autant plus cher qu'ils étaient plus rares.

En résumé, on peut affirmer que les sacrifices que

s'imposera un éleveur intelligent pour la nutrition de son bétail, trouveront toujours une large compensation dans le prix de vente de ses animaux.

Une seule exception peut venir parfois infirmer cette vérité, c'est le cas où certains animaux, généralement parmi ceux provenant des régions où la nourriture est insuffisante ou que leur constitution rend impropre à ce service, ne profitent pas de l'alimentation intensive qui leur est largement distribuée.

Mais alors, il est trop facile d'arrêter les frais et d'y couper court en se rendant compte de leur peu d'aptitude.

Il suffit pour cela d'une bonne bascule dont le prix est de 200 à 250 francs tout au plus.

Le poids, chez les animaux, est le critérium de leur valeur et de leur santé. Tout animal donc qui ne profite pas doit être ou vendu ou livré tel quel à la boucherie. La perte à en éprouver sera toujours infiniment moindre que celle qui résulterait des dépenses inutilement faites pour un animal qui ne progresserait pas.

TROISIÈME PARTIE

LE BÈTAIL

ANIMAUX DE L'ESPÈCE BOVINE

CHAPITRE PREMIER

HISTOIRE NATURELLE DU BŒUF. — RACES DOMESTIQUES FRANÇAISES. — RACES BOVINES DE LA RÉGION NORD ET NORD-EST : RACE FLAMANDE. — RACES BOVINES DE LA RÉGION OUEST : RACE NORMANDE ; RACE MANCELLE ; RACE BRETONNE ; RACE PARTHENAISE OU CHOLETAISE. — RACES BOVINES DU CENTRE : RACE CHAROLAISE ; RACE MORVANDELLE : SOUS-RACE BERRICHONNE ; VACHE BRETTE ; RACE MARCHOISE ; RACE BOURBONNAISE ; RACE TOURANGELLE ; RACE SOLOGNOTE. — RACES BOVINES DE LA RÉGION DU SUD-OUEST : RACE GARONNAISE ; RACE LIMOUSINE ; RACE BAZADOISE ; RACE GASCONNE ; RACE LANDAISE ; RACE PYRÉNÉENNE ; RACE DE LOURDES ; RACE MARAICHINE. — RACES DU SUD-EST : RACE DE SALERS ; RACE D'AUBRAC ; RACE DE MEZENC. — RACES DE L'EST : RACES FRANC-COMTOISES ; RACE COMTOISE-TOURACHE ; RACE SUISSE DE SCHWITZ. — RACES ANGLAISES : RACE DURHAM ; RACE DE HEREFORD ; RACE DE DEVON ; RACE D'AYR.

Nous venons d'examiner, à un point de vue général, la question d'alimentation du bétail et de traitement des animaux de la ferme.

Il nous reste, maintenant, à étudier chacun de ces animaux en particulier, les différentes races auxquelles ils appartiennent, le traitement spécial qui leur convient, le mode et le système d'alimentation les plus propres à fournir des résultats avantageux aux éleveurs suivant les différentes conditions dans lesquelles ceux-ci se trouvent placés.

Nous allons donc examiner chacune des trois grandes catégories d'animaux qui constituent les bêtes d'élevage proprement dit, savoir :

La race bovine (*bovidés*).

La race ovine (*ovidés*).

La race porcine (*suidés*).

Nous commençons, naturellement, par la catégorie la plus importante, à tous les points de vue, de ces animaux, c'est-à-dire ceux de la race bovine.

Histoire naturelle du bœuf. — On comprend dans la famille des bovidés les animaux du genre bœuf.

On appelle *bœuf* le taureau que l'on a castré pour adoucir son caractère, pour le rendre plus propre aux travaux de la campagne ou pour le préparer à l'engraissement. Le bœuf est l'animal qui rend le plus de services à l'homme. Vivant, il est supérieur au cheval comme bête de somme et de labour ; il est plus fort, et coûte moins cher à acheter et à élever ; il est moins sujet aux maladies et aux accidents, il se contente d'une nourriture moins récherchée. Mort, il fournit la meilleure, la plus succulente, la plus nourrissante des viandes de boucherie. Sa chair peut se conserver à l'état salé ou fumé, tandis que son sang, sa graisse, ses cornes, ses os et sa peau sont employés par différentes industries.

Aussi s'explique-t-on facilement, en raison de ces avantages, pourquoi les agriculteurs de certaines contrées font peu de cas des ébahissements naïfs de ceux qui s'étonnent de ne pas leur voir adopter les chevaux comme animaux de travail. On conçoit, en effet, quand il est permis de revendre un animal de travail après quatre ou cinq ans, en retirant un bénéfice net d'une cinquantaine de francs, qu'on préfère ce mode à l'emploi de chevaux qui, achetés 800 francs à cinq ans, n'en valent plus que trois ou quatre cents à dix ans. En outre, qu'un bœuf se casse une corne, se foule un pied, on l'engraisse et on s'en défait. L'hippophagie n'est pas encore assez populaire pour permettre cet écoulement aux chevaux estropiés.

Le bœuf est, après le mouton, le ruminant le plus répandu sur la surface de notre globe. On le rencontre sous tous les climats, soit à l'état sauvage, soit à l'état domestique. Le genre auquel il appartient se distingue des autres ruminants par la réunion des caractères suivants :

1° Absence de dents incisives à la mâchoire supérieure. Le nombre total des dents est de 36, savoir : 24 grosses molaires, 4 petites molaires supplémentaires et enfin 8 incisives rangées régulièrement en forme de palettes sur la mâchoire inférieure.

2° Tête terminée par un large mufle et armée de deux cornes en forme de croissant.

3° Mamelles inguinales au nombre de quatre.

4° Pieds fourchus.

5° Onglons derrière le sabot.

6° Queue terminée par un flocon de poils.

Il est incontestable que le bœuf sauvage et le bœuf domestique, qu'ils habitent l'Europe, l'Asie, l'Afrique ou l'Amérique, qu'ils portent les noms d'Aurochs, de Bonassus, de Bisons, d'Yaks, de Buffles ou de Zébus, sont des animaux d'une seule espèce ; ils ont varié de forme, de couleur et de caractère, suivant les climats, les nourritures et les traitements qu'ils ont subis; c'est pourquoi, outre notre bœuf domestique, le genre *Bos* comprend toutes les espèces que nous avons nommées.

Espèces européennes. — Les bœufs qui habitent notre continent semblent avoir deux origines bien distinctes. Les uns descendent très probablement de l'*Auroch,* qui est le bœuf indigène; les autres, ceux du midi, descendent des buffles qui nous viennent de l'Asie.

Aurochs. Toutes les parties tempérées de notre continent étaient, autrefois, habitées par des troupeaux d'aurochs, bœufs sauvages d'une taille colossale, d'une force extraordinaire, aujourd'hui devenus très rares et ne se trouvant plus que dans les forêts de la Lithuanie, des monts Carpathes et du Caucase. Ce sont les *Urus* dont parle César, les plus grands quadrupèdes de notre continent. Ce sont les ancêtres de notre bœuf domestique auquel la domesticité a fait perdre une partie de sa force, de sa grande taille et de sa férocité.

Buffle. — C'est de l'Hindoustan que nous vient la race la plus voisine du bœuf, celle du *buffle.* Cet animal vit en nombreux troupeaux dans les Indes; on l'apprivoise assez facilement et on l'attelle comme bête de trait. Il y a onze siècles qu'on l'importa en Italie, en Hongrie et dans les provinces voisines où il remplaça le bœuf. C'est un bœuf peu sociable que l'on ne peut maîtriser qu'en lui passant un anneau dans le nez; il lui faut des contrées chaudes et marécageuses; c'est pourquoi il a si bien prospéré dans les marais Pontins où on rencontre d'immenses troupeaux à demi-sauvages gardés par des bergers à cheval et armés de lances. Le buffle est répandu dans l'Asie méridionale et dans presque toute l'Afrique, jusqu'au Cap de Bonne-Espérance. Dans cette dernière contrée, on n'a pas encore pu le domestiquer.

RACES DOMESTIQUES FRANÇAISES

Dans le cours des temps, les races animales domestiques, comme les races humaines et les nations, ont des destins divers. Les unes, qui ne se sont pas suffisamment ou assez rapidement modifiées pour répondre à de nouvelles exigences économiques, battues en brèche, pressées, refoulées par de plus perfectionnées ou croisées et absorbées par elles, s'amoindrissent ou disparaissent. D'autres, au contraire, sont vraiment conquérantes ; elles s'étendent hors de leur centre primitif, font la tache d'huile et prennent la place de vieilles populations autochtones.

D'un autre côté, plus une race s'étend, plus ses caractères primitifs se transforment ; en passant sur des sols de constitution minéralogique différente, en vivant à des altitudes et sous des climats dissemblables, en paissant dans des pâturages et en s'abreuvant dans des eaux diverses, elle se modifie fatalement, parce que nul être vivant n'échappe à l'influence du milieu où il vit.

Néanmoins, le type primitif se conserve toujours dans ses grandes généralités, et s'il est vrai que le milieu, l'intervention humaine, les procédés zootechniques mis en œuvre et variant d'une région à l'autre, le mode de nutrition aient leur influence sur chaque race considérée à part, il est également exact que les caractères et les qualités propres à chaque race distincte, se maintiennent longtemps dans leurs conditions les plus essentielles avant d'arriver à une complète dégénérescence.

Le problème est de rechercher dans les diverses races montrant les meilleures aptitudes au but que l'on poursuit, celles qui, directement ou par des croisements intelligents, s'approprieront le mieux au milieu dans lequel on doit les faire vivre.

Ce que l'on recherche principalement dans les individus appartenant à l'espèce qui nous occupe, ce sont les bêtes de trait, celles destinées à fournir du lait, ainsi que les produits qui en dérivent, enfin celles propres à l'engraissement.

Les races laitières et de boucherie se trouvent principalement dans les régions du Nord et du Nord-Ouest, où la culture, riche en céréales et en prairies, permet l'engraissement. Les races de trait se trouvent principalement au centre, au Sud et dans le Nord-Est, régions où le cheval est rare comme l'avoine, où le sol sec et montagneux offre plus de pâturages que de prairies et où la terre dure, inégale ou pierreuse réclame le travail du bœuf plutôt que celui du cheval.

Nous allons passer en revue les diverses races bovines que leurs aptitudes font plus spécialement rechercher dans les diverses régions de la France.

Notre but, en donnant la description des principales races de l'espèce bovine, est de guider les cultivateurs dans le choix de l'espèce à adopter, soit pour le produit, soit comme type améliorateur.

Nous ne saurions, toutefois, trop leur conseiller d'agir avec la plus extrême prudence, de bien se rendre compte des qualités qu'ils veulent faire acquérir à leur bétail, et des ressources fourragères dont ils disposent, avant de changer une race bien acclimatée, souvent sobre et rustique, pour une autre qui ne peut pas prospérer quand elle est placée dans des conditions nouvelles. Ils devront se souvenir au surplus, que, dans l'amélioration, la race n'entre que pour une minime part, comparativement à celle acquise par une bonne nourriture et des soins hygiéniques bien entendus.

RACES BOVINES DE LA RÉGION NORD ET NORD-EST

Cette vaste région, dans laquelle nous comprendrons les départements du Nord, du Pas-de-Calais, de la Somme, de l'Aisne, de l'Oise, de Seine-et-Oise, de Seine-et-Marne et des Ardennes, possède plusieurs *races* et *sous-races* de l'espèce bovine, dont les types, plus ou moins mélangés entre eux, peuvent cependant être ramenés aux races *flamandes, hollandaises, hollando-belges, franco-belges, comtoises* et *normandes*.

Nous allons essayer de donner la description de ces différentes races, en nous aidant des précieuses indications contenues dans l'important travail de M. Lefour, inspecteur général de l'agriculture.

Race flamande. — Le pays flamand compris aujourd'hui dans les arrondissements de Dunkerque et d'Hazebrouck, est caractérisé par ses pâtures ombragées, ses canaux, sa culture, la richesse de son sol, l'aptitude de ses habitants pour les travaux agricoles et leur excessive propreté.

C'est dans cette contrée privilégiée que doit être placée la souche de la race bovine flamande, race éminemment laitière, de grande taille, au pelage rouge plus ou moins brun, marquée de taches blanches principalement à la tête et vers la région abdominale, caractérisée par la tête assez forte, le mufle fin, le front large, l'œil doux, la corne courte et grise, les oreilles petites, le cou médiocrement étoffé, peu de collet et de fanon, le poitrail ouvert, le corps long, la côte ronde, la peau souple, moelleuse, assez fine. On lui reproche d'avoir l'avant-bras un peu mince et le derrière pointu ; mais ces défauts tiennent plus à l'absence de soins convenables dès le jeune âge, qu'à la conformation ordinaire de la race ; ils disparaissent presque entièrement chez les animaux qui ont été soumis, dès leur jeunesse, à un bon régime.

Le type de la vache flamande varie suivant la localité et le système d'élevage ; les plus beaux sujets se rencontrent dans le canton de Bergues, arrondissement de Valenciennes, où ils sont désignés sous la dénomination de *Berguenardes ;* c'est à ce type que se rapporte la description suivante. Sa taille varie de $1^m,35$ à $1^m,45$ au garrot ; elle mesure de la nuque au niveau de la pointe de la fesse, $1^m,90$ à $2^m,10$; la largeur des hanches est de $0^m,58$ à $0^m,65$, et elle pèse vif, en bon entretien, de 450 à 550 kilog. La robe est, ordinairement, rouge-brun un peu moins foncé que le mâle, marquée de blanc, principalement à la joue et sur le front. Les vaches ainsi marquées sont dites *barrées :* c'est un signe de race auquel les éleveurs tiennent beaucoup.

La tête est fine, d'une forme conique, un peu longue ; les cornes écartées à leur base, se projettent en avant en se recourbant vers le front ; elles sont fines, à extrémités noires ; les yeux sont noirs, bien ouverts et ont une expression douce ; le chanfrein est ordinairement droit, la bouche large, le mufle peu sorti et le miroir noir ou marbré ; le cou est mince, plissé, a peu de fanon ; le *brisket* est saillant et bien descendu.

La ligne dorsale, droite dans les bons types, laisse fréquemment apercevoir à la jonction du dos au rein, une légère dépression due à l'écartement des vertèbres ; les paysans flamands attachent une grande importance à cette dépression qui est, selon eux, un signe de qualité laitière, appelée source du dos.

La poitrine est, généralement, étroite et sanglée ; les côtes sont un peu plates, le ventre est assez volumineux et très ample vers les flancs et la région mammaire, les veines sont très développées et souvent bifurquées ; les mamelles sont grosses, bien faites, les trayons moyens et bien placés ; la queue est fine et le toupillon est faiblement garni ; l'épaule est plate, les membres minces, la cuisse plate et la fesse peu descendue.

La peau douce et moelleuse est plus fine chez la bête nourrie à l'étable que lorsqu'elle est soumise au pâturage.

On reproche à la vache flamande un peu de faiblesse dans l'échine et dans les reins, la trop grande saillie des hanches et des pointes de la fesse, la grosseur des os et surtout son exigence ; on ne peut, en effet, l'entretenir que dans les pays de nourriture abondante et succulente ; c'est pour cette raison que cette race ne réussit pas sous les climats secs où la nourriture est plus tonique qu'abondante.

Le but de l'élevage en Flandre étant avant tout la production du lait, l'éleveur flamand veut trouver, même dans le mâle, les signes qui promettent dans sa descendance femelle l'aptitude laitière ; aussi choisit-il de préférence un taureau à constitution lymphatique et ganglionnaire, ayant un aspect fémelin, la tête mince, l'œil vif mais doux, la corne fine, la peau du périnée onctueuse; toutefois, les bons éleveurs recherchent les sujets qui, outre les conditions inhérentes aux qualités lactifères, présentent une conformation capable de corriger les défauts reprochés à cette belle race.

Dans la femelle, il recherche des formes bien accusées, plutôt ressorties qu'arrondies, une charpente osseuse bien développée, donnant de l'ampleur au tronc et de la largeur au bassin, le train postérieur plus développé que le train antérieur, les flancs larges et profonds s'alliant avec un système mammaire développé, une tête peu chargée de chair, le regard éveillé et doux tout à la fois, la peau douce, moelleuse plutôt que fine; enfin, ils attachent une grande importance au développement des cordons lymphatiques du flanc.

C'est, dit M. Lefour, dans les riches pâturages de Bergues, Cassel, Bailleul, Hazebrouck, que l'on rencontre les types les plus purs, différenciés cependant encore par des nuances. Ainsi les bêtes de Bergues, dites *berguenardes*, sont plus corsées, plus près de terre, mais moins fines que les bêtes de Cassel ou *casselloises*; le cultivateur de Bergues et des Waeteringes, à la foi engraisseur et éleveur, cherche, en effet, à maintenir sa race dans des conditions mixtes d'aptitudes à l'engraissement et à la production laitière, ce qui lui permet de faire de sa génisse soit une bonne laitière, soit une bête de boucherie si la première condition n'est pas remplie par l'animal. Le canton de Cassel, au contraire, qui n'engraisse qu'exceptionnellement, tient surtout à développer chez ses élèves les qualités laitières.

Les variétés désignées sous le nom de *Boulonnaise, Artésienne, Picarde, Maroillaise,* ne sont que des sous-races flamandes qui tirent leurs noms des contrées où elles ont été implantées et dont le type diffère peu de celui décrit plus haut.

Il en est de même de la race *Ardennaise* qui doit, évidemment, son origine aux croisements de la race flamande avec la race hollandaise; elle se rapproche, en effet, de la première par ses formes, et de la seconde par son pelage; elle est très bonne laitière mais mauvaise pour l'engraissement. Cette race se trouve dans la vallée de la Meuse et dans les vallées secondaires entre la Meuse et l'Aisne; dans ce dernier département, elle se confond avec les croisements hollandais-flamand et se mêle avec les sous-races picarde et maroillaise. En s'avançant vers le Nord, elle perd de plus en plus ses caractères distinctifs et devient plus forte à mesure qu'elle est entourée de plus de soins et qu'elle trouve une nourriture plus abondante.

La race flamande étant laitière plus qu'aucune autre race française, et possédant, en même temps, une aptitude à l'engraissement à un degré aussi élevé que les races les mieux partagées, il fallait, nécessairement, chercher un type améliorateur dans les races étrangères. On a bien essayé de l'allier à la race *normande,* mais les essais qui ont été faits dans ce sens n'ont pas eu de succès; il n'en pouvait être autrement, la race normande étant moins laitière et moins précoce que la race flamande.

Parmi les races étrangères, on a essayé le croisement avec les races suisses, qui n'ont pas donné, non plus, de bons résultats.

La *race hollandaise* a mieux réussi et on la rencontre encore dans beaucoup de localités, soit pure, soit alliée au sang flamand, principalement près des grands centres de population où la vente du lait en nature est d'un placement facile, car le lait des vaches hollandaises étant de beaucoup plus aqueux que

Vache hollandaise.

celui des vaches flamandes, il serait désavantageux de le convertir en beurre ou en fromage ; c'est en grande partie pour cette raison que dans le pays flamand ces croisements ont été abandonnés.

Le croisement Durham est déjà depuis longtemps à l'état d'essai dans la région ; il a produit de très bons résultats, principalement dans les contrées où la race flamande perd déjà un peu de ses qualités laitières, par suite de la sècheresse du climat et du défaut de pâturages. Dans ces conditions, le sang Durham n'influe que peu sur la production du lait et augmente notablement la précocité au point de vue de l'engraissement.

En résumé, l'éleveur du pays flamand n'est pas partisan des croisements, par la raison que le principal produit qu'il retire de ses bestiaux est le laitage et que, possédant la meilleure laitière du monde, les croisements ne peuvent que diminuer les facultés laitières de la race ; il devra donc éviter les croisements et conserver la race jusqu'au moment où il sera démontré qu'il est plus avantageux d'engraisser que de tirer parti du laitage.

Le régime auquel est soumise l'espèce bovine dans cette vaste contrée, se modifie suivant les conditions culturales et économiques et aussi suivant la destination spéciale des animaux. Ces destinations sont ordinairement l'*élevage,* la *laiterie,* le *travail* et l'*engraissement.*

L'élevage est *herbager* et se fait au pâturage, ou *semi-herbager,* c'est-à-dire partie au pâturage et partie à l'étable ou stabulaire ; toutefois, il est rare que ces trois modes soient exclusifs : dans le système herbager, les animaux sont abrités et nourris à l'étable pendant la mauvaise saison, dans la stabulation permanente, les jeunes animaux sortent de temps en temps pour pâturer et prendre de l'exercice.

RACES BOVINES DE LA RÉGION OUEST

La vaste région de l'Ouest, dans laquelle nous comprendrons les départements de la Seine-Inférieure, Manche, Calvados, Orne, Eure, Eure-et-Loir, Sarthe, Mayenne, Côtes-du-Nord, Finistère, Morbihan, Loire-

Inférieure, Vendée et Deux-Sèvres, possède quatre races très distinctes, qui sont : dans la partie nord la *race normande*, dans le centre la *race mancelle*, et dans l'ouest la *race bretonne* et la *race parthenaise* qui devient *maraichaine* vers le littoral.

C'est aussi dans cette région que l'on élève avec le plus de succès la race *courtes-cornes*, plus connue en France sous le nom de *durham*, et la race *d'Ayr* : La première est considérée avec juste raison comme le meilleur type améliorateur des animaux de boucherie, et la seconde donne d'excellents résultats pour l'amélioration de nos petites et moyennes races laitières.

Chacune de ces races a des aptitudes différentes et présente des variétés dues au système cultural, au climat et à la richesse fourragère de la contrée où elle est élevée ; elles finissent même par se confondre par suite des croisements qui se font entre elles ; c'est ainsi que, dans la Seine-Inférieure, on rencontre fréquemment la *cotentine* alliée à la *flamande ;* dans l'Eure et l'Eure-et-Loir, la *mancelle* avec la *normande ;* sur les confins de la Normandie et de la Bretagne, la bretonne-normande, et dans la Vendée, un mélange de *bretonne*, de *parthenaise* et de *maraichaine*.

Ces croisements n'ont, en général, pas leur raison d'être, mais le petit éleveur n'y regarde pas de si près ; pour lui un taureau est un taureau ; peu lui importe la race ; ce qu'il veut, c'est un veau qu'il puisse vendre à un âge plus ou moins avancé, et du lait dont il retire d'abord du lait et du fromage qu'il vend, et ensuite du laitage pour sa consommation ou l'engraissement des porcs. Ce système déplorable est, malheureusement, généralement suivi ; il tend à abâtardir et à hâter la dégénérescence des races ;

aussi les sociétés agricoles ne sauraient trop s'occuper de cette question qui est l'une des plus importantes et l'une de celles qui touchent le plus directement au progrès de l'agriculture en France.

Le remède est simple puisqu'il consiste dans l'emploi de reproducteurs mâles convenables : mais en l'état actuel des choses, l'application est difficile sinon impossible, car l'élevage et l'entretien du bon taureau ne sont pas rémunérateurs et le nombre des petits ménagers éleveurs est grand.

La question de l'amélioration des races est très complexe ; son intérêt est immense et mérite de fixer l'attention du gouvernement qui seul peut favoriser le cultivateur et le diriger dans la voie du progrès au moyen de bons conseils et surtout de primes accordées à propos. Mais il faudrait, avant tout, que les hommes spéciaux qui s'en occupent, se missent d'accord et n'oubliassent pas que l'élevage du bétail est une industrie qui doit laisser un bénéfice au cultivateur, sous peine de péricliter. Les théories sur les croisements peuvent avoir leur bon côté, mais elles ne seront écoutées par les éleveurs que lorsqu'il sera prouvé clairement qu'il est de leur intérêt immédiat de les adopter. Cela explique pourquoi le croisement avec les races anglaises rencontre tant de résistance, malgré les soi-disant avantages qu'il doit procurer. Malgré, en effet, les recommandations incessantes et les plus grands sacrifices, c'est à peine si quelques agriculteurs, les riches, l'ont adopté.

Race normande. — Il serait superflu de vanter les qualités laitières de la vache normande dont la souche se trouve dans les départements de la Manche et du Calvados. Qui ne connaît ces beurres de Gournay et d'Isigny, classés parmi les meilleurs de l'Europe?

Non seulement la vache normande donne un lait d'une qualité exceptionnelle, mais encore elle en produit abondamment. Les chiffres suivants seuls peuvent nous en donner une idée.

On a pu établir que 35 litres de lait sont nécessaires pour faire un kilogramme de beurre. Il est facile de se faire idée de la production laitière de la Normandie, puisque, d'après les dernières statistiques, les deux centres de production, Gournay et Isigny, exportent chaque année :

Isigny.	2, 800, 000 kilog.	de beurre.
Gournay	1, 500, 000	—

C'est-à-dire qu'Isigny produit chaque année 98 millions de litres de lait et Gournay 52, 500, 000, sans tenir compte de la consommation locale.

Si la race normande est classée la première parmi les variétés laitières, elle conserve son rang si on la considère au point de vue de la production des animaux de boucherie. Les bœufs normands sont, à bon droit, regardés par nos bouchers comme les meilleurs.

En Normandie, la race bovine n'est pas seulement considérée par les éleveurs comme devant fournir des vaches laitières ou des sujets pour la boucherie, mais encore comme capable de fournir des animaux de trait. A ce dernier point de vue, la race normande mérite encore de conserver le premier rang.

La véritable race normande peut se diviser en

deux catégories : la varité *cotentine* et la variété *augeronne.*

La taille varie beaucoup, dit M. Samson, quand on considère l'ensemble du bétail de la région ; elle subit des dégradations qui sont dues à des différences dans la fertilité du sol sur lequel la race vit, mais dans le principal centre de production, elle est très forte, puisqu'elle se maintient, ordinairement, entre 1m65 et 1m70.

La charpente osseuse, quelle que soit la taille, est très développée, la conformation souvent disgracieuse.

La tête, longue et lourde, à mufle large, avec une bouche démesurément fendue, est surmontée par des cornes lisses, le plus souvent courtes et contournées en avant vers le front.

Le corps est long, avec l'épine dorsale offrant des saillies osseuses et des dépressions prononcées chez les vaches un peu avancées en âge.

L'encolure est relativement forte, l'épaule peu musclée, la poitrine peu profonde, souvent sanglée, le ventre volumineux, le flanc large et creux.

Les hanches sont ordinairement peu écartées eu égard à la corpulence ; la croupe mince, la calotte peu fournie, l'arrière-train étroit, mais avec des mamelles bien développées et bien formées, ce qui, chez la femelle, est le plus ordinairement le signe d'une forte lactation.

Les membres sont ouverts et volumineux ; la peau est épaisse et dure, le poil fourni, indices d'une croissance lente.

La robe de la race normande est variable quant à la couleur et aux nuances du fond ; mais elle se caractérise par une particularité qui ne fait jamais défaut. Sur un pelage rouge brun, roux, caille ou pie, on observe toujours des raies brunes, irrégulièrement disposées et réparties sur la surface du corps. C'est ce qui a fait donner au pelage des cotentins la dénomination de *bringé* qui a probablement, d'après M. Magne, la même signification que celle qui appartient au mot anglais *brindlet*, lequel veut dire bigarré.

Vache normande.

Les marques de la robe bringée sont, en effet, des bigarrures brunes ou noires.

Tels sont les signes caractéristiques de la race normande : la variété *cotentine* et la variété *augeronne* ne diffèrent entre elles que par leur taille. Sur les coteaux schisteux le bétail est petit, tandis que dans les environs de Coutances il atteint des proportions étonnantes.

Race mancelle. — Le centre principal de la race mancelle est dans l'arrondissement de Château-Gontier ; on la rencontre aussi dans toute l'étendue des départements de la Sarthe et de la Mayenne.

Cette race présente deux types qui se distinguent principalement par la forme de la tête : dans l'une, elle est courte et large vers le front, ce qui donne à l'animal quelque ressemblance avec la race suisse de Berne; on prétend, en effet, que cette variété est le résultat de croisements avec quelques beaux tau-

Taureau de la race mancelle.

reaux suisses importés par M. de la Lorie vers la fin du siècle dernier. Le second type est celui de la race propre au pays : il se distingue par une tête plus mince et plus étroite.

Sa robe est tantôt d'un rouge clair uniforme tirant plus ou moins sur le jaune roux, tantôt, et c'est le plus ordinaire, elle est rouge blond maculée de blanc. Cette particularité se reproduit principalement sur les naseaux et autour des yeux; quelquefois on rencontre des individus dont la robe est presque noire : ils appartiennent au premier type.

La taille de la race mancelle est très variable ; assez élevée dans les vallées du Loir et de la Sarthe, elle est moyenne et même petite sur les coteaux éloignés des rivières et dans les plaines maigres où l'élevage se fait avec la plus grande parcimonie. Ses formes sont grosses, épaisses, arrondies, l'encolure forte, les cornes assez grosses à la base, lisses, régulièrement contournées, verdâtres à l'extrémité. Le fanon est très développé et flottant surtout dans la variété à grosse tête; la poitrine est étroite, un peu sanglée et manque de profondeur ; le corps est allongé; les flancs sont développés, les reins convexes; les côtes relevées, un peu plates; la croupe est épaisse, carrée et forme une ligne droite; les os sont gros sans être saillants à la hanche ; les fesses sont relevées, les jarrets étroits ; l'avant-bras est mince ainsi que les cuisses qui ne sont pas assez descendues; enfin la queue est grosse et souvent attachée trop haut.

Cette race est mauvaise laitière et médiocre travailleuse, elle n'a pour elle que son aptitude à l'engraissement et la bonne qualité de sa viande, mais elle a les os gros ; c'est même une des races qui donnent le plus d'os relativement à la quantité de viande ; elle est cependant estimée par les bouchers, surtout pour la grande quantité de suif qu'elle donne.

C'est une des races françaises qui ont le plus à gagner par le croisement avec le durham ; ces croisements réussiront d'autant mieux que l'agriculture est assez avancée dans la contrée et que les fourrages tant naturels qu'artificiels y sont abondants.

L'éleveur manceau n'ayant à s'occuper d'améliorer sa race qu'au point de vue de la boucherie, doit donc chercher à lui donner de la précocité et à diminuer le volume de son squelette; il obtiendra ces qualités par l'emploi du taureau anglais qui diminuera la tête, développera la poitrine, élargira les lombes et donnera de l'ampleur à la croupe et aux cuisses. Les succès obtenus dans les concours d'animaux gras par les éleveurs de la Sarthe, témoignent de la convenance du pays pour l'engraissement et des avantages qui résulteront du croisement judicieusement appliqué.

Race bretonne. — Les cinq départements de la Bretagne présentent des différences très grandes sous le rapport du climat, de la richesse du sol, de la culture, de l'abondance des fourrages et des soins donnés aux animaux. Cependant on ne rencontre sur ce vaste territoire qu'une seule et même race bovine dont les types diffèrent, il est vrai, suivant les localités, sous le rapport de la taille, des formes et du pelage, mais qui tous conservent les traits caractéristiques de la race, à tel point qu'il n'est pas possible de former des sous-races et qu'on peut à peine distinguer quelques variétés; les modifications que l'on remarque n'étant dues qu'à la préférence marquée des éleveurs pour tel ou tel pelage, à une meilleure alimentation et à des soins mieux entendus.

Le type de la race bretonne se trouve dans sa pureté, dans le département du Morbihan, entre Saint-Pol-de-Léon et Vannes. Sa taille n'atteint qu'exceptionnellement 1m20; le pelage est pie, noir et blanc, plus rarement rouge et blanc. La tête et l'encolure sont fines; les yeux grands et doux; les cornes minces et longues, souvent relevées, blanc sale à la base et d'un beau noir luisant au sommet; le corps est bien proportionné, un peu long; la poitrine un peu étroite, l'épaule bien prise, le fanon bien prononcé, les mamelles bien développées, les membres d'aplomb, minces, la jambe et l'avant-bras convenablement musclés.

Cette race, quoique d'un produit moyen peu consi-

Vache bretonne.

dérable, possède des qualités excellentes. Elle est sobre et rustique; elle est bonne laitière et surtout bonne beurrière; sa chair est fine et savoureuse. En un mot, elle réunit, autant que quelque race que ce soit, la triple aptitude du lait, du travail et de la boucherie, eu égard à la petitesse de sa taille et au mauvais régime qu'elle subit. Si elle ne produit pas beaucoup, en revanche elle consomme fort peu, en utilisant des pâturages où des animaux de toute autre race périraient infailliblement.

Mais elle n'est pas dans sa conformation ce qu'elle pourrait être au moyen d'une sélection plus soignée, ce qui provient d'un mauvais choix dans les reproducteurs mâles.

Cet état de choses est dû, incontestablement, à ce que nul ne trouve de profit à élever de bons taureaux pour les livrer à des saillies qui ne seraient pas payées à leur valeur.

L'élevage du taureau n'étant pas rémunérateur par lui-même et ne pouvant pas l'être dans l'état actuel de la culture du pays, il serait désirable qu'il fût officiellement favorisé par des encouragements susceptibles d'indemniser autant que possible, ceux qui voudraient bien se dévouer à cette ingrate industrie.

Race parthenaise ou choletaise. — C'est la race bovine qui occupe les départements de la Vienne, des Deux-Sèvres, du sud du Maine-et-Loire, de la Loire-Inférieure, puis de la Vendée, et dont la souche et le principal centre d'élevage se trouve à Parthenay.

Cette race si identique dans ses caractères généraux, diffère toutefois de taille et de qualité suivant les lieux, c'est-à-dire suivant les ressources que lui offrent le sol, l'agriculture et surtout les soins. Son type consiste dans un front large et plat, nez droit, gros et court, cornes longues et effilées, blanches dans la première et dans la plus grande partie de leur longueur, noires à l'extrémité. Les cornes, à la forme desquelles on attache beaucoup d'importance, doivent, pour être *bien mises*, s'écarter ou sortir de la tête, puis revenir en avant, puis enfin remonter en se contournant, de manière à s'élever au sommet et à diriger celui-ci en haut. Cette race est peut-être la seule parmi les races fines pour laquelle on exige une large encornure. Le col doit être court et musculeux ; le fanon détaché et mobile ; les épaules épaisses, bas descendues, non surmontées de garrot (condition puissante dans le cheval de gros trait) ; la poitrine large et forte ; la ligne du dos droite ; les côtes amples, arrondies ; les hanches larges mais recouvertes par les muscles, de manière à n'être pas trop saillantes ; la croupe étendue, presque horizontale ; la naissance de la queue effacée dans la croupe ; la queue pendante, longue et fournie de crins noirs à son extrémité ; les cuisses, musclées et droites, doivent, autant que possible, former le carré avec la saillie des hanches ; les jarrets sont larges, secs et droits ; les jambes d'aplomb et fortes ; la peau fine et moelleuse. Nulle autre robe n'est admise dans le Bocage que la robe froment, exempte de taches blanches ; elle varie seulement du ton plus vif à un ton plus clair, ce dernier est appelé clairet, l'autre poil rouge. Toute la race naît avec une couleur brune très prononcée mais qui s'éclaircit graduellement avec l'âge et finit quelquefois par une nuance blanchâtre. Le tour des yeux, du mufle, ainsi que de la culotte, doit présenter ce duvet d'un blanc perlé que l'on retrouve au nez, aux yeux et à la culotte du chevreuil ; le mufle, les yeux noirs et brillants se détachent, comme chez l'élégant quadrupède que nous venons de nommer, de la blanche et soyeuse auréole qui les entoure. Cette auréole si estimée des éleveurs est nommée par eux les *us blancs*.

La taille du bœuf mesurée à la hanche (toujours plus élevée que les épaules) est de $1^m,35$ à $1^m,45$.

A l'état d'engraissement, les bœufs pèsent de 400 à 500 kilogrammes.

Dans le Bocage, la race bovine est entourée, dès la jeunesse, de soins infinis, elle est traitée avec la plus grande douceur et passe la plus grande partie du temps à l'étable. Les veaux boivent souvent le lait de deux vaches et toujours reçoivent une nourriture choisie.

« Dans cette race, dit M. de Sourdeval, la vache est sensiblement plus petite que le bœuf; ses formes potelées sont en même temps plus légères, plus délicates; on demande pour elle la même robe, la même coiffure, enfin le même cachet de race que pour les bœufs. Elle est médiocrement laitière, en quoi elle diffère de sa voisine du Marais qui l'est à un haut degré. Cette dernière, comme la vache de Suisse ou d'Auvergne, se rapproche infiniment plus du bœuf pour l'ampleur de sa forme, que ne le fait celle du Bocage. Les vaches de la Vendée ne vont pas, comme les mâles, courir les aventures d'un commerce lointain: modestes ménagères, elles restent au village où leur fonction unique est de perpétuer et d'étendre la famille dans tous les privilèges de sa race. Leur lait sert à la nourriture des élèves, sauf la portion nécessaire pour les besoins de la ferme. C'est un principe admis parmi les bons agriculteurs du pays, qu'on ne doit porter au marché ni lait ni beurre, qu'on ne doit y conduire que des veaux et des génisses bien nourris, et c'est ce principe qui est l'une des causes principales du beau développement et de toutes les qualités de l'espèce.

Cette belle race, en s'éloignant du centre de l'élevage, présente quelques nuances qui n'offrent plus la même homogénéité de caractères. On distingue entre autres la *variété nantaise* qui habite les environs de Nantes et les deux rives de la basse Loire; son pelage est un peu moins foncé, sa taille est plus élevée, son poil est long, ses cornes sont fortes et se relèvent de la pointe en arrière.

Le bœuf nantais a les allures rapides ; c'est la bête de trait par excellence.

La *variété maraîchaine* est élevée dans les prairies

Bœuf maraichain.

marécageuses et humides de la Saintonge et de la Vendée qui bordent l'Océan ; sa taille est élevée, ses jambes hautes, son corps mal fait et étroit, sa poitrine étroite, sa tête forte, surmontée d'un toupet long et touffu, ses yeux petits recouverts, en partie, par une épaisse paupière; sa peau est épaisse, dure et descend en large fanon.

Le poil, gris fauve dans les animaux adultes, est

plus foncé dans le jeune âge. Dans la Vendée, on recherche des bœufs à poils ras, à cornes blanches à la base et noires à l'extrémité: on tient beaucoup à l'auréole blanche qui entoure le mufle et les yeux; en un mot, on donne la préférence à ceux qui ressemblent le plus au type parthenais.

Le bœuf maraîchain est, en grande partie, utilisé dans le pays; on en importe ausssi dans le Bocage où on les élève en les faisant travailler; ils sont ensuite engraissés par les herbagers du Marais qui en expédient un grand nombre sur les marchés de Paris.

Cette variété n'a rien de particulièrement recommandable; elle est inférieure au type parthenais pour l'engraissement; elle vaut un peu mieux pour le travail; la vache est meilleure laitière.

RACES BOVINES DU CENTRE

Dans cette partie de la France qui comprend notamment le Nivernais, le Berry et la Touraine, se sont formées une infinité de sous-races, de variétés ou de familles, sous l'influence des conditions naturelles des localités.

Race charollaise. — Dans la première de ces provinces, la race charollaise règne en souveraine; son introduction dans ce pays date du commencement du siècle et son extension dans le Rhône, la Loire, l'Allier, le Cher, l'Indre, la Nièvre, la Côte-d'Or, Saône-et-Loire et jusque dans la Vendée à l'ouest, dans la Haute-Marne et les Vosges au nord, et l'Ain à l'est, prouvent assez les mérites vraiment exceptionnels d'une race qui a eu une telle fortune.

Déjà la race charollaise a remplacé en partie la race

morvandelle que l'on ne voit plus que dans les pays montagneux et arriérés du Morvan.

C'est le Charollais et l'ancien Brionnais que nous considérons comme étant le pays d'origine de cette belle race au pelage blanc laiteux. Le climat tempéré, un peu humide, le sol plutôt fort que léger de ces localités favorisant la végétation spontanée, des prai-

Bœuf charollais.

ries permanentes se formèrent, et ces gras pâturages furent la cause première des excellentes qualités qui distinguent cette race. Les dispositions naturelles de ces animaux, un peu le climat et le sol, mais principalement les habitudes des cultivateurs, ont empêché à la femelle de cette race d'être laitière. Ce produit fut abandonné pour celui de la viande et tous les soins des éleveurs se sont tournés vers une plus grande aptitude à prendre la graisse.

Le bœuf charollais est excellent pour le travail, mais il excelle surtout pour l'engraissement. Il a beaucoup de suif et un excellent rendement en viande nette ; seulement il est un peu vert et la viande n'est pas irréprochable à la coupe.

Nous ne devons désirer qu'une chose pour nos fermes du Centre, c'est une agriculture améliorante, une plus grande extension de plantes fourragères, le remplacement de nos races incertaines, par cette belle race fixe et améliorée. Tel est le but de nos efforts.

Mais à côté de ce but, voyons les moyens que nous devons de prime abord employer.

Introduire dans une exploitation arriérée, sur une terre pauvre, une race ayant des exigences que l'on ne peut complètement satisfaire, c'est aller à un but diamétralement opposé à celui que l'on se propose d'atteindre.

Il est certain que l'arrivée dans une ferme d'animaux qui demandent plus que ceux que l'on possède, peut obliger le cultivateur à trouver des moyens de mieux faire, et ce peut être un stimulant poussant à une meilleure agriculture ; mais c'est aussi un moyen bien dangereux, car si les ressources premières sur lesquelles on compte viennent à manquer, il faut acheter à des prix onéreux, pour conserver ces animaux, des fourrages que l'on devrait produire soi-même, et si cette pénurie se prolonge pendant plusieurs années, on peut se ruiner promptement.

Ce qu'il y a de plus simple, de plus sage, c'est de conserver les races indigènes et de les améliorer elles-mêmes ; on aura déjà ainsi plus de profits et les terres devenant meilleures par le fait de plus abondantes fumures, permettront, au bout de quelques années, d'introduire avec succès des animaux de races perfectionnées.

Race morvandelle. — La race morvandelle, comme nous l'avons dit plus haut, s'efface tous les jours devant la race charollaise qui prend sa place ; elle n'existe plus que dans les pays dépourvus de voies de communication et où le débardage des bois à travers les montagnes oblige encore à l'emploi de cet antique attelage.

Dans la partie du Cher qui avoisine la Creuse et l'Indre et dans ce dernier département, il existe des animaux ayant des caractères fixes, se transmettant intégralement ; par conséquent, ces animaux forment une race, ou plutôt, dérivant de plusieurs, ils ne sont qu'une sous-race mais dont les sujets ne manquent pas de qualité. Si les races pures et perfectionnées sont la perspective de l'avenir, les bestiaux indigènes de ces localités sont le présent et un présent qui ne laisse pas que d'offrir aux bons cultivateurs des produits assurés.

Sous-race berrichonne. — La sous-race berrichonne que l'on rencontre dans les arrondissements de la Châtre, le Blanc, Châteauroux dans l'Indre, et les cantons du Châtelet, de Châteaumeillant dans le Cher, est de taille et de grosseur moyennes ; ces animaux sont bas sur jambes, râblés ; ils pèsent, gras, de 650 à 750 kilogrammes ; leur couleur est froment, qui varie de nuance depuis le clair jusqu'au brun. Un grand nombre ressemblent à la race parthenaise pour le pelage ; aussi, les cultivateurs du Poitou viennent-ils acheter aux foires de ces contrées des veaux de six à dix-huit mois, et, emmenés chez eux, ils passent pour parthenais.

Les bœufs berrichons sont excellents travailleurs, peu difficiles pour la nourriture, et s'entretenant là où d'autres animaux mourraient de faim. Leur croissance est tardive; il n'est pas rare d'en voir grossissant encore à l'âge de sept ans. Leur peu de délicatesse et leur grande rusticité, car ils sont peu sensibles des pieds, doivent les faire conserver par nos cultivateurs du Berry. Seulement on pourrait mieux les nourrir et ils donneraient plus de profits. Leur engraissement est un peu dur, mais cependant, lorsqu'ils ont eu un mois ou deux de repos avant d'être attachés, ils prennent bien la graisse.

Les bouchers ne les aiment pas parce qu'ils ont peu de suif; ce défaut tient moins à la race qu'à la méthode d'engraissement. Ces animaux, en effet, sortant de la charrue, sont mis immédiatement à l'attache d'où on les retire au bout de trois ou quatre mois, après n'avoir mangé, le plus souvent, que du foin et quelques boisseaux d'avoine, pour être livrés à la boucherie. C'est là un procédé d'engraissement insuffisant qui tient au peu de ressources des cultivateurs de la contrée.

La vache de la tribu berrichonne tient du bœuf par les formes et par la couleur; elle est médiocre laitière, mais elle travaille, au besoin, aussi bien que le mâle.

Vache brette.— On rencontre en Berry, et même en Touraine, une vache anguleuse, petite, les jambes courtes et fines, le cou et la tête menus, la peau souple et bien détachée, le pis volumineux et le vide du jarret transparent; c'est ce qu'on appelle la Brette. Cette vache est très laitière et son lait, en général, très butyreux. Les fermes du Berry ont toujours une ou deux brettes pour la production du lait nécessaire aux besoins de l'exploitation. Souvent même la mère nourrice des enfants de la ferme l'est aussi des veaux que l'on veut élever, les vaches de la race du pays n'ayant pas assez de lait pour alimenter leurs petits.

Race marchoise. — Le département de la Creuse possède une sous-race bovine qui a des rapports avec les bêtes du Berry, surtout dans les parties de la Marche qui avoisinent le Cher et l'Indre. Les animaux marchois sont peut-être mieux conformés que ceux du Berry, cela tient au voisinage de bons reproducteurs que les cultivateurs vont chercher dans le Limousin.

C'est dans les environs de La Souterraine qu'est le centre de cette production. Les veaux de cette localité sont vendus, comme une partie de ceux du Berry, à l'âge de six mois à un an ; les cultivateurs du Poitou et de la Touraine les emmènent dans leurs fermes où, soumis à une nourriture abondante, ils arrivent à un poids assez élevé. Ils passent plus tard pour des parthenais ou des choletais, suivant qu'ils sont bruns ou pâles. La production des veaux dans la Creuse, constitue une partie de sa richesse agricole.

Race bourbonnaise. — La race bourbonnaise a le même sort que la race du Morvan, elle est remplacée par la charollaise qui marche en raison du progrès de l'agriculture. Il n'y a que dans les contrées où les fourrages ne sont pas abondants, où les terres sont en friche et l'alimentation à l'étable rare, que la race charollaise n'a pas chassé les animaux bourbonnais. Cette race est très ancienne; ses formes sont plutôt celles d'animaux de travail que des bêtes à l'engrais; la couleur du poil est froment clair; quelques bœufs ont une couleur plus foncée, mais le pelage blanchit tous les jours par l'alliance de cette race avec la charollaise. Les bœufs sont excellents pour le travail et ne sont pas rebelles à un engraissement avancé.

Dans les exploitations où le travail est considérable, où les charrois sont nombreux, on doit conserver ce rustique animal. Sobre, robuste et fort, il peut être soumis à un labeur rude et long; ses pieds durs lui permettent de marcher sur les chemins pierreux sans être ferré.

Race tourangelle. — En Touraine, il n'y a pour ainsi dire pas d'animaux ayant des caractères spéciaux. Cette partie de la France a une population bovine très variée; elle n'élève pour ainsi dire pas, elle se recrute dans les pays voisins, tels que le Poitou, le Berry, l'Anjou, la Vendée. La production du lait est plus abondante que dans les contrées limitrophes et la bigarrure du pelage des vaches y est chose singulière. Il y a des normandes, des bretonnes, des parthenaises, etc.; mais la vache que l'on y rencontre en plus grand nombre, est la petite brette. L'engraissement ne s'y fait pas abondamment; les bœufs sont vendus à l'âge de la réforme aux cultivateurs du Poitou ou de Chollet, pour être engraissés chez eux.

Race solognote. — La Sologne ne possède pas une race proprement dite; mais dans cette contrée, les animaux, comme en Brenne, ont le ventre gros, sont bas sur jambes et sont peu délicats sur la nourriture. Les animaux de Sologne sont de couleur fauve ou pie rouge ; les vaches donnent assez de lait.

RACES BOVINES DE LA RÉGION DU SUD-OUEST

Dans cette région mixte pour les cultures embrassant la vigne et les céréales, la sylviculture dans les Landes, les cultures industrielles dans les fertiles bassins de ces rivières, nous trouvons des races de bestiaux très intéressantes, aptes au labourage et cultivant presque sans partage, le travail des chevaux étant une exception.

Nous allons passer en revue les types les plus appréciés.

Race garonnaise. — Cette race règne presque en souveraine dans les départements du Lot-et-Garonne, dans les arrondissements de Libourne, La Réole, Blaye, appartenant à la Gironde, la plus grande partie de l'arrondissement de Bergerac, dans la Dordogne.

Le bœuf garonnais est le bœuf de travail par excellence : docile et dur à la fatigue, il travaille bien et beaucoup ; les vaches elles-mêmes sont astreintes au travail, car les propriétés laitières de cette vache sont presque nulles ; une vache donne à peine de quoi nourrir son veau.

« La race garonnaise, dit M. Guyon, est de haute taille, atteignant de $1^{m},45$ à $1^{m},50$ au garrot, sans pour cela cesser d'être près de terre, caractère précieux, car toute bête enlevée, haute sur pattes, est de mauvais entretien, coûte cher à nourrir, et rapporte peu : elle est fortement membrée, indice certain d'un squelette volumineux et d'une nature résistante ; mais ses gros os sont bien couverts ; les muscles sont en couches épaisses et charnues. Le corps est allongé, bien soutenu : ces deux traits sont inséparables d'une bonne direction de la ligne du dos et des reins, qui ne manque pas précisément de largeur.

« La poitrine est vaste, ce qu'on nomme profonde ; le coffre est plein : toutes les cavités splanchniques, en un mot, sont spacieuses, et c'est là ce qui donne aux animaux une forte corpulence.

« Par une conséquence logique, les rayons supé-

Bœuf garonnais.

rieurs des membres sont longs et très chargés de chair, tandis que les rayons inférieurs sont très courts. Sans cette dernière disposition, la race serait haut montée ; or nous venons de dire qu'elle est près de terre.

« Pour soutenir cette masse, les genoux rentrent en dedans. On a blâmé cette conformation qu'on a regardée à tort comme défectueuse ; elle est tout simplement une nécessité, et nous la considérons sinon comme une beauté, du moins comme une utilité.

« L'encolure est forte si on la compare à celles des races exclusivement élevées en vue de la production de la viande; elle n'a rien de disproportionné ni de choquant ici ; elle porte une tête courte et relativement légère surmontée de grosses cornes aplaties et généralement dirigées en avant et en bas. Ceci gêne parfois le passage des courroies employées pour fixer le joug sur la nuque, et oblige à raccourcir par l'amputation celle qui est placée près du timon.

« Le manteau est couleur grain de blé très clair, souvent nuancé de brun à la tête. Cette particularité fait dire les animaux *enfumés* ou *charbonnés*.

« On retrouve d'abord les mêmes marques brunes autour du sabot et aux crins de la queue qui est bien attachée. »

Les animaux bien choisis de la race garonnaise s'engraissent facilement; ils sont assez forts mangeurs; ils consomment aisément de 20 à 25 kilogrammes de bon foin par jour.

Race limousine.— La race limousine n'est guère qu'une variété de la race garonnaise; il est du reste facile de s'en convaincre en lisant la description du bœuf limousin de M. Magne. Pelage jaune, plus pâle à la face interne des membres; yeux grands, doux et entourés, ainsi que le mufle, d'une auréole presque blanche; peau généralement souple, douce pour un bœuf de montagne; taille moyenne, corps long, plutôt grand qu'épais; côte souvent plate ; garrot élevé, tranchant; train postérieur quelquefois mince; encolure un peu longue; tête moyenne, portant des cornes blanchâtres sur toute la longueur ou un peu brunes au sommet, très grosses, presque toujours aplaties à la base, elles sont rarement bien contournées dans le type de la race, mais dirigées en avant et souvent en bas. De même que dans le bœuf garonnais, on ampute une corne, quelquefois les deux, à 10 ou 12 centimètres de la tête pour avoir plus de facilité à atteler les animaux ».

Il est évident que la description que nous venons de citer peut s'appliquer admirablement à un bœuf

Bœuf limousin.

garonnais ; au reste, peu d'amateurs maintenant font du bœuf du limousin une race principale ; il est une variété de la race agenaise, voilà tout.

Cette race fournit à la boucherie de très bons bœufs qu'on tue souvent à Paris sous le nom de saintongeois ou de vendéens, du nom de leur dernière habitation où on les engraisse. Ces animaux, vu le poids relativement faible de leur squelette, sont d'un bon abat et d'une nourriture facile.

La destination du bœuf limousin est celle de tous les animaux de la race bovine du sud-ouest : travail, charrois, puis engraissement plus ou moins complet et vente à la boucherie.

L'arrondissement de Bergerac, en amont du cours de la Dordogne qui passe devant cette ville, le reste de ce département, sauf quelques cantons touchant à la Gironde et au Lot-et-Garonne, la Haute-Vienne, sont le berceau et l'habitation principale de la race limousine, laquelle vient rayonner dans les deux Charentes, mais par troupeaux de jeunes élèves achetés après le sevrage.

Race bazadoise. — La race bazadoise, elle aussi,

Bœuf bazadois.

ne produit presque exclusivement que des animaux destinés au travail.

Le bœuf bazadois, qui tire son nom de son pays d'origine, l'arrondissement de Bazas, situé sur les confins des Landes, est doué d'une grande vigueur;

on lui fait mener des charrois d'une charge excessive ; lent, sobre, il peut faire des trajets d'une durée considérable.

Le bœuf bazadois fournit aussi une excellente viande de boucherie, et dans les concours d'animaux gras, souvent il a remporté la palme. Le rendement net de la viande à l'abattoir, dépasse toujours 60 p. 100, mais son engraissement est long et difficile.

Les vaches sont plus agiles, mais, en général, mauvaises laitières.

La conformation du bazadois est, en général, très belle au point de vue de sa double destination de bête de travail et de boucherie. Il est de taille moyenne ; le corps est près de terre, sa poitrine est profonde, il a les lombes larges, la croupe épaisse et les cuisses bien descendues ; les membres, quoique bien pris dans leurs articulations, ont une certaine finesse relative.

Ce qu'on peut lui reprocher seulement, c'est d'avoir les parties antérieures un peu développées, la ligne supérieure souvent fléchie, la peau épaisse et un fanon trop développé.

Race gasconne. — La race gasconne, qui habite le département du Gers et de la Haute-Garonne, ressemble par plus d'un côté à la race bazadoise que nous venons d'examiner.

Sa taille moyenne est de $1^{m},45$ au maximum au garrot ; la corne, à son insertion dans la tête, prend une direction horizontale ; la pointe se relève brusquement.

« La robe de la race gasconne, dit M. Souson, est de nuance brun fauve ou blaireau mêlé de noir, réparti diversement sur le corps, mais le plus ordinairement à la tête, à l'encolure et aux membres. Les cornes sont toujours noires à leur extrémité. »

Quelle que soit la nuance du pelage elle est toujours plus claire le long du dos. Il se trouve parfois des individus ayant la tête d'un gris argenté, mais le mufle et l'extrémité des cornes sont toujours noirs.

Deux particularités caractéristiques de la race gasconne, fort estimées des connaisseurs et considérées par eux comme des signes de pureté et de noblesse, comme témoignant d'une noble origine, ce sont celles qui s'accusent par la présence d'une sorte de cupule noire enveloppant le fond des bourses et d'un cercle noir entourant la marge de l'anus. Ce dernier signe est celui qu'ils appellent la *cocarde*. C'est là l'indice des individus bien tracés.

Comme dans toutes les races travailleuses, les vaches gasconnes sont de très mauvaises laitières ; elles donnent à peine assez de lait pour nourrir leur veau.

Malgré sa petite taille, le bœuf gascon se tire admirablement des rudes travaux que lui impose un sol tenace ; dès l'âge de trois ans, cette race qui est bonne pour le bouvier et non pour le boucher, est soumise à un travail régulier.

Race landaise. — La race bovine landaise, exiguë et chétive, gratte avec un araire souvent informe, des champs de blé et de maïs, que de vastes étendues de bruyères et d'ajoncs servent à engraisser tant bien que mal. Les vrais landais, ces animaux cornus, maigres mais énergiques, sont les enfants des Pyrénées dégénérés dans un sol, sous un climat, avec une nourriture inférieurs de tous points au pays qui les a vus naître.

Race pyrénéenne. — Dans toute la région des Pyrénées, cette race rend de précieux services par sa sobriété, son énergie, la vivacité de ses allures ; elle traine, dans des chemins montueux, les petits chariots à quatre roues, avec une allure qui tient plus du trot que du pas.

Vache des Pyrénées.

Dans la vallée de Barétons, on rencontre une variété charmante de formes, svelte, bien prise, d'une physionomie douce et d'une belle conformation ; elle réunit plus que les autres branches de la race pyrénéenne les trois aptitudes que l'on recherche dans l'espèce bovine : le travail, la viande et le lait ; elle est, de plus, d'une grande sobriété et se distingue à première vue par son cornage qui suit une direction particulière, et la couleur plus foncée du pelage.

Race de Lourdes. — Au pied des Pyrénées, dans la vallée d'Argelès, se trouve une race purement laitière, la race de Lourdes. Soumise à un travail modéré, elle fournit beaucoup de lait ; ses précieuses qualités la font rechercher par les éleveurs du Gers et de la Garonne qui lui font suppléer la mère garonnaise ou gasconne, laquelle, souvent, ne peut pas arriver à nourrir son veau. Les similitudes de pelage et de formes avec la race garonnaise, ont contribué à cette vulgarisation de la race de Lourdes.

Race maraîchine. — C'est dans les prairies basses qui bordent la Gironde, près de son embouchure, du côté de la Saintonge, dans les terrains marécageux des environs de Rochefort, que se trouve la race maraîchine, élevée en partie au pâturage.

Forte de taille, rustique, d'un pelage rude et grisâtre, elle fournit des animaux de trait en petite quantité, car le paysan saintongeois n'est pas éleveur. Le grand emploi de cette race est dans la production du lait, pour la fabrication du beurre dont l'usage est répandu dans la Charente, dans la Gironde, le Lot-et-Garonne, etc. Sous ce rapport, les vaches sont assez remarquables et les soins qu'on leur donne avec intelligence, depuis quelques années surtout, ont augmenté leurs facultés lactifères.

RACES DU SUD-EST

Le bétail, assez nombreux et varié dans cette contrée, appartient à trois races principales : la race de Salers, la race d'Aubrac et la race de Mezenc. Les animaux y sont employés au travail, puis engraissés et livrés à la boucherie; quelques-uns servent à la reproduction et finissent par former des sous-races et des variétés qui portent le nom des pays qui les produisent mais qui n'offrent aucun intérêt particulier.

Race de Salers. — La race de Salers qui prend son nom d'une petite ville du département du Cantal située dans l'arrondissement de Mauriac, est remarquable à plus d'un point de vue; elle fournit une viande de boucherie assez estimée, des sujets très recherchés comme bœufs de travail ; les vaches produisent du lait en assez grande quantité et d'une qualité supérieure ; il est surtout remarquablement riche en caséum. Les bœufs qui appartiennent à la race de Salers sont d'une grande douceur et supportent très bien la fatigue, leur complexion rustique en fait une des variétés les plus recherchées dans les pays du centre et de la Provence.

« Jadis, dit M. Magne, on pouvait donner la description suivante des bœufs de Salers : corps grand, souvent mince et haut monté sur jambes ; saillies osseuses fort apparentes ; fesses peu charnues, assez minces, trop fendues ; encolure moyenne ; fanon grand ; tête courte, forte, cornes grosses, lisses, noires au sommet et le plus souvent régulièrement contournées en se relevant et se jetant un peu en dehors ; membres très forts ; genoux en dedans ; épaules longues, se rapprochant au sommet, ce qui rend le garrot mince ; peau épaisse, dure ; poil long et constamment d'un rouge foncé, quelquefois presque brun.

« Le bœuf de Salers présente assez souvent quelques plaques blanches à la queue, à la croupe et au ventre ; les animaux qui ont un pelage bicolore, sont moins estimés par les marchands du Poitou, probablement à cause de la ressemblance qu'ils ont avec la race pie du Puy-de-Dôme.

« Aujourd'hui cette description ne s'appliquerait plus qu'à une partie des bœufs de Salers.

« Beaucoup de ces animaux ont un poitrail large, une poitrine ample, un garrot épais, l'épine dorso-lombaire bien soutenue, des cuisses bien musclées,

Bœuf de Salers.

des épaules longues et fortement charnues; des membres, surtout les antérieurs, très courts, et une peau douce et fine.

« Ce perfectionnement dans la race est preuve de l'amélioration du régime auquel les animaux sont soumis.

« Comme le pays qui le produit, le bœuf de Salers est un. Quoiqu'il se répande des plateaux où il est né dans toutes les directions, il ne forme pas de sous-race proprement dite.

« Le bœuf de Salers quitte son pays natal à l'âge de quatre ans ; il se contente d'une nourriture plus que médiocre, mais il lui en faut une grande quantité ; très rustique, dur au travail, il se plaît cependant mieux dans les pays au climat tempéré que dans l'Auvergne ou le midi.

« Comme laitières, les vaches de Salers occupent un bon rang ; quelques-unes d'entre elles vont jusqu'à donner 18 à 25 litres de lait. »

Considérée au point de vue de la boucherie, on reproche à cette race sa forte ossature, la longueur et la grosseur de ses membres, l'étroitesse de la culotte, la maigreur des épaules, le peu de précocité, la longueur et les difficultés de l'engraissement. Quant aux premiers défauts, ils sont communs avec toutes les races de travail ; il n'est d'ailleurs pas possible qu'un animal réunisse au même degré les facultés d'aptitude au travail et à l'engraissement. Cependant, les engraisseurs tiennent le bœuf auvergnat en grande estime ; en effet, il suffit de cesser de le faire travailler pour déterminer presque immédiatement un engraissement considérable.

Race d'Aubrac. — Cette race prend son nom de la montagne où elle est plus particulièrement élevée, qui se prolonge du Cantal dans la Lozère et l'Aveyron.

M. Magne fait de la race d'Aubrac la description suivante :

« De taille moyenne et même petite, elle a le corps trapu, bas sur jambes, les os peu saillants, l'encolure courte, la tête épaisse et les cornes bien plantées, régulièrement contournées et noires au sommet. Elle a les membres forts aux articulations, les onglons durs, la peau épaisse ; le poil est long, gros, d'une couleur jaune fauve tirant sur le gris, plus foncée vers la tête, les extrémités des membres et de la queue. On n'admet pas le blanc, le noir, ni le rouge sanguin. Les jeunes animaux sont, ordinairement, plus foncés que les adultes et les animaux âgés. »

Cette race est rustique, agile, forte et sobre ; lorsqu'elle est tenue en bon état, elle s'engraisse facilement et sa viande est très estimée.

Taureau d'Aubrac.

La femelle, beaucoup plus petite que le mâle, est médiocre laitière ; les petits cultivateurs la font travailler ; on comprend que ce régime n'est guère favorable à la race.

La race d'Aubrac n'est pas partout également belle ; c'est à Aubrac et à Aguiole, sur le plateau volcanique, qu'elle se montre dans toute sa beauté ; sur les parties granitiques et schisteuses qui ne portent que de maigres pâturages, elle est plus petite et moins belle de formes.

Les animaux de cette race sont conduits jeune

dans les plaines du Sud; après avoir travaillé, ils y sont engraissés en grande partie et servent à la consommation des villes de la Provence et du Languedoc. On en exporte aussi dans le Sud-Est, où ils forment des sous-races avec les races pyrénéennes et garonnaises.

Race de Mezenc. — Cette race est peu répandue en dehors de son centre de production qui est une petite contrée située dans le département de la Haute-Loire et se prolongeant dans l'Ardèche jusqu'au versant méridional des Cévennes. Elle est bonne pour le travail, mais plus exigeante sur la nourriture que celle d'Aubrac et d'Auvergne; elle s'engraisse avec assez de facilité. Les vaches sont assez bonnes laitières pour être entretenues comme telles, dans les villes du midi.

RACES DE L'EST

Races franc-comtoises.— En France-Comté, l'espèce bovine est représentée par trois races distinctes: la race femeline, la race tourache, la race croisée suisse. La première est, à juste titre, la plus estimée; elle présente les caractères suivants: taille de $1^m,35$ à $1^m,45$; tête fine allongée, yeux grands à fleur de tête, front étroit, cornes fines, blanches, le plus souvent dirigées en arrière en se contournant; cou mince, fanon peu descendu, poitrine étroite bien descendue, dos un peu bas, queue fine, hanches larges et saillantes, fesses un peu serrées, rayons inférieurs des membres fins, secs et nerveux, genoux larges, jarrets bien évidés, peau fine se détachant largement des parties sous-jacentes, système osseux peu développé ; tempérament nerveux, naturel doux ; on peut lui reprocher d'être un peu délicate sur la nourriture.

Cette race se trouve à l'état pur dans la plus grande partie de la Haute-Saône et notamment dans les cantons d'Amance, de Jussey, de Port-sur-Saône, etc.

Comme bêtes de travail, les bœufs femelins sont forts, robustes et très vifs à l'attelage ; ils sont faciles à dresser ; dès l'âge de dix-huit mois ils sont accouplés et employés à la culture, soit avec une autre paire plus âgée, soit avec un cheval. A quatre ans, la paire suffit seule aux travaux de la ferme.

Comme laitière, la vache femeline semble tout d'abord inférieure aux races flamande, hollandaise, Schwitz. Mais si on tient compte du poids des aliments consommés et de la quantité relative de lait obtenu, l'avantage est à la femeline dans le plus grand nombre de cas et toujours la qualité est supérieure.

La femeline se recommande aussi par une qualité qui manque à beaucoup d'autres races ; c'est celle de s'engraisser tout en donnant son lait et de pouvoir être livrée au boucher, si, comme on le dit à la campagne, il arrive qu'elle perde son année ; en somme, on peut considérer la vache femeline comme une laitière avantageuse.

Mais c'est surtout par sa disposition à l'engraissement et par la bonne qualité de sa viande, que la race femeline se recommande à l'attention des nourrisseurs et qu'elle jouit, à juste titre, d'une réputation méritée.

En effet, c'est par l'aptitude de cette race à être engraissée promptement et facilement, tant aux pâturages qu'à l'écurie, que la Franche-Comté doit de vendre, chaque année, aux emboucheurs et aux distillateurs du Nord, huit à dix mille bœufs maigres, sans compter les trois ou quatre mille engraissés dans le pays et qui sont conduits aux marchés de Paris et des environs.

En résumé, la race femeline n'a rien à envier aux autres races indigènes ; elle occupe le premier rang lorsqu'on l'examine au triple point de vue du lait, du travail et de la viande.

Les essais faits d'améliorations par croisements, ont eu peu de succès et n'ont pas produit les résultats qu'on en attendait ; en effet, cette race possédant plus que toute autre la triple aptitude que l'on recherche dans l'espèce bovine, les croisements ne peuvent augmenter une aptitude qu'aux dépens d'une autre. L'amélioration prompte et certaine de cette race doit s'obtenir par sélection, au moyen de soins hygiéniques mieux entendus et avec une meilleure nourriture[1].

Race comtoise-tourache. — Cette race, passablement laitière, est médiocre travailleuse et dure à l'engraissement ; elle est de beaucoup inférieure à la race suisse avec laquelle elle a fini par se confondre ; aussi la rencontre-t-on plus rarement à l'état de race pure dans la région montagneuse qui sépare la France des coteaux suisses, ce dont on ne saurait se plaindre, la race suisse, qui est de beaucoup préférable, s'y substituant à la race française.

La race tourache se reconnait à son corps trapu, à ses membres courts, solides, à son encolure forte,

[1] Nous empruntons la description de cette race à M. A. Trehet.

à sa tête large et grosse, au chanfrein court, à l'œil vif, aux naseaux ouverts, à ses cornes robustes se dirigeant d'abord en arrière et en bas et s'écartant ensuite l'une de l'autre en se relevant légèrement, à sa peau épaisse, dure, aux fanons descendant jusqu'aux genoux. Son poil est presque toujours blanc et rouge ou jaune, forme au sommet de la tête une

Vache comtoise.

grosse touffe, frisé ou hérissé le long de l'épine dorsale.

Race suisse de Schwitz. — Cette race, aujourd'hui répandue dans l'Est, aux environs de Lyon et dans l'Est, est, sans conteste, l'une des plus recommandables au point de vue de la production du lait et du travail.

D'après des expériences longtemps poursuivies à Grignon, les vaches pesant en moyenne 650 kilogrammes, donnent 8 litres 5 de lait par jour et par tête, comme moyenne annuelle à la vacherie ; elles reçoivent une ration équivalente au foin à 2 p. 100 de leur poids.

La race de Schwitz est de taille variable, suivant les localités où elle est élevée ; elle a la tête épaisse et courte, l'œil vif, le mufle large, les oreilles grandes fortement garnies de poils intérieurement,

Vache de Schwitz.

les cornes fortes, noires, l'encolure musculeuse, le poitrail bien développé, l'épaule charnue, l'arrière-train très large, la culotte bien descendue, les membres forts, bien proportionnés et les articulations bien évidées.

Le pelage est brun, plus ou moins foncé, mélangé de gris jaunâtre ; cette couleur décroît vers l'épine dorsale où elle forme une raie d'un blanc jaunâtre ; elle se reproduit aussi autour du mufle, à l'intérieur des oreilles et à la face interne des membres ; cette couleur distinctive se reproduit avec persistance dans les croisements.

Cette race est bonne laitière et bonne travailleuse ; elle ne manque pas d'aptitude pour l'engraissement, comme le prouvent les essais faits avec les races cotentine et durham ; c'est une des bonnes races dont la propagation mérite d'être encouragée.

RACES ANGLAISES.

Bien que nous ayons entendu borner les limites de cet ouvrage à ce qui intéresse exclusivement l'élevage français, nous croyons devoir cependant, après avoir fait la description de nos principales races bovines nationales, dire quelques mots de certaines espèces anglaises, en raison du rôle important qu'elles jouent dans des croisements qui ont apporté des améliorations notables à quelques-uns de nos types et aussi parce que, dans diverses contrées de notre pays, des éleveurs se sont attachés à la propagation de ces espèces.

Parmi celles-ci, nous mentionnerons la race Durham, la race de Hereford, la race de Devon et la race d'Ayr.

Race Durham. — La race *short-horn* (courtes cornes), plus connue en France sous le nom de *durham*, du comté où cette race a pris naissance, se reproduit avec toutes ses qualités sous le climat brumeux du Nord et du Nord-Ouest ; en Normandie et en Anjou, on en rencontre des types magnifiques qui peuvent soutenir la comparaison avec ce que l'Angleterre produit de mieux et qui sont même préférés par nos éleveurs, parce qu'ils sont plus rustiques, moins exigeants et acclimatés.

Cette race, qui est incontestablement la meilleure pour la production de la viande, ne réussit bien que lorsqu'elle est placée dans des conditions hygiéniques à peu près semblables à celles sous lesquelles elle s'est formée. Il n'y aurait aucun avantage à l'introduire là où, pour la conserver avec ses qualités, il faudrait lutter contre les influences du climat en l'entourant de soins dispendieux. Dans le Midi, la cha-

Race de Durham.

leur, la sécheresse de l'air, l'aridité des herbages, permettraient difficilement de la tenir en bon état ; dans le Centre et la partie montagneuse de l'Est, les variations de température sont trop fréquentes et trop brusques, la sécheresse dans certains moments est trop forte, et les hivers trop rigoureux ; les bêtes y contractent fréquemment des affections chroniques du poumon, du foie, du système lymphatique, qui les font périr.

Nos plaines tempérées de l'Ouest, nos vallées du Nord sont les seuls pays où nous pouvons espérer conserver sans frais extraordinaires la race courtes-cornes perfectionnée de Durham.

Voici, d'après M. Lefebvre-Sainte-Marie, les principaux caractères de la race de Durham dans toute sa pureté :

« Leurs os, surtout ceux des extrémités, sont amincis ; leur tête est large dans la région du frontal et s'amincit vers le mufle ; leur cou est raccourci, léger chez les femelles, épais chez les mâles ; l'épaule est droite, épaisse et s'unit avec le cou presque sans saillie des os ; la poitrine haute, profonde et large, descend parfois jusqu'aux genoux, se projette perpendiculairement au point d'attache du cou avec la tête, et produit entre les jambes un écartement tel que certains animaux ont peine à marcher ; le garrot doublé forme avec le dos et les reins une surface droite horizontale qui, développée sur ses côtés par la forte courbure des côtes et la dimension extraordinaire des hanches et du bassin, offre l'aspect d'une table en carré long. La masse du corps est profonde, près de terre ; la chair descend jusqu'aux genoux et aux jarrets. A l'état d'embonpoint, toutes les saillies d'os sont recouvertes de graisse, et le corps présente de nombreuses boursouflures sur le sternum, les épaules, le dos, les côtes, les hanches, la queue. »

Cette description donne une juste idée du développement et de la puissance des principaux organes, et fait comprendre les avantages que présente cette race sous le rapport de la précocité et de la transformation de la nourriture en viande.

La race Durham est, en effet, une race de boucherie dans toute l'acception du mot, mais elle est plus que médiocre au travail et son perfectionnement poussé trop loin sous le rapport de la facilité d'engraissement, a nui à ses facultés lactifères.

On lui reproche surtout d'être peu prolifique et de n'engendrer que très tardivement.

« Malgré les éminentes qualités de la race de Durham, dit M. le marquis de Dampierre, je n'hésite pas à conseiller de repousser les taureaux de cette race de tous les pays où l'on élève pour le travail; bien au contraire, j'en conseille l'emploi aux cultivateurs où l'on élève pour la boucherie, et où l'on a un si évident avantage à ne pas garder inutilement dans les herbages des animaux plus lents à grandir, à se former, plus coûteux même à nourrir que ceux de la race de Durham. »

Race de Hereford. — Cette race est regardée — et avec juste raison — par les éleveurs anglais comme la plus fine de l'Angleterre. La vache de Hereford est loin d'être bonne laitière ; moins développée que le bœuf, elle est cependant quelquefois employée aux travaux agricoles.

La race de Hereford est une race travailleuse, et peut être aussi utilisée pour le commerce. Les bouchers de Londres estiment la viande des Hereford presque autant que celle des Durham : quoi qu'il en soit, il est évident que la race Hereford entre pour la plus grande partie dans l'approvisionnement des marchés de Londres.

Un auteur anglais, Marshall, a décrit d'une manière exacte la race de Hereford ; nous croyons devoir lui emprunter cette description :

« La race de Hereford, dit-il, a des caractères distinctifs invariables : la face blanche, les couleurs pâles et manquant de brillant, le corps puissant, la carcasse profonde; son aspect est agréable, gai, ouvert, front large; ses yeux sont pleins et vifs; ses cornes sont brillantes, effilées, étendues; sa tête petite, sa mâchoire maigre, le cou long et avancé, l'épaule mince, plate, sans saillie, mais bien fournie de chair; le corps ample, les reins sont larges, les hanches puissantes et sur le même niveau que l'épine dorsale ; les quartiers longs et larges, la croupe est à la hauteur du dos, la queue est mince et peu garnie de poils; la cuisse délicate et s'amincissant régulièrement; les jambes sont droites et courtes, l'os au-dessous du genou et du jarret est petit, la chair unie, douce et cédant au toucher, principalement sur l'échine, l'épaule et les côtes ; la peau est fine, souple, d'une épaisseur moyenne; le poil délicat, brillant et soyeux, de couleur rouge moyen avec la face blanche, ce qui est le caractère distinctif de la pure race des Herefordshire. »

Race de Devon. — La race de Devon est une des races travailleuses de la Grande-Bretagne. Très estimée au milieu du siècle dernier, elle a perdu un peu de son ancienne renommée; elle mérite cependant de tenir la première place parmi les races travailleuses de l'Angleterre. Voici la description qu'en fait M. le marquis de Dampierre.

« La race de *Devon*, ou de *North Devon*, est une des races les plus caractérisées de l'Angleterre. Aucune n'a plus de cachet ni de sang; sa couleur acajou foncé, sous un uni mélange de blanc dans les animaux de race pure, sa petite tête maigre, semblable à celle d'un chevreuil, ses yeux saillants et expressifs, ses cornes longues, minces à la base, remarquablement effilées et légères, la vivacité de sa démarche, sont les signes qui distinguent, au premier coup d'œil, cette race de toutes les autres.

« Pour le travail, la race de Devon n'a de rivales que dans nos races du Morvan et de l'Auvergne. Assez enlevée de terre (ce qu'on lui reproche comme viande de boucherie), sa douceur, unie à son énergie et à sa légèreté, la rend apte, à un degré éminent, à tous les travaux de la terre.

« La profondeur moyenne de sa poitrine, la bonne direction de l'épaule et des membres, le sang qui s'y montre et y communique son énergie, malgré la petitesse des os, sa puissance musculaire enfin, lui permettent parfaitement de trotter dans le harnais sans s'essouffler, et il est reconnu dans tout le comté de Devon, dans le district surtout où cette race est conservée dans sa pureté, que les bœufs font tous les travaux des champs aussi rapidement que des chevaux.

« Par sa construction et son pelage, le bœuf de Devon ressemble assez au bœuf de Salers. Il y a, en faveur du bœuf de Salers, une grande supériorité de taille et de poids; en faveur du bœuf de Devon, une perfection de formes, une distinction dans la tête et dans les membres qu'aucune autre race ne possède à ce degré.

« Les bœufs de Devon sont hauts sur jambes, un peu plats; leurs cuisses sont peu charnues, leur queue est placée très haut, mais les hanches sont larges et musculaires (c'est-à-dire musclées); leurs membres fins et nerveux ont un aplomb parfait; leur peau est fine et souple, de couleur jaune; leur poil, d'un rouge brillant, quelquefois ondé, est doux et soyeux; ils ne laissent rien à désirer comme animaux de travail dans les terrains légers. »

La race de Devon est remarquable à plus d'un titre : nous avons déjà dit que, comme bête de travail, elle ne redoutait aucun concurrent; comme bête de boucherie, elle mérite, bien qu'inférieure de beaucoup aux races de Durham et d'Hereford, une mention spéciale.

Les vaches de la race de Devon sont petites ; elles fournissent un lait butyreux, c'est-à-dire très riche en beurre, mais en quantité très peu considérable.

Vifs, durs au travail, les bœufs de Devon ont la démarche aisée, régulière et très accélérée ; attelés par quatre, ils sont conduits au grand trot au travail.

Race d'Ayr.

Race d'Ayr. — Cette jolie race est originaire du comté dont elle porte le nom ; elle est renommée en Écosse et même dans tout le Royaume-Uni comme excellente laitière, et recherchée pour sa vigueur, sa rusticité, sa sobriété et sa douceur; si l'on ajoute à ces qualités une belle robe généralement rouge et blanc, une harmonie et une élégance de formes incomparables, on comprendra la haute préférence qu'on lui accorde sur les autres races.

Les caractères recherchés par les éleveurs dans le mâle sont : tête large et courte, le mufle étroit, les yeux grands, cornes petites et fines s'élançant des côtés un peu en avant et courbées en dedans à leur extrémité; le sommet des épaules et le garrot minces, les reins larges et profonds, les côtes un peu plates, le ventre large, les membres courts et grêles, les cuisses minces, la peau moelleuse et bien détachée. La femelle présente, de plus, tous les caractères des bonnes laitières; lorsqu'elle n'est plus à lait, elle s'engraisse facilement.

La taille de cette race est moyenne plutôt que grande; elle convient tout particulièrement pour l'amélioration des petites races françaises.

CHAPITRE II

AMÉLIORATION DES RACES. — BUTS DE L'ÉLEVAGE. — CHOIX DES ANIMAUX SUIVANT LES MILIEUX. — CROISEMENTS ET SÉLECTION. — LES ÉTABLES : CONDITIONS HYGIÉNIQUES GÉNÉRALES. — AMÉNAGEMENT DES ÉTABLES. — PANSAGE, SOINS HYGIÉNIQUES.

On élève les bêtes bovines pour en obtenir du lait, de la viande, du fumier, des élèves et enfin du travail.

Beaucoup d'exploitations agricoles sont organisées de manière à obtenir simultanément tous ces produits; dans d'autres exploitations, on s'attache spécialement à en obtenir un seul; dans d'autres enfin, on vise à réaliser successivement avec l'animal la série des profits qu'il est susceptible de fournir.

Dans le voisinage des grandes villes, par exemple, le lait étant d'un écoulement facile et rémunérateur en nature, on achète des vaches laitières en plein rapport; on leur fait absorber une nourriture essentiellement lactifère, puis on les vend au mieux lorsque leur production à cet égard ne paraît plus suffisamment rémunératrice. Ailleurs, on élèvera exclusivement en vue de la boucherie et on s'adressera alors aux espèces les plus aptes à s'engraisser rapidement. Enfin, en dehors de ces spécialisations, la plupart des petits cultivateurs veulent tout à la fois que leurs vaches donnent du lait et des veaux et que les bœufs travaillent; ils entendent en outre tirer de leurs animaux une quantité de fumier suffisante pour améliorer leurs terres et, finalement, les engraisser pour les livrer à la boucherie et en tirer assez d'argent pour les remplacer par des sujets plus jeunes, c'est-à-dire plus vigoureux et plus productifs.

Suivant le but à atteindre, le cultivateur qui veut se livrer à l'élève des bêtes bovines doit donc porter son choix sur la race la mieux appropriée au genre de produit qu'il veut obtenir.

Choix des animaux suivant les milieux. — Ce n'est pas à dire, cependant, qu'il lui soit possible de s'adresser indifféremment et directement aux espèces les plus propres à réaliser son objectif. Il y a lieu, en effet, de se préoccuper des milieux dans lesquels on se trouve placé, des ressources dont on dispose, des besoins auxquels il faut satisfaire, des conditions générales, en un mot, de l'exploitation sur laquelle on opère.

C'est ainsi que, par exemple, il ne pourra jamais venir à l'idée d'un cultivateur berrichon manquant de fourrages, exigeant beaucoup de travail de la part de ses bêtes, de faire venir à grands frais dans sa ferme, des animaux de la race normande qui, arrachés à leurs riches herbages, ne tarderaient pas à dégénérer dans le nouveau milieu où on aurait prétendu les implanter, quelques dépenses que l'on fasse pour leur faire oublier leur pays d'origine.

Nous avons déjà dit, et on ne saurait trop répéter, qu'introduire sur une exploitation arriérée, sur une terre pauvre, une race ayant des exigences que l'on ne peut satisfaire, c'est inévitablement courir à un échec. On ne saurait davantage transporter les animaux d'un pays de montagne dans un pays de plaine ou réciproquement, de même que les bêtes qui prospèrent sous un climat tempéré végéteraient sûrement très mal sous un climat trop chaud, trop froid ou trop humide, et finiraient d'ailleurs, avec le temps, par perdre leur caractère propre sans que, néanmoins, ils acquièrent les qualités des animaux indigènes de leur nouveau séjour.

Croisements et sélection. — Voilà pourquoi il faut se montrer très circonspect dans les croisements.

On doit, dit Sinclair, éviter les croisements si l'on peut se procurer une bonne race répondant, à peu près, aux fins que l'on poursuit; on trouve plus d'avantage à améliorer une race déjà établie qu'à créer une nouvelle race par les croisements.

C'est par la sélection qu'on améliore surtout les espèces, c'est-à-dire en choisissant parmi celles-ci les sujets les plus parfaits pour les employer à la reproduction, et, si l'on veut avoir des animaux sélectionnés dans telle ou telle espèce, il faut se souvenir que le meilleur procédé pour y parvenir, réside dans l'alimentation et les soins hygiéniques. Souvent les bêtes possèdent de bonnes qualités : la misère, le défaut de soins et de nourriture en ont seuls arrêté le développement.

Certes, nous ne condamnons pas les croisements d'une manière absolue, bien au contraire, car nous n'ignorons pas que c'est par ce procédé, que c'est par ces unions que l'on a pu obtenir des animaux plus beaux de formes, possédant, à un plus haut degré que chaque type accouplé considéré à part, les aptitudes recherchées par l'éleveur.

Mais nous disons que l'amélioration par le croisement des races exige beaucoup de jugement, une rare persévérance, et que l'on n'arrive à des résultats positifs que par une longue suite d'essais pour lesquels, comme pour presque toutes les branches de la science agricole, la vie d'un seul homme est ordinairement trop courte.

Or, comme nous écrivons un ouvrage pratique, dont le but est d'indiquer aux cultivateurs les moyens les mieux à leur portée de tirer un parti avantageux et rapide de leur exploitation, nous ne saurions les engager dans une voie où ils risqueraient des mécomptes, où ils ne trouveraient pas, tout au moins, des compensations assez immédiates.

Aussi, résumerons-nous en quelques mots les principes qui doivent guider le cultivateur dans le choix de son bétail quel qu'il soit et dirons-nous tout simplement que l'éleveur doit apporter la plus grande circonspection dans l'introduction de telle ou telle race de bêtes bovines dans son exploitation. Ce n'est pas toujours, tant s'en faut, la race la plus parfaite, qui donne le plus de profit, mais bien celle qui convient le mieux aux circonstances locales, à la destination des bêtes, à la nature du sol, à la qualité du fourrage, aux ressources dont on dispose, etc.

La description des races régionales, dont laquelle nous sommes entré plus haut avec certains détails, prouve qu'à cet égard, les populations agricoles agissent avec intelligence et conforment le choix de leurs espèces aux conditions générales du pays dans lequel elles sont appelées à vivre et à rendre des services bien différents.

LES ÉTABLES.

Conditions hygiéniques générales. — Parmi les procédés d'amélioration des bêtes bovines, nous avons dit que l'hygiène, autant et quelquefois davantage même que la nourriture, jouait un rôle prépondérant.

L'habitation est certainement l'une des préoccupations hygiéniques qui doit appeler le plus spécialement l'attention de l'éleveur.

Presque toutes les anciennes fermes sont mal bâties, les bâtiments, insuffisants sont mal distribués et les étables des bêtes bovines sont ce qu'il y a de plus défectueux au point de vue de la propreté, de l'aération, de la commodité et, en général, de la salubrité.

C'est cependant faire un bien mauvais calcul que de négliger, dans un but d'économie, l'aménagement des locaux destinés à la race bovine et de reculer, à cet égard, devant des dépenses utiles et indispensables : le *bœuf d'engrais*, mal logé, s'engraisse mal ; le *bœuf de travail,* mal logé, se repose mal et fait moins de besogne ; la vache enfin, lorsque son étable est insuffisamment aérée et trop étroite, lorsqu'elle est condamnée à respirer toute la journée les vapeurs ammoniacales qui s'échappent des litières malpropres et qu'on laisse trop longtemps séjourner sur le sol, produit une qualité de lait bien inférieure et en quantité de beaucoup au-dessous de son rendement normal.

De plus, les animaux, vivant dans de pareilles conditions, sont exposés à une foule d'affections, dont se trouvent préservés ceux qui sont mieux partagés à ce point de vue.

Le bon aménagement et le bon entretien des étables doivent donc être, au plus haut point, le souci du fermier désireux d'obtenir un gain légitime dans cette partie de son exploitation.

Les animaux auxquels le fermier ne demande pas de travail, mais qu'il engraisse ou entretient en vue de la sécrétion du lait, ont besoin de vivre dans une habitation plutôt chaude que froide, humide que sèche; la salubrité en doit être assez grande pour que l'établissement de ventilateurs y soit pour ainsi dire superflu et cette élévation de l'atmosphère doit être produite, non pas par le grand nombre de bêtes réunies dans l'étable, mais bien par la façon même dont elle a été construite; l'accumulation de nombreux animaux vicie l'air, le rend insalubre, à peine respirable, et ainsi le fermier fait naître du remède même un danger et un grand danger. « S'il est avantageux, dit à ce propos M. Magne, que l'air des étables contienne plus d'humidité que celui du dehors, et peut-être un peu moins d'oxygène, il ne doit jamais renfermer des corps fétides, putrides, ni un excès trop considérable d'azote ou d'acide carbonique. Sous l'influence d'une atmosphère impure, la vitalité des animaux est moins grande, leur constitution s'altère, et ils sont plus impressionnables aux causes de maladies. Une affection qui serait sans gravité sur un individu bien tenu, revêt promptement les caractères typhoïdes sur celui qui respire un mauvais air. Les effets d'un aérage insuffisant, sont plus nuisibles aux animaux fortement nourris qu'à ceux qui sont dans la pénurie. »

Si, pour les bêtes à l'engrais, une atmosphère chaude, qui alourdit ceux qui vivent au milieu d'elle, est nécessaire, pour les animaux de travail au contraire, il faut naturellement un air sec et frais : forcés de vivre au dehors, ils ne pourraient supporter le brusque passage de l'air extérieur à l'atmosphère pesante d'une chaude étable.

D'abord doux et raréfié, l'air de l'étable destinée aux élèves doit devenir plus âpre et plus froid à mesure que le *sujet* grandit.

Aménagement des étables. — Si des conditions générales de l'aménagement des étables nous passons aux détails, nous reconnaissons que l'expérience a démontré la supériorité du plafond en briques légèrement voûté sur tous les autres modes de couvertures, notamment des couvertures en planches, très dangereuses en cas d'incendie et d'ordinaire mal jointes ; qu'une clôture en planches n'est pas moins défectueuse et qu'enfin une voûte en pierre est trop chaude en hiver et trop froide en été.

En outre des portes et fenêtres dont nous ne prétendons pas, à coup sûr, proscrire l'usage, mais qui doivent être placées de façon à produire le moins de courants d'air possible, nous recommanderons l'emploi : non des barbacanes, à peu près unanimement condamnées aujourd'hui, mais des ventilateurs qui tendent à se généraliser et qui, partout où il en a été placé, ont produit d'excellents résultats. D'épais rideaux ou des paillassons doivent être soigneusement apposés l'hiver contre toutes ces ouvertures, de façon à ce que la température de l'atmosphère de l'étable ne s'abaisse pas au-dessous du degré nécessaire.

Nous reproduisons ci-après un modèle de fenêtre d'étable, qui nous semble fort bien compris. Les paillassons dont elle est garnie extérieurement, permettent, pendant l'été, de la maintenir entièrement

Fenêtre d'étable avec paillassons.

ment ouverte et les paillassons abaissés, empêchent les rayons du soleil de pénétrer dans l'étable.

La plus grande préoccupation que l'on doive montrer, en effet, à l'égard des animaux en stabulation, c'est de les garantir du froid et des courants d'air. Le froid les fait souffrir comme les autres animaux, comme les hommes, et lorsque la température d'une étable s'abaisse trop, on peut facilement constater que les bœufs engraissent moins bien et que les vaches donnent moins de lait. Quant aux courants d'air, ils sont une cause fréquente, et généralement trop peu observée, de refroidissements et de maladies. On ne saurait insister avec trop de force sur ces différents points.

Le sol des étables doit être préférablement pavé ou tout au moins formé de cailloux et de béton, le tout fortement tassé, de façon à s'opposer à l'imbibition des urines, lesquelles s'épandent dans une rigole disposée derrière les bêtes et qui les conduit au dehors dans un réservoir destiné à les recevoir.

Au delà de la rigole, sur toute la longueur de l'étable, est un passage qui doit toujours être parfaitement propre, si les bêtes sont bien tenues, si le maître a du plaisir à les visiter souvent et n'est pas de ceux qui vivent avec leur bétail, dans la crotte et l'ordure. En enlevant le fumier trois fois par semaine et en faisant une litière suffisante, on peut tenir les bêtes très proprement.

Que les bêtes soient placées sur un ou deux rangs dans l'étable, elles présentent la croupe vers le passage qui règne le long de la rangée des animaux et qui doit être assez large pour que le fumier puisse être commodément enlevé et pour que les bêtes entrent et sortent avec facilité. Ce passage offre aussi cet avantage, quand il est bien compris, qu'un coup d'œil suffit à l'inspection du maître.

Un espace de 1m,30 à 1m,50 de largeur, suivant la grosseur de la race, et de 4 à 5 mètres de profondeur, est nécessaire à chaque bête; le plafond doit avoir une hauteur de 3 mètres au minimum.

Dans une étable bien aménagée, on établit des conduits ou cheminées pour laisser échapper les vapeurs qu'exhale le fumier. Si ces conduits ont leur ouverture supérieure au-dessous du plafond, ils remplissent mal leur destination, parce que les vapeurs se condensent, retombent en gouttes, et, si elles n'incommodent pas les bêtes, elles pourrissent bientôt tout l'espace qui environne le conduit. Il vaut mieux placer dans l'intérieur des murs, des tuyaux en terre d'un diamètre de quinze centimètres environ, dont l'orifice inférieur est situé à environ deux mètres du sol et qui s'élèvent au-dessus du toit comme des cheminées. Ces conduits sont presque indispensables dans les étables où l'on distribue des aliments chauds aux animaux et dont les vapeurs provoquent une humidité qui pourrit tous les bois en peu d'années.

Les râteliers doivent commencer à 20 centimètres environ au-dessus de la mangeoire et suivre de près le mur au lieu de s'en éloigner considérablement; l'écart ne doit être que de 30 centimètres environ à leur sommet, et leur hauteur ne doit pas dépasser 35 centimètres. Un écartement de 8 à 10 centimètres entre les barreaux est suffisant.

Les mangeoires sont ordinairement construites, soit en bois, soit en pierre. Si la nourriture des bêtes est habituellement liquide et chaude, les mangeoires en bois pourrissent promptement. Les mangeoires en pierre durent presque indéfiniment ; on les garnit, en avant, sur toute leur longueur, d'une planche de chêne large de $0^{m},10$, épaisse de $0^{m},4$, fixée par des boulons qui traversent la paroi de la mangeoire. On fixe à cette planche les anneaux auxquels on attache les bêtes et elle empêche le frottement qui use et les chaînes et la pierre. Ces mangeoires dont chaque portion a 2 mètres de longueur pour deux bêtes, sont larges de $0^{m},30$, profondes de $0^{m},25$ (mesurées en dedans); les parois ont $0^{m},05$ d'épaisseur en haut. Elles sont scellées au mur par un bon ciment qui présente une surface polie et inclinée.

Si le prix n'en était pas aussi élevé, les mangeoires en fonte seraient à tous les points de vue préférables.

Le mode d'attache le plus usité est l'emploi d'anneaux de fer dans lesquels glisse la longe du licol. Il est simple, peu coûteux, mais présente de réels inconvénients; trop souvent, les longes des bœufs placés l'un à côté de l'autre, s'enchevêtrent; trop souvent aussi, l'animal, lorsqu'il est couché, ne jouit pas de toute la liberté de ses mouvements. On a proposé, pour obvier à ces inconvénients, de sceller, d'une part à la mangeoire et de l'autre au sol, une barre de fer ou de bois, le long de laquelle glisse la longe.

Quant aux stalles, elles ne doivent être ni assez élevées pour que les bœufs soient encore séparés les uns des autres, ce qui influerait sur leur caractère d'une façon désastreuse, ni assez basses pour qu'ils puissent l'atteindre avec leurs pieds de derrière. Du reste, les bêtes à cornes ne frappent guère qu'avec leurs cornes, et une hauteur de $1^{m}10$ suffira parfaitement pour isoler, sans les séparer, les divers habitants de l'étable.

Le système des boxes, importé d'Angleterre, a été essayé avec succès et tend à se répandre; il n'est applicable d'ailleurs qu'aux bêtes à engrais, aux animaux malades ou aux élèves; ce sont des loges vastes, commodes et isolées, où l'animal, libre dans sa prison, trouve un repos et des conditions de bien-être dont il ne jouit nulle part ailleurs. Tantôt complètement isolées, tantôt réunies et séparées seulement par des cloisons qui ne montent souvent qu'à hauteur d'appui, elles doivent avoir une communication directe avec l'extérieur et être entretenues avec le soin le plus minutieux, car l'air est rare et se vicie facilement.

On a tenté avec succès une curieuse innovation : creusant un cube de près de 3 mètres, dans une cellule de 2m70 carrés, on y a fait descendre par un plan incliné un bœuf à engrais ; on lui a donné une abondante litière qu'on a fréquemment renouvelée sans l'enlever jamais ; au bout de deux mois, la fosse était pleine. Ce système d'engrais a été depuis lors souvent employé, et il semble reconnu aujourd'hui le plus rapide et le plus sûr de tous.

En dehors de ces cas, les boxes ne sont guère employées parmi nous que pour la stabulation des taureaux. Quand on laisse les jeunes veaux près des mères, ils doivent être placés dans une stalle ou boxe mesurant au moins 1m70 à 1m80 de largeur. Dans les fermes importantes, au lieu de les placer, lorsqu'il les faut séparer de leurs mères, dans l'étable ordinaire, on leur assigne une habitation spéciale, plus chaude, plus sèche et plus aérée. On garnit de planches le sol et souvent même les murs.

En Limousin, il est une forme spéciale d'étable dont nous devons faire mention, et qui a reçu le nom de *cornadis*. A l'une des extrémités de la grange, s'élève une cloison en planches percée d'autant d'ouvertures ovulaires que l'étable contient de bêtes. Les animaux passent, à l'heure des repas, leur tête par cette ouverture, et prennent sur l'aire même de la grange la nourriture qui est préparée pour eux et qui, placée au-dessus de l'étable même, est facilement, à l'aide d'un croc, projetée à la place qui lui est destinée.

L'établissement des étables belges mérite surtout notre attention. L'étable belge a deux portes : l'une, placée derrière les vaches, est assez large pour qu'elles puissent y passer facilement ; l'autre, du côté de la mangeoire, livre passage à une personne portant une brassée de fourrage. Du côté de la tête des animaux, une claire-voie forme avec le mur du bâtiment, un corridor au bout duquel se trouve la porte par où on introduit le fourrage. Les vaches sont attachées par le cou, au moyen d'une chaîne de fer retenue par des anneaux scellés dans le mur de support de la claire-voie. En face de chaque vache, on laisse entre les madriers un intervalle de $0^{m},60$, afin que l'animal puisse passer la tête et saisir le fourrage déposé dans le corridor. On peut aussi, dans le corridor, déposer de petites auges, lorsque la nourriture doit être liquide. La pente est de $0^{m},01$, ce qui permet l'écoulement des urines et des eaux. Derrière les animaux se trouve une cavité pavée et cimentée qui reçoit le fumier. Deux vaches habitent une stalle séparée des autres au moyen de poteaux garnis de planches ; les vaches doivent être d'égal appétit, sinon l'une souffrirait de l'avidité de l'autre. On isole les bêtes méchantes ou gloutonnes ; on enlève la litière trois fois par semaine, en ayant soin de retourner chaque jour la vieille litière et d'en ajouter un peu de fraîche. afin de recouvrir le fumier de la journée, pour qu'il ne salisse pas les animaux qui se couchent dessus. On renouvelle cette opération le matin. On lave fréquemment l'étable à grande eau, la propreté étant considérée, avec raison, comme aussi favorable à la santé des animaux qu'à celle des hommes.

Si l'on dispose d'un espace assez vaste, on met deux rangées de vaches face à face; elles mangent dans le même corridor servant de crèche. Les étables sont, en général, plafonnées, ce qui les rend plus chaudes. Lorsque le haut de l'étable forme le magasin à fourrage, il suffit, pour distribuer la ration, de la faire tomber dans la crèche par un abat-foin.

PANSAGE, SOINS HYGIÉNIQUES

Les bêtes mal soignées, écrit M. Félix Villeroy dans un petit ouvrage très intéressant qu'il a consacré à l'élevage des bêtes à cornes, ne deviennent pas toujours malades, mais la propreté contribue à leur bien-être, à leur santé, comme elle contribue à la santé de tous les autres animaux et des hommes. La malpropreté déprécie les produits, et bien souvent l'on ne voudrait pas goûter ni lait ni beurre, si l'on avait vu les vaches qui les ont produits.

Il est, d'ailleurs, bien prouvé que le fumier et la litière en décomposition sur lesquels les vaches reposent, donnent au lait des vaches un goût désagréable. Tous ces motifs démontrent qu'il faut aux vaches une quantité de litière suffisante, assez souvent renouvelée pour qu'elles reposent sur une couche sèche.

Le laitage est un des premiers aliments des habitants de la campagne ; il est réellement meilleur et il est surtout bien plus appétissant, quand on sait qu'il vient de vaches bien propres.

Les habitants de la ville savent d'ailleurs bien distinguer au goût la saveur du laitage provenant d'une ferme bien ou mal tenue et donnent leur clientèle aux fournisseurs qui s'adressent plutôt à celle-ci qu'à celle-là.

Tout comme les chevaux pour lesquels le pansage est considéré comme indispensable, les bêtes bovines devraient être soumises à ce soin qui, on l'a reconnu, favorise l'engraissement du bœuf et la lactation chez la vache.

Chaque jour les vaches doivent être étrillées et brossées ; la queue, les cuisses et les jarrets doivent être lavés toutes les fois que cela est nécessaire. Le pis, surtout, doit être tenu très propre, mais il ne faut pas le laver à l'eau froide en hiver ; on s'exposerait à arrêter la sécrétion du lait ou à causer des engorgements.

Les vaches qui pâturent n'ont pas besoin de tous ces soins ; cependant, comme elles passent ordinairement la nuit à l'étable, on devrait aussi les étriller chaque matin. Si elles sont surprises par un orage ou par une forte pluie et rentrent mouillées, elles doivent être essuyées et frottées avec de la paille.

Le séjour continuel à l'étable ne nuit pas à la santé des vaches ; cependant, un peu d'exercice leur est nécessaire. Dans l'état actuel de l'agriculture en France, la stabulation complète est le but auquel doivent tendre les efforts des cultivateurs, en vue d'obtenir une plus grande quantité de fumier avec lequel on améliorera les terres et, consécutivement, la nature des produits du sol et la qualité du bétail.

Enfin, rien ne sera plus favorable aux bêtes bovines, lorsque cela sera possible et pendant les chaleurs, que de les faire baigner. Ces animaux souffrent de la chaleur qui les expose aux maladies inflammatoires auxquelles on les soustrait en les rafraîchissant de temps en temps.

CHAPITRE III

ALIMENTATION DES ANIMAUX DE L'ESPÈCE BOVINE. — RÉSUMÉ THÉORIQUE ET PHYSIOLOGIQUE DES CONDITIONS DE L'ALIMENTATION.

Nous sommes entré, au commencement de cette partie de notre ouvrage, dans des détails assez complets sur l'alimentation du bétail en général, qui nous permettraient, à la rigueur, de ne point revenir sur ce sujet.

Toutefois, cette question est tellement complexe, elle a une importance tellement capitale, qu'on ne saurait trop insister sur les conditions spéciales dans lesquelles il est utile de se placer pour obtenir des résultats certains d'une bonne alimentation.

Cette étude approfondie est d'autant plus nécessaire que, suivant la destination de nos animaux, suivant leur état, suivant la saison et les ressources dont on dispose, la nourriture qu'on doit donner aux bêtes bovines peut varier à l'infini, tandis qu'il est des règles générales dont il est impossible de se départir et de ne pas observer.

Ce sont ces règles générales que nous allons essayer de retracer d'une façon aussi compréhensible que possible, dans un premier cadre qui résumera, pour ainsi dire, la théorie et la physiologie de l'alimentation, puis nous poursuivrons par l'examen de chaque cas particulier.

Toutefois, cette question ayant une importance capitale, on ne saurait trop insister sur les conditions spéciales dans lesquelles il est utile de se placer pour obtenir des résultats certains d'une bonne alimentation, et pour cela d'entrer dans de nouveaux détails sur le rôle des aliments.

Nous verrons, à la fin de ce volume, dans le tableau qui résume la composition chimique de la plupart des produits employés à la nourriture du bétail, que l'on a distingué, pour chacun d'eux, la proportion pour 100 qu'ils contiennent, en matières grasses ou *hydrocarbonées* et matières protéiques ou azotées.

Disons que les *corps hydrocarbonés* sont des *aliments calorifiques*, destinés à fournir le *combustible* à la machine animale ; ajoutons que, lorsque certaines circonstances coexistent, une partie de ces substances introduites dans l'économie, y est accumulée et mise en réserve sous forme de *graisse*, et que le rôle physiologique de tous les aliments calorifiques est de produire l'*excitation*.

Quant aux matières *azotées* ou *albuminoïdes*, elles constituent des *aliments réparateurs*, plastiques, servant à former l'*albumine*, la *gélatine*, la *fibrine*, en un mot les matières azotées de l'animal. Ce groupe d'aliments concourt presque seul à la formation du *muscle*, à la création de la *viande*, par l'intermédiaire du *sang* qui est une *chair coulante*.

Ainsi les *fécules* et autres aliments du même groupe, sont la source de la chaleur animale et servent à faire la graisse ; la *viande végétale* sert à fabriquer la *viande animale.*

C'est en raison de ces distinctions à faire dans le rôle des substances contenues dans les aliments, qu'il est indispensable de combiner les rations de manière à introduire dans chacune d'elles, les proportions de principes hydrocarbonés ou azotés que l'expérience a permis de reconnaître comme étant les plus favorables à amener l'animal à l'état auquel on entend le faire parvenir, et que l'on appelle la *relation nutritive*.

Or, il se présente deux cas généraux dans la pratique de l'alimentation ; ou bien on s'occupe des animaux jeunes dont la croissance n'est pas achevée, ou bien on a affaire à des sujets adultes.

Dans le premier cas, on vise à la *croissance* seulement, ou bien on en recherche l'*accroissement* et l'*engraissement* tout à la fois.

Dans le second cas, les animaux sont *maigres* ou *gras*, leur musculature est complète ou ne l'est pas.

Toutes ces circonstances sont à noter.

Il est clair que pour des sujets jeunes ou adultes, lorsque l'on veut obtenir une croissance aussi prompte que complète, ou achever de *mettre en chair*, c'est-à-dire la plus grande musculature à laquelle l'animal puisse parvenir dans un temps donné, il convient de leur fournir en quantité convenable :

1° Des *aliments calorifiques* pour l'*entretien* de la chaleur vitale et l'*excitation* des fonctions physiologiques ;

2° Des *aliments réparateurs* pour parvenir à l'entretien des *tissus existants* et à l'*augmentation* du poids et du volume de ces mêmes tissus.

Il est tout aussi évident que les aliments calorifiques ne doivent être employés dans cette circonstance qu'à une *dose d'entretien*, puisque l'on ne recherche pas, actuellement, l'accumulation de ces principes sous la forme de *tissu adipeux ;* mais les aliments plastiques, destinés à produire le sang, la chair, le muscle, doivent être employés à une dose telle que : 1° on compense les pertes causées par les excrétions et par le travail physiologique, ou même encore et en outre, par le travail proprement dit, pour les sujets dont on utilise les forces ; 2° on fournisse à l'animal une quantité excédante de matériaux plastiques, pour déterminer un accroissement déterminé, en *chair*, en matériaux musculaires principalement.

Il y a donc quatre bases sur lesquelles on doit établir l'alimentation des individus jeunes ou adultes dont on recherche l'accroissement et non l'engraissement, savoir :

1° Une *ration d'entretien* en matériaux calorifiques ;

2° Une *ration d'entretien* ou de *réparation* normale, attribuable aux parties naturelles, en aliments plastiques ;

3° Une *ration d'entretien* ou de *réparation*, en matières plastiques également, pour les pertes dues au labeur proprement dit ;

4° Une *ration d'accroissement* ou d'*augmentation* par les matériaux plastiques.

Dans le cas où, pour les jeunes sujets principalement, on veut joindre le résultat *engraissement* à l'accroissement en *chair*, il convient de joindre à ces données une *ration d'accroissement* en aliments calorifiques; mais il ne faut jamais perdre de vue que, pour les adultes, on ne doit jamais rechercher l'engraissement avant d'avoir déterminé l'accroissement musculaire convenable, la plénitude en chair.

Dans le cas où les sujets adultes sont parvenus à cette plénitude musculaire, le dosage de leurs aliments doit suivre la relation inverse de celle que nous venons de signaler, en sorte que la matière plastique ne leur est plus fournie qu'à la dose d'entretien et de réparation, tandis que les substances calorifiques sont administrées à une *dose d'entretien* et à une *dose d'augmentation* à la fois.

L'énoncé de ces principes, que nous avons cherché à exposer le plus clairement qu'il nous a été possible, conduit aisément à tous les cas de l'application et de la pratique. On a, en effet, la distribution suivante :

1° *Sujets jeunes :* leur *accroissement* exige que l'on base leur alimentation sur les nécessités suivantes : réparation des pertes en matières calorifiques et en matières plastiques, augmentation en chair.

2° *Sujets jeunes :* leur *engraissement* exige la réparation des parties en matières calorifiques et en matières plastiques et, de plus, l'augmentation en graisse, une ration d'augmentation en matières hydrocarbonées. — Ces deux idées peuvent être réunies et combinées chez les animaux jeunes exclusivement, et l'on peut rechercher à la fois la mise en chair et l'engraissement. Cette forme exige une ration d'entretien et d'augmentation en matériaux plastiques et en substances calorifiques, en forçant un peu, cependant, la dose des aliments plastiques.

3° *Sujets adultes* à musculature incomplète : ration d'entretien seulement pour les aliments hydrocarbonés, plus considérable dans le cas de travail; ration d'entretien et d'accroissement pour les aliments azotés, en tenant compte, pour l'entretien, de la déperdition causée par le travail, s'il y a lieu.

4° *Sujets adultes,* en chair : ration d'entretien en aliments plastiques azotés, avec augmentation proportionnelle aux causes de perte accidentelles, ration d'entretien et d'accroissement en aliments hydrocarbonés ou calorifiques.

On n'a pas d'intérêt à fournir une ration d'accroissement en graisse aux *adultes* qui ne sont pas arrivés en chair, c'est-à-dire à la plénitude musculaire complète ou approchée. Dans ce cas, en effet, la plus grande partie de la ration d'accroissement, en matières calorifiques, est dépensée en pure perte et éliminée par les excrétions. La substance calorifique ne commence à s'accumuler dans le tissu cellulaire intra-musculaire et le tissu cellulaire sous-cutané que si l'accroissement musculaire est près d'arriver à son terme.

Ce fait est d'observation. Il en résulte une règle pratique laquelle exige que, chez les adultes, on commence toujours par forcer l'accroissement musculaire jusqu'à un point convenable, pour que l'emploi des hydrocarbonés soit utile.

Sous le rapport des divisions du temps, on peut partager les phases de l'engraissement en plusieurs périodes.

Le sujet peut être *maigre,* en *demi-chair,* en *chair,* en *pleine chair, demi-gras, gras, fin gras.*

Dans le bœuf *maigre,* les muscles sont allongés ou aplatis sur les pièces de la charpente osseuse; le tissu cellulaire sous-cutané est adhérent à la peau et aux muscles sous-jacents, les os font saillie à travers l'enveloppe. Lorsque, par suite d'une alimentation rationnelle, l'animal arrive en *demi-chair*, les côtes sont moins saillantes, l'œil est plus vif et les caractères précédents tendent à s'effacer. Ils ont disparu chez le bœuf en *chair* et surtout en *pleine chair;* mais dans cette dernière période, le tissu cellulaire intramusculaire commence à être rempli de matière adipeuse, de graisse, et la chair est *entrelardée.*

C'est à cette période que la chair du bœuf offre les qualités les plus précieuses pour l'alimentation, parce qu'elle est arrivée au maximum de sa valeur nutrimentaire, qu'elle est infiniment plus tendre et plus savoureuse que pendant les périodes précédentes.

C'est à produire du bœuf en pleine chair que l'éleveur doit appliquer tous ses efforts, pour ces raisons d'abord, et, ensuite, parce que le prix de revient de la viande est beaucoup moins élevé que celui du suif et de la graisse. On peut, en effet, conduire l'animal à la période de pleine chair par les aliments plastiques seuls, et ces aliments sont les moins coûteux de tous. C'est ainsi qu'en Normandie et dans les pays de pâturage, on obtient cette période par le séjour au pacage seulement; que dans les pays de distilleries et de brasseries, les résidus suffisent à obtenir ce résultat, tandis que les matières hydrocarbonées sont indispensables pour conduire l'animal au *gras* et au *fin gras.*

En somme donc, les deux phases types que l'on doit s'attacher à produire avant tout, correspondent à la pleine chair et au demi-gras, à la fois dans l'intérêt du producteur et du consommateur.

En ce qui concerne les circonstances les plus nécessaires à l'accroissement musculaire et à l'engraissement, en dehors du dosage des aliments plastiques ou hydrocarbonés, nous indiquerons, pour les deux cas, la *régularité* dans les heures de repas, la *propreté* la plus *minutieuse,* le calme du repos *diurne* ou *nocturne*, qui ne doit être troublé par aucune cause intempestive, un *exercice modéré,* l'emploi intelligent des *excitants* et des *apéritifs*. Toutes ces données sont compréhensibles par elles-mêmes.

Rien ne retarde les progrès de l'accroissement et de l'engraissement comme la non-exécution des principes de l'hygiène. Si le valet d'étable n'est pas régulier dans son service, si l'on ne surveille pas les soins de propreté et l'aération des étables, si les animaux sont dérangés pendant leur digestion par les mouches et les insectes, s'ils sont effrayés pendant la nuit et troublés dans leurs repas, s'ils sont fatigués et surmenés, les meilleurs aliments, dosés et calculés avec autant de soin que l'on voudra, ne conduiront pas au résultat cherché; dans tous les cas, ce résultat sera moins rapide et moins complet.

A ces faits expérimentaux, nous ajouterons le conseil de se borner à l'emploi du sel comme excitant, mais de ne pas reculer devant l'emploi de cet agent par une fausse économie. La suprême condition de la réussite consiste à forcer l'appétit de l'animal et à surexciter les fonctions. L'emploi du sel et l'exercice modéré, bien compris, à l'abri d'un soleil trop ardent, conduiront au but.

La succession des aliments à employer dans la nourriture du bétail est essentiellement variable, selon le but qu'on se propose, selon l'âge, la disposition et le tempérament des sujets, et encore ne peut-on rien établir d'absolu ou de rigoureux, dans une circonstance donnée.

On peut, cependant, tracer une sorte d'aperçu général, de règle fondamentale, dont on devra se rapprocher autant que possible : les aliments *azotés* doivent être employés exclusivement pendant la période de l'accroissement jusqu'à la mise *en chair;* on doit leur associer les *féculents* ou hydrocarbonés jusqu'à ce qu'on ait atteint le demi-gras, mais, à partir de ce terme, ces derniers aliments doivent dominer, et il ne faut plus employer les matières plastiques qu'à dose d'entretien ou de réparation.

C'est dire que le lait, dans le premier âge, l'herbe ensuite, puis le foin de prairie naturelle ou artificielle, vert ou sec, selon les circonstances, les résidus de distilleries de betteraves ou de sucreries, les résidus de féculeries et de distilleries de pommes de terre, les drèches de distilleries de grains et de brasseries peuvent aisément conduire jusqu'à la pleine chair ou au demi-gras dans l'ordre que nous venons de tracer et qui représente seulement une idée générale, puisque ces divers aliments peuvent être mélangés ou alternés très diversement. A partir de cette phase, il faut joindre à l'alimentation des farineux, si l'on veut atteindre le gras. Les pommes de terre cuites ou écrasées, les grains crus ou cuits, entiers ou réduits en farine, les légumineuses, les tourteaux d'huilerie sont les principales matières alimentaires de cette période,

Il convient de ne pas perdre de vue une particularité importante, à laquelle on ne prête pas assez d'attention. Ce n'est pas seulement une certaine somme de matière nutritive qu'il faut donner à l'estomac des animaux, il est encore nécessaire d'en remplir la cavité, sans la distendre. De même, les aliments trop aqueux doivent être évités et ceux qui sont trop secs servent à les corriger. C'est ainsi que la paille est mélangée aux résidus alimentaires à la fois pour faire masse et pour diminuer la proportion de l'eau ingérée ; c'est encore pour cette double raison que l'on mélange du foin avec les pulpes ou les drèches, etc.

Lorsque nous parlons des aliments du bétail, nous entendons que ces aliments soient sains et en bon état de conservation. Du foin moisi, à moitié pourri, parce qu'il n'a pas été recueilli avec les soins convenables, ne peut être considéré comme une nourriture pour le bétail, pas plus que des pulpes fermentées, acides, altérées, ou des drèches et des résidus qui sont en voie de décomposition. C'est pour avoir mis cette règle en oubli que l'on a eu à déplorer tant de fois ces funestes maladies du bétail qui amènent les crises alimentaires et causent la misère des populations humaines.

Les fourrages mal séchés, les pommes de terre malades, les résidus de betteraves, acidulés par les acides minéraux ou mal conservés et en voie d'altération, les drèches altérées qui ont subi la macération boueuse des moûts épais et la distillation directe, celles qui ont éprouvé la fermentation lactique ou la dégénérescence visqueuse, ne peuvent se ranger parmi les nourritures saines et hygiéniques du bétail.

Concluons, pour terminer, que l'objectif de l'éleveur sera toujours de bien nourrir et de bien traiter son bétail, car, on ne saurait trop le répéter, il n'y a que des mécomptes à attendre d'une autre manière de faire. Une économie bien entendue consiste à ne donner ni *trop*, ni *trop peu,* mais *assez.*

Cette dernière observation étant faite, nous allons nous attacher à passer en revue les différents modes d'alimentation à appliquer et la conduite à suivre par l'éleveur, suivant les cas spéciaux.

CHAPITRE IV

LE VEAU : TRAITEMENT AU SORTIR DU SEIN DE LA MÈRE. — ALLAITEMENT. — SEVRAGE. — ALIMENTATION DU JEUNE BÉTAIL.

LE VEAU

Le veau, au sortir du sein de sa mère, est un être faible, et comme il ne peut téter que debout, qu'il se tient difficilement sur ses pattes, on le soutiendra dans les commencements, on lui mettra le trayon dans la bouche, on en fera jaillir le lait, S'il a souffert pendant la gestation et s'il est trop faible pour téter, on lui fera boire du lait chaud; si sa faiblesse est trop grande, on lui donnera un peu de vin chauffé. La mère le lèche, on la laissera faire; mais on veillera à ce qu'elle ne le lèche pas outre mesure, surtout sur le nombril et les parties naturelles, car elle pourrait le blesser ; elle lui enlève quelquefois, en effet, le cordon ombilical en le léchant ; d'autres fois, la mère ou la vache voisine marche sur ce cordon. On évite ces sortes d'accidents en séparant tout de suite le veau de la mère et en l'élevant au baquet, ce qui n'entraîne pour lui aucun risque.

Si on laisse le veau près de sa mère, ce sera une sage précaution que de lui barbouiller le nombril avec de la bouse, afin d'empêcher la mère de le lécher à cet endroit.

Allaitement. — On peut procéder à l'allaitement du veau de deux manières : naturellement, c'est-à-dire en laissant le veau téter sa mère, ou artificiellement, c'est-à-dire en lui donnant une nourrice ou en lui faisant boire du lait au seau.

Mais, à quelque système que l'on s'arrête, l'important est que l'allaitement soit copieux et suffisamment prolongé, car c'est une des conditions essentielles de la précocité du développement qui doit être le but à poursuivre ; or, il n'y a point de précocité en dehors d'un fort allaitement.

« On sait, écrit M. Sanson, que les nourrissons utilisent la presque totalité de la matière sèche du lait. Un veau qui consomme, dans les vingt-quatre heures, 12 litres de lait contenant en moyenne 150 grammes de cette matière sèche par litre, n'augmente pas son poids de moins de 1 kilog. 500 gr. En 150 jours, il a donc acquis ainsi 225 kilog. S'il pesait 45 kilog. à sa naissance, son poids est alors de 270 kilog. S'il n'avait reçu que la moitié, ce qui est le cas le plus ordinaire, il ne pèserait que 157 kilog. On ne contestera pas qu'à cet âge, un veau de 270 kilog. ne vaille le double de celui de 157 kilog. Si la valeur du premier est calculée sur le pied de 1 fr. le kilog. vif, ce qui n'est, à coup sûr, pas exagéré, elle sera ainsi de 270 fr. et celle de l'autre de 135 fr. Il est vrai que pour arriver à ce résultat, on aura dépensé environ 900 litres de lait en plus qu'on ne le fait d'ordinaire, c'est à l'éleveur à calculer, en tenant compte de la valeur du litre de lait dans la région où il opère, s'il trouvera profit à agir de la sorte. »

Si l'on veut allaiter le veau au seau, le mieux e s de l'éloigner immédiatement de sa mère et de ne pas le laisser téter une seule fois, car autrement il montre de la répugnance à boire au baquet. Quelques veaux boivent bien dès le premier jour, avec d'autres i faut plusieurs jours de patience. On met le doigt du milieu de la main droite dans la bouche du veau et on lui appuie la main gauche sur la tête, de manière à lui plonger la bouche dans le lait; la bouche seulement et pas le nez, car autrement on l'enpêche de respirer et de boire. Il est inutile de dire que le lait doit être tiède; s'il devient froid il faut le chauffer.

Pendant les dix premiers jours de son existence, on fait absorber au veau, du lait pur si on veut l'élever au baquet, ou bien, s'il est allaité par sa mère ou par une nourrice, on le laisse téter pendant deux ou trois semaines. Après ce délai, il est mieux, en tout état de cause, de l'habituer à boire du lait que, par économie, on peut écrémer mais qui soit encore doux. Dès qu'on s'aperçoit que cette nourriture n'est plus assez substantielle, on y ajoute un peu de farine d'orge, d'avoine ou de fèveroles, ou des tourteaux de lin en poudre. La bouillie s'épaissit de plus en plus, et à mesure que ses forces augmentent, on fait manger à l'animal un peu de bon regain en hiver, de la nourriture verte en été, et si l'avoine est à bas prix, on ajoute chaque jour à sa pitance deux poignées d'avoine égrugée et humectée.

Le lait, comme d'ailleurs tous les repas, doit être donné à des heures fixes, convenablement espacées pour éviter les indigestions et, chaque fois, à volonté. Cinq ou six fois par jour ne sont pas de trop. Les indigestions de lait, qui résultent de quantités trop fortes absorbées lorsque la faim est surexcitée par un long intervalle entre les repas, retardent le développement. Elles se manifestent par la diarrhée, qu'il faut arrêter tout de suite par un lavement laudanisé avec 5 ou 6 gouttes et en diminuant la quantité de lait présentée.

Sevrage. — On arrive ainsi insensiblement jusqu'à l'époque du sevrage qui est indiqué dès l'apparition de la première molaire permanente; encore doit-on ménager cette transition pendant au moins cinq semaines, pendant lesquelles on alternera la nourriture lactée avec une nourriture plus concentrée, combinée avec un mélange de foin haché, de betteraves ou autres racines analogues coupées en tranches petites et minces, auxquels les jeunes herbes sont d'ailleurs toujours préférables.

A ce moment, le veau est assez formé pour trouver lui-même une partie de sa nourriture au pâturage.

Les animaux qui sont destinés à la reproduction, doivent être sevrés le plus tard possible; pour les autres cinq ou six mois au maximum sont suffisants.

Le cultivateur qui est déterminé à élever ses veaux et désire en faire de beaux sujets, doit s'attacher à ce que ses élèves aient, aussitôt après le sevrage, une nourriture substantielle et abondante. C'est à ce moment que se développe le squelette, la poitrine du jeune animal: il est de toute importance qu'il soit bien nourri.

Après le sevrage, on met les jeunes veaux dans un pâturage où l'herbe est tendre, de bonne qualité et en quantité suffisante pour que les élèves puissent se rassasier facilement. On peut, pendant cette première année, laisser ensemble mâles et femelles, les jeunes taurillons ne sont pas assez développés pour que leur sexe agisse d'une façon quelconque.

On doit retenir à l'étable les jeunes veaux dès que le pâturage ne peut plus leur fournir une nourriture suffisante.

L'étable dans laquelle doivent être placés les élèves doit être plus chaude, plus aérée que les autres.

Pendant ce premier hiver, ils doivent avoir une nourriture aussi abondante qu'au pâturage ; on doit leur réserver les fourrages les plus succulents, faire entrer les racines (carottes, navets ou betteraves) pour un tiers dans leur nourriture.

Au printemps de la seconde année, il faut encore les mettre dans un pâturage aussi nourrissant que celui de l'année précédente, mais en ayant soin cette fois de séparer les taureaux des jeunes *taures,* parce que dans cette année les instincts génitaux commencent à se développer.

On ne doit, d'ailleurs, conserver pour l'élevage que des veaux de bonne race et bien constitués. Ils doivent être, en général, allongés, avoir les hanches écartées, les jambes droites et solides, les jarrets larges, les onglons forts, la tête courte, les oreilles longues, le dos horizontal et jamais concave.

Les autres sont destinés à la boucherie ; on les laisse, ordinairement, téter de quarante à cinquante jours. On appelle *veau de lait* celui qui n'a pas encore mangé de foin ; *veau de rivière,* le veau très gros qui vient de Normandie et particulièrement des environs de Rouen où on le nourrit au lait. Pour enlever le veau à sa mère, il faut prendre certaines précautions, car l'amour maternel est si développé chez certaines vaches, que l'enlèvement de leur petit en leur présence, leur cause un désespoir dangereux.

Engraissement du veau. — L'engraissement du veau n'est guère profitable que près des grandes villes où la viande se vend à un prix très élevé et où on la préfère très blanche. Le lait pur est la meilleure des nourritures pour arriver à ce résultat ; c'est lui qui produit la chair la plus blanche et la plus estimée. Ensuite, viennent les œufs, le pain et la farine. Pour l'engraissement, le lait maternel ne suffit pas; on y ajoute celui d'une seconde nourrice et des œufs s'ils sont bon marché : deux par jour d'abord, puis trois, puis quatre, cinq, six et même huit; on les fait avaler avec la coquille brisée très mince. Si le veau est élevé au baquet, système qui est préférable, on lui fait boire du lait naturel mélangé de farine ; la farine de fèves produit une chair très blanche. Si on veut employer le pain dans l'engraissement, on en donnera de 200 à 500 grammes par jour, selon l'âge de l'animal; on le fera tremper dans le lait un instant avant le repas du veau; trois repas par jour sont suffisants. Entre chaque repas, le veau doit jouir d'une très grande tranquillité; on s'arrangera de façon qu'il ne puisse jouer, se lécher, se téter, manger sa litière, ni téter l'oreille d'un camarade ; à cet effet, il est muni d'une muselière; enfin, on le placera dans un endroit obscur.

Vers la fin de l'opération, qui dure parfois jusqu'à trois mois, on peut faire consommer à l'animal jusqu'à dix-huit litres de lait par jour, outre quelques œufs frais et crus.

La difficulté de l'opération est d'arriver à cette énorme consommation sans provoquer la diarrhée ou l'indigestion. L'art est de bien ménager les transitions, afin de pouvoir, sans accident, pousser l'engraissement le plus loin possible. On n'y gagne pas seulement des kilogrammes de viande en plus, mais encore, à partir d'un certain âge, chacun des kilogrammes gagnés acquiert une plus-value.

ALIMENTATION DU JEUNE BÉTAIL

Nous allons examiner, maintenant, le traitement alimentaire à appliquer au jeune bétail sevré et que l'on conserve pour l'élevage.

Nous ne pouvons mieux faire, pour l'instruction des éleveurs, que de recourir à ce qu'a écrit sur ce sujet, M. André Sanson dans son *Traité raisonné de l'alimentation des animaux,* où, à côté des indications pratiques, il a placé des observations dont les intéressés ne sauraient trop tenir compte.

« Le pâturage, écrit M. Sanson, est le meilleur régime pour les veaux sevrés. Si la saison le permet, ils y resteront avantageusement jusqu'à ce que les intempéries obligent à les rentrer à l'étable, où ils devront être logés deux ensemble, en liberté dans un compartiment.

« A partir de ce moment, et durant tout l'hiver, ils recevront une ration composée de foin et de paille hachés, en mélange avec une racine, et d'un tourteau oléagineux riche, ou de plusieurs, le tout dans des proportions telles que la relation nutritive ne dépasse point 1 : 3 [1]. De cette ration on leur fera con-

[1] Savoir : pour une proportion de matières azotées, trois fois autant de matières non azotées, y compris la cellulose brute.

sommer le plus possible, en la divisant en nombreux repas et en distribuant les aliments selon les indications générales que nous avons données.

« Du régime alimentaire suivi durant ce premier hiver dépend, pour une part au moins égale à celle qui revient à l'allaitement, l'avenir du jeune animal. C'est par son insuffisance que pèche le plus, chez nous, la production bovine. Durant la saison des herbes, les animaux des exploitations agricoles ne souffrent ordinairement pas de la faim. L'hiver seul est difficile à passer. Il ne manque malheureusement pas de gens qui croient encore qu'on doit hiverner son bétail en épargnant le plus possible la nourriture. D'aucuns le laissent maigrir jusqu'aux dernières limites. Une bonne partie de la saison suivante est employée ensuite à lui faire regagner ce qu'il avait perdu.

« Ceux-là ne songent pas que dans une industrie quelconque, le chômage des machines est toujours dommageable. Ce ne serait même pas assez de les entretenir, il faut encore les faire travailler au profit de leur exploitant. La fonction économique prédominante du jeune bétail est de se développer sans interruption, de gagner sans cesse du poids pour créer de la valeur et arriver, dans le plus bref délai, à l'état adulte, qui marque le maximum de cette valeur. Il ne faut donc hiverner que le nombre d'animaux qu'on peut nourrir au moins aussi fortement que durant la saison d'été; et les cultures doivent être conduites de manière à ce que des provisions suffisantes d'aliments soient assurées pour cela.

« L'alimentation d'hiver est d'autant meilleure, pour le jeune bétail, qu'elle s'éloigne moins, par ses propriétés physiques, par son degré d'humidité notamment, de celle d'été. Partout, hormis dans le système pastoral exclusif, on peut lui donner ce caractère. Où la culture des racines ou des tubercules ne donne que de faibles rendements, celle du maïs ou des autres fourrages qui, ensilés, se conservent facilement jusqu'au printemps suivant, y supplée en fournissant de même une base humide pour la ration. Celle-ci est alors constituée dans les meilleures conditions possibles.

« Pour servir de guides, nous allons en donner deux types, non pas calculés, comme on a coutume de le faire, d'après le poids vif d'animaux à nourrir, puisque nous savons que l'appétit de ceux-ci est la seule mesure pratique, mais d'après les nombres proportionnels nécessaires pour constituer la relation nutritive convenable, dans la matière sèche ramenée au kilogramme.

« Le premier type aura pour base les betteraves, dont il contiendra 2 kil. Avec cela il y aura 250 gr. de foin de trèfle, 150 gr. de paille de froment, 350 gr. de tourteau de coton et 200 gr. de germes de malt ou touraillons.

« Cette ration contiendra en moyenne 1 kil. de matière sèche, et sa relation nutritive sera exactement 1 : 3,2. Il suffira de multiplier le nombre proportionnel de chacun de ses composants par celui représentant le poids total des rations à préparer. Si l'on a, par exemple, trente animaux à nourrir, à raison de 10 kil. en moyenne de matière sèche par tête, ce poids total sera 300 kil. Il faudra ainsi 600 kil. de betteraves, 75 kil. de foin de trèfle, 45 kil. de paille, 105 kil. de tourteau de coton et 60 kil. de germes de malt. La ration moyenne individuelle aura ainsi, à l'état humide, un poids de près de 30 kil. (exactement 29^k,5), ce qui convient parfaitement pour le jeune bétail, âgé de moins d'une année.

« Dans un second type, les betteraves peuvent être remplacées par du maïs conservé en silo, dont la relation est moins large que celle de la betterave. Avec 2 kil. de ce maïs, 260 gr. de son de froment, 200 gr. de tourteau de coton, se trouvera constitué de même un mélange du poids total et de 1 kil. en matière sèche et d'une relation voisine de 1 : 3.

« En multipliant aussi par 10 chacun de ces nombres, pour juger de la ration individuelle moyenne, on obtient ainsi un total de 26^k,600 seulement, mais dont le volume ne diffère point de celui du premier type, à cause de la richesse plus grande du maïs en cellulose brute, comparée à celle de la betterave. Celle-ci, en effet, n'en contient que 10 gr. par kilogr., tandis que le maïs en contient environ 50 gr.

« Est-il nécessaire de répéter que les aliments concentrés indiqués dans ces deux types de rations peuvent être indifféremment remplacés par leur équivalent d'autres aliments de même sorte, si la facilité qu'on a de se le procurer est plus grande, ou si leur prix commercial est plus avantageux ?

« Le premier hiver passé, lorsque la saison des herbes est revenue, le régime du pâturage est encore celui qui convient le mieux, pour le jeune bétail arrivé au commencement de sa deuxième année. C'est le cas de dire une fois de plus que la production de ce jeune bétail n'est point à sa place dans un système de culture qui ne comporte pas l'existence des herbages en étendue proportionnellement considérable. Elle n'a jamais, que nous sachions, donné des profits appréciables dans la culture dite intensive. Le système de la stabulation permanente, tant vanté par les agronomes du commencement de ce siècle, comme l'un des éléments du progrès, ne supporte pas le contrôle de la comptabilité rigoureuse, appliqué à la production du jeune bétail. Il est, d'ailleurs, abandonné depuis longtemps par tous les agriculteurs éclairés et sachant compter.

« L'étendue des herbages et leur puissance productive, non pas en foin, comme on les estimait dans l'ancienne école agronomique, mais bien en jeunes herbes repoussant après le passage des animaux, règle le nombre de ceux-ci à exploiter, d'après leur poids initial et la quantité d'herbe qu'ils peuvent consommer au maximum. A raison de 10 à 12 kil. de matière sèche pour un poids vif de 300 à 350 kil., cette quantité peut être admise, en moyenne, à 40 kil. d'herbe.

« Durant ce régime du deuxième été, les génisses ont été saillies pour passer, à la fin, dans la catégorie des mères ; les jeunes taureaux ont commencé leur service de reproducteurs qu'ils continueront jusqu'à ce que, devenus trop lourds ou indociles, ils soient engraissés pour la boucherie ; la plupart des mâles ont été émasculés, puis, à la fin aussi, dressés au joug pour la fonction de travailleurs. »

CHAPITRE V

TRAITEMENT DES VACHES : LES TAURELIÈRES. — L'ACCOUPLEMENT. — LA GESTATION. — LE PART : PART FACILE, PART DIFFICILE ; SORTIE DU DÉLIVRE ; SOINS APRÈS LE PART. — CASTRATION DES VACHES. — LA TRAITE DES VACHES. — ALIMENTATION DES VACHES LAITIÈRES.

La vache est la femelle du taureau ; depuis sa naissance jusqu'au sevrage, on la nomme *vêle ;* elle prend alors le nom de *génisse* et, dans quelques pays, celui de *taure*.

Dès le commencement de la seconde année, les génisses doivent être séparées des mâles. Ordinairement les jeunes vaches sont en chaleur pour la première fois entre le quinzième et le dix-huitième mois.

Il faut, aussitôt qu'on s'aperçoit qu'une vache est en chaleur, la faire saillir immédiatement. Beaucoup de personnes croient qu'il est préférable de laisser prendre de la force à l'animal ; c'est là une erreur : la vache sera moins fatiguée étant pleine que si ses désirs sont inassouvis. Les plus graves désordres organiques peuvent se produire chez la vache si l'on néglige de la faire *couvrir* alors de ses premières chaleurs ; le moindre est la stérilité. Souvent même lorsque les vaches ne sont pas couvertes, elles deviennent *taurelières*.

On désigne sous ce nom les vaches qui, dans un perpétuel état de chaleur, recherchent continuellement le taureau sans pouvoir jamais être fécondées.

On reconnaît les *taurelières* à une expression particulière de la face et du regard qui dénote chez elle une énergie lascive, caractérisée, en outre, par un léger enfoncement au-dessus des ischions de chaque côté de la queue, particularité qui accuse toujours un dérangement dans la régularité des fonctions génitales.

Les taurelières sont toujours un embarras : placées avec des bêtes à l'engrais, elles troublent leur tranquillité et empêchent les autres animaux de profiter de leur nourriture ; mélangées avec d'autres vaches, elles portent encore le désordre dans le troupeau et troublent la sécrétion du lait chez leurs compagnes. Il n'y a qu'un remède à appliquer aux taurelières, c'est la castration, au commencement de la maladie.

La génisse, après son premier vêlage, n'atteint pas tout de suite son plus haut degré de lactation ; ce n'est guère qu'après le troisième veau que l'on peut juger une vache laitière. Aussi, y a-t-il toujours avantage, lorsqu'on achète une vache laitière, de choisir une jeune bête pleine pour la première fois, parce qu'on risque moins d'être trompé. Les vendeurs ne se défont guère de leurs bonnes laitières dans la force de l'âge, à moins qu'elles aient des défauts.

De l'accouplement. — Lorsqu'un cultivateur ne fait saillir ses vaches que pour avoir du lait ou des veaux de boucherie, il peut employer des étalons de dix-huit mois à deux ans; mais s'il a en vue de propager une race de travail ou d'engraissement, il ne doit employer que des étalons de trois ans. Les femelles peuvent avoir six mois et même une année de moins.

Le taureau étalon doit rester le moins possible à l'étable où il s'ennuie et s'irrite, surtout lorsqu'il est attaché; il faut, au contraire, le laisser en liberté au pâturage; il rentre tranquillement avec les vaches pour trouver un abri et un supplément de nourriture, et comme rien ne le contrarie, il en acquiert généralement plus de douceur.

Les animaux manifestent leurs désirs amoureux par des signes non équivoques. Le taureau devient emporté, sinon méchant; ses yeux étincellent, ses lèvres écument, sa voix est rauque, il est altéré et agité; il bondit et s'élance sans motif, frappe les clôtures et les arbres, laboure la terre de ses cornes. Chez les vaches, les signes ne sont pas moins apparents; elle est inquiète et tourmentée; ses yeux sont égarés, son appétit diminue, elle oublie de manger; le nez au vent, les narines dilatées, elle semble vouloir aspirer les émanations du mâle, tandis que ses oreilles mobiles se dressent comme pour écouter ses mugissements. Son lait diminue, se tarit quelquefois ou devient de mauvaise qualité. Il lui arrive parfois de quitter le pâturage pour se rendre d'elle-même et de fort loin, à la porte de l'étable où se trouve le taureau. Ces signes indiquent une bonne vache propre à la reproduction, tandis qu'une bête froide est trop faible ou trop en embonpoint. Si elle est faible, il faut lui donner des aliments excitants et substantiels, tels que de l'avoine, des fèves, des lentilles et du sel; si au contraire elle pèche par l'embonpoint, il faut augmenter l'exercice et diminuer la nourriture.

On peut laisser dans les mêmes pâturages les vaches et les taureaux, car il n'y a plus de rapprochement entre eux, lorsque les vaches sont pleines. Comme, en général, les signes de la chaleur ne durent pas plus de vingt-quatre heures chez la vache, il faut en profiter pour la faire saillir.

De la gestation. — La durée de la gestation est, ordinairement, de neuf mois; quelquefois ce terme va à dix, onze et même douze mois chez les vaches les plus âgées et les plus fortes et la mère porte le veau quelques jours de plus que le vèle. Une marque certaine que la vache est pleine, est sa disposition à engraisser; c'est pourquoi les éleveurs font couvrir les vaches de réforme qu'ils comptent envoyer à la boucherie.

Sujette à l'avortement, la vache pleine veut être soignée avec sollicitude; il faut lui épargner les travaux trop rudes, ne la conduire au labourage ou au charrois qu'avec beaucoup de ménagements et supprimer même tout travail, six semaines ou deux mois avant le vêlage. Veiller à ce que la vache ne saute ni barrières, ni fossés, éloigner d'elle les chiens hargneux; si le sol de l'étable est en pente, le mettre de niveau par une accumulation de litières, car l'inclinaison du sol dans le sens des membres postérieurs, peut provoquer un avortement; éviter les refroidissements. Donner des aliments de facile digestion: racines, tubercules nourrissants (le foin, le son et la paille ne conviennent pas). Réduire la nourriture si la vache devient trop grasse, ce qui rend le vêlage difficile. Boissons chaudes auxquelles on ajoute un peu de son. Il faut que l'étable soit propre, souvent aérée et que la température y soit modérée; enfin, renouveler souvent la litière.

Six semaines avant le part, si les vaches donnent encore du lait, il faut chercher à le faire tarir ; mais si le pis continue à être plein, il faut traire, car le séjour prolongé du lait pourrait déterminer une maladie inflammatoire ; mais on ne doit traire que s'il y a nécessité absolue et ne pas ôter tout le lait. Lorsque, au moment du part, le pis est dur, rouge et douloureux, on doit le frictionner avec du saindoux, du beurre frais ou de la pommade camphrée.

Du part. — C'est ordinairement, entre neuf et dix mois qu'a lieu le part; on doit, vers cette époque, surveiller et visiter souvent la vache pleine pour lui venir en aide au besoin. On reconnaît que le moment critique approche lorsque le pis de la vache commence à gonfler et lorsque ses trayons sont pleins et même raides. Il se forme un creux de chaque côté de la queue et souvent les parties sexuelles enflent considérablement ; c'est que le terme est arrivé. Dès les premières douleurs, la vache se tourmente, regarde ses flancs, gratte la terre avec les pieds, se couche et se relève : il faut alors lui donner une abondante litière et éloigner d'elle tout ce qui pourrait l'importuner.

Part facile. — On voit bientôt paraître un corps arrondi en forme de vessie ; c'est la *bouteille* ou poche aux eaux ; elle ne tarde pas à crever, et les liquides qu'elle renferme s'écoulent au dehors ; on voit apparaître les pieds de devant du veau, puis son museau, son thorax et ses épaules. Si le veau restait très longtemps au passage (une heure par exemple), il faudrait aider la vache en le tirant avec la plus grande précaution quand elle fait des efforts pour l'expulser. Mais, dans tous les autres cas, on laissera la nature agir seule.

Le veau tombé sur la litière, le cordon ombilical se rompt ordinairement de lui-même; quelquefois la vache le coupe avec les dents; d'autres fois, les assistants le tordent et le déchirent; mais il est toujours inutile d'en faire la ligature.

Part difficile. — Il arrive que le veau se présente mal et de manière que l'accouchement ne peut s'opérer facilement; le plus prudent est d'appeler un vétérinaire. Cependant, il est deux ou trois cas où l'on peut venir en aide à la nature; ainsi, quand un pied est resté en arrière, on se graisse la main pour aller le chercher et le remettre à sa place; lorsque la tête se présente avant les pieds, il faut la renfoncer doucement; voilà des manœuvres qui ne sont pas dangereuses. On facilite la parturition en vidant le rectum, si on pense qu'il s'y trouve des excréments durcis; à cet effet, on introduit son bras frotté d'huile dans l'intestin; si la sortie du veau est empêchée par une grande irritation des parties de la mère, on peut injecter celles-ci avec une infusion de mauve ou de racine de guimauve. Enfin, quand le travail languit par suite de la faiblesse de la mère, on fait prendre à celle-ci un breuvage chaud (de vin blanc, de cidre ou de bière) aromatisé avec de la cannelle. Une bouteille de vin blanc, ou deux bouteilles de cidre ou de bière suffisent.

Mais si le retard ne provient pas de faiblesse, il faut appeler un vétérinaire, de même que toutes les fois que l'on craint de graves accidents.

Sortie du délivre. — Peu d'heures après la mise bas, la vache se débarrasse du délivre ; si celui-ci reste un jour sans sortir, on facilite son expulsion par des injections émollientes, et en appliquant sur les reins de la vache une toile ou un sac trempé dans de l'eau froide et qu'on humecte fréquemment. Lorsque, malgré ces soins, le délivre n'est pas sorti au bout de deux ou trois jours, on appellera le vétérinaire.

Il faut enlever le délivre aussitôt qu'il est sorti, afin que la vache ne le mange pas.

Soins après le part. — Il peut arriver que la vache porte deux jumeaux, et qu'il s'écoule plusieurs jours entre la naissance du premier et celle du second. On peut présumer l'existence d'un second veau lorsqu'après l'accouchement la vache paraît inquiète et néglige son premier né ; mais les jumeaux sont rares dans l'espèce bovine.

Aussitôt que l'accouchement est tout à fait terminé, on bouchonne la mère, on l'enveloppe d'une couverture, on lui donne de l'eau de son tiède. Si elle est abattue et fatiguée, on lui fait prendre une soupe composée de trois ou quatre litres de vin rouge chaud coupé d'un peu d'eau et garnie de quelques tranches de pain grillé. Cette rôtie au vin serait plus nuisible qu'utile si la vache est en bon état et bien nourrie ; on ne doit y avoir recours que pour les animaux affaiblis par le jeûne prolongé d'un hiver.

Douze heures après le part, on donne à la vache une nouriture composée principalement de choux, de racines et de tubercules *cuits ;* un peu de fourrage sec et de l'eau tiède où l'on délaye un peu de farine ; cette boisson trois fois par jour en abondance ; on ne doit donner à manger à la vache qu'après qu'elle a délivré, à moins que la chute du délivre se fasse trop attendre. Préserver des refroidissements et surtout des indigestions, causes les plus ordinaire des accidents. — Quatre jours après le part, on peut conduire la mère à l'abreuvoir ou aux champs, surtout dans la belle saison.

Beaucoup d'accidents, fait observer avec juste raison M. Villeroy, proviennent de l'ignorance d'hommes qui ne savent pas attendre, qui veulent aider par des tractions et qui meurtrissent, enflamment ou déchirent des organes délicats avec lesquels leurs mains grossières ne devraient jamais être en contact. Ils ignorent que l'étroitesse de la charpente osseuse du bassin, forme seule la difficulté du passage; ils prétendent élargir la vulve; ils introduisent la main lorsque souvent le col de la matrice n'est pas encore ouvert; enfin ils tirent sans précaution comme sans pitié, dès qu'ils peuvent atteindre les pieds du veau. L'introduction réitérée de la main occasionne la tuméfaction et l'inflammation des organes génitaux; la délivrance est retardée et il peut en résulter la gangrène. En tirant inconsidérément, on fait avancer les épaules et la poitrine du veau, mais souvent la tête ne bouge pas et la difficulté du passage est ainsi augmentée. Il faut donc savoir attendre et laisser agir la nature.

Castration des vaches. — De nombreuses expériences ont démontré que lorsqu'on fait subir à une vache l'opération de la castration au moment où elle donne la plus grande quantité de lait, elle perd d'abord un peu de son lait pendant le temps nécessaire à la guérison; mais il revient ensuite et elle continue à en donner pendant plusieurs années sans discontinuer. On évite aussi le retour périodique de la chaleur, et si on destine l'animal à l'engraissement, il se trouve, après cette opération, dans les conditions les plus favorables de réussite.

« Un fait constant, irréfutable, dit M. Charlier, c'est que la vache castrée trente ou quarante jours après la mise bas, ou quand elle donne la plus grande quantité de lait possible, continue à en donner, pendant plusieurs années, la même quantité et quelquefois plus qu'elle n'en donnait avant l'opération.

« Le lait des vaches castrées est plus crémeux, plus caséeux, plus nourrissant et plus agréable au goût; il est surtout précieux pour l'alimentation des enfants privés du sein maternel.

« Toutes les fois que les vaches castrées sont dans de bonnes conditions et reçoivent une bonne alimentation, on les verra toujours s'engraisser en donnant du lait.

« L'engraissement des vaches est une question d'économie rurale d'une haute importance; car, dans l'élevage des bœufs d'engrais, il y a presque toujours perte : un bœuf mange de 8 à 9 kilogr. par 100 kilogr. de son poids vivant. Tandis que, par la castration de la vache, il y a économie de nourriture et augmentation de produits, puisqu'on obtient a la fois du lait et de la chair.

« On devrait donc préférer les vaches aux bœufs pour l'engrais, parce qu'elles coûtent moins cher, qu'elles sont plus sobres et d'un débit plus facile, relativement à leur poids. La viande en est tendre et succulente; elle contient plus de matériaux nutritifs, plus de jus, et la digestion en est plus facile. »

La castration des vaches est une opération difficile,

qu'il faut confier à un vétérinaire; cette nécessité est sans doute la seule cause qui l'empêche de se généraliser.

De la traite des vaches. — La traite des vaches n'est pas une douleur pour elles; lorsqu'elles sont traites avec douceur, lorsqu'elles aiment, au lieu de le redouter, celui qui les soigne, elles éprouvent, au contraire, une réelle jouissance à se voir, par la main de l'homme, débarrassées de leur lait.

Il est prouvé, d'ailleurs, que les vaches peuvent retenir leur lait, ou plutôt que si la trayeuse ou le marcaire ne sait pas produire, chez elles, une jouissance qui détermine l'écoulement du lait, on ne peut opérer le trayage; néanmoins, il arrrive que lorsqu'une vache n'a pas été traite depuis longtemps, le lait s'échappe des trayons, la bête éprouve une grande douleur et se laisse traire alors sans difficulté.

D'après M. de Villeroy, pour qu'une vache soit bien traite, il faut donc faire en sorte que cette opération lui soit agréable.

Une bonne méthode qui est pratiquée dans la plupart des grandes vacheries, c'est que le marcaire soit précédé d'un petit garçon qui fait passer les mains sur les trayons, comme s'il voulait réellement traire, mais qui n'exécute ce mouvement qu'avec légèreté, pour faire éprouver à la vache une sensation agréable sans faire couler le lait. Les vaches se trouvent ainsi prépaées l'une après l'autre au moment où le marcaire vient réellement les traire, et si celui-ci possède, d'ailleurs, l'amour de ses bêtes, elles laissent facilement couler leur lait jusqu'à la dernière goutte.

Si le marcaire n'a pas d'aide, il opère lui-même

cette manipulation des trayons pendant quelques instants, avant de commencer à traire réellement.

Pour traire, le marcaire assis sur sa sellette à un pied, fixée autour de ses hanches au moyen d'une courroie, se place au côté droit de la vache. Il tient le seau à traire entre ses jambes, de manière que ses mains soient libres. Ordinairement, il s'appuie le front sur le flanc de la vache. Il prend un trayon de chaque main et en diagonale, c'est-à-dire d'une main un trayon du côté droit et de l'autre un trayon du côté gauche, les saisissant assez haut pour comprimer une portion de la glande du pis, et il emploie la force de pression et de traction nécessaires pour faire couler le lait.

S'il opère régulièrement et alternativement le mouvement de monter et de descendre de chaque main, le lait coule sans interruption, de manière qu'on distingue à peine qu'il provient de deux sources. Ainsi les mouvements, outre qu'ils sont réguliers, ne doivent pas être trop précipités.

Quelques marcaires replient le pouce de manière que le trayon est pressé entre quatre doigts et la partie supérieure du pouce, c'est-à-dire l'ongle et la première articulation. Cette méthode doit occasionner au trayon une pression qui peut devenir douloureuse; il est préférable de les saisir à pleine main. Cependant les Suisses traient avec le pouce replié.

De quelque manière que l'on opère, il est nécessaire de traire à fond: Le pis doit être complètement vidé et il est alors petit. Si l'on négligeait de traire à fond et s'il restait du lait dans les mamelles, il pourrait en résulter des maladies qui peuvent compromettre la santé et les qualités lactifères de la vache.

Les vaches qui ont un pis charnu et qui reste gros, lors même qu'il est vide, ne sont pas bonnes laitières.

Avec un bon marcaire, les vaches restent ordinairement tranquilles pendant qu'il les trait. Pour éviter les mouvements de la queue dans la saison des mouches, quelques-uns la fixent par une petite courroie qui fait le tour des jarrets de la vache, et tenant sous elle le seau à traire, on n'est pas incommodé par les mouvements de la queue, surtout si elle est propre.

La trayeuse ou le marcaire doit être doux, prévenant pour les vaches, de manière que celles-ci voient en eux, non pas un ennemi mais plutôt un ami.

On a essayé plusieurs fois de traire les vaches au moyen d'instruments plus ou moins ingénieux, mais aucun système n'a encore été reconnu satisfaisant.

ALIMENTATION DES VACHES LAITIÈRES.

Si on n'exploite les vaches que pour le lait qu'elles sont susceptibles de fournir, soit que ce lait soit destiné à la vente en nature comme dans les laiteries des villes, ce que l'on appelle à Paris l'industrie des nourrisseurs, ou bien dans les laiteries qui avoisinent les grands centres de population où le lait trouve un écoulement facile, soit qu'il s'agisse de transformer ce lait en beurre ou en fromage, il est une condition essentielle à observer, c'est que la quantité produite sera toujours proportionnelle à la quantité d'eau absorbée par l'animal.

On a calculé que cette quantité d'eau devait être d'au moins 45 litres par jour, pour une vache qui, dans de bonnes conditions d'exploitation, doit fournir au moins 16 à 20 litres de lait dans le même temps. Personne n'ignore, en effet, qu'une vache nourrie avec des aliments secs, ne donne jamais autant de lait qu'une autre recevant une alimentation humide.

Mais il n'est pas, bien entendu, possible de faire ingérer à un animal qui ne boit que pour satisfaire sa soif, l'énorme quantité de 45 litres d'eau par jour. C'est donc dans l'alimentation humide que l'on trouvera le complément nécessaire.

Lorsque la bête est au pâturage, la difficulté est surmontée toute seule. L'herbe, en effet, contenant, environ, de 70 à 80 p. 100 d'eau, son ingestion, à raison de 50 kilogrammes par jour, introduit dans le sang 35 litres d'eau et les boissons peuvent alors, facilement, apporter le complément nécessaire. En outre, cette alimentation se présente dans les meilleures conditions proportionnelles de digestibilité, car ces 50 kilogrammes contiennent 15 kilogrammes de matière sèche nutritive dont la relation est 1 : 4, c'est-à-dire 1 d'éléments protéiques pour quatre fois autant de matières non azotées y compris la cellulose brute.

« La théorie ici, fait remarquer M. Sanson, ne fait d'ailleurs qu'expliquer ce que la pratique a établi depuis longtemps. Tout le monde sait, en effet, que le régime du pâturage est supérieur à tous les autres pour les vaches laitières, et que la quantité et la qualité du lait de ces vaches, sont toujours en raison de l'abondance et de la qualité des herbes fournies.

La question de la quantité d'eau à faire absorber aux vaches laitières ne se trouve donc, en somme, posée que pour ceux de ces animaux soumis au régime de la stabulation permanente ou de la stabulation forcée pendant la mauvaise saison.

Dans ce cas, lorsque l'on fait de l'élevage en vue de la production du lait, on devra s'efforcer de combiner les rations, de telle sorte que les aliments qui les composent, contiennent la quantité d'eau nécessaire, sauf à les délayer s'ils ne remplissent pas les conditions exigées, comme par exemple lorsqu'il s'agit d'aliments concentrés, tels que betteraves, froment, foin, tourteaux, etc., dans lesquels la proportion d'humidité n'est que de 10 à 15 p. 100 du poids brut.

Mais encore faut-il que la présence de l'eau ne préjudicie pas à la relation nutritive qui doit se maintenir à 1 : 3 ou 4, c'est-à-dire 1 de substances protéïques et 3 ou 4 fois plus de matières non azotées, ni à la quantité de matière sèche que la bête doit trouver dans sa ration pour être nourrie convenablement. On conçoit, par exemple, que si on donnait une ration de 50 kilogrammes de feuilles de betteraves renfermant 90 p. 100 d'eau et 9 p. 100 seulement de matière sèche, la bête serait insuffisamment nourrie, il en serait de même de la drèche de brasserie et d'une foule d'autres produits. Et si on a pu remarquer que certaines vaches nourries avec des aliments riches en eau fournissaient un lait abondant, mais pauvre en principes butyriques, c'est que, précisément, on n'a pas assez tenu compte des principes d'une bonne nutrition.

Une autre observation que l'on ne saurait trop tenir en considération, c'est celle relative à la nature des aliments fournis aux vaches laitières.

De même que certains pâturages communiquent au lait et aux produits qui en dérivent une saveur des plus agréables, tandis que d'autres herbes et surtout d'autres plantes leur donnent un goût quelquefois détestable, de même certains aliments ont une influence heureuse sur la qualité laitière et d'autres, tout au contraire, absolument désavantageuse.

Il est facile de se rendre compte qu'il en doive être ainsi.

« Les aliments qui agissent ainsi, fait remarquer M Sanson, contiennent des principes immédiats, le plus souvent aromatiques, qui sont digestibles, mais non point nutritifs, et qui, pour ce motif, doivent être éliminés. Ils le sont par les mamelles, lorsque celles-ci fonctionnent, et, suivant leurs propriétés particulières, ils influent favorablement ou défavorablement sur la saveur du lait. Ce fait est surtout saillant pour les plantes qui élaborent de l'essence d'ail. »

Dans une entreprise de laiterie, le choix des aliments concentrés à fournir aux vaches, en dehors de toute considération de prix de revient, se trouve donc limité aux seuls produits qui ne soient pas de nature à agir défavorablement sur la qualité dégustative du lait, c'est-à-dire contenant des principes immédiats d'une saveur trop accentuée ou désagréable.

Les tourteaux de lin et de colza, d'après M. Sanson, sont toujours dans ce cas ; parfois aussi celui de noix, dont l'huile rancit avec une grande facilité, et enfin les drèches de brasserie qui peuvent contenir de l'asparagine. Cette dernière substance alimentaire devra donc être surveillée, de même que la qualité des foins achetés ou récoltés et qui, lorsqu'ils proviennent de prairies basses et humides, communiquent au lait une saveur désagréable.

M. Sanson ajoute :

« Au nombre des tourteaux qui se trouvent dans le commerce, seuls ceux d'arachide, de coco, de coton et de palme ou palmiste, ne donnent aucun mauvais goût au lait, à moins qu'ils ne soient avariés. Comme, en outre, ils fournissent la protéine au plus bas prix, nous en recommandons l'emploi. Le son de froment, les recoupes et la farine d'orge sont très usités, cette dernière surtout, qui passe pour le meilleur de tous les aliments laitiers. Nous n'hésitons pas à dire que sa réputation à cet égard est usurpée. D'abord, elle est au nombre des aliments concentrés les moins riches, ne contenant en moyenne que 11.6 de protéine p. 100, tandis que le son de froment en contient 14; ensuite sa valeur commerciale est toujours beaucoup plus élevée que celle de tous les autres que nous venons de nommer. Lorsque le son, par exemple, vaut 16 francs les 100 kilogrammes elle se vend au moins 20 francs. Les tourteaux indiqués ne se vendent, eux, que de 12 à 16 francs et ils contiennent de 16 à 29 de protéine. A tous égards la farine d'orge se place donc au dernier rang.

« Ce serait se répéter inutilement de donner ici des types de rations pour les vaches laitières. Il suffira, comme nous l'avons déjà dit, de se reporter à l'article précédent, en tenant compte des considérations spéciales qui viennent d'être exposées. Nous ajouterons cependant l'indication des aliments grossiers qui, dans une grande exploitation des environs de Paris, où il se produit en moyenne plus de 1,000 litres de lait par jour, forment la base des rations.

« Voici cette indication pour les divers mois de l'année :

« De janvier à mai : betteraves, foin de luzerne et paille d'avoine ; juin : minette verte, trèfle vert, paille d'avoine ; juillet à septembre : luzerne verte, trèfle vert, foin de luzerne, paille d'avoine; novembre à décembre : betteraves, foin de luzerne, paille d'avoine. »

Nous n'avons pas besoin d'ajouter que les animaux recueilleront le plus grand profit de ces aliments s'ils leur sont servis à l'état le plus divisé possible, c'est-à-dire la betterave coupée en petits morceaux, la paille et le foin hachés.

CHAPITRE VI

ENGRAISSEMENT DES BÊTES BOVINES. — CONDITIONS DE RÉUSSITE : LE TEMPÉRAMENT ; L'AGE ; ÉTAT DE LA GRAISSE ; ÉTAT DE SANTÉ ; SEXE. — MÉTHODES D'ENGRAISSEMENT : PATURAGE ; STABULATION PERMANENTE. — FORMULES DE RATIONS. — RÉGIME MIXTE.

ENGRAISSEMENT.

L'engraissement des bêtes bovines répond à deux cas bien tranchés.

Dans le premier cas, c'est l'agriculteur qui met à la réforme des bœufs de labour, lorsque les dents commencent à s'user, vers l'âge de quinze ans, ou bien des vaches ou des taureaux épuisés, ayant généralement l'âge de dix à onze ans. On demande ainsi aux animaux le dernier profit qu'ils peuvent fournir en les appareillant pour la boucherie. Si à ce moment les bêtes n'ont pas trop souffert, si leur alimentation a toujours été régulière et suffisante pour le travail qu'on leur a imposé dans le cours de leur existence antérieure, toute réserve faite, d'ailleurs, relativement à l'aptitude à l'engraissement des sujets dont on dispose, on peut encore arriver à des résultats rémunérateurs et qui compenseront largement les dépenses faites en vue de cette opération.

Le second cas est celui de l'engraissement industriel, c'est-à-dire celui où l'éleveur achète des animaux spécialement destinés pour la boucherie après un temps déterminé d'une alimentation et d'un traitement particuliers, dirigés en vue de leur augmentation de poids et de l''accumulation de la graisse dans leurs tissus.

Si, dans le premier cas, on n'est pas absolument certain du résultat final, attendu que toutes les questions d'aptitude peuvent ne pas être réunies chez des animaux d'espèces diverses et dont le rôle primordial était tout autre que celui d'alimenter la boucherie, il n'en est pas de même dans le second cas, où l'éleveur dispose de son choix qu'il doit faire naturellement porter sur les sujets qui lui paraissent les plus propres à atteindre le but poursuivi.

C'est ce choix que nous allons essayer de diriger en empruntant les principes à observer à l'ouvrage de M. Vial sur l'engraissement du bœuf.

Tempérament. — Une heureuse alliance du tempérament sanguin et du tempérament lymphatique est la meilleure condition à rechercher pour les individus destinés à l'engraissement. Les sujets qui la présentent doivent avoir des formes arrondies sans être trop empâtées, un tissu cellulaire abondant sans être trop lâche, une certaine prédominance des réseaux veineux et lymphatiques ; ils doivent être portés au repos sans être trop mous, avoir un caractère doux et se laisser facilement manier. Ceux qui sont trop fortement sanguins ou nerveux font des déperditions qui nuisent à l'accumulation de la graisse. Ceux qui sont mous, lymphatiques, qui ont un abdomen volumineux, une ossature forte, une peau grossière, ne donnent que des produits inférieurs.

Age. — L'âge des animaux mérite surtout d'être pris en considération. Il ne faut pas oublier que l'engraissement a pour but de produire, au plus bas prix, le plus de viande et de suif pendant le plus court espace de temps possible. Il est, sous ce rapport, des différences très grandes entre les diverses races. Les unes ont la faculté de prendre la graisse à tout âge; les autres ne peuvent la prendre avant un âge déterminé qui varie suivant leur précocité. On peut poser cependant en règle générale que l'âge adulte, c'est-à-dire le moment où les animaux ont acquis leur complet développement, est l'âge le plus favorable à l'engraissement. Alors toutes les fonctions jouissent de leur plénitude d'action; les sujets sont vigoureux, mangent beaucoup, digèrent bien, et tous les aliments ingérés — s'ils sont exactement calculés conformément aux règles de la relation de digestibilité — sont employés à former de la viande et de la graisse. A un âge moins avancé, pendant la croissance, une partie des principes nutritifs est employée à nourrir les os, le poumon, le foie, la rate, etc., et se trouve ainsi détournée de sa destination principale, qui doit être la création, en grande partie, du tissu adipeux.

Les races précoces paraissent pourtant faire exception; chez elles le développement plus hâtif, la plus grande activité dont jouissent les fonctions digestives, peuvent faire produire à la nourriture consommée un résultat qui compense les pertes occasionnées par la formation des parties qui ont une moindre valeur.

Lorsqu'ils sont trop avancés en âge, les organes digestifs s'affaiblissent, les chairs se condensent et se laissent plus difficilement pénétrer par la graisse. Il payent alors rarement leur nourriture.

Il n'est pas trop avantageux de laisser dépasser aux bœufs l'âge de huit à dix ans, à moins que le travail ne soit leur destination exclusive.

Il peut y avoir avantage à engraisser les élèves avant l'âge adulte.

C'est lorsque le cultivateur fait naître chez lui. Dans ce cas, il trouvera d'autant plus de profit qu'il aura moins à dépenser de rations d'entretien et que les animaux seront arrivés plus promptement à l'abattoir. C'est ce qui explique les efforts des fermiers pour donner de la précocité à leur race ; dans les contrées où l'on n'entretient les bêtes bovines que pour les engraisser, il y a plus d'intérêt à acheter des animaux formés qu'à en élever, et c'est là, peut-être, l'un des plus grands obstacles au perfectionnement de nos races, au point de vue de la boucherie.

État de la graisse. — Il est rarement avantageux d'acheter des animaux très maigres pour les engraisser ; cette condition est surtout défavorable lorsque la maigreur est le résultat des privations imposées dès le jeune âge. Les organes manquent alors de développement et ne remplissent pas le but qui leur était assigné ; le tissu cellulaire est plus condensé, sa nutrition languissante et la perte du fourrage considérable, parce qu'il n'est plus assimilé convenablement. Il en est de même lorsque la maigreur est le résultat d'un état maladif. Comme il est, dans tous les cas, souvent bien difficile de déterminer si la chétivité du sujet est due à un mauvais régime ou à une affection interne, notamment lorsque celle-ci n'est pas encore trop avancée, il sera toujours plus prudent de se méfier d'un animal trop maigre. Cependant on peut tenter l'engraissemment des sujets de cette nature, quand on connaît les habitudes du vendeur et que l'on sait que les animaux qu'il vous présente n'ont dépéri que par excès de travail ou par le fait d'une mauvaise nourriture. Parfois ce sont ceux qui donnent le plus de profit, le prix d'achat étant généralement bas dans ces conditions, et lorsque les fourrages dont on dispose sont très bon marché. Mais si, au contraire, on peut mettre à la disposition des animaux des fourrages très alibiles, des aliments très substantiels, il est préférable de les choisir en chair, c'est-à-dire dans un état moyen d'embonpoint. Du reste, ici, il n'y a pas de règles invariables; il faut surtout tenir compte des ressources locales, et la pratique seule peut mettre l'engraisseur à même de les apprécier.

État de santé. — Il est de la plus haute importance de s'assurer si les animaux jouissent d'une bonne santé. On aura cette conviction lorsqu'ils présenteront les conditions suivantes : peau souple, moelleuse, se plissant facilement; poil lustré; flexibilité de la colonne vertébrale par la pression des doigts sur les lombes; œil beau, expressif, mobile; mufle frais et humide, muqueuses rosées; la toux provoquée par la pression de la gorge, naturelle et facile; la démarche assurée, les mouvements s'effectuant avec aisance; la tête portée haut. Si, par contre, la peau est adhérente, sèche et terreuse, le poil piqué et terne, l'épine du dos inflexible ou si elle provoque un soupir lorsqu'elle se fléchit; si les muqueuses sont pâles, les yeux fixes, enfoncés, d'un blanc mat ou jaunâtre, la toux petite, courte et quinteuse, les mouvements nonchalants, la tête basse, le mufle sec et chaud; si surtout avec ce cortège de symptômes, ou de quelques-uns seulement, on reconnaît l'existence d'une diarrhée chronique, on peut être assuré que l'animal est atteint d'une maladie grave, et il faut le repousser. Il est également d'une bonne pratique de ne pas terminer l'engraissement des bêtes que l'on possède, lorsque l'on s'aperçoit que, sans être malades, elles profitent mal des aliments qu'on leur donne.

Sexe. — Les éleveurs portent rarement leurs choix sur les vaches pour leurs opérations industrielles d'engraissement. Non pas que celles-ci soient moins aptes que le mâle à prendre la graisse et que leur chair soit moins estimable pour la boucherie, bien au contraire. Mais elles présentent plusieurs difficultés provenant de l'état de surexcitation dans lequel elles peuvent se trouver quand elles sont en chaleur, ce qui est assez fréquent, surtout si elles sont aussi largement alimentées qu'on doit le faire pour les amener à l'état d'embonpoint désirable. On peut, il est vrai, éviter ces inconvénients en les faisant saillir avant de les soumettre au régime de l'engraissement; mais, outre qu'il existe toujours des incertitudes sur les résultats de la saillie, c'est un embarras dont l'engraisseur doit tenir compte.

Au surplus, on entretient plutôt les vaches pour leur faculté lactifère et ce n'est que lorsqu'elles l'ont perdue ou qu'elles ne répondent pas suffisam-

à cette destination qu'on les prépare pour l'abattoir.

Dans ce cas, il sera toujours à peu près indispensable de les faire saillir avant de les soumettre au régime de l'engraissement.

MÉTHODES D'ENGRAISSEMENT

Les méthodes d'engraissement ne sauraient pas, naturellement, être fixes et partout identiques; elles sont subordonnées aux ressources dont on dispose. au climat et aux conditions économiques des pays où l'on opère.

Ici, de gras herbages, obtenus sans dépenses culturales, permettent d'envoyer les animaux au pâturage où ils trouveront une alimentation riche et abondante comme dans les embouches du Charolais et du Nivernais. Ailleurs, le pré cède la place aux cultures industrielles, plus rémunératrices, aux exigences de la culture alterne, basée sur l'assolement, ou bien le climat n'est pas favorable au séjour prolongé des bêtes au dehors et, dans ce cas, l'alimentation d'engraissement à l'étable devient une nécessité. Enfin, les conditions culturales peuvent se prêter à un régime mixte, et c'est la plupart des cas où les deux méthodes sont susceptibles d'être appliquées.

Nous allons examiner ces différents cas.

Pâturage. — Disons avant tout qu'un herbage ne saurait pratiquement répondre intégralement aux besoins d'une alimentation intensive, telle que l'exige l'engraissement, que si les herbes qui y croissent réunissent toutes les qualités de diversité et de nutritivité que nous avons énumérées dans la première partie de cet ouvrage en parlant des prairies. Il faut, en effet, que ces prairies, outre qu'elles doivent réunir une heureuse association de graminées et de légumineuses, soient installées sur des sols fertiles, richement dotés en principes minéraux, favorables à l'engraissement et à la maturité de la chair des animaux, sinon tout autant que l'aliment lui-même, au moins dans des proportions qui ne soient pas négligeables.

Il importe en outre, et c'est là une condition essentielle, que la quantité d'herbe produite soit assez importante pour que l'animal puisse y ingérer le maximum de ce qu'il lui est possible d'assimiler, et cela sans fatigue, sans efforts, sans être obligé de courir çà et là à la recherche des parties les plus plantureuses, risquant ainsi de faire perdre beaucoup de fourrage par le piétinement, de façon enfin, qu'apportant le moins de temps possible à la durée de ses repas, il puisse ensuite se livrer avec quiétude à l'accomplissement de l'acte d'une digestion d'autant plus laborieuse que l'alimentation aura été plus copieuse.

« Lorsque, fait observer avec raison M. Vial, on veut, en effet, obtenir du travail de la part des animaux, on favorise le développement de la force musculaire par l'exercice, le mouvement, le grand air, une nourriture excitante et tonique. Si l'on veut, au contraire, obtenir de la viande, il faut rechercher les conditions opposées : le repos, la tranquillité, la chaleur, l'humidité de l'air, une demi-obscurité, une nourriture riche en principes gras. »

Aussi, n'est-ce que dans des conditions exceptionnelles que l'on soumet les bêtes d'engrais exclusivement au régime du pâturage, parce qu'arrive une saison où l'herbe, moins abondante dans les prairies, ne suffirait plus à une alimentation intensive, tandis que l'abaissement de la température exige, au contraire, pour arriver aux mêmes résultats, une alimentation plus copieuse, une partie des aliments étant tout d'abord utilisée au maintien normal de la température du corps. En effet, contrairement à l'opinion généralement accréditée, à alimentation égale le corps de tout individu engraisse en été et maigrit en hiver, pour les raisons que nous venons d'expliquer.

Dans les pâturages bien compris, on installe aussi des hangars assez spacieux dans lesquels les bêtes vont s'abriter contre la rosée et la fraîcheur des nuits du printemps et de l'automne, que l'on aménage aussi pour servir, dans certains cas, un supplément de nourriture aux animaux, et près desquels enfin on dispose des abreuvoirs toujours fournis d'une eau pure et abondante.

Quant au repos, on peut l'assurer plus facilement en divisant les prairies en enclos d'une superficie déterminée, séparés par des haies ou des clôtures en fil de fer ou des claies qu'on change de place à volonté, qui protègent les animaux contre les excitations, les rivalités qui peuvent se produire entre eux et qui les troublent. Ces divisions permettent en outre de faire passer les bêtes de l'une dans l'autre, de façon que lorsque l'herbe de l'une est suffisamment pâturée, on puisse la laisser en repos pendant quelques jours où l'herbe repoussera en assez grande abondance pour offrir ensuite de nouveaux et copieux repas aux animaux qu'on y ramènera.

Pour se rendre compte qu'un pâturage est dans les

conditions de fertilité nécessaire, un bon procédé est de choisir une dizaine de bêtes parmi les grosses, les moyennes et les petites qu'on pèse le matin du jour où on les met au broutage et qu'on pèse de nouveau dix jours après. Le pâturage sera réputé suffisant si les animaux n'ont pas perdu de leur poids; il sera bon si elles ont gagné sensiblement; il sera réputé propre à l'engraissement (pré d'embouche) si le gain a été de 3 kilogr. pour 100 kilogr. du poids de l'animal.

« Du reste, parmi les prairies qui sont assez riches pour fournir les pâturages d'engrais, explique encore M. Vial, il existe des degrés divers de fécondité qu'il faut distinguer pour approprier, dans toutes circonstances, la taille des animaux à l'abondance des fourrages. Là où se rencontre le maximum de fertilité, on a le soin de placer les animaux les plus volumineux. Dans les prés d'une fertilité relativement moindre, ceux d'une taille plus faible.

« Pour mettre à la disposition des animaux une alimentation qui soit toujours en rapport avec l'activité des organes digestifs, il faut, également, livrer les parties du pâturage où l'herbe est moins abondante et réserver les endroits les plus fertiles pour le moment où les organes digestifs, affaiblis par l'accumulation de la graisse, exigent une nourriture plus substantielle pour les dernières périodes de l'opération. »

Nous n'avons pas besoin d'insister sur la nécessité absolue de ne pas surcharger un pâturage au delà de ce que celui-ci peut nourrir substantiellement de bêtes. Cette détestable pratique est aussi préjudiciable aux animaux qu'aux prairies qu'on leur donne à paître. Dans ce cas, l'herbe y est rongée jusqu'au collet et souvent même les racines arrachées au point de créer de larges et nombreux vides totalement privés de gazon. Il suffit quelquefois d'un seul jour où une pâture ait été trop chargée, pour que l'on puisse reconnaître pendant plusieurs années, la place où cette surcharge a eu lieu.

En Angleterre, dans le nord de l'Allemagne, dans quelques contrées de la France, telles que la Normandie, le Charolais, etc., on trouve des herbages qui peuvent engraisser deux bœufs par hectare et qui se louent jusqu'à 200 francs, tandis qu'il en est qui peuvent à peine servir à cette opération, à cause du peu de fécondité du sol. En moyenne, un hectare de bon pré est nécessaire pour engraisser un bœuf.

Terminons sur ce sujet, en faisant observer que, quelle que soit la richesse des herbages, tous les individus ne sont pas aptes à être engraissés par le simple pâturage; certaines races, celles du Limousin, du Bourbonnais, de la Marche, par exemple, ne réussissent pas dans les embouches.

Stabulation permanente. — Tant que les conditions économiques ne le rendent pas préférable, il est certain que l'engraissement au pâturage n'est point avantageux. Il exige de grands espaces de terrain; il fait consommer plus de nourriture, il ne donne pas une quantité d'engrais aussi considérable que celle fournie par les animaux nourris à l'étable; les excréments des animaux accumulés par petits tas détruisent l'herbe sur le lieu où ils séjournent, si on n'a pas la précaution de les détruire; enfin le piétinement incessant des bêtes, occasionne certains dégâts dans les prairies qui leur sont affectées, notamment la destruction des rigoles dans celles qui sont soumises à l'irrigation.

Pour ces différents motifs et pour d'autres motifs qu'il serait trop long d'énumérer, la stabulation permanente donne des résultats supérieurs et plus avantageux, particulièrement dans les pays de grande culture, aussi doit-elle être préférée au pâturage, sans la prescrire d'une manière absolue. Elle permet d'effectuer plus rapidement l'opération de l'engraissement, d'utiliser la totalité des fourrages récoltés, enfin d'augmenter la fertilité du sol de toutes les parties du domaine, par la production des engrais.

Dans l'engraissement à l'étable, les animaux sont obligés d'accepter les aliments qui leur sont distribués. Le choix en est grand, et c'est à l'homme, qui supplée à leur instinct par son intelligence, de leur administrer ceux qui leur conviennent le mieux et sous la forme la plus propice.

Les fourrages verts en été, secs en hiver, constituent, généralement, la base des rations.

En été, les fourrages artificiels donnent les meilleurs résultats : luzerne, trèfle commun ou trèfle de Hollande, vesces, seigle en vert, pois, lentilles, moutarde blanche, spergule, sarrazin en vert, colza, navette, maïs, millet, etc. Les feuilles de chou-rave, de rutabaga, de navets, de betteraves, de carottes, sont également bonnes à l'époque de l'arrachage des racines.

En hiver, il faut aux bœufs quelques aliments aqueux mélangés aux fourrages secs. On y ajoutera donc du son frisé, de la drèche, des racines, des tubercules, des feuilles de choux, bref ; on utilise les aliments aqueux que l'on a à sa disposition.

On leur donne ces aliments crus ou préférablement cuits, en soupes, mélangés aux fourrages, coupés en tranches, hachés, saupoudrés de son ou associés à des balles de graminées et à de la paille hachée.

« La quantité, fait observer M. Vial, dépend de l'appétence des animaux pour cette nourriture et de l'effet qu'elle produit sur les voies digestives. S'ils en laissent, on doit diminuer la ration ; il en est de même si la diarrhée survenait. Lorsque les bœufs reçoivent des racines pour la première fois, il est possible qu'ils les refusent tout d'abord, ou, s'ils les mangent, leurs facultés digestives peuvent en être dérangées. Il est donc prudent de les y habituer peu à peu. C'est, du reste, l'affaire d'un temps très court; ils arrivent bientôt, suivant leur poids, à consommer 20, 30, 40 kilogrammes de pommes de terre et des autres racines, en proportion de leur valeur nutritive.

« L'expérience a démontré que la pomme de terre cuite avec l'addition d'une certaine quantité de paille, pouvait remplacer la ration totale de foin.

« Du reste, les tubercules et les racines peuvent s'administrer encore sous forme de pulpe ou de résidus, après avoir servi à la distillation. On les fait couler dans l'auge en sortant de l'alambic. D'autres fois on les verse chauds sur du foin, sur de la paille hachée. Les résidus des distillations d'alcool ont une action spéciale sur l'économie. Par leurs propriétés enivrantes, ils favorisent l'engraissement. A cet égard, ils constituent de véritables condiments.

« Le prix élevé des grains s'oppose à ce qu'ils puissent former la base de l'engraissement. Ils sont cependant nécessaires comme ration complémentaire. Lorsqu'ils entrent en assez forte quantité dans la composition de la ration totale, l'opération est plus particulièrement désignée sous le nom d'engraissement *de pouture.*

« Les tourteaux, en raison de la proportion de corps gras qu'ils contiennent, forment aussi un supplément de ration très précieux. Les plus estimés sous ce rapport sont ceux du lin, d'œillette, de colza qui contiennent de 0,080 à 0,130 de corps gras. Les matières grasses jouent un rôle si important dans l'engraissement, qu'on a jugé en Angleterre plus avantageux de remplacer les tourteaux par la graine ou la farine de lin, malgré son prix élevé. Cette préférence est justifiée par la composition de la graine de lin, qui contient 0,350 de matière grasse.

« La manière dont les substances alimentaires sont distribuées, leur mode d'association, etc., forment, à proprement parler, la méthode d'engraissement. Elle varie dans chaque pays, dans chaque canton, et pour ainsi dire dans chaque ferme. Les formules se compliquent avec les lauréats de concours et dans les pays de riche culture. Elles se simplifient dans les contrées pauvres, à culture de jachère. Mais, quelle que soit leur diversité, les meilleures, si peu semblables souvent, à beaucoup d'égards, qu'elles puissent être entre elles, sont toujours celles qui, au fond, sont les plus économiques à tout considérer. »

Formules de rations. — Les engraisseurs de Bresse distribuent, journellement, à leurs bœufs d'engrais, 30 à 40 livres de fourrage sec, 20 livres de pommes de terre cuites et 20 livres de farine mélangée avec du son. Par cette méthode, l'engraissement est très rapide et dure à peine trois mois.

En Normandie, quelques éleveurs ont adopté les rations suivantes :

PREMIÈRE PÉRIODE

Racines.	30 kilog.
Trèfle.	10 —
Mouture de bisaille ou tourteaux. .	1 k. 500 gr.

DEUXIÈME PÉRIODE

Légumes.	15 kilog.
Fourrages de 1re qualité.	5 —
Tourteaux.	2 —
Moutures.	4 —

M. Dombasle composait ainsi la ration de ses bœufs : foin, 5 livres ; résidu de distillerie, 50 litres par repas ; tourteaux de navets ou de colza, 4 à 5 litres.

« Dans le Yorkshire, dit M. Qharkness, M. Marsalt prépare ainsi la ration journalière par tête de gros bétail :

« Un kilogramme de graine de lin concassée, bouillie dans 15 litres d'eau, et 2 kilogr. 1/2 d'orge, d'avoine ou de féveroles concassées finement, et mélangées à 5 kilogrammes de paille et de foin hachés. La paille ou le foin hachés sont déposés sur un plancher propre, et on y mélange intimement les 2 kilogr 1/2 d'orge, d'avoine et de féveroles concassées ; alors on verse avec précaution la graine de lin bouillie et on agite tout le mélange à la fourche jusqu'à ce que les matériaux solides soient complètement saturés de mucilage de graine de lin. On enlève alors, à la pelle, le mélange encore chaud ; on le met en tas ; on le bat fortement avec la pelle et on l'abandonne ainsi en masse pour qu'il macère pendant tout le temps qu'il sera nécessaire avant qu'il soit suffisamment refroidi pour être employé. Deux heures après le mélange il sera toutefois assez froid pour être administré au bétail, auquel il profite davantage lorsqu'il est encore chaud que lorsqu'il est complètement refroidi.

« La quantité et les proportions indiquées des ingrédients sont distribuées chaque jour, à chaque tête de gros bétail, par les engraisseurs du Yorkshire ; mais la ration est divisée en deux parties égales, de manière que chaque animal reçoit par chaque fois 1/2 kilogr. de graine de lin, 1 kilogr. 1/4 de farine d'orge, d'avoine, féveroles ou maïs et 2 kilogr. 1/3 de paille ou foin hachés.

« L'alimentation générale du bétail se règle en donnant alternativement des navets crus et des aliments cuits composés. A six heures du matin, le bouvier donne à chaque animal, 15 à 18 kilogrammes de navets coupés en tranches ; à dix heures, une ration d'aliments cuits, mélangés dans les proportions ci-dessus ; à une heure après-midi, le même poids de navets crus que le matin, et à cinq heures du soir, la seconde ration d'aliments cuits ; enfin, lorsqu'il abandonne les animaux, la nuit, il jette dans le râtelier, devant chacun d'eux, un peu de paille ou de foin entiers. »

M. Sanson, professeur de zoologie et de zootechnie à l'École nationale d'agriculture de Grignon et à l'Institut national agronomique, qui a traité ces questions d'alimentation des animaux, avec l'autorité d'un maître, en déduisant ses conclusions pratiques des principes réellement scientifiques se rattachant à cette matière, nous fixe absolument sur les règles à observer dans l'engraissement du bétail.

Nous croyons ne pouvoir mieux faire que d'emprunter à l'éminent professeur la méthode qu'il a tracée à ce sujet dans son ouvrage sur l'*Alimentation raisonnée des animaux*.

« L'important dans l'engraissement intensif, est de faire ingérer et digérer chaque jour le plus fort poids possible de matière sèche alimentaire. Ils en retiennent, en moyenne, un dixième, dont la plus forte part transformée en graisse. Si l'on peut arriver jusqu'à une consommation de 20 kilogrammes, ce qui n'est pas impossible, puisque nous l'avons nous-même réalisé, l'augmentation journalière sera ainsi de 2 kilogrammes, et même davantage dans le cas d'une puissance digestive plus forte ou de pertes moindres.

« La ration alimentaire de la deuxième période, où commence le véritable engraissement, comporte une relation nutritive un peu moins large. Elle doit se maintenir aux environs de 1 : 3,5[1]. En outre, la proportion des matières grasses dans son second terme sera augmentée. Avec la protéine, elle se maintiendra en deçà du rapport 1 : 3.

« Dans la troisième et dernière période, durant

[1] Dans la première période, il ne s'agit que d'assurer la meilleure nutrition des organes en leur faisant acquérir tout leur développement normal, surtout en ce qui concerne les masses musculaires et le tissu conjonctif sous-cutané, la relation nutritive de la ration doit être comprise entre 1 : 4 et 1 : 5, c'est-à-dire une proportion d'éléments protéiques, contre quatre ou cinq d'extractifs non azotés. Nous avons, d'ailleurs, consacré plus haut un chapitre spécial à l'explication de ce qu'on entend par « Relation nutritive. »

laquelle l'appétit va nécessairement en diminuant un peu, deux nécessités s'imposent pour que l'effet nutritif ne subisse point une diminution corrélative. Il faut réduire le poids et le volume de la ration en augmentant la digestibilité relative. On satisfait à cette dernière nécessité en rétrécissant à la fois la relation nutritive et le rapport des matières grasses et la protéine. La relation nutritive ne dépassera pas 1 : 3 et l'autre 1 : 2.

« Voici maintenant des types de rations calculées toujours pour 1 kilogramme de matière sèche totale.

Ration de 1re période.

	kil. gr.		kil. gr.
	0.320	Foin de pré, contenant en matière sèche. .	0.270
	3.000	Betteraves, — —	0.500
	0.170	Balles d'avoine, — —	0.145
	0.100	Tourteau de colza, — —	0.085
Total	3.590	matière humide, contenant en matière sèche.	1.000

Relation nutritive : 1 : 5.

« Dans ce type de ration, les 3 kilogrammes de betteraves peuvent être remplacés par 2 kilogr. 500 de pulpe de presse hydraulique, ou 3 kilogrammes de pulpe de presses continues, ou 3 kilogr. 250 de pulpe de diffusion, ou 3 kilogr. 300 de turneps ; les 170 grammes de balles d'avoine par le même poids de paille de froment hachée ou de balles de froment ; les 100 gr. de tourteau de colza, par 120 gr. de tourteau de coton, ou 100 gr. de tourteau d'arachide, ou 100 gr. de tourteau de lin, ou 90 gr. de tourteau d'œillette, ou 80 gr. de tourteau de noix ou de sésame, ou 200 gr. de son de froment. Le résultat sera le même dans tous les cas.

Ration de 2e période.

kil. gr.		kil. gr.
0.320	Foin de trèfle, contenant en matière sèche. .	0.270
2.000	Betteraves, — —	0.334
0.100	Balles d'avoine, — —	0.085
0.100	Tourteau de colza, — —	0.085
0.135	Tourteau d'œillette, — —	0.120
0.120	Son de froment, — —	0.106
Total 2.775	matière humide, contenant en matière sèche.	1.000

Relation nutritive : 1 : 3.5; rapport des matières grasses à la protéine 1 : 3.

« Les 320 grammes de foin de trêfle peuvent être ici remplacés par le même poids de foin de luzerne ; les 2 kilogr. de betteraves par 1 kilogr. 770 de pulpe de presse hydraulique, ou 2 kilogr. de pulpe de presses continues, ou 2 kilogr. 170 de pulpe de diffusion, ou 2 kilogr. 200 de turneps ; les 100 gr. de balles d'avoine, par 150 gr. de paille d'avoine, ou 200 gr. de paille de froment hachée ; les 100 gr. de tourteau de colza et les 135 gr. de tourteau d'œillette par leur équivalent de protéine et d'huile fournis par 120 gr. de tourteau de coton et 150 gr. de tourteau d'arachide, ou 170 gr. de tourteau de lin et 130 gr. de tourteau de noix ; les 120 gr. de son de froment, par 140 gr. de farine d'orge, ou 120 gr. de son d'orge, ou 140 gr. de farine de seigle, ou 150 gr. de maïs concassé.

Ration de 3e période.

kil. gr.		kil. gr.
0.300	Foin de trèfle, contenant en matière sèche. .	0.252
1.500	Betteraves, — —	0.240
0.100	Balles d'avoine, — —	0.085
0.150	Tourteau de colza, — —	0.127
0.090	Farine de lin, — —	0.080
0.250	Maïs concassé, — —	0.216
Total 2.390	matière humide, contenant en matière sèche.	1.000

Relation nutritive : 1 : 3; relation des matières grasses à la protéine 1 : 2.

« Les substitutions déjà indiquées peuvent, dans cette troisième période, être faites sans inconvénient pour les aliments grossiers, foin de trèfle, betteraves et balles d'avoine ; le tourteau de colza peut aussi de même être remplacé par son équivalent de l'un quelconque de ceux dont les valeurs nutritives proportionnelles n'ont pas besoin d'être répétées pour que le calcul de l'équivalent puisse en être effectué ; mais si, comme cela se doit, quand on raisonne juste, l'on tient à la qualité de la viande produite en même temps qu'à la rapidité de l'engraissement, la faute de remplacer les deux derniers aliments concentrés ne sera point commise. La farine de lin et le maïs ont d'abord le mérite commun d'introduire dans la ration de fortes proportions de matières grasses huileuses, et ensuite le dernier communique à la viande une saveur agréable qui la fait rechercher et payer plus cher.

« Le maïs étant une marchandise d'importation que l'on peut maintenant se procurer partout à bas prix, on aurait tort de ne pas s'assurer le bénéfice de la propriété bien connue qui lui appartient comme aliment d'engraissement.

« Il est à peine besoin, sans doute, de faire observer encore une fois, que pour se servir, dans la pratique, des types de rations donnés plus haut, il suffira de multiplier chacune des quantités indiquées par le nombre total de kilogrammes qu'on en voudra préparer, en prenant pour bases le nombre d'animaux à nourrir par jour et le poids de matière sèche qu'on croira ceux-ci capables de digérer, dans les vingt-quatre heures. Pour un seul animal pouvant en digérer 20 kilogrammes, par exemple, le coefficient sera ce nombre 20. Une ration pour la troisième période contiendra ainsi $0^k,300 \times 20 = 6^k$ foin de trèfle; $1^k,500 \times 20 = 30^k$ betteraves; $0^k,100 \times 20 = 2^k$ balles d'avoine; $0^k,150 \times 20 = 3^k$ tourteau de colza, $0^k,090 \times 20 = 1^k,800$ farine de lin, et $0^k,250 \times 20 = 5^k$ maïs concassé, soit en tout 47 kilogrammes d'aliments humides. Autant de sujets à l'engrais, autant de fois ces quantités de nourriture à préparer.

« C'est dans la distribution d'une telle alimentation qu'il importe surtout de se bien pénétrer de ce que nous avons dit au sujet des actions condimentaires. C'est là aussi surtout qu'il convient de surveiller attentivement les déjections, pour éviter de troubler les puissances digestives, tout en nourrissant au maximum.

« C'est à l'égard aussi des animaux à l'engrais que le mode de distribution des boissons recommandé par nous d'une manière générale a sa plus grande utilité. Moins ces animaux sont dérangés, moins ils ont de mouvements à faire, mieux et plus rapidement ils engraissent. Dans la dernière période principalement, on obtient toujours un bon résultat des boissons chaudes, tièdes au moins, dans lesquelles a été plus ou moins cuit l'un des aliments concentrés. On en fait ainsi une sorte de soupe, que les animaux prennent avec plaisir, qui les fait boire davantage et permet par conséquent de leur faire accepter un supplément d'alimentation qu'ils refuseraient sans cela.

« L'art de l'engraisseur est presque tout entier dans ces détails de distribution et de préparation de la nourriture. »

RÉGIME MIXTE

Le régime mixte est, naturellement, celui qui tient le milieu entre le pâturage et la stabulation permanente, c'est-à-dire dans lequel ces deux systèmes entrent en combinaison suivant les circonstances économiques, climatériques ou autres dont on est obligé de tenir compte.

Suivant ces circonstances, en effet, on peut commencer un engraissement sur les regains d'automne, qui se termine pendant l'hiver à l'étable, ou bien à la fin de l'hiver, en adoptant la stabulation jusqu'au moment où les herbages précoces du printemps permettent de mettre l'animal au pâturage, au mois de mai, par exemple, pour achever leur engraissement à la fin du mois de mai, époque à laquelle les bœufs d'hiver sont épuisés, tandis que ceux d'été ne sont pas encore prêts.

Ou bien on alterne : la nuit on enferme les bêtes à l'étable, et de grand matin, on les conduit dans un bon pâturage, d'où on les ramène lentement se reposer dans la bouverie, dès que la chaleur se fait sentir, pour les reconduire de nouveau, généralement, au pâturage jusqu'à la nuit. Cette manière de procéder est mise en usage, avec des variantes, dans le Limousin, le Rouergue et le Quercy.

Il est une précaution essentielle à prendre lorsqu'on fait passer définitivement les bêtes de l'étable au pâturage ou du pâturage à l'étable, ce qui les change ainsi complètement de régime. Comme l'économie se trouve toujours mal de transitions brusques, il faut l'habituer peu à peu à ce changement, en mélangeant de la nourriture sèche avec la nourriture verte, quelques jours tout au moins avant la translation de la bouverie au pré et réciproquement.

Quand on adopte le régime alterné qui consiste à enfermer les bêtes la nuit et une partie de la journée à l'étable, tandis que, pendant l'autre partie du jour, elles broutent en liberté dans la prairie, la nourriture au râtelier pourrait être moins substantielle. Le matin, avant le départ, les bœufs boivent de l'eau blanchie avec de la farine d'orge ou coupée avec un peu de marc de distillerie ou de betteraves, ou de drèches de brasserie ; au retour du milieu de la journée, même boisson et petite distribution de luzerne, de pois concassés ou de fèves de marais humidifiés dans l'auge ; quand l'engraissement avance, il est bon d'ajouter à ces grains un peu d'avoine, de son et des criblures. A la rentrée du soir, enfin, nouvelle boisson plutôt à moitié tiède, et dans le râtelier, de l'herbe fraîchement coupée.

Quelle que soit la méthode employée, fait remarquer avec raison M. Vial, s'il s'agit de bêtes très maigres, il n'est pas de l'intérêt des nourrisseurs de leur donner tout de suite une nourriture très alibile et partant très coûteuse, parce que la première période de l'engraissement est celle où les bêtes acquièrent, proportionnellement, moins en pesanteur, et font l'emploi le moins avantageux du fourrage. Il faut, à cette époque, et jusqu'à ce qu'elles soient en chair, leur donner les fourrages les plus grossiers, sans les nourrir, cependant, avec parcimonie. Cette précaution est nécessaire, en outre, pour éviter la pléthore. Si on les faisait passer trop brusquement, d'une nourriture pauvre à une nourriture riche, ils seraient exposés à des coups de sang et à des maladies inflammatoires.

Le mieux, en face de bœufs maigres, serait de les laisser se refaire en les appliquant à un travail modéré et en les nourrissant bien. Si l'on est au commencement de l'hiver, il peut être avantageux ou de conserver les bœufs encore un an, ou de leur laisser passer l'hiver sans les engraisser, pour les vendre au printemps, en bon état, comme bœufs de travail.

Si l'on veut engraisser des bœufs maigres, fatigués, qui ont souffert par un excès de travail et insuffisance de nourriture, il faut leur donner d'abord des aliments rafraîchissants et délayants ; le vert se trouve particulièrement indiqué pendant cette période de préparation qui rétablit les chairs desséchées de la bête et le tissu cellulaire qui a acquis une certaine rigidité.

CHAPITRE VII

LES MALADIES DE L'ESPÈCE BOVINE : INDICES GÉNÉRAUX DE L'ÉTAT MALADIF. — PRÉCAUTIONS A PRENDRE EN CAS D'ÉPIDÉMIE. — ABCÈS. — APOPLEXIE. — ARAIGNÉE OU TRAIGNIE. — COLIQUES. — INDIGESTION. — INDIGESTION AVEC DIARRHÉE. — DÉVOIEMENT DES VEAUX. — MÉTÉORISATION. — SUFFOCATION PAR UN CORPS ARRÊTÉ DANS LE GOSIER. — FLUX DE SANG. — TOURNIS. — HÉMATURIE. — INFLAMMATION DES MAMELLES. — ESQUINANCIE INFLAMMATOIRE. — ESQUINANCIE GANGRÉNEUSE. — PHTISIE PULMONAIRE. — PLEUROPNEUMONIE. — COCOTTE OU ÉPIZOOTIE APHTEUSE. — PLAIES. — MATRICE ET VAGIN (INFLAMMATION). — PLÉTHORE. — MALADIES INFLAMMATOIRES. — FIÈVRES PERNICIEUSES. — FRACTURE DES CORNES. — TRAITEMENTS GÉNÉRAUX. — FIÈVRE (MOYEN DE LA RECONNAITRE). — SAIGNÉE (MOYEN DE LA PRATIQUER).

MALADIES DE L'ESPÈCE BOVINE

On doit surveiller les animaux avec la plus grande sollicitude et leur prodiguer des soins aussitôt qu'ils sont atteints d'une maladie et même qu'ils en paraissent menacés. Cette attention s'impose d'une manière plus particulière encore, s'il est possible, à l'égard des bêtes d'engrais. Les souffrances qu'elles endurent alors, la nécessité d'une diète plus ou moins sévère à leur imposer, font diminuer leur poids et, pour peu que la maladie se prolonge, tout le bénéfice de l'alimentation substantielle qu'on leur a précédemment appliquée, est souvent perdu. Dans la plupart des cas, et à moins qu'il s'agisse d'affections tout à fait bénignes, il vaut mieux livrer tels quels à la boucherie les animaux atteints de maladies, lorsque celles-ci ne sont pas nuisibles à la qualité de la viande, que de s'exposer à une perte certaine, en les traitant, même avec la certitude de les guérir.

Lorsqu'une bête bovine a les yeux mornes et tristes, lorsqu'elle est dégoûtée de ses aliments, le propriétaire doit craindre l'invasion de quelque mal. Il étudiera alors l'état des organes de l'animal, il examinera sa bouche, son ventre, sa poitrine, l'état de ses déjections solides et liquides, il cherchera, enfin, par tous les moyens, à découvrir de quelle affection la bête est atteinte.

Si l'on présume que le dégoût de la nourriture et la langueur viennent d'un excès de fatigue, de la grande chaleur, de l'humidité ou du froid, on pourra arrêter la maladie qui tend à se déclarer en mettant la bête au repos, en lui donnant matin et soir une boisson dans laquelle on aura délayé deux poignées de farine pour trois litres d'eau, et, pour nourriture, un picotin de son humecté, mélangé avec une poignée d'avoine et de l'herbe pour fourrage.

L'excès de travail, la mauvaise nourriture, la chaleur, l'humidité, le passage subit du chaud au froid, telles sont les principales causes de maladie de l'espèce bovine. Les symptômes des maladies sont l'abattement, le dégoût et la langueur. On les prévient très souvent par des purgations administrées deux ou trois fois par année, dans le temps où les animaux travaillent le moins. On les prépare à la purgation, par la diète et par des boissons émollientes.

Précautions à prendre en cas d'épidémie. — Voici quelques préceptes qu'il est toujours bon de suivre en cas de contagion. Dès qu'on apprend qu'il existe des bêtes malades dans la localité que l'on habite, on doit visiter l'étable deux ou trois fois par jour. On met à part et dans une écurie éloignée les animaux qui ne paraissent pas en bonne santé et on leur donne les soins désirables. Il ne faut aucune communication entre le bétail malade et le bétail bien portant. Le fumier des malades ne doit jamais rester devant les bâtiments et même dans les cours ; on le transportera dans les champs éloignés et on n'en fera qu'un seul et même tas.

Les bêtes bien portantes n'iront pas paître dans les lieux parcourus par les bêtes infectées.

Lorsqu'un animal malade ou supposé tel, quitte l'étable pour être mis à part, l'auge et le râtelier qu'il abandonne, doivent être nettoyés et purifiés ; pour cela on les lave avec du vinaigre ou du vin, ou de l'eau que l'on a fait bouillir pendant une heure, avec du bois de genièvre, de la rhue, du thym ou d'autres plantes aromatiques.

Chaque jour, pendant tout le temps de l'épidémie, on profitera de ce que le bétail est aux champs pour faire brûler dans deux ou trois coins de l'écurie, soit du soufre, soit du bois de genièvre ou d'autres plantes aromatiques ; à défaut de ces ingrédients, on fera des fumigations avec du vieux linge ou de vieux morceaux de cuir. Pendant ces fumigations, on tiendra les écuries hermétiquement closes ; on ne les ouvrira qu'une demi-heure, environ, avant la rentrée des bestiaux, pour donner à l'odeur le temps de se dissiper.

La personne chargée de panser les bêtes infestées ne doit s'approcher des animaux sains qu'après s'être lavée et s'être changée ; il est même prudent qu'elle se couvre d'une chemise de toile quand elle entre dans l'écurie des individus malades et qu'elle la quitte chaque fois qu'elle en sort.

Dans les temps de chaleur, le bétail demande à s'abreuver souvent ; on évitera de le faire boire dans des eaux croupissantes, marécageuses ou dans celle qui a servi à rouir le chanvre.

On ne lui donnera que de bonne nourriture ; on ne le fera pas sortir trop matin de l'étable, mais seulement après que les premiers rayons du soleil auront purifié l'air et fait tomber les brouillards ; si les brouillards persistent ou s'il pleut, on le tiendra enfermé.

Il est bon de frotter de temps en temps la langue des bêtes saines avec du sel, du vinaigre, de l'ail, et, d'une manière générale, d'ajouter à leur nourriture et à leur boisson tous les condiments susceptibles de leur rendre l'une et l'autre plus agréables, plus sapides, de les exciter à manger, d'accroître la sécrétion de la salive et du suc gastrique, de rendre la digestion plus prompte, de corriger les défauts des aliments plus ou moins avariés, en y ajoutant des condiments tels que le sel marin, les liqueurs alcooliques que l'on peut se procurer à bas prix, de la farine, de la gentiane, des baies de genièvre, les glands, les marrons d'Inde, des végétaux aliacés, enfin de la fleur de soufre à petite dose.

Les animaux, en temps d'épidémie, doivent être tenus dans un état de propreté méticuleuse. On les lavera de temps en temps avec une éponge ou un gros linge trempé dans de l'eau, du vin ou du vinaigre bouilli avec des herbes aromatiques; on ne les laissera pas sortir qu'ils ne soient bien ressuyés; on les bouchonnera et on les étrillera tous les jours avec de la paille.

Abcès. — Dépôt d'humeur sous la peau ou dans l'intérieur des parties charnues qui se forme toujours à la suite d'une inflammation.

Il y a deux sortes d'abcès : *l'abcès chaud,* ordinairement accompagné de douleur, de gonflement, de tension dans la peau, de tumeur et de fluctuation dans la tumeur qui flotte et se déplace sous le doigt. Le poil tombe. la peau blanchit et devient plus mince au centre de l'abcès. L'*abcès froid* est d'une marche plus lente. Le premier mûrit de lui-même; il est bon d'activer la maturité du second par l'application d'un emplâtre résolutif tel que l'onguent *basilicum* auquel on ajoute par 33 grammes, 1 gramme de cantharide en poudre.

Lorsque l'abcès chaud est bien mûr, on l'ouvre d'un coup de bistouri, du centre à l'extrémité, en descendant; on fait sortir le pus, on nettoie la plaie et on la panse avec de l'onguent basilicum, sans addition de cantharide.

L'abcès froid s'ouvre à l'aide de la cautérisation, au moyen d'un fer chauffé à blanc qu'on enfonce dans l'abcès; ou le traite ensuite comme l'abcès chaud.

Dans tous les cas, on maintiendra quelque temps la plaie ouverte à l'aide d'une mèche de charpie; si on la laissait se refermer, il pourrait s'y former de nouveau une collection de pus.

Apoplexie. — On désigne ainsi une congestion rapide du cerveau ou une hémorragie de cet organe qui met promptement la vie en danger. On donne le même nom aux congestions soudaines du poumon, du foie, de la rate, des intestins, qui amènent la suffocation et la mort dans l'espace de quelques instants et tout au plus de quelques heures.

Ces accidents se produisent surtout chez les animaux fortement nourris comme le sont les bêtes d'engrais, chez lesquelles l'accumulation de la graisse dans toutes les parties s'oppose à la libre circulation du sang, quand on force ces animaux à voyager, à parcourir de grandes distances, sur des chemins difficiles, pendant les chaleurs de l'été; quand elles sont pressées en route par un toucheur brutal; quand on les laisse des journées entières exposées aux rayons brûlants du soleil; quand on les fait passer tout à coup d'une nourriture copieuse à un régime de privation, bref, quand on les fait souffrir.

Les animaux atteints d'apoplexie sont frappés de stupeur; ils sont engourdis, se meuvent difficilement, tombent tout à coup et restent immobiles. La vie ne se traduit plus que par le battement des flancs; la peau se couvre de sueur; les yeux sont fixes et proéminents; les paupières sont immobiles et entr'ouvertes; la pupille est dilatée, la vue est obscurcie; la bouche écumeuse, les membranes muqueuses pâles ou rouge violacé, les naseaux dilatés, la respiration courte, lente et stertoreuse; le pouls est dur, large et rapide; des mouvements convulsifs se manifestent de temps à autre aux mâchoires, à l'orifice des naseaux et aux lèvres.

Ce qu'il y a de mieux à faire, dans ce cas, est de pratiquer de nombreuses saignées, de verser sur la tête de l'eau froide ou encore d'y mettre de la glace lorsque l'on peut s'en procurer.

Hâtons-nous d'ajouter que, le plus souvent, tous les soins prodigués sont inutiles.

Cependant l'apoplexie ne fait pas toujours une invasion aussi rapide; elle est quelquefois précédée de signes avant-coureurs qui éveillent l'attention et permettent de la prévenir. Elle est à craindre toutes les fois qu'on remarque chez un animal quelques-uns des symptômes suivants : tête pesante, portée bas, souvent appuyée dans la mangeoire; vertiges passagers; marche lourde, irrégulière, pesante; affaiblissement de la vue, de l'ouïe, diminution de l'appétit; bâillements fréquents, assoupissements, sueur facile, rougeur des conjonctives, chaleur de la bouche.

On fait, dans ce cas, une ou plusieurs saignées; on soumet la bête au régime de la diète; on lui donne des boissons blanches rafraîchissantes, acidulées, nitrées; on la purge légèrement avec des sels alcalins, tels que le sulfate de soude ou de magnésie, à la dose de cinq ou six cents grammes, et l'on parvient ainsi à prévenir l'apoplexie.

Araignée ou traignie. — Cette maladie est, dit-on, causée par un animal venimeux que le bœuf a avalé et qui cause de grands ravages dans les organes intérieurs; elle survient aussi au bétail qui a mangé des herbes pleines de rosée.

Elle se manifeste d'abord par une pesanteur de tête, une faiblesse qui empêche le ruminant de se tenir debout; puis par un tremblement universel, et enfin par une enflure générale et rapide, par une toux violente et par une sérosité visqueuse et corrosive qui sort des yeux, des naseaux et de la bouche.

On fait prendre, en deux fois et à une heure d'intervalle, un litre de vin chaud avec 125 grammes de sucre et une pincée de sel. Une heure après, on administre, également en deux fois et à une heure d'intervalle, un litre de lait sortant du pis et dans lequel on a fait fondre 125 grammes de malt. Ensuite, on fait baver l'animal matin et soir, à l'aide de fumigations faites d'herbes aromatiques ou en faisant brûler de vieilles savates presque sous son nez.

Coliques. — Les coliques sont presque toujours des indices d'un mal plus grave. La bête qui en est atteinte se regarde le flanc, frappe du pied, se couche et se relève à chaque instant, montre une soif ardente ; elle a les yeux brillants, le pouls fréquent ou quelquefois déprimé, sa respiration est profonde, et souvent elle pousse des gémissements caractéristiques.

Il est tout d'abord essentiel de ne pas confondre les coliques qui peuvent être le résultat d'une congestion intestinale, avec l'indigestion dont nous donnons plus loin le caractère.

Dès qu'on est fixé sur la véritable nature du mal, il faut s'empresser de pratiquer une saignée de deux kilogrammes, que l'on répète deux ou trois fois si l'état de l'animal l'indique. On administre des lavements émollients de décoction de mauve, de guimauve, de lin, auxquels on ajoute de l'huile. On fait prendre en boisson de la tisane de graine de lin dans laquelle on met, la première fois seulement, quatre ou cinq gouttes de laudanum. On frictionne fortement les lombes avec du vinaigre un peu chaud et l'on fait des fumigations émollientes sous le ventre avec de l'eau chaude. On obtient quelquefois du succès en appliquant, dès le début, des douches d'eau froide sur les reins, sans interruption pendant plusieurs heures. Si le mal se prolonge, si l'animal se tourmente beaucoup, il faut faire prendre 4 ou 5 grammes de camphre délayé dans un jaune d'œuf.

Si, malgré ces soins, on ne parvient pas à enrayer les douleurs, il vaut mieux sacrifier la bête pour profiter de sa chair.

Indigestion. — L'indigestion s'attaque généralement aux bêtes mal nourries qui mangent gloutonnement les aliments qu'on leur fournit avec trop de parcimonie.

Les indigestions de fourrages verts sont toujours accompagnées de gonflement. Si ce gonflement est trop fort, c'est la météorisation dont il sera parlé plus loin. S'il n'est pas inquiétant, il suffit de hâter l'évacuation, ce à quoi on parvient assez généralement en administrant un mélange composé de 1/4 de litre d'eau-de-vie et de 1/8 de litre d'huile.

Dans le cas d'indigestion résultant de fourrages verts, qui ne sont pas suffisamment délayés et qui restent dans l'estomac, il suffit, généralement, d'administrer des lavements émollients et de purger l'animal avec 400 à 500 grammes de sulfate de soude dissous dans cinq litres d'infusion de camomille ou dans une décoction de son ou de graine de lin qu'on fait absorber à l'animal en deux ou trois fois à trois ou quatre heures d'intervalle.

Outre le gonflement, cette sorte d'indigestion est presque toujours caractérisée par une grande constipation. Si cette dernière persiste après le traitement ci-dessus, ce qui serait l'indice d'une inflammation qui se trahit par l'agitation de l'animal, la fréquence et la dureté de son pouls, enfin par une respiration courte et accélérée, la saignée pourra être d'un grand secours. Dans tous les cas, une diète rigoureuse devra être observée jusqu'à complète guérison.

Indigestion avec diarrhée. — Une alimentation dans laquelle les racines dominent, surtout les pommes de terre crues, de même que les aliments peu nourrissants comme les feuilles de betteraves; enfin, un changement de régime qui ferait passer trop brusquement l'animal de l'alimentation plus substantielle de l'étable à la nourriture verte, peuvent provoquer la diarrhée.

Le moyen le plus sûr d'arrêter le mal, c'est le changement de régime. Si néanmoins la diarrhée persiste, on aura recours aux breuvages astringents et aux décoctions de riz et d'amidon. M. Villeroy recommande la racine de gentiane comme un moyen efficace pour rendre du ton à un estomac affaibli et pour stimuler l'estomac. On la donne aux bêtes à la dose de 30 à 50 grammes par jour, en deux fois, matin et soir, avant le repas et pendant plusieurs jours de suite. On essaye d'abord de la leur faire manger en la mélangeant avec du grain égrugé et humecté. Si elles la refusent, on la délaye dans l'eau et on leur verse le breuvage dans la bouche à l'aide d'une bouteille.

Dévoiement des veaux. — Les veaux sont sujets à une diarrhée suite d'indigestion. Si le dévoiement est léger on en a raison en faisant avaler un verre de vin mélangé de moitié d'eau à l'animal, une demi-heure avant le repas.

On peut encore employer un mélange de 30 grammes de rhubarbe et de 15 grammes de crème de tartre que l'on fait macérer pendant quelques heures dans de l'eau, que l'on filtre ensuite, puis on donne cette boisson par cuillerée au veau malade, trois fois par jour, une heure avant le repas.

Si le dévoiement est persistant et prend un caractère grave caractérisé par la perte de gaieté et de l'appétit, la maigreur et l'affaiblissement, des déjections ayant la consistance d'une pâte liquide et de couleur jaunâtre, des mucosités gluantes dont la bouche est remplie, tandis que la langue est chargée d'un enduit noirâtre et que les membranes muqueuses sont blafardes, on peut craindre de voir l'animal succomber.

Le veau atteint de ce dévoiement doit être immédiatement changé de nourrice s'il tète encore, ou bien on changera la nourriture de cette dernière, à laquelle on ne doit plus donner que des aliments légers et rafraîchissants. Si le veau boit au baquet, on mêle au lait un peu de farine, de blé torréfié ou de farine de graine de lin. On peut, ensuite, employer la magnésie ou la rhubarbe, à la dose de 20 grammes dans un demi-litre d'infusion de camomille ou de menthe poivrée.

Météorisation. — La luzerne, le trèfle, les pommes de terre crues, la vesce, la jarousse et d'autres végétaux mangés trop avidement sont les principaux aliments qui peuvent provoquer cette maladie dangereuse.

Il arrive souvent que par suite de la mauvaise disposition d'une bête bovine, ou par la mauvaise qualité des aliments, ceux-ci, entassés dans le rumen, entrent en fermentation et dégagent une grande quantité de gaz qui, ne trouvant pas d'issue, distendent les parois du rumen. Alors l'animal fait de vains efforts pour respirer, son flanc gauche se gonfle prodigieusement et résonne comme un tambour. L'animal tend le cou, ouvre les narines et la bouche, respire difficilement et reste immobile, comme pétrifié. Dès les premiers symptômes, on fera marcher doucement l'animal en lui tenant la tête haute ; quelquefois cela suffit.

Lorsque le mal persiste, on jette 10, 12, 15 et même 20 seaux d'eau sur le dos et le ventre de la bête ; on administre un verre d'huile (surtout de l'huile de noix), et on renouvelle deux ou trois fois la dose ; breuvages très-salés, ou, ce qui vaut mieux, une cuillerée d'alcali volatil (ammoniaque liquide), dans un demi-litre d'eau ; éther sulfurique à la dose de 60 à 100 grammes dans un demi-litre d'eau ; cuillerée à bouche d'eau de javelle dans un litre d'eau. On emploie celui de ces médicaments que l'on a sous la main.

Comme le mal ne cède pas toujours, on est forcé d'avoir recours au *trocart* qu'on doit toujours posséder dans une ferme.

Pour opérer la ponction, il faut être deux personnes. L'une saisit la queue de l'animal et lui fait faire un demi-tour en dehors, autour de la jambe de derrière ; l'autre se place du côté de la panse, en tournant le dos à la tête du bœuf ; elle appuie le trocart sur la partie supérieure du flanc gauche à égale distance de la saillie de la hanche et de la dernière côte. L'opérateur tient l'instrument dans la main gauche, et, de l'autre main, il donne un coup sec sur la tête du trocart qui s'enfonce avec sa gaîne dans le rumen ; il retire le stylet, et aussitôt les gaz s'échappent avec sifflement par la gaîne, l'enflure diminue, le flanc s'affaisse, la bête respire avec facilité et la maladie se dissipe.

La tête de la canule porte un pavillon, sorte d'élargissement qui l'empêche d'entrer dans la panse; elle est percée de deux trous par lesquels on passe un lien destiné à la maintenir en place. On fera bien de laisser la canule un jour ou deux dans la plaie, et de surveiller la sortie du gaz qui peut se trouver interrompue tout à coup par les matières alimentaires poussées par le courant du gaz ; ces matières peuvent entrer dans la canule et la boucher; on remédie à cet inconvénient en introduisant dans la canule une petite baguette pour la déboucher.

Quand on a enlevé la canule, on nettoie les bords de la plaie et on la recouvre d'un large tampon de charpie enduit de cérat mêlé d'un peu de térébenthine; il faut maintenir cet appareil à l'aide d'un bandage qui fait le tour du corps. La plaie se cicatrise ordinairement au bout de deux ou trois pansements.

L'opération de la ponction est rarement suivie d'accidents; mais s'il survenait un abcès ou une inflammation du péritoine, il faudrait appeler un vétérinaire.

Quelques personnes, pour faciliter l'introduction de l'instrument dans la panse, commencent par faire une petite incision à la peau avec une lame de canif ou de rasoir bien affilé. L'endroit où il faut plonger le trocart est assez difficile à reconnaître : c'est le milieu du triangle formé par les hanches et la première côte. L'instrument doit entrer verticalement. S'il y a des engorgements provoqués par des aliments rejetés de la panse avec les gaz, il faut introduire une petite baguette dans l'instrument pour le dégager.

Certaines vaches sont sujettes à des météorisations périodiques; dans ce cas, il faut avoir recours au vétérinaire, car la ponction ne les guérirait que momentanément.

On a prescrit un grand nombre de remèdes contre la météorisation et nous indiquerons encore parmi les procédés qui réussissent quelquefois, celui qui consiste à saisir avec la main la langue de l'animal et à la tirer de côté hors de la bouche. De cette façon, l'œsophage se trouve ouvert et donne issue aux gaz qui s'échappent. On renouvelle l'opération au bout de quelques minutes.

On recommande de placer la bête météorisée, de telle manière que les pieds de devant soient plus élevés que ceux de derrière. Dans cette position, les estomacs exercent une moindre pression sur les organes contenus dans la cavité de la poitrine et l'étouffement est moins rapide.

Enfin, une bonne précaution à prendre quand une bête est fortement gonflée, c'est de lui passer sous le corps un drap avec lequel quatre hommes la soutiennent. Si la bête, en effet, se laissait tomber, il pourrait en résulter un déchirement intérieur qui amènerait la mort.

Suffocation par un corps arrêté dans le gosier. — Un corps arrêté dans le gosier (l'œsophage), tel qu'une pomme de terre, un navet, une pomme, etc., occasionne un gonflement, gêne ou intercepte la respiration, et, si ce corps n'est pas très promptement expulsé, il produit la suffocation et la mort.

M. Villeroy indique le traitement suivant.

Si le danger n'est pas très pressant, on doit d'abord

laisser agir la bête dont les efforts parviennent souvent à rejeter ou à avaler l'objet qui menace de l'étouffer. S'il n'y parvient pas, le moyen le plus simple à employer est de retirer ce corps avec les mains s'il est assez peu avancé dans la gorge pour qu'on puisse le saisir. S'il est trop avancé, on le fait descendre dans l'estomac à l'aide d'une baguette flexible ou d'un nerf de bœuf garni à son extrémité d'un morceau d'éponge mouillée ou d'une petite boule de linge qu'on graisse avant de l'introduire dans la gorge.

Il peut arriver qu'une racine longue, une carotte, par exemple, ne soit qu'en partie engagée dans le gosier; on la retire alors avec la main. Pour cela à défaut d'un instrument appelé *pas-d'âne,* dont les vétérinaires se servent, on tient à la vache ou au bœuf la bouche ouverte au moyen d'une pincette à feu qui empêche le rapprochement des mâchoires et permet d'introduire la main jusqu'au fond de la bouche.

Dans un cas désespéré, ajoute M. Villeroy, si l'animal est sur le point de suffoquer et si le temps manque pour préparer une baguette, on peut briser entre deux maillets de bois, une pomme de terre ou un navet arrêté dans le gosier. On appuie un maillet, à l'extérieur, d'un côté de la gorge et l'on frappe de l'autre côté avec un autre maillet. Cette opération a été pratiquée plusieurs fois, sans occasionner de suite fâcheuse.

Dans tous les cas, il vaut mieux prévenir de tels accidents, en ne donnant jamais aux bêtes de racines crues, sans les avoir, au préalable, lavées puis coupées avec un coupe-racines.

Flux de sang. — La maladie commence par la difficulté que l'animal éprouve à fienter; il rend, par intervalles, des matières glaireuses qui ne tardent pas à dégénérer en flux de sang très douloureux.

On traite avec succès cette maladie en faisant absorber à l'animal qui en est atteint un litre de lait sortant du pis de la vache, auquel on ajoute 125 grammes de miel, une demi-poignée de sel et gros comme une petite noix de suie réduite en poudre, le tout chauffé et bien mélangé. Si cela ne suffit pas, au bout de deux heures on administre un lavement de petit-lait bouilli avec une poignée de putrelle, herbe toujours verte que l'on trouve communément dans les jardins. Lorsque le lait a bouilli, on le passe, on y ajoute une pincée de sel, 100 grammes de miel et un demi-verre de bonne huile comestible ; on mêle le tout et on en donne la valeur d'une bouteille par lavement.

Tournis. — Maladie causée par un ver (tœnia cerebralis) qui se loge dans le cerveau. On reconnaît que l'animal est attaqué à la lenteur et à l'incertitude de ses mouvements ; il incline la tête d'un côté ou d'autre ; au bout de quelque temps, quelquefois un mois, il tourne en cercle du côté où existe le ver. Le plus prudent est de livrer l'animal à la boucherie avant sa paralysie qui précède la mort ; on peut, cependant, avoir recours à un vétérinaire qui extraira le ver au moyen du trépan.

Hématurie. — L'hématurie est caractérisée par une évacuation de sang mélangé aux urines. Elle est souvent provoquée par la consommation de plantes âcres, telles que les renoncules ou d'autres plantes, les carex, par exemple, ou encore par des bourgeons à peine développés de chêne, de hêtre et surtout de troëne. Enfin elle peut être amenée par l'ingestion de cantharides.

Mais ces substances n'agissent généralement que comme cause occasionnelle agissante d'un état général mauvais, dû à une mauvaise alimentation de longue durée. D'autre part, l'hématurie n'est quelquefois qu'un signe de tuberculose. C'est pourquoi nous pensons que toutes les fois que la maladie se présente dans une étable, il y a lieu de consulter un vétérinaire ; car, dans tous les cas, il y a une altération profonde du sang, et ce liquide nourricier doit être sérieusement examiné avant de formuler un traitement rationnel.

Quoi qu'il en soit, au début de la maladie, il est toujours possible et relativement facile d'y porter remède, surtout si le mal est accidentel.

Le traitement doit d'abord avoir pour base une alimentation substantielle, riche, succulente. L'addition de sel de cuisine aux aliments est toujours au moins utile.

Toutes les préparations ferrugineuses sont indiquées dans le traitement de l'hématurie essentielle.

M. Vial conseille l'administration de breuvages émollients de graines de lin. Le petit-lait mêlé à une décoction d'oseille convient, dans ce cas, d'une manière toute particulière.

La préparation suivante a été souvent appliquée avec succès.

Décoction mucilagineuse.	1 litre.
Jaune d'œuf.	1 —
Ipécacuanha en poudre.	3 grammes.

On met le tout dans une fiole que l'on agite et l'on fait prendre au malade.

Lorsqu'on a lieu de supposer que l'hématurie est

due à l'ingestion de cantharides, on remplace l'ipécacuanha par cinq ou six grammes de camphre.

Mais quand l'hématurie est un signe de tuberculose, tout traitement est vain.

On devra aussi recourir aux soins de la peau par l'étrille et la brosse. Il faudra éviter avec soin le changement brusque de température, le froid, l'humidité.

Nous le répétons, un traitement rationnel et profitable ne peut être institué que par un vétérinaire, seul apte à juger chaque cas particulier.

Inflammation des mamelles. — Cette maladie fréquente provient souvent d'une trop grande abondance de lait, soit par suite d'un sevrage trop brusque ou de négligence à traire l'animal, et, quelquefois, de coups de tête du veau, de piqûres d'épines ou d'insectes, etc. Elle se manifeste par la tristesse et l'abattement, la tension et la tuméfaction des mamelons où l'on remarque presque toujours des grosseurs. Si on donne au mal le temps d'empirer, la tuméfaction s'étend soit sous le ventre soit aux aînes; l'écoulement du lait n'a plus lieu; il y a fièvre, souvent abcès, gangrène; la mort survient bientôt lorsqu'on néglige d'enrayer la maladie.

Pansement à l'eau de javelle coupée de quatre cinquièmes d'eau; vider les mamelles dès le début et avoir recours aux lotions émollientes, infusion de fleurs, décoction de racines de guimauve ou de graine de lin. Si le mal augmente, saignée et lotion calmante d'une décoction de deux poignées de belladone et de quatre têtes de pavot dans deux litres d'eau. S'il y a des abcès, les ouvrir avec le bistouri, déterger le foyer avec du vin mêlé de moitié d'eau tiède et panser les plaies avec de l'onguent populeum. Si les mamelles restent dures, combattre cette induration avec un liniment composé de 125 grammes d'huile d'olive et 32 grammes d'ammoniaque liquide ; frictionner avec ce liniment plusieurs fois par jour.

Esquinancie inflammatoire ou mal du gosier. — Maladie aiguë qui se reconnait au frisson, à la fièvre violente de l'animal et au gonflement phlegmoneux du gosier. Les oreilles, les cornes et les extrémités sont très chaudes, les flancs agités, la respiration et la déglutition gênées ; enfin la bête est triste et agitée. Elle peut être causée par une transition brusque du chaud au froid ou par des aliments âcres et brûlants.

Prompte et abondante saignée au cou ; scarification c'est-à-dire petites incisions peu profondes à l'aide d'une lancette ou d'un bistouri dans la bouche, pour diminuer l'engorgement du sang ; lotions tempérantes au palais, quelques lavements purgatifs. Si le mal persiste, c'est qu'il a une tendance à se terminer par l'esquinancie gangreneuse.

Esquinancie gangreneuse. — Maladie réputée contagieuse et quelquefois épizootique qui attaque le plus souvent les jeunes bêtes et même les veaux et plus rarement les animaux âgés. Au début, fièvre qui devient de plus en plus intense. Vers le troisième jour, taches brunes ou jaunâtres au fond de la gorge et sur la luette ; elles finissent par s'étendre jusqu'aux lèvres et dégénèrent en petits abcès de mauvaise nature ; râlement ; sortie de lambeaux de la membrane muqueuse ; haleine infecte ; langue enflée, parotides gonflées ; mort du 5e au 9e jour.

Dès le début, breuvage purgatif, et, lorsqu'il a agi, breuvage préparé d'après la formule suivante : faire dissoudre 63 grammes de miel dans un quart de litre d'esprit de vin; ajouter un demi-litre de décoction de bois de genièvre; introduire et délayer dans le mélange, 16 gr. de gousses d'ail hachées, 8 gr. de camphre et 8 gr. de quinquina en poudre.

Donner au malade des feuilles d'oseille et des pommes crues et aigrelettes coupées par morceaux. Boisson d'eau acidulée avec du vinaigre. Traiter les ulcères de la bouche en les touchant plusieurs fois par jour, avec une préparation composée de 60 grammes de miel dans lequel on aura incorporé 40 gouttes d'acide hydrochlorique (esprit de sel, acide muriatique).

Phtisie pulmonaire. — Une maladie contre laquelle les engraisseurs doivent se prémunir, parce qu'elle rentre dans la catégorie des maladies rédhibitoires et peut donner lieu à une demande de résiliation de la vente. Elle est connue à Paris sous le nom de *pommelière,* de *phtisie tuberculeuse,* et de *phtisie calcaire.* Elle attaque surtout les vaches des nourrisseurs qui font le commerce du lait et qui réunissent un grand nombre de sujets dans un espace trop restreint, insuffisamment aéré, insalubre et presque toujours infect.

Il faut beaucoup d'attention, au début, pour reconnaître cette affection ; aussi doit-on observer attentivement les animaux de l'espèce bovine que l'on achète, au moins pendant les huit premiers jours qui suivent leur achat. Une petite toux sèche, quinteuse, avortée; la respiration irrégulière et parfois bruyante ; la peau sèche et adhérente, crépitant comme du parchemin lorsqu'on la froisse entre les doigts ; la colonne vertébrale fléchissant et faisant pousser un cri plaintif à la bête, lorsqu'on la pince, sont des caractères distinctifs qui permettent de soupçonner l'existence de la maladie et qui conseillent d'appeler un vétérinaire dont le diagnostic autorisera à demander au vendeur, s'il y a lieu, la résiliation de la vente.

Faisons remarquer que l'on ne saurait voir une preuve de bonne santé de la bête dans le fait qu'elle profiterait bien de ses aliments pour augmenter en poids. C'est un phénomène inexpliqué, mais réel, que généralement les bovidés atteints de tuberculose engraissent au début de la maladie. Mais, dès que le mal s'aggrave, l'animal maigrit et l'engraissement ne peut plus se faire.

Dans tous les cas, on possède aujourd'hui, dans la *tuberculine*, un précieux agent de diagnostic, qui permet de déceler chez les animaux, par divers symptômes que cet agent provoque dans l'économie, la tuberculose encore latente, en germe en quelque sorte et avant son apparition.

Dès lors donc qu'on soupçonne le mal, on peut demander au vétérinaire qu'il le confirme par l'application de l'agent en question.

Pleuropneumonie. — Une autre maladie des poumons, d'autant plus grave qu'elle est généralement épizootique, c'est la pleuropneumonie ou inflammation du poumon et de la plèvre.

Elle atteint, d'ordinaire, les animaux mal nourris, soumis à un nouveau régime, parqués dans des étables insalubres, malpropres, exhalant des odeurs méphitiques, insuffisamment aérées, dans lesquelles règne une température trop élevée, conséquence de l'entassement des bêtes dans un espace trop restreint.

Les premiers symptômes auxquels on peut reconnaître l'existence de la pleuropneumonie, dit M. Villeroy, sont très peu apparents. D'abord de légers frissons, un hérissement du poil, surtout le long du dos ; le mouvement des flancs plus prononcé, de faibles gémissements, une toux sèche, fréquente, puis rauque ; diminution du lait chez les vaches. La toux devient ensuite plus fréquente, la respiration plus accélérée et accompagnée de battements de flancs ; le pouls indique de 60 à 70 pulsations à la minute ; les bêtes sont tristes, perdent l'appétit, restent debout plus que de coutume, écartent les jambes de devant pour soulager leur poitrine.

Ces symptômes se développent d'une manière plus ou moins rapide, dans l'espace de huit jours à trois semaines ; ils s'aggravent encore ensuite et quelquefois les bêtes ne succombent qu'au bout de deux mois.

Dès qu'on soupçonne l'invasion de la maladie, la meilleure conduite à tenir est de s'adresser au vétérinaire qui prescrira le traitement à suivre.

Dans tous les cas, il importera de séparer immédiatement l'animal atteint de ses congénères, qui ne tarderaient pas à être atteints à leur tour. Enfin, on ne saurait trop recommander de soustraire les autres bêtes aux influences qui ont provoqué le mal de l'un des sujets, en instituant, en leur faveur, un régime alimentaire et hygiénique mieux compris.

Cocotte ou épizootie aphteuse. — Cette maladie contagieuse est caractérisée par la présence d'aphtes dans la bouche, c'est-à-dire de petits boutons qui, une fois crevés, laissent à leur place une érosion, une plaie superficielle très douloureuse; quelquefois, chez les vaches, le pis est attaqué dans les mêmes conditions.

La bouche est rouge au début, chaude, écumeuse. Il y a état fébrile; les forces diminuent, la bête est triste et ne mange pas ou mange très difficilement.

Très souvent, l'affection se complique d'ulcères sous-ongulés; les pieds deviennent très douloureux, la corne se décolle vers le talon, le sujet reste constamment couché et ne se relève qu'avec peine. Le plus souvent, ces symptômes s'affaiblissent peu à peu, l'appétit revient et l'animal guérit du quinzième au vingtième jour. Ce n'est qu'exceptionnellement que la maladie a des suites funestes.

Si la maladie est bénigne, il vaut mieux s'abstenir de tout traitement et laisser la guérison s'opérer d'elle-même. Tous les remèdes astringents, les dessicatifs et les saignées sont nuisibles. Il suffira de soumettre les bêtes malades à un régime rafraîchissant, relâchant, et, pour le surplus, se borner à des soins de propreté. Les aliments consisteront en fourrage vert et tendre, ou foin et regain les plus tendres et les plus sains, avec racines cuites, boisson d'eau blanche, orge moulue, décoction de graine de lin, etc.

Le fumier, ajoute M. Villeroy, à qui nous empruntons ces détails, doit être enlevé fréquemment pour que les bêtes reposent toujours sur de la belle litière sèche; la bouche sera lavée intérieurement au moins trois fois par jour, pour la débarrasser de la bave glaireuse et de l'humeur qui suintent des plaies. On emploie pour cela, ou de l'eau légèrement acidulée de vinaigre, à laquelle on peut ajouter un peu de miel, ou une infusion de sureau. On se sert d'un linge doux, en évitant d'irriter les plaies de la langue ou du palais. Si des lambeaux de peau se détachent, on ne les arrache pas, mais on les coupe avec précaution.

On lave les pieds plusieurs fois par jour avec de l'eau fraîche. Si l'on a un ruisseau à sa disposition, on y fait entrer les bêtes jusqu'au-dessus du boulet et on les y laisse environ dix minutes. Si cette ressource manque, on arrose les pieds avec un arrosoir de jardin. En faisant baigner les bêtes, il faut avoir égard à la température et éviter les refroidissements.

Si le pis est atteint, il faut se borner à le frotter avec du beurre frais et à laver les plaies avec une décoction émolliente.

Si on constate que l'amélioration ne se manifeste pas malgré ce traitement, il faut avoir recours à un vétérinaire.

Plaies. — Les plaies peuvent être produites par une infinité de causes accidentelles : blessures causées par un instrument tranchant, piqûres par pénétration dans la chair, d'un clou, des dents d'une fourche, d'une herse, etc.

Lorsque la plaie est profonde ou très étendue, le mieux est d'appeler un vétérinaire, qui devra instituer un traitement dans le premier cas, et procéder à la suture des lèvres de la blessure dans le second cas.

Dans le cas où les plaies ne sont pas compliquées, le traitement consiste en des compresses imbibées d'eau, dans laquelle on verse quatre ou cinq gouttes d'arnica. Si la plaie ou la contusion existe sur un point où l'on ne puisse pas faire tenir un pansement, on se contente de lotionner la partie malade avec la même préparation et le plus souvent possible. Ce remède produit surtout des effets remarquables lorsqu'il est appliqué immédiatement après l'accident; il prévient le développement de l'inflammation et fait cicatriser les plaies avant que la suppuration soit établie.

Lorsque la plaie est déjà suppurante, les pansements avec la teinture d'aloès sont préférables.

Enfin, si par défaut de soin en temps utile ou pour tout autre motif, la plaie prenait un mauvais caractère et devenait gangreneuse, si la suppuration était trop abondante et, surtout, si des parties osseuses s'exfoliaient, il faut recourir aussi au vétérinaire.

Dans le cas où la plaie est suivie d'une hémorragie trop abondante et qui laisse supposer qu'elle provient d'une artère transpercée, il faut d'abord chercher à l'arrêter en appliquant un tampon de charpie et d'étoupe et en opérant une compression très vigoureuse au moyen d'un bandage et, en même temps, appeler un vétérinaire qui fera la ligature. Si l'effusion du sang n'est pas trop forte, on l'arrête assez facilement par l'application d'eau froide ou d'eau vinaigrée et par la compression des chairs au moyen d'un bandage.

Matrice et vagin (*Inflammation de la*) — A la suite d'un part laborieux, et notamment lorsque l'on a employé des moyens violents et brutaux pour aider à la sortie du veau, il peut se manifester une inflammation générale de toutes les parties sexuelles de la vache, avec des tuméfactions et des rougeurs sèches au début, mais qui ne tardent pas à dégénérer, pour peu qu'on n'y porte pas immédiatement remède. On voit alors s'écouler du vagin et de la vulve des substances visqueuses et purulentes, dégageant une odeur insupportable. La bête éprouve de la fièvre, la sécrétion du lait est diminuée et quelquefois interrompue; l'urine est rare, colorée, la fiente sèche, noirâtre; on remarque, en un mot, tous les symptômes d'un état inflammatoire interne.

Le traitement à appliquer, d'après M. Villeroy, est celui que l'on emploie généralement dans la plupart des maladies inflammatoires. Cependant, on ne doit recourir à la saignée qu'avec circonspection et seulement au début d'une inflammation bien prononcée, afin de ne pas trop affaiblir une bête dont les forces sont déjà épuisées par le travail du part et par les mauvais traitements qu'elle a subis.

Intérieurement, on donne des breuvages mucilagineux deux ou trois fois par jour; on ajoute 120 grammes d'huile douce, telle que l'huile de lin et 15 grammes de salpêtre préalablement dissous dans l'eau chaude.

Extérieurement, on applique sur les reins des cataplasmes émollients qu'on a soin de renouveler assez fréquemment pour qu'ils soient toujours chauds et humides.

La matrice et le vagin doivent être l'objet d'une attention particulière. Si aucun écoulement n'a lieu, on emploie plusieurs fois par jour les injections émollientes et adoucissantes, comme le lait chaud, dans lequel on fait cuire quelques têtes de pavot ou de fleur de sureau, ou de mélilot, etc.

S'il sort des matières sanieuses de la vulve, il faut que les injections soient composées d'une infusion de plantes aromatiques, telles que l'absinthe, le thym, la mélisse, jusqu'à ce que le flux soit de bonne nature.

On doit toujours donner à boire aux bêtes, autant qu'elles en témoignent le désir.

On peut leur faire boire alternativement de l'eau blanchie de farine, ou dans laquelle on fait dissoudre du tourteau de lin. Lorsque l'appétit revient, on ne doit le satisfaire qu'avec précaution et ne donner aux bêtes convalescentes qu'une petite quantité de racines cuites et de bon foin.

Pléthore. — La pléthore, explique M. Vial, n'est pas une maladie, c'est un état physiologique de l'organisme résultant d'une surabondance de sang, due à un excès de nourriture. Elle est caractérisée par la pesanteur de la tête, la rougeur des muqueuses, le gonflement des veines, la force du pouls et des battements du cœur.

Les animaux pléthoriques sont prédisposés aux maladies inflammatoires, dont l'une ou l'autre ne tarde pas à se développer, si les causes de la pléthore continuent d'agir. C'est chez les bêtes trop fortement nourries que l'on remarque le plus fréquemment des inflammations des viscères internes, du poumon, du foie, des membranes séreuses, des intestins, du cerveau, etc.

On y remédie par la diète, l'exercice, les sueurs, le sel de nitre donné à la dose de vingt grammes par jour, et enfin la saignée, si l'on redoute l'invasion d'une maladie inflammatoire.

Maladies inflammatoires. — Lorsque la pléthore, ou toute autre cause, a déjà produit des congestions locales internes, on s'aperçoit de leur existence à la tristesse de l'animal. Les yeux deviennent sombres, éteints, ou étincelants; l'appétit est diminué, la rumination suspendue; les oreilles et les cornes sont froides ou chaudes, ou présentent alternativement ces deux états; le mufle, la bouche, sont secs et chauds. Les lèvres, les conjonctives, la face interne des oreilles présentent une couleur rouge jaunâtre. Les bêtes mugissent quelquefois, sont agitées, éprouvent des frissons. Les urines sont rares, leur expulsion exige des efforts; les excréments sont durs ou fluides, de couleur anormale, et quelquefois mêlés de sang. Le flanc est agité, l'air expiré chaud; les poils sont ternes, sombres, piqués. La peau est sèche, aride, adhérente aux parties sous-jacentes, etc.

Lorsque l'engraisseur reconnaîtra quelques-uns de ces signes, il devra s'empresser d'appliquer lui-même les premiers remèdes appropriés à toutes les inflammations aiguës, en attendant que l'homme de l'art appelé ait reconnu l'espèce de la maladie et formulé les indications spéciales qu'elle réclame. Il devra d'abord mettre les animaux à la diète; leur donner de l'eau blanche, nitrée ou acidulée, le petit-lait en boisson, des décoctions de racines de guimauve, de fleurs d'altéa, de graines de lin, des lavements adoucissants, et enfin pratiquer une saignée.

La saignée est d'un précieux secours pour faire avorter les maladies inflammatoires qui menacent de se déclarer, ou qui existent déjà. Mais il importe de le faire à propos. Une erreur sur ce point pourrait être funeste. On reconnaît qu'elle est indiquée à la rougeur des muqueuses, à la chaleur de la peau, à la plénitude, la fréquence et la dureté du pouls, enfin à la force des pulsations du cœur.

Fièvres pernicieuses. — Il existe un groupe de maladies qui ont des traits de ressemblance avec les affections franchement inflammatoires, et qu'il ne faut pas cependant confondre avec elles, parce qu'elles exigent un traitement tout à fait différent. Ce sont les fièvres à caractère typhoïde, ataxique, pernicieux. Comme les inflammations franches, elles présentent un trouble de la circulation, la chaleur de la peau, la soif, etc.; mais elles s'en distinguent par des caractères particuliers. Le pouls, quoique rapide, est mou et déprimé ; les battements du cœur sont faibles, irréguliers, intermittents. Les forces s'affaiblissent. On remarque des accès pyrexitiques plus ou moins prononcés. Des pétéchies se montrent quelquefois. Comme leur influence s'exerce sur les centres nerveux, et qu'elles ont pour effet d'affaiblir les forces, une saignée irait souvent à l'encontre du but que l'on se propose. Il faut recourir aux lumières du vétérinaire pour décider cette question ; toutefois, s'il n'y en a pas sur les lieux, on pourra administrer tout d'abord quelques breuvages antispasmodiques et cordiaux tels que les infusions de fleurs de tilleul, de feuilles d'oranger, de camomille, de fleurs de sureau.

Courbature. — Il est une indisposition qui se montre fréquemment chez les bêtes pleinement nourries, ou qui sont sous l'influence d'un arrêt de transpiration. C'est un état intermédiaire entre la pléthore qui ne trouble pas encore les fonctions, et la maladie proprement dite, caractérisée par une entité morbide. Elle se traduit par un malaise général, des tremblements, l'accélération du pouls et de la respiration, l'endolorissement des membres, ce que l'animal exprime en changeant de place, en fléchissant tantôt un membre, tantôt un autre, pour le soustraire à l'appui. On désigne cette indisposition par le nom de courbature. Elle est souvent peu grave et disparaît d'elle-même sans traitement. Mais quelquefois aussi elle n'est que l'avant-coureur, le prodrome d'une maladie proprement dite. On la combat par des frictions sèches, des breuvages sudorifiques de tilleul, de bourrache, de camomille, du vin, ou de l'eau-de-vie étendue. On bouchonne le corps avec un bouchon trempé dans de l'eau sinapisée, c'est-à-dire dans laquelle on a mis une ou deux poignées de farine de moutarde. On le couvre avec plusieurs couvertures de laine pour provoquer une abondante sueur. Le malade doit être rétabli en peu de temps. Si les premiers symptômes persistent, s'ils changent de nature, c'est une preuve qu'il existe une inflammation localisée, dont il faut rechercher la nature et qu'on doit traiter en conséquence.

Fracture des cornes. — La fracture des cornes est complète ou incomplète. Dans le premier cas, le prolongement de l'os frontal qui constitue la base de la corne, est tout à fait cassé et il en résulte à la surface fracturée une ouverture par laquelle on peut voir jusque dans les sinus frontaux qui communiquent avec les cavités nasales, de sorte qu'il y a, ordinairement, écoulement de sang par les naseaux.

M. Villeroy indique le traitement suivant. Le premier soin à prendre dans le cas d'une fracture de cornes, c'est d'arrêter l'hémorragie en couvrant la plaie de compresses imbibées de vinaigre et que l'on maintient humectées jusqu'à ce que l'écoulement du sang ait cessé. Quelquefois il est nécessaire de cautériser la plaie avec un fer rouge. On ne doit pas négliger de nettoyer les naseaux, afin d'empêcher l'obturation par le sang coagulé. Dès que l'hémorragie est arrêtée, on panse la plaie avec des compresses imbibées d'eau et l'on continue ce traitement jusqu'à la guérison qui a lieu au bout de quinze ou vingt jours. Il est nécessaire de laver chaque jour la plaie avec de l'eau tiède, afin de la tenir propre ; on la recouvre de manière à la préserver du contact de l'air, de la poussière et des ordures qui peuvent tomber du râtelier. Si des parcelles d'os se détachent, si la plaie dégage une odeur fétide et qu'il en découle un pus jaune ou verdâtre, on panse la plaie avec la teinture d'aloès et on la couvre de poudre de charbon.

Lorsque la fracture est incomplète, la base de la corne ou prolongement de l'os frontal est intact, la corne est seulement détachée à sa base. Si la corne n'est détachée que d'un côté, on peut, au moment même où l'accident est arrivé, la replacer dans sa position naturelle et la fixer, soit avec du chanvre, soit avec une bande imbibée de blanc d'œuf, soit même avec de la colle-forte dont on couvre la fente ou la gerçure, en l'enveloppant ensuite avec une bande solidement fixée et appliquée de façon à maintenir la corne en place. Il est essentiel que la bête soit ensuite placée de manière à ne pouvoir être heurtée. Si la corne proprement dite est détachée dans tout le pourtour de sa base, on ne doit pas essayer de la replacer, mais on fait d'un morceau de toile une gaîne dont on couvre la base de la corne, après l'avoir enduite d'un mélange d'huile de lin et de goudron. On fixe cet appareil au moyen d'un bandage approprié qu'on laisse jusqu'à la guérison. J'ai vu, ajoute M. Villeroy, par ce moyen simple et sans autre traitement, la corne se régénérer entièrement.

Traitements généraux. — Nous venons de passer en revue les principales affections qui sont susceptibles d'atteindre les animaux de la race bovine, en indiquant les signes généraux qui permettent de distinguer ces diverses maladies et les traitements qu'il convient d'appliquer suivant les circonstances.

Dans bien des cas, ces simples notions, à la condition d'être bien étudiées, suffiront à l'éleveur intelligent, pour avoir raison du mal dont ses bêtes se trouveraient assaillies. Mais pour peu qu'il y ait hésitation sur le diagnostic en face d'un sujet dont l'abattement, la prostration indiquent de vives souffrances ; si, malgré les soins appliqués, le mal persiste et à plus forte raison s'il s'aggrave, il est toujours plus prudent de recourir aux lumières du vétérinaire qui peut sauver une bête qu'on perdrait peut-être autrement.

Il nous reste à compléter cette étude, en indiquant certains moyens pratiques d'application des prescriptions examinées dans ce chapitre.

Fièvre. — Et tout d'abord, la fièvre étant un indice caractéristique de la maladie, il importe expressement de savoir de quelle façon on constate cet état chez l'animal.

Personne n'ignore qu'on le distingue à l'accélération plus ou moins rapide des pulsations d'une artère superficielle. Chez les animaux de l'espèce bovine, les artères sur lesquelles on peut faire ces constatations sont l'artère maxillaire, au contour qu'elle fait au bord inférieur de l'os maxillaire (mâchoire inférieure) pour se ramifier sur le chanfrein ; ou bien à l'artère auriculaire antérieure qui rampe de bas en haut, en avant de la base de l'oreille ; ou bien encore aux artères coccygiennes dont le battement se fait sentir à la face inférieure de la queue.

Le nombre des pulsations, chez un animal en bonne santé, varie de 36 à 45 par minute ; le pouls est plus accéléré chez les jeunes animaux que chez ceux qui sont plus âgés, s'ils sont placés au milieu d'une température plus élevée, s'ils font plus d'exercice, etc. Mais si les pulsations dépassent sensiblement le nombre que nous venons d'indiquer ; si elles sont plus fréquentes que celles relevées sur un sujet de même âge et de même nature que l'on aurait dans la même écurie, si surtout cette circonstance se trouve accompagnée d'un développement de chaleur des tissus, de frissons et de désordres dans l'économie, il est certain qu'il y a fièvre et conséquemment maladie.

Saignée. — Tout cultivateur qui possède des animaux doit être en état de pouvoir pratiquer une saignée qui, dans nombre de cas, est d'une nécessité absolue et s'impose sur-le-champ et avant l'arrivée du vétérinaire, la plupart des maladies des bêtes bovines étant de nature inflammatoire.

A cet effet, on aura toujours en sa possession une flamme de large dimension, dont la lame aura de 0m012 à 0m015 de longueur sur une pareille largeur à la base.

Voici, d'après M. Villeroy, la manière de pratiquer.

Un aide se place devant la bête, lui tenant la tête un peu haute et inclinée vers le côté droit, et lui couvrant d'une main l'œil gauche. L'opérateur, placé sur le côté gauche de la bête, lui passe autour de la base du cou une corde de la grosseur du petit doigt, et la serre suffisamment pour que la veine jugulaire, sur laquelle se pratique d'ordinaire la saignée, devienne bien apparente. Si le poil est long, on le mouille à l'endroit où on veut faire l'ouverture, afin de mieux distinguer la veine. Tenant alors la flamme de la main gauche, et dans une direction parallèle à la longueur de la veine, on l'applique sur le milieu de la veine, de manière que la pointe de la flamme soit à peu près à un millimètre de la peau ; puis on frappe sur le dos de la flamme un coup sec, avec un petit marteau en bois ou un bâton rond, d'environ 0^m30, et d'un diamètre de 0^m03 à 0^m04. Le coup doit être assez fort pour que la peau et la veine soient percées en même temps. On peut aussi employer une flamme à ressort ; dans ce cas, le bâton est inutile. Dès que la veine est percée, le sang jaillit ; on le recueille dans un vase, afin de pouvoir apprécier la quantité tirée, et quand on juge que cette quantité est suffisante, on détache la corde. Ordinairement alors le sang ne coule plus et il n'est pas nécessaire pour en arrêter l'écoulement de rapprocher les lèvres de l'ouverture de la saignée, et de les maintenir en contact à l'aide d'une compresse et d'une bande. Si pourtant la bête est très agitée, et si le sang continue à couler, on l'arrête en perçant transversalement les lèvres de la plaie avec une épingle, autour de laquelle on passe deux ou trois fois quelques crins arrachés à la queue de la bête et qu'on fixe par un nœud simple.

Il y a des bœufs dont le cuir est si épais qu'on a de la peine à les saigner.

De petites saignées de quelques hectogrammes de sang sont sans effet. Quand la saignée est indiquée, elle doit être copieuse, et l'ouverture de la veine doit être assez grande pour que le sang en sorte d'un jet vigoureux.

A une vache adulte, de moyenne taille, on tire deux et jusqu'à trois kilogrammes de sang, suivant l'état d'embonpoint de la bête, la nature et la période de la maladie qui nécessitent la saignée. A un bœuf, on peut tirer trois, quatre, cinq et jusqu'à six kilogrammes de sang à la fois.

Un litre de sang pèse à peu près un kilogramme.

Le sang ayant été recueilli dans un vase, on est certain que la saignée était nécessaire, si le sang se coagule promptement en une masse uniforme, dense, de laquelle il ne se sépare point de sérum (partie aqueuse), et si l'on aperçoit à la surface de la masse de sang une écume abondante et très rouge.

Tant qu'on ne sent pas le battement du cœur, que les pulsations des artères sont dures, accélérées, peu distinctes, et que la respiration est courte, il y a indication d'une nouvelle saignée.

Quand, sur la surface du sang, il se forme une membrane épaisse, jaunâtre, lardacee, et qu'on ne remarque point d'écume rouge sur sa surface, c'est signe que la saignée n'était pas nécessaire, et que par conséquent elle a été nuisible.

Quand, dans une maladie inflammatoire, le sang tiré est tout noir, épais et qu'il rougit à la surface lorsqu'on l'expose à l'air, il y a encore espoir d'apaiser l'inflammation et de sauver la bête malade; mais dès qu'une membrane d'un blanc bleuâtre apparaît à la surface du sang, tout espoir de guérison est perdu.

On reconnaît que la saignée a été assez abondante lorsque les battements du cœur sont devenus plus distincts, que l'artère est moins dure et moins tendue, et que l'animal, qui avait auparavant la tête baissée, commence à la tenir haute, et indique par son attitude le soulagement qu'il éprouve.

ANIMAUX DE L'ESPÈCE OVINE

CHAPITRE VIII

FONCTIONS ÉCONOMIQUES DES BÊTES DE L'ESPÈCE OVINE. — ANATOMIE DU MOUTON. — LES DIFFÉRENTES RACES DE L'ESPÈCE OVINE : RACE FLAMANDE ; RACE DU CAUSSE ; RACE DU SÉGALA ; RACE LAITIÈRE DU LAURAGUAIS ET DU LARZAC ; RACE BRETONNE ; RACE DU POITOU ; RACE SOLOGNOTE ; RACE BERRICHONNE : SOUS-RACE DE CREVANT, SOUS-RACE DE CHAMPAGNE ; RACE MÉRINOS ET MÉTIS-MÉRINOS : MÉRINOS DE RAMBOUILLET, MÉRINOS DU CHATILLONNAIS, MÉRINOS DE LA BEAUCE, MÉRINOS A LAINE SOYEUSE OU SOUS-RACE DE MAUCHAMP, MÉTIS-MÉRINOS. — RACES AMÉLIORANTES DE LA CHARMOISE, DE DISHLEY ET DE SOUTHDOWN.

Le mouton, quelle que soit son aptitude spéciale plus ou moins accentuée, est toujours un producteur de viande et un producteur de laine. C'est à ces titres qu'il est un des plus précieux animaux de la ferme.

On peut dire aussi que la brebis, particulièrement la brebis de certaines races déterminées, est une bête laitière dont les produits sont souvent fort appréciables. Néanmoins, d'une manière générale, la brebis donnant du lait après l'allaitement de son petit, est, en quelque sorte, une exception en France.

Mais il faudra peut-être, dans un avenir prochain, ainsi que le conseille M. Cornevin, apporter une plus grande attention qu'on ne le fait aujourd'hui, à la brebis vraiment laitière.

Longtemps, en France, on a exploité le mouton comme étant particulèrement producteur de laine, et alors, partout où l'élevage du mouton lainier pouvait se faire dans de bonnes conditions hygiéniques, on élevait, de préférence, des races à laines fines qui se vendaient à un prix très élevé.

Mais, depuis les traités de commerce de 1860, la laine a constamment diminué de prix sur le marché, et on a dû négliger la production lainière, qui n'était pas assez rémunératrice, pour revenir à l'exploitation d'animaux à laine grossière, mais d'une plus grande précocité comme producteurs de viande.

Que cherche-t-on, en effet, dans l'exploitation du mouton, comme dans celle du bœuf, dans celle du cochon, etc. ? Des bénéfices qui résultent évidemment de la vente facile et rémunératrice des produits de l'animal.

Or, si pendant lontemps, ainsi que l'a enseigné avec raison M. Sanson, professeur de zoologie et de zootechnie à l'Institut national agronomique, on a pu entretenir des troupeaux tout à la fois producteurs de belles laines et d'excellente viande, il semble que, maintenant, cela ne soit plus possible. Car en effet, jusqu'en 1894, les laines fines trouvaient encore acheteurs à un prix légèrement supérieur ou égal à celui qu'étaient payées les laines grossières ou communes, tandis que, aujourd'hui, et particulièrement dans les ventes faites en 1895, les dernières sont payées plus cher que les belles laines mérinos ou métis-mérinos.

La viande de mouton est de trois sortes : viande de mouton adulte ; viande d'agneau gris ; viande d'agneau de lait.

La viande de mouton adulte est celle que donne l'animal, suivant sa race et sa précocité, de douze ou quinze mois à cinq ans. Il y a, bien entendu, des qualités très différentes, suivant l'âge, la race, l'aptitude, la précocité, etc.

La viande d'agneau gris est une production spéciale, dont l'initiative, pour ne pas dire l'invention est due à feu de Béhague, qui fut un grand agronome du Loiret. L'agneau gris est l'agneau engraissé par une abondante alimentation au lait, jusqu'à l'âge de quatre mois environ, puis par une nourriture riche en principes azotés et d'une grande digestibilité, jusqu'à l'âge de six à dix mois. La viande n'est pas blanche, mais elle n'est pas rouge non plus. Elle est rosée et elle a plus de fermeté que la viande d'agneau de lait. Le berrichon, le southdown, le mérinos précoce et les croisements de ces diverses races donnent seuls cette viande spéciale qui, provenant d'animaux constamment bien entretenus, est exquise. C'est véritablement une viande de luxe qui indemnise largement le producteur.

La viande d'agneau de lait est celle de l'agneau engraissé au lait et abattu à l'âge de six semaines au plus.

Quelle que soit la spécialité de l'éleveur du mouton, il peut, dans tous les cas, se livrer à la production de la viande de cette espèce domestique, dont la consommation est toujours en croissance, bien que, cependant, les amateurs de viandes de mouton soient moins nombreux que les amateurs de viandes de toutes autres espèces et préfèrent la viande de bœuf, la viande de veau ou celle du porc, à celle du mouton, toujours un peu haute en goût.

Quoi qu'il en soit, la production et l'élevage du mouton ne sont jamais en perte pour l'éleveur intelligent et attentif aux règles si simples de l'hygiène.

Ajoutons que le mouton est la providence des contrées aux terres pauvres, où la culture est arriérée, et où le sol, ne se prêtant pas aux améliorations, ne produit que de maigres pâturages ; il est sobre, rustique, et utilise au pâturage les herbes courtes et dures qui ne sauraient nourrir aucun autre bétail ; aussi le pâturage au grand air est-il le régime par excellence pour l'espèce ovine et celui dont on doit user le plus possible.

Nous étudions plus loin les diverses races de la famille des ovidés, lesquelles présentent assurément, les unes par rapport aux autres, de larges caractères de supériorité que l'on peut sans doute modifier par le croisement. Nous indiquons les améliorations qui ont été obtenues de cette façon et les types améliorateurs qui semblent les plus convenables à chacune d'elles. Mais, d'une façon générale, ainsi que nous l'avons fait remarquer déjà pour la race bovine, nous ne saurions trop insister sur la nécessité d'améliorer d'abord les races locales, avant d'entreprendre les croisements ou les substitutions de race.

Anatomie du mouton. — Nous ne nous étendrons pas outre mesure sur la conformation anatomique du mouton ; ce serait une digression qui nous semblerait inutile, étant donné le but tout spéculatif que nous poursuivons dans cet ouvrage, et qui est d'indiquer aux éleveurs le meilleur parti économique que l'on peut tirer de l'espèce.

Nous nous bornerons à donner quelques détails sur ses organes de nutrition.

Pourvu, comme la race bovine et comme tous les ruminants en général, de quatre estomacs, le rumen, le feuillet, le réseau et la caillette décrits plus haut à l'occasion de l'appareil digestif des bœufs, le mouton paraîtrait, d'après les expériences de M. Flourens, avoir la faculté de sécréter une quantité relativement beaucoup plus considérable de salive, qui non seulement servirait à humecter les aliments pour la mastication, mais qui descendrait en outre directement dans le rumen, en assez grande quantité pour aider à l'élaboration des aliments, ce qui expliquerait comment ces aliments, quoique d'une nature généralement assez sèche et dure, et bien que l'animal ne boive qu'en petite quantité, sont facilement digérés. L'étendue proportionnellement plus grande du réseau et le développement de l'appareil papillaire du rumen paraissent aussi devoir concourir au même but.

Les intestins du mouton sont volumineux, leur longueur atteint jusqu'à vingt-sept fois celle du corps de l'animal. Ce grand développement des organes d'assimilation et quelques particularités de leur conformation, expliquent encore, jusqu'à un certain point, la puissance avec laquelle le mouton tire parti des aliments les moins riches et d'une assimilation peu facile.

La lèvre supérieure des moutons, n'a pas, comme celle du bœuf, cette contexture semi-cartilagineuse et cette surface brillante et humide qu'on désigne sous le nom de mufle ou miroir; elle est plus mince et partagée jusqu'à la membrane qui en forme la base, par un sillon qui lui permet de se relever facilement, de manière que les dents peuvent être plus immédiatement en contact avec l'herbe. La lèvre inférieure est ordinairement garnie de poils qui la protègent dans la pâture, le mouton coupant l'herbe beaucoup plus près du sol.

La préhension de l'herbe se fait à peu près de la même manière que chez le bœuf, bien que la langue, qui est moins longue chez le mouton, joue un rôle moins important dans ce premier acte de la nutrition. En effet, le mouton pince et coupe l'herbe en l'arrachant, au lieu d'en faire des torsades avec la langue, et les lèvres, comme le bœuf.

Des *taches* ou *mélanoses* aux lèvres et à la langue, peuvent faire craindre, si l'animal est un reproducteur, qu'il donne des agneaux à toison noire ou tachetée. Les lèvres sont quelquefois le siège de dartres ou de chancres.

Les membranes intérieures de la bouche offrent un signe diagnostique pour l'appréciation de la santé de l'animal; une haleine fraîche devra toujours être recherchée, dans les reproducteurs surtout; l'haleine fétide est presque généralement l'indice d'une mauvaise constitution.

Le système dentaire du mouton, ainsi que l'évolution des dents, ont une grande analogie avec ceux du bœuf; le mouton, comme ce dernier, possède huit incisives à la mâchoire inférieure, six molaires de chaque côté des deux mâchoires, soit vingt-quatre dents en tout; un bourrelet cartilagineux remplace les incisives à la mâchoire supérieure.

Comme le bœuf, le mouton broute et mâche grossièrement les aliments qu'il déglutit avec rapidité, puis, après le repas, il se couche et la rumination va commencer.

Les aliments avalés une première fois, tombent dans la panse où ils s'humectent et se ramollissent.

Ils sont ensuite, par un mécanisme particulier des plus simples, ramenés à la bouche où ils sont alors complètement et finement broyés et aussi mélangés à une grande quantité de salive. Après cette seconde mastication, les aliments sont déglutis et vont sous forme de pâte très liquide, dans la caillette. Mais les parties qui ne sont pas encore assez broyées s'arrêtent dans le feuillet où elles subissent un travail mécanique complémentaire de celui des dents.

Les différentes races de l'espèce ovine

Le but de l'éleveur est de produire des animaux dont les aptitudes puissent, en concurrence avec les moyens matériels et financiers dont il dispose, lui fournir les résultats les plus avantageux.

Toute entreprise de ce genre pose donc tout d'abord un problème économique qu'on ne saurait ni éluder ni reléguer au second plan. Le genre de spéculation à entreprendre ne peut pas dépendre du goût ou du caprice de l'éleveur. Avant de fixer son choix, il doit examiner à fond la situation dans laquelle il se trouve, à la fois au point de vue des débouchés et des moyens de production et d'alimentation dont il peut disposer.

La première question à examiner est celle de savoir si la race locale ou du moins celle qui est généralement entretenue dans le pays, correspond le mieux, par ses aptitudes naturelles ou acquises, aux conditions qui viennent d'être énoncées.

Les choses se présentent le plus ordinairement ainsi, actuellement, et, dans ce cas, il y a lieu seulement de songer à améliorer, c'est-à-dire à développer ces aptitudes en les portant au plus haut point de perfectionnement.

Il existe, cependant, des cas dans lesquels la race locale n'est douée, à aucun degré, de l'une des aptitudes qui seraient les plus avantageuses à exploiter et n'offre l'autre qu'à un état de développement fort attardé par rapport aux conditions dans lesquelles elle vit.

Là il convient de la remplacer.

Entre ces deux situations extrêmes, il y en a de moyennes dans lesquelles la concordance entre les aptitudes économiques et les conditions de milieu, n'est plus qu'une question de temps.

Ici, il s'agit seulement d'adopter des mesures transitoires qui, sans entraver le développement régulier des aptitudes de la race locale, permettent d'en tirer un meilleur parti.

Quoi qu'il en soit, nous devons, tout d'abord, entrer dans la description des différentes races de l'espèce ovine exploitées en France. La connaissance de leurs aptitudes, de leur caractère, de leurs besoins, pourra permettre aux éleveurs d'examiner si les conditions dans lesquelles ils se trouvent placés, sont de nature à leur conseiller de s'adresser à tel type plutôt qu'à tel autre, à substituer l'un à l'autre avec quelque chance de succès, enfin à rechercher l'amélioration d'une race locale, par le croisement avec une autre race de meilleure espèce.

RACE FLAMANDE

La Flandre, avec son sol fertile et son ciel brumeux,

Bélier de la race flamande.

son climat doux et humide, est plus favorable au développement du corps qu'à la finesse de la laine; c'est ce que comprennent fort bien les éleveurs de cette contrée, aussi agissent-ils en conséquence. Le mouton flamand a le corps long, les membres hauts et forts, la tête forte, sans cornes, le chanfrein busqué, les oreilles longues, larges et fréquemment pendantes. La laine ne couvre ni la tête ni les jambes; elle est longue, forte, nerveuse et de bonne qualité.

En se propageant, la race s'est modifiée selon le sol et le climat et elle a formé les variétés *artésiennes* de l'Artois, *cambraisienne* des environs de Cambrai, *vermandoise* du côté de Saint-Quentin, et *picarde* de la Picardie. Depuis quelques années, cette race a été considérablement améliorée par des croisements avec la race champenoise, le métis-mérinos ou les grandes races anglaises; le type primitif devient de plus en plus rare et tend même à disparaître complètement.

La race flamande se modifie rapidement et avantageusement par le croisement avec le dishley et le cotswold. Les métis qui proviennent de ces croisements ont la tête plus fine, l'ossature plus légère, l'encolure plus courte, le corps plus épais et les membres plus grêles; enfin ils ont plus de poids, plus de laine et s'engraissent plus facilement.

RACE DU CAUSSE

Cette race habite en nombreux troupeaux les plateaux calcaires ou *causses*, situés entre le Lot et l'Aveyron; elle a une grande parenté avec la race flamande; elle présente comme caractères le corps long et mince, porté par des membres élevés et dépourvus de laine, les oreilles pendantes.

Les éleveurs de l'Aveyron, mieux avisés que par le passé, s'occupent de l'amélioration de cette race et recherchent les animaux les plus trapus, ayant les extrémités fines, le cou court et mince et la tête légère; on constate déjà de notables progrès et nul

Brebis de la race du Causse.

doute qu'avec un peu de persévérance, ils parviendront à la transformer complètement.

RACE DU SÉGALA

Vivant sur les plateaux granitiques et les coteaux schisteux de la Lozère et de l'Aveyron, sous un climat rude et une terre pauvre où il ne trouve, en été, qu'une maigre nourriture, le mouton du Ségala, pour résister à l'âpreté du climat et à la misère, doit forcément être sobre et très rustique. Il est petit, il a la tête pointue, les jambes fines, la laine douce, souvent noire, parce que les éleveurs choisissent de préférence les élèves de cette couleur afin de pouvoir employer la laine en nature. La toison de cette race est très chargée de suint, la laine est forte et nerveuse; elle sert pour fabriquer des draps grossiers.

Avant de songer à l'amélioration de la race du Ségala, il faudrait penser à améliorer notablement le régime sous lequel ces animaux vivent, et cela n'est guère possible dans l'état actuel de la culture du pays. On a conseillé de construire des bergeries et de mieux nourrir; ces conseils sont évidemment bons, mais, malheureusement, le métayer est trop pauvre pour les mettre à exécution; il faudrait que les propriétaires intervinssent et fissent quelques frais. Peut-être finiront-ils par comprendre qu'il y va de leur intérêt, et qu'en aidant leurs métayers ils augmenteront leurs revenus.

RACE LAITIÈRE DU LAURAGUAIS ET DU LARZAC

La race du Lauraguais est très répandue aux environs de Castelnaudary, dans l'Aude, le Gers, le Lot-et-Garonne, le Tarn-et-Garonne, la Haute-Garonne et la partie basse de l'Ariège. Elle fournit la majeure partie du lait qui se consomme dans ces départements. Sa taille est moyenne, la tête fine, plate et sans cornes, le corps assez allongé, l'encolure un peu longue, le dos large; la laine de qualité intermédiaire est tassée; elle ne couvre ni les jambes ni la tête. Ces bêtes sont sobres et rustiques; elles parcourent, sans inconvénient, de vastes pâturages maigres, où elles trouvent, à peine, une chétive nourriture.

Dans les localités où elles sont mieux nourries, elles acquièrent plus de taille et portent souvent deux fois par an. On compte qu'un troupeau de cent brebis donne cent cinquante agneaux.

Le type de la race de Larzac se trouve sur la partie des Cévennes qui porte ce nom (arrondissement de Lodève, du Vigan, de Milhau et de Saint-Affrique); sobre et rustique, elle se recommande surtout par l'abondance de son lait avec lequel se fabrique le fromage si renommé de Roquefort.

RACE BRETONNE

La Bretagne n'est pas un pays à moutons, et ce n'est guère que dans la lande que l'on en rencontre de petits troupeaux en nombre un peu considérable. La race qui se nourrit sur les landes et les bruyères est petite, sobre et rustique, à tête fine, sans cornes ou avec de fortes cornes formant des spires allongées, à longue laine lisse, rude, plus souvent noire, brune ou rousse que blanche, quelquefois mélangée de gris et de noir.

Cette race est élevée principalement sur les parties montueuses des Côtes-du-Nord, du Finistère, du Morbihan, les landes de la Loire, d'Ille-et-Vilaine et les coteaux de la Manche.

Dans les parties fertiles, surtout le long du littoral, on nourrit une race plus grande dont la laine, quoique commune, est plus uniforme que celle que nous venons de décrire.

RACE DU POITOU

Les moutons produits par les départements de la Vienne et des Deux-Sèvres, se reconnaissent à leur corps long, ensellé, haut monté sur jambes, à leur tête longue, sans cornes, aux longues oreilles souvent pendantes. Leur laine est dure, longue, en mèches peu distinctes ; la tête, la face inférieure du cou, les membres et le ventre sont dégarnis.

On distingue dans la race poitevine, deux variétés principales ; ce sont :

Les *moutons de la plaine,* qui s'élèvent dans les Deux-Sèvres, du côté de Saint-Maixent. Ils ont le corps long et fort, les jambes très hautes ; la partie supé-

Bélier poitevin.

rieure est souvent dégarnie de laine, ainsi que le cou, la tête et les jambes.

Les *moutons de la Gatine,* qui sont plus petits ; ils ont la tête proportionnellement moins longue et les oreilles plus étroites. Cette variété s'élève principalement sur les terrains schisteux de la Gâtine et les plateaux maigres du département de la Vienne ; en passant sur des terres plus fertiles, elle prend du développement et alors se distingue difficilement de la variété précédente.

RACE SOLOGNOTE

La race solognote est remarquable par sa sobriété, sa rusticité et sa vigueur, qui lui permettent de vivre et de prospérer là où les autres races mourraient de faim. Elle se reconnaît tout d'abord à sa tête et à ses jambes roussâtres. Sa laine est ordinairement blanche, souvent grise à l'intérieur, commune, un peu dure, jarreuse. Exportée des plaines de la Sologne dans des contrées plus fertiles, cette race prend promptement du développement et donne une viande très estimée.

RACE BERRICHONNE

La race ovine du Berry présente un intérêt particulier au point de vue de la quantité considérable d'animaux produits par cette contrée dans des conditions de culture qui laissent beaucoup à désirer. Elle est sobre, rustique et résiste bien aux influences pernicieuses d'un climat à températures extrêmes; elle s'élève et prospère sur les terres les plus arides, et pour peu qu'on la soigne, on la préserve des maladies si funestes à la race ovine dans d'autres contrées.

On divise la race berrichonne en deux sous-races : celle de *Crevant* et celle de *Champagne;* on rencontre en outre, comme dans toutes les grandes contrées, de nombreuses variétés et des animaux complètement dégénérés.

Sous-race de Crevant. — La variété ou sous-race de Crevant, est la plus marquante; son principal centre d'élevage est au sud de Châteauroux, du côté de la Châtre. On a voulu faire descendre cette sous-race de croisements opérés avec le dishley ; rien n'autorise cette supposition qui, selon nous, n'est que le fait d'anglomanes, qui ne veulent voir de bon et de bien que ce qui se fait chez nos voisins. Le même fait

Brebis de la race berrichonne améliorée.

se produit pour la race bovine : on ne peut voir un animal amélioré sans reporter l'amélioration à la race durham.

Il est plus juste de rapporter la supériorité de la variété de Crevant à l'abondante et succulente nourriture dont elle est pourvue et aux soins hygiéniques dont elle est l'objet, que de rechercher l'influence de croisements hypothétiques.

Cette sous-race se distingue par sa tête fine à chanfrein souvent un peu busqué, au regard vif (les éleveurs attachent de l'importance à la longueur des oreilles); par son corps long, fort, et son garrot épais; la tête est souvent mouchetée; elle est nue ainsi qu'une partie du cou et des membres; la laine est un peu plus grosse et plus dure que dans les autres variétés et sous-variétés; par contre, elle se nourrit mieux et s'engraisse plus facilement. On emploie ce mouton comme type améliorateur des autres sous-races du pays.

Sous-race de Champagne. — Elle est élevée dans les plaines déboisées du Berry qu'on appelle Champagne. Le mouton de Champagne est petit, à tête fine, nue ainsi que ses membres; la laine est courte, fine et douce. Avant l'introduction du mérinos en France, elle était très considérée; cette sous-race est très sobre et présente une assez grande aptitude à l'engraissement.

L'amélioration culturale du Berry doit nécessairement exercer une grande influence sur celle de la race ovine; mais comment doit se faire cette amélioration? C'est là une grande question sur laquelle on n'est pas d'accord; les uns conseillent l'amélioration de la race par elle-même ou par le croisement des deux sous-races; les autres préfèrent le croisement avec bélier de la race *Charmoise;* d'autres enfin donnent la préférence au bélier de la race southdown.

L'expérience doit trancher la question, suivant la satisfaction qu'aura donnée tel ou tel autre procédé à l'éleveur qui poursuit un but déterminé.

Quoi qu'il en soit, par le croisement des brebis de Champagne avec le bélier de Crevant, il est certain que beaucoup d'agriculteurs de la région ont obtenu des résultats aussi avantageux que possible. L'un d'eux, dont nous avons pu constater la beauté des troupeaux, élève régulièrement autant d'agneaux qu'il a de brebis; il engraisse les mâles à deux ans, et, sans autre nourriture que des tiges de topinambours, des racines coupées, un peu de foin et de la paille d'avoine, il obtient des moutons pesant en moyenne 45 kilogrammes.

Une sous-race commence à se propager près de Châteauneuf-sur-Cher, sous le nom de *serruelles*. Elle est le produit de brebis Crevant améliorées par sélection pendant plusieurs années, et d'un seul croisement avec un bélier Dishley-Mauchamp. Cette sous-race paraît tout à fait convenable pour l'amélioration de la race berrichonne; elle a acquis une entière fixité et se reproduit avec tous ses caractères. En moyenne, elle produit 2 kilogrammes à 2 kilogr. et demi de très belle laine, presque sans suint, et les moutons engraissés à quatorze mois atteignent un poids de 60 à 75 kilogrammes.

RACE MÉRINOS ET MÉTIS-MÉRINOS

Les premiers sujets de la race mérinos ont été introduits en France sous Louis XIV. Cet essai n'eut pas de succès, on craignit même que cette race ne pût réussir en France. Cependant de nouveaux essais furent entrepris avec plus de succès, et, en 1786, la bergerie expérimentale de Rambouillet possédait trois cent soixante-six sujets du plus beau choix, se reproduisant sans aucune dégénérescence. Depuis cette époque, cette race s'est propagée au point d former avec la race métis-mérinos presque la moitié de la population ovine de la France.

Ces races l'emportent de beaucoup sur les autres races françaises, pour la finesse, la douceur et la quantité de laine; la toison est très chargée de suint et couvre entièrement les animaux. Beaucoup de

Mouton de la race Mérinos.

sujets ont la peau plissée développée en fanon et couverte de laine jusque dans les plis. Les béliers portent, en général, des cornes en spires très contournées; quelques variétés n'ont pas de cornes.

La forme est plus ou moins bonne suivant les variétés : souvent la côte est plate, la croupe et le poitrail étroits, le dos ensellé; la taille et la longueur de la laine sont en rapport avec le régime auxquels les animaux sont soumis.

Ces races exigent des aliments abondants et de bonne qualité; elles se plaisent sur les terrains calcaires et sains.

Parmi les principales variétés, on comprend celles de *Rambouillet*, du *Châtillonnais*, de la *Beauce*, la sous-race soyeuse de *Mauchamp* et celle de *Gevrolles*.

Le *mérinos de Rambouillet* a le corps large, cylindrique, les cornes fortes, l'encolure courte, le fanon très développé ; la toison couvre la tête à l'exception du chanfrein, qui est ridé et busqué chez le bélier. Autrefois, on préférait les animaux ayant la peau plissée, à cause de la quantité de laine qu'ils dépouillaient ; aujourd'hui on les recherche peu à cause de leur nature plus délicate et de la plus grande difficulté qu'ils présentent à l'engraissement.

Mérinos du Châtillonnais. — L'arrondissement de Châtillon-sur-Seine possède depuis plus d'un siècle la race mérinos qui y a été importée d'Espagne, d'abord par Daubenton, puis par le duc de Raguse et par d'autres agriculteurs.

Depuis lors, on s'est appliqué à corriger les vices de cette précieuse race, et on a obtenu des animaux joignant à un grand produit de laine de bonne finesse beaucoup de rusticité et une grande aptitude à l'engraissement. Sans être d'une taille très élevée, les mérinos du Châtillonnais prennent un grand développement quand on les nourrit convenablement.

Ces améliorations ont été obtenues par une sélection judicieuse et par le choix de reproducteurs convenables. Dans les fermes de l'arrondissement de Châtillon, le produit de la laine seule est plus élevé que celui du blé et suffit à payer le fermage de la terre. La race châtillonnaise, élevée sur un sol maigre, prend un engraissement très rapide quand elle est transportée dans les plaines de la Brie ou dans les environs de Paris.

Le *mérinos de la Beauce* n'est autre que la race de Rambouillet dont le volume est augmenté par une nourriture plus substantielle; on y trouve des béliers remarquables par le volume de leurs corps et le poids de leur toison; à dix-huit mois, il pèsent de 80 à 100 kilogrammes, et dépouillent de 5 à 8 kilogrammes de laine en suint et quelquefois plus.

Mérinos à laine soyeuse ou sous-race de Mauchamp. — On désigne sous cette dénomination une sous-race créée par M. Graux, cultivateur à Mauchamp (Aisne); elle produit une laine très fine, souple, soyeuse et douce au toucher; malheureusement les animaux laissent à désirer sous le rapport de la conformation et la plus-value de la laine ne fait pas toujours compensation avec la perte sur la viande.

Le *mérinos de Gévrolles* (Côte-d'Or) a été obtenu par M. Yvart, par le croisement du mérinos Rambouillet avec celui de Mauchamp. Cette variété est mieux constituée et plus forte que celle de Mauchamp; elle présente comme principaux caractères : tête courte, cou droit, pas de cornes aux béliers ou cornes très courtes sans cannelures, peau sans plis et sans fanon, dos horizontal, poitrine large, laine longue, douce, frisée, ayant beaucoup de nerf et d'éclat; elle tombe sur le front en mèches assez longues.

Métis-Mérinos. — Cette sous-race est produite par le croisement de la race mérinos avec une race française, le métissage améliore la laine et communique aux animaux, en grande partie, la rusticité et la sobriété de nos races.

Nos sous-races métisses, présentent, dit M. Magne, beaucoup mieux qu'aucune autre race connue, l'ensemble des qualités qu'il faut rechercher dans les bêtes à laine : constitution rustique et sobriété qui

Métis-Mérinos.

les rendent d'un entretien facile, toison recouvrant toute la surface du corps, laine fine, longue, qui paye largement les frais d'hivernage ; enfin, viande abondante et de bonne qualité au moment de la vente.

RACES AMÉLIORANTES DE LA CHARMOISE, DE DISHLEY ET SOUTHDOWN.

La question de l'amélioration de l'espèce ovine, toujours à l'ordre du jour, ne cesse de provoquer la discussion entre écrivains agricoles, sans que jamais ceux-ci parviennent à se mettre d'accord. C'est que toujours on veut imposer des systèmes généraux, tandis qu'il faudrait s'attacher le plus généralement aux seuls cas particuliers.

La vérité, en effet, c'est qu'on ne peut procéder que d'après la position où l'on se trouve, la race que l'on possède, la valeur de la nourriture dont on dispose, et selon l'aptitude que l'on entend développer, laine ou viande. C'est pour avoir omis ces simples notions que beaucoup d'éleveurs ont échoué dans leurs essais d'améliorations.

Les meilleures races améliorantes sont : celle dite de la *Charmoise*, obtenue par M. Malingie, directeur

Bélier de la race charmoise.

de la ferme-école de la Charmoise (Loir-et-Cher), par le croisement de brebis françaises de sang mélangé avec un bélier *newkent*. Cette race convient particulièrement pour l'amélioration de nos races du centre, à qui elle communique de l'ampleur, de la précocité et une disposition à l'engraissement, tout en leur conservant la rusticité et la sobriété.

La race de *Dishley* convient pour l'amélioration de la race mérine, elle lui donne de la précocité, augmente considérablement le poids et améliore les formes sans nuire d'une manière notable au produit de la laine. D'après les auteurs anglais les animaux de la race *dishley* (du nom de la ferme où elle a été obtenue), doivent avoir la tête sans cornes, petite, allon-

Dishley-Mérinos.

gée, terminée légèrement en pointe, les yeux saillants, d'une expression tranquille ; les oreilles fines, assez longues et rejetées en arrière ; le cou court, large près du poitrail et fin à sa jonction avec la tête ; le poitrail ainsi que les flancs développés, profonds et arrondis ; les épaules larges et rondes, sans aucune inégalité anguleuse dans l'articulation où elles s'attachent au dos et au cou, aucune élévation ni aucun creux près du garrot ; la jambe charnue dans toute sa longueur, depuis le genou jusqu'au pied ; les os petits, dépourvus de chair et de laine.

La principale qualité de cette race est d'apporter d'avantageux changements dans les races avec lesquelles on les croise ; mais il lui faut une nourriture abondante et succulente pour se maintenir dans de bonnes conditions.

Race southdown. — Nous n'avons pas à nous occuper ici des controverses qui ont eu lieu au sujet de cette race et nous ne la considérons que comme type améliorateur de nos races rustiques à laine commune.

Race southdown.

Elle descend d'une des races qui habitent les dunes du sud de l'Angleterre; entourée depuis plus d'un demi-siècle de soins intelligents et pourvue d'une nourriture abondante sous un climat doux, non sujet aux grandes variations de température que nous subissons en France, cette race s'est complètement transformée; elle devrait être nommée new-southdown, car elle diffère totalement de la race ancienne qui habite encore quelques parties des dunes. La nouvelle race se trouve sur les collines calcaires sèches qui sont entourées de plaines fertiles et bien cultivées, circonstance qu'il ne faut pas oublier. Sans doute, les southdown sont rustiques, ils restent toute l'année dehors, sans abri, et vivent sur les dunes, mais n'omettons pas de dire que ces dunes sont fertiles ou au moins entourées de terres fertiles dont les produits sont consommés par les moutons, que le climat de l'Angleterre présente moins de variations que celui de la France et que l'on n'y connaît pas les fortes sécheresses de nos étés, ni les froids vifs de nos hivers.

La race southdown est d'une taille un peu au-dessus de la moyenne de nos races françaises; elle est facile à distinguer par sa tête de grosseur moyenne, courte, à chanfrein un peu busqué, sans cornes, de couleur brune, dépourvue de laine; les membres sont forts, droits, de couleur brune comme la tête; le garrot est épais, le dos droit, large, le corps rond, la croupe épaisse, le gigot très descendu, le poitrail large et saillant.

Il n'y a point de race dont les formes soient plus harmonieuses; elle porte la tête haute, elle a la démarche fière, le pas relevé; la laine est courte, commune et manque d'élasticité.

En somme, c'est une excellente race de boucherie; sa viande est bonne et très estimée; sous ce point de vue, elle peut améliorer nos races à laine commune et elle donnera de bons résultats à la condition d'être bien nourrie.

CHAPITRE IX

ALIMENTATION DES OVIDÉS : CATÉGORISATION DES INDIVIDUS DE L'ESPÈCE OVINE AU POINT DE VUE DE L'ALIMENTATION. — NOURRITURE AU PATURAGE. — NOURRITURE A LA BERGERIE. — FORMULES DE RATIONS. — BOISSONS DES MOUTONS.

CATÉGORISATION DES INDIVIDUS DE L'ESPÈCE OVINE AU POINT DE VUE DE L'ALIMENTATION.

« Il n'y a pour les bêtes ovines comme pour les bovines, fait remarquer judicieusement M. André Sanson dans son *Traité de zootechnie*, comme pour les animaux comestibles, en un mot, dont la fonction économique prédominante est de produire de la viande, qu'une seule alimentation raisonnée : c'est — dans tous les cas — l'alimentation au maximum. Eux aussi, scientifiquement alimentés, produisent toujours *laine et viande*, en raison de ce qu'ils consomment.

« Mais, ajoute-t-il, si dans le troupeau bien administré, tous les sujets doivent être nourris au maximum pour remplir leur fonction au plus haut degré, tous ne peuvent point recevoir la même alimentation, ni en qualité ni en quantité, étant à des âges différents qui entraînent, comme nous le savons, des besoins nutritifs et des aptitudes digestives diverses.

« Il faut établir et considérer à part les mères, les béliers, les agneaux allaités, les agneaux sevrés dits agneaux gris, les antenais et les moutons. Ces différentes catégories forment les divisions normales de tous les troupeaux autres que ceux qui sont exploités spécialement en vue de fournir des reproducteurs mâles ou des béliers qu'on appelle troupeaux de souche. Ceux-ci ne comportent point de moutons, c'est-à-dire de mâles émasculés, entretenus à la fois pour leur toison et pour les préparer à l'engraissement.

« Mais, écrit aussi M. Sanson, l'exploitation des moutons est, avant tout, subordonnée au système de culture. Il ne faut pas oublier qu'envisagés au point de vue général de l'économie rurale, les animaux sont, principalement, des consommateurs de fourrages et qu'on n'a point la liberté de choisir à ce titre les uns plutôt que les autres, sous peine de rompre les harmonies économiques, en dehors desquelles il n'y a pas de profit durable. Par conséquent, si l'on veut rester dans les conditions de ce projet, le choix est commandé par l'aptitude du sol, qui détermine elle-même la nature des fourrages produits.

« C'est là un premier point d'une très grande importance et en vertu duquel il y a bien réellement dans chaque pays, des régions où des moutons dominent et doivent dominer dans le bétail de la ferme, d'autres où ils sont absents ou presque absents. »

Les régions où les moutons dominent, disons-le immédiatement, ce sont celles où le système pastoral peut être pratiqué sur la plus large échelle, presque sinon tout à fait exclusivement, là surtout où l'exploitation des bovidés ne donnerait que de maigres résultats en raison de la pauvreté fourragère, comme dans les régions méridionales, par exemple, où la sécheresse s'oppose à la riche végétation des prairies, où les troupeaux passent la saison d'hiver sur les pâturages de plaines et dans les vallées, tandis que, au commencement de l'été, lorsque le soleil a desséché l'herbe des prés de la contrée, on conduit ces troupeaux à des altitudes moyennes, sur les Alpes et sur les Pyrénées, où la sècheresse et les chaleurs excessives sont inconnues, mais où, néanmoins, le bœuf ne trouverait qu'une alimentation insuffisante.

Ce n'est point à dire qu'avec un régime semblable les résultats soient bien remarquables. On n'en peut espérer, évidemment, qu'un engraissement médiocre et par suite une viande de qualité inférieure, en même temps qu'il condamne à renoncer à l'amélioration de l'espèce qui ne s'obtient, nous l'avons dit, que par une bonne nourriture et des soins hygiéniques particuliers.

C'est, assurément, par le régime de la bergerie qui permet une alimentation raisonnée, appropriée à chaque catégorie d'individus, que l'on arriverait aux meilleures solutions, mais l'élevage, tout comme n'importe quelle entreprise industrielle, est obligé de calculer, et si les conditions du prix de la main-d'œuvre et de celui de la matière première, ne permettent pas à l'industriel d'obtenir des produits de premier choix qui lui reviendraient à un prix trop élevé, il se résigne à une fabrication moins raffinée, dont il peut, néanmoins, tirer aussi quelques profits.

Nourriture au pâturage. — Sous le bénéfice des observations qui précèdent, nous allons donner, en les empruntant à M. Lefour, qui était à la fois un agronome et un ancien praticien, les indications que comporte la meilleure consommation des pâturages naturels.

« Ceux qui conviennent aux moutons, dit-il, sont, en général, les pâturages élevés, à herbe courte, sur terrain sec et imperméable, tel qu'un terrain sablonneux, sablo-argileux, bien égoutté, calcaire, pierreux.

« Les pâtures où le mouton réussit rarement, sont celles des vallées ou terrains bas imperméables plus ou moins humides, ou marécageux, à sous-sol imperméable.

« Sous le rapport géologique, les pâtures où le mouton paraît le mieux se plaire sont celles qui reposent sur les sols crayeux de la Champagne ; les grands plateaux ou collines de l'oolithe, tels qu'on en rencontre dans la Côte-d'Or, la Haute-Marne, les Vosges ; les causses ou plateaux calcaires de l'Aveyron et du Lot ; les calcaires alpins des départements de l'Isère, des Hautes et des Basses-Alpes, etc. ; enfin quelques plaines à sous-sol calcaire, telles que la Beauce, le Gâtinais, etc.

« Les pâturages naturels à moutons, varient de valeur dans une assez grande limite ; ceux du dernier rang ne peuvent plus même être utilisés souvent que par des chèvres. Telles sont certaines cimes abruptes des Hautes-Alpes, des Pyrénées, de l'Ardèche, de l'Hérault, etc. ; la plaine pierreuse de l'Auroc et les coteaux des Alpines rentrent dans cette catégorie.

« Viennent ensuite les pâturages des Landes qui, dans le midi, prennent le nom de garrigues, et se composent de broussailles, de chênes nains, de romarin, lavande, etc.; et dans le centre Est de la France, de bruyère, de genêts épineux. Cette classe de pâtures est inférieure, du reste, pour la salubrité, aux garrigues essentiellement favorables aux moutons, mais dont la valeur est singulièrement réduite par la chaleur du climat. Les bois forment un médiocre pâturage pour les moutons, surtout quand ils sont très couverts et remplis de broussailles ; l'herbe est de mauvaise qualité et la laine des toisons est arrachée par les épines. Les bois d'arbres verts, tels que pins et sapins, convenablement aménagés fournissent cependant des ressources utiles au pâturage.

« Nous plaçons ensuite les pâtures de montagne, des causses, les pâturages de l'Isère et des Alpes ; à un degré supérieur, viennent les pâtures naturelles que le mouton trouve dans quelques friches qui subsistent encore dans la Bourgogne, la Champagne, etc. Enfin les prairies naturelles plus spécialement consacrées à l'espèce bovine, reçoivent également, comme dans la Normandie, le Charolais, etc., des moutons pour y être engraissés.

« A l'automne ou dans le premier printemps, on fait quelquefois passer les moutons sur les prairies, soit après la coupe des regains, soit avant que l'herbe commence à entrer en pleine végétation. Le pâturage d'automne des prairies ou des herbages par les moutons ne paraît pas nuisible lorsqu'on ne les fait pas brouter trop au vif ; le tassement même du sol par le piétinement produit un effet salutaire ; mais il n'en est pas de même du déprimage ou de la pâture par les moutons au printemps, qui, suivant que l'année est plus ou moins humide ou sèche, que le pâturage est plus ou moins prononcé, peut amener une diminution sérieuse dans le produit de la fauchaison.

« Le nombre de moutons que peut supporter un pâturage, par hectare, dépend de la nature de ce pâturage, de sa fertilité, de l'espèce qu'on veut y mettre, du but qu'on se propose dans sa spéculation, du mode d'aménagement, telles que l'entrée en pâture, la division en enclos successivement occupés, etc. Il est donc difficile de déterminer *à priori* le nombre de moutons qu'on mettra sur un pâturage. On a, d'ailleurs, à cet égard, des données locales fournies par l'expérience. S'il s'agissait de calculer certains pâturages temporaires, tels que jachères, chaumes, regains, etc., on trouverait la même incertitude. On peut, toutefois, pour établir ses prévisions, baser ses calculs sur le rendement présumé du pâturage en valeur de foin. On détermine de la même manière l'espèce de moutons qu'on veut y mettre et la nourriture journalière qui sera nécessaire à chaque animal, suivant le but qu'on se propose dans son entretien ; on spécifie alors le nombre des moutons qu'on peut mettre, soit pendant toute la saison, soit pendant un certain temps. Weckherlin donne comme modèle de ce genre de calcul une expérience faite à Hohenheim. Les pâturages à livrer aux moutons se composaient de 24 hectares de gazon artificiel dont le rendement était estimé à 6 quintaux de foin, soit 144 quintaux ; de 140 hectares de chaumes et jachères, estimés 2 quintaux et demi pour la jachère et 59 kilog. pour les chaumes, soit 420 quintaux ; de 12 journaux de prairie à 27 quintaux, soit 304 quintaux ; de 3 hectares 5 de verger, chemins à gazons, de 27 quintaux, ci 74.50 quintaux ; de 42 hectares de prairies sur pâture au printemps, à 4 quintaux par hectare, ci 168 quintaux; 25 hectares de chemins, cours, fossés, etc., dont la moitié seulement comme pâturage naturel, soit 12 hectares 5 à 150 kilog., ci 187 quintaux.

« En calculant à raison de 2 livres de foin par tête pendant deux cent dix jours que dure ordinairement chaque année la saison de pâture, on aura pour chaque mouton 210 kilog., nombre par lequel on divisera les 1,297 kilog., ce qui donnera 618. »

Sur ce point, M. Sanson fait remarquer que ce calcul, par son exactitude même (réserve faite de la somme d'incertitude qu'il comporte), est une excellente preuve du défaut capital de l'entretien exclusif des moutons au pâturage, considéré en général. En effet, cette valeur équivalente de 2 kilog. de foin est la quantité la plus forte d'aliments que les animaux y puissent consommer. Or, nous verrons qu'en principe, les moutons produisent toujours en raison de ce qu'ils consomment, et que c'est toujours une bonne pratique économique de les exciter à la consommation par une nourriture variée et préparée de telle sorte que leur appétit soit stimulé. Le régime des pâturages ne s'y prête que dans une très faible mesure, qui va être indiquée en continuant de citer le même auteur.

« Un bon aménagement du pâturage, poursuit-il, peut en augmenter beaucoup les ressources; on devra, par exemple, ne pas trop le surcharger et lui laisser des intervalles de repos, afin que l'herbe reprenne plus de vigueur; on choisira dans ce but les moments où on peut profiter d'autres ressources. Il est bon d'avoir en réserve un pâturage suffisamment garni d'herbes pour qu'il puisse, par exemple, en cas de mauvais temps, permettre aux moutons de se rassasier promptement pour être ramenés à la bergerie; on ne doit pas cependant abuser de ces pâturages et y laisser trop souvent le troupeau, dont les excréments finiraient par le fumer au delà de toute mesure, et y détermineraient une végétation trop luxuriante, peu favorable au mouton et peu recherchée par lui.

« La répartition des bêtes du troupeau en divers lots auxquels on attribue différents pâturages, suivant leur nature, est très importante. Cette répartition se fait ordinairement d'après les principes suivants: les agneaux doivent avoir la meilleure herbe, celle d'une digestion plus facile; les béliers et les mères, ayant à fournir à la fois à la reproduction et à la croissance de la laine, recevront une nourriture moins délicate, mais relativement aussi abondante et substantielle. Les moutons qu'on entretient seulement pour la laine » — il ne doit plus y en avoir — « seront moins exigeants; néanmoins, la nourriture devra être suffisante et salubre. Les animaux d'engrais recevront en abondance une nourriture riche en principes nutritifs et pour laquelle le principe de salubrité est moins rigoureux, ces animaux devant être livrés à la boucherie après un temps très court.

« D'après ces principes, les pâturages qu'on donnera à ces différentes classes se différencieront de la manière suivante :

« 1° Aux agneaux, les pâtures les plus rapprochées, ayant une herbe courte et épaisse, d'une digestion facile; ces prairies doivent encore être situées sur un sol sain, pas trop sec cependant;

2° pour les béliers et les mères, on conservera un pâturage rapproché et assez riche et salubre, pour les mères surtout; 3° les agneaux gris et les antenais pourront être envoyés sur des prairies passables assez éloignées, sur un terrain sec, ayant une herbe courte et nourrissante; on y mettra également les moutons qui auraient besoin de se refaire; 4° les moins bons pâturages et les plus éloignés de l'habitation seront réservés pour les moutons qui ne sont pas à l'état d'engrais; enfin, les pâtures grasses, humides, peuvent être livrées à des moutons d'engrais et à des brebis qui n'ont pas porté.

« Le nombre des animaux à répartir dans chaque troupeau pour être confiés à un berger, doit être tel que les animaux puissent être facilement conduits et surveillés, puissent en même temps pâturer à l'aise sans trop piétiner le pâturage. Lorsqu'on doit passer dans des chemins étroits, au milieu de champs étrangers difficiles à garder, les troupes seront moins nombreuses; elles seront également en rapport avec l'étendue des pâturages, à moins que ceux-ci ne soient enclos et ne réclament pas la présence d'un berger. Les troupes doivent s'élever à un certain chiffre pour économiser les frais de garde; sous ce rapport, on les fait descendre rarement, dans la grande culture, au-dessous de 150 têtes, et on ne dépasse pas 4 à 500. Il ne peut être ici question des petites troupes de 8 ou 10 bêtes; on en rencontre quelquefois, conduites par les enfants, dans les pays de propriétés morcelées: c'est un élevage misérable dont nous ne devons pas nous occuper.

« L'époque du pâturage varie évidemment suivant le climât. Dans le sud de l'Europe, les moutons ne rentrent que très peu de temps à la bergerie ; il en est de même des contrées plus au nord, mais à température hivernale plus douce, comme l'Angleterre, dont les races souffrent moins d'ailleurs que le mérinos de l'influence de l'humidité. Dans le centre et le nord de la France et de l'Allemagne, l'hivernage des moutons est plus prolongé.

« Pendant les belles journées d'hiver, on laisse sortir les moutons pendant quelques heures, mais ce n'est qu'au printemps qu'on commence sérieusement la pâture. L'herbe nouvelle, encore aqueuse, convient peu au mouton, le nourrit moins ; il y a donc de l'avantage à attendre qu'elle ait pris un peu plus de consistance ; d'un autre côté, en commençant le pâturage trop tôt, on s'expose à voir survenir la température d'hiver, ce qui force à remettre le mouton au fourrage sec, qu'il refuse quelquefois.

« Dans les plaines du centre et du nord de la France, le pâturage commence quelquefois en mars, mais plus fréquemment en avril.

« Lorsqu'on commence de bonne heure, on donne aux moutons du fourrage sec à la bergerie avant leur sortie ; l'estomac du mouton éprouve ainsi moins d'inconvénients par l'ingestion d'une herbe fraîche et quelquefois humide : c'est du reste un moyen de passer insensiblement de la nourriture verte à la nourriture sèche.

« Le pâturage se prolonge, suivant les localités, jusqu'au milieu et même à la fin de novembre ; sa durée se trouve ainsi, dans les régions tempérées de la France et de l'Allemagne, de 170 à 180 jours.

« Les moutons et les brebis qui n'ont pas porté, ainsi que les troupeaux communs, peuvent supporter un pâturage plus prolongé. Des conditions particulières, telles que les regains, des fanes de betteraves ou de navets, des navets même à utiliser sur place, déterminent quelquefois une prolongation du pâturage, surtout quand les ressources fourragères sont minimes.

« C'est surtout pour la conduite du troupeau au pâturage que le concours d'un berger capable est essentiel; lui seul peut profiter des ressources du pâturage et les répartir avec soin, évitant, suivant la température et l'état de l'atmosphère, les endroits nuisibles soit par l'humidité, soit par la nature et l'exubérance des plantes qui s'y trouvent; choisissant, au contraire, les parties saines dans les temps humides, il ménage l'herbe et limite les espaces sur lesquels peuvent s'étendre les moutons; leur fait d'abord tondre de plus près les parties broutées avant de les faire entrer dans l'herbe fraîche. Il a également soin de tenir ces animaux suffisamment écartés. Il sait à quelle heure il doit les rentrer à la bergerie, quand il doit les conduire en des endroits plus ou moins éloignés. Il sait éviter la poussière des chemins, qui salit, dessèche et dégraisse la laine en même temps qu'elle fait souffrir le mouton; il évite avec le même soin les terrains ferrugineux, marécageux, tourbeux, insalubres, quand ils sont humides, et qui nuisent, quand ils sont secs, à la laine, par la poussière noire qu'ils y déposent

« Le berger doit disposer les choses de manière à pouvoir, pendant la saison chaude, faire reposer ses moutons de dix à onze heures du matin, et vers trois ou quatre heures de l'après-midi. Quand l'éloignement de la bergerie ne permet pas d'y rentrer, il place ses moutons à l'ombre, sous un abri ou sous un groupe d'arbres, Dans les pâturages éloignés, il est possible d'établir à peu de frais des hangars-bergeries qu'on utilise pour cet objet. »

Ainsi se trouvent résumées, d'une façon aussi complète qu'il est possible, par un homme véritablement expérimenté, les conditions qui doivent présider à l'exploitation ovine, par le régime du pâturage.

Ce régime, répéterons-nous, n'est pas celui qui fournira les résultats avantageux et ne constitue pas une exploitation réellement scientifique comme celle que permet l'élevage à la bergerie où l'on peut mesurer, mathématiquement, la somme d'aliments à fournir aux animaux et la conséquence de cette alimentation, au point de vue de l'engraissement, en tenant compte des principes nutritifs contenus dans chaque substance répartie.

Mais nous devons répéter aussi que les conditions dans lesquelles on se trouve, commandent, plus que toute autre considération, le régime à adopter, et cela, non sans profit, généralement, pour celui qui sait profiter des circonstances et en calculer exactement les conséquences.

Il est certain, par exemple, qu'un troupeau acheté maigre et mis en pâture sur une jachère ou sur un champ pendant la période qui sépare l'enlèvement des récoltes et les labours d'automne, en même temps que ses déjections fertiliseront le sol, pourra y gagner au moins en embonpoint, de quoi couvrir largement, non seulement les frais généraux résultant de cette opération, mais encore l'intérêt du capital qui y aura été engagé.

C'est par ces petits profits dérobés que l'agriculture peut arriver à être rémunératrice.

Nourriture à la bergerie. — Quiconque se livre à l'exploitation de l'élevage du mouton doit tout d'abord se pénétrer de cette vérité absolue que l'animal est destiné à être sacrifié dès qu'il a atteint l'âge adulte. Si ce terme est dépassé sans que la bête puisse honorablement figurer sur le marché, il est certain, tous calculs faits, que les économies que l'on aura réalisées antérieurement sur son alimentation ne compenseront pas les dépenses qui s'imposeront postérieurement, non pas même pour l'engraisser, mais seulement pour la faire accueillir telle quelle par la boucherie.

De plus, on aura perdu un temps précieux, car on n'aura pas réalisé alors un capital qui, engagé dans une nouvelle opération, aurait, à son tour, contribué à fournir de nouveaux et légitimes profits.

Or, il existe une vérité non moins incontestée, c'est que, de même que nous l'avons expliqué en parlant de l'engraissement des bovidés, l'alimentation au maximum de ce que le mouton est capable d'absorber de nourriture, est encore le seul procédé connu pour en obtenir un maximum de poids en chair et en graisse.

En résumé, on peut considérer comme un axiome, que tout animal produit toujours en raison de ce qu'il consomme, et si certaines exceptions peuvent être invoquées contre cette règle, c'est que l'animal qu'on peut réellement assimiler à une machine qui transforme ses aliments en engrais et en produits échangeables ne remplit pas, pour une cause ou pour une autre, la mission qui lui est dévolue, soit que son économie se prête mal à la transformation des aliments, soit que ses capacités digestives l'empêchent de se nourrir comme il conviendrait. Dans ce cas, l'animal est malade ou mal constitué, et il est préférable de s'en débarrasser.

« C'est en vertu de ces principes, dit avec raison M. Sanson, que, pour les moutons, la nourriture, sinon exclusive, du moins presque exclusive à la bergerie, a de si grands avantages sur l'alimentation au pâturage, en raison de ce qu'elle permet d'appliquer complètement à la nutrition par le choix et la variété des aliments, la gymnastique fonctionnelle.

« Pour les troupeaux d'élevage dans lesquels il y a lieu de faire développer l'aptitude à la précocité, elle est indispensable. Seule, elle peut assurer aux jeunes l'alimentation abondante qui, avec le repos relatif, hâte l'achèvement de leur squelette, et aussi rendre possible l'administration des substances dont la composition chimique est telle qu'elles fournissent au système osseux les élements de la prompte soudure de ses épiphyses.

« Agissant d'abord par l'intermédiaire des mères nourrices auxquelles elles donnent un lait de qualité particulière, ces substances font ensuite sentir leur influence directe dès que les agneaux sont en état de les consommer eux-mêmes. Il s'agit des plantes ou des graines, céréales ou autres, qui sont généralement riches en phosphate de chaux et que l'on administre aux moutons sous forme de farine ou de tourteaux après en avoir extrait, par exemple, la matière huileuse.

« La nourriture des moutons à la bergerie, ajoute cet auteur, doit être en toute saison composée à la fois de fourrages secs et de fourrages frais. En été, c'est-à-dire du printemps à l'automne, ces derniers sont fournis par les plantes vertes dont les cultures doivent être échelonnées de manière qu'il y en ait toujours de bonnes à couper. Le trèfle, la luzerne, le sainfoin, les vesces, les pois, la jarosse, le trèfle incarnat, le seigle, l'escourgeon, le lupin, etc., donnent des ressources aussi nombreuses que variées. Le dernier, surtout, est un excellent fourrage pour les moutons. En hiver, les résidus de distillerie remplacent les fourrages verts. Les betteraves, les navets ou les turneps, les carottes, les topinambours, coupés en tranches minces, doivent former la base de l'alimentation.

« Tous ces aliments sont administrés en mélanges et alternés, de façon à stimuler l'appétit. Les résidus surtout, particulièrement ceux qui sont liquides, ne sont bons que mélangés avec des pailles hachées, des siliques de colza, ou d'autres fourrages n'ayant par eux-mêmes qu'une faible valeur nutritive, mais qui deviennent ainsi précieux, surtout lorsqu'ils ont subi un commencement de fermentation et qu'ils sont un peu salés.

« Ainsi nourris avec une proportion toujours considérable d'aliments humides, le foin de prairie ne formant qu'une faible partie de leur ration, les moutons boivent peu. Il est bon, cependant, de tenir toujours à leur disposition de l'eau claire et pure dans des auges bien propres.

« Les grains entiers, ou concassés, ou moulus, ou les tourteaux, sont d'un prix trop élevés pour pouvoir entrer dans l'alimentation habituelle des moutons. Ils sont réservés pour les béliers reproducteurs, durant le temps de la lutte, pour les brebis nourrices, pour les agneaux et pour achever l'engraissement des adultes. C'est en vue de leur administration à ces diverses catégories d'animaux que les divisions sont surtout nécessaires dans la bergerie. Les béliers, qui ont besoin de vigueur et d'énergie, reçoivent de l'avoine. Aux brebis nourrices, on donne un supplément de farineux et de tourteaux, pour activer la sécrétion de leurs mamelles et communiquer à leur lait les propriétés qui développent la précocité chez les agneaux; ceux-ci le reçoivent ensuite, au moment du sevrage, pour en continuer les effets; enfin ces mêmes farineux et tourteaux, lorsque les sujets qui doivent être vendus pour la boucherie sont en bon état, donnent le dernier coup à l'engraissement.

Soumis à ce régime alimentaire, dont nous venons d'exposer les bases, les moutons ne doivent sortir de la bergerie que pour prendre un peu d'exercice, excepté toutefois ceux qui sont à l'engraissement, lesquels restent toujours dedans. On les conduit durant une couple d'heures par jour, sur un pâturage voisin de la ferme, et cela uniquement dans l'intérêt de leur hygiène. Le peu de nourriture qu'ils y consomment ne peut être considéré que comme un très faible accessoire. Il s'agit seulement de les faire respirer au grand air. On en profite pour faire le service de la bergerie pendant leur absence.

Il va sans dire que ces sorties n'ont lieu que par le beau temps, et qu'on choisit, pour les effectuer, les heures du jour les plus convenables : le matin en été, et vers le haut du jour en hiver.

Formules de rations. — Sans entrer dans d'autres explications que celles que nous avons d'ailleurs fournies au sujet de l'engraissement des bovidés, et en nous bornant à répéter que la seule règle à suivre pour amener les animaux, quels qu'ils soient, destinés à la boucherie à l'état d'embonpoint le plus avantageux pour la vente, consiste dans une alimentation telle, que l'appétit de l'animal étant excité autant que possible, on lui fera absorber le maximum de nourriture qu'il est capable de digérer, il ne nous reste plus qu'à indiquer quelques formules de rations qui, dans tous les cas normaux, ont toujours largement suffi à la solution du problème de l'engraissement des ovidés à la bergerie.

Ces formules sont calculées pour 1 kilogramme de matière sèche avec une relation nutritive ne s'éloignant pas de 1 : 4. Au surplus, avec les indications que nous avons données sur le principe des substitutions alimentaires et à l'aide des tableaux que nous publions à la fin de ce volume et dans lesquels figure la composition chimique de la plupart des aliments dont l'éleveur peut disposer; celui-ci, suivant les conditions dans lesquelles il se trouvera placé, et d'après le prix des denrées mises à sa disposition, aura toujours la faculté de remplacer tel aliment mentionné dans ces formules par tel autre remplissant le même but, mais meilleur marché.

Ration n° 1.

kil. gr.		kil. gr.
0.910	Pulpe de betterave pressée, conten. en mat. sèche.	0.152
0.510	Pulpe de betterave fraîche.	0.045
0.405	Paille de fèves.	0.336
0.405	Paille de froment.	0.347
0.060	Tourteau d'arachides.	0.055
0.075	Fèves concassées.	0.065
1.965	matière humide, contenant en matière sèche.	1.000

Relation nutritive : 1 : 4

Ration n° 2.

kil. gr.		kil. gr
1.000	Pulpe de betterave pressée, conten. en mat. sèche.	0.310
6.260	Paille de froment.	0.220
0.260	Foin de luzerne.	0.216
0.175	Tourteau de colza.	0.116
0.160	Son de froment.	0.130
1.855	matière humide, contenant en matière sèche. . .	1.000

Relation nutritive : 1 : 4.2.

Ration n° 3.

kil. gr.		kil. gr
0.210	Foin de pré, centenant en matière sèche.	0.170
1.550	— —	0.525
0.160	— —	0.140
0.120	— —	0.100
0.075	— —	0.065
2.155	matière humide, contenant en matière sèche. . .	1.000

Relation nutritive : 1 : 4.

Ration n° 4.

kil. gr.		kil. gr.
0.330	Foin de pré, contenant en matière sèche.	0.260
2.000	Marc de raisin.	0.590
0.170	Tourteau de sésame.	0.150
2.509	matière humide, contenant en matière sèche. . .	1.000

Relation nutritive : 1 : 3.4.

Ces rations, ajoute M. Sanson, conviennent toutes pour commencer l'engraissement de moutons en bon état déjà, c'est-à-dire pour les rendre à demi-gras en un mois ou quarante jours au plus. Quand ils ont atteint l'état ainsi désigné, elles ne sont plus assez riches en protéine. Pour arriver, en les continuant sans modifications, à obtenir la viande grasse, il faudrait trop de temps et conséquemment de grands frais; d'autant plus qu'à partir de ce moment l'appétit des bêtes va diminuant. Avec de telles rations toujours continuées, l'engraissement commercial n'exige guère moins de 80 à 90 jours. Avec l'alimentation moins riche qui est généralement usitée, il dure jusqu'à 120 jours.

Le résultat est atteint, au contraire, en 60 à 70 jours, lorsqu'on a le soin, dès que l'état demi-gras se montre, de rétrécir la relation nutritive, en diminuant le volume total de la ration. Cela se réalise, comme on le sait, en augmentant la proportion des aliments concentrés les plus riches, et en diminuant celle des aliments grossiers.

Les modifications en question doivent être effectuées progressivement, à mesure que l'appétit faiblit, et c'est par là qu'intervient surtout l'art de l'engraisseur, sans lequel toutes les indications théoriques seraient superflues.

Boissons des moutons. — L'eau courante est la meilleure. A défaut de rivière ou de ruisseau dans le voisinage de l'étable, on fait abreuver les moutons dans les étangs dont l'eau coule en partie. L'eau stagnante des marécages, l'eau croupie dans les mares et dans les fossés, est toujours pernicieuse, très souvent mortelle. Quant à l'eau de pluie ou de citerne, il faut l'exposer à l'air quelque temps avant de la leur faire boire.

La nourriture sèche provoque sans cesse la soif; c'est pour éviter les graves maladies que les moutons pourraient contracter en buvant beaucoup, qu'on leur donne chaque jour un repas de provende fraîche. Les grandes chaleurs et les grands froids ont également l'inconvénient d'altérer les moutons. La quantité d'eau absorbée alors par un mouton d'environ 50 centim. de hauteur, varie entre 500 gr. et 2 kilog. par jour; mais il ne boit pas tous les jours. Il serait imprudent de faire boire un mouton après qu'il a mangé des légumes farineux.

Il est sage de laisser déposer l'eau de puits dans des baquets, lorsqu'elle contient du sulfate de chaux.

Règle générale : l'avidité pour l'eau est un signe de maladie. Moins une bête à laine boit, mieux elle se porte. Conduisez-la à l'eau une fois par jour, mais ne l'arrêtez pas; si elle ne s'arrête pas d'elle-même, c'est qu'elle n'a pas besoin de boire.

Lorsque l'eau est au loin, et qu'on fatiguerait le troupeau à l'y conduire tous les jours, menez-le s'abreuver seulement une fois en deux ou trois jours, en tenant compte de la saison et du régime auquel il est soumis; mais veillez à ce que les bestiaux ne passent pas ce terme sans se désaltérer, parce qu'alors ils boiraient trop à la fois.

CHAPITRE X

AMÉNAGEMENT DES BERGERIES. — PARCAGE. — TONTE DES MOUTONS. — LAVAGE DES LAINES. — CASTRATION : LE BISTOURNAGE ; LE FOUETTAGE. — REPRODUCTION : GESTATION ; PARTURITION ; PARTURITION DIFFICILE ; DÉLIVRANCE ; ALLAITEMENT ; SEVRAGE DES AGNEAUX ; ENGRAISSEMENT DES AGNEAUX ; NOURRITURE DES BREBIS MÈRES.

AMÉNAGEMENT DES BERGERIES

On peut, assurément, concevoir l'aménagement d'une bergerie de bien des façons diverses, soit que l'on utilise à cet effet, par exemple, des locaux disponibles dépendant de la ferme, soit que, dans ce but, on se résolve à élever des constructions spéciales, toujours peu compliquées d'ailleurs.

A quelque parti que l'on s'arrête, la question capitale à envisager et qui, si elle est mal ou insuffisamment résolue, expose l'éleveur à des pertes regrettables, c'est d'assurer à l'agglomération d'individus que l'on confine dans des espaces relativement restreints, la salubrité des locaux, l'air et la lumière en même temps qu'une superficie raisonnable dans laquelle ils puissent se mouvoir à l'aise, toutes choses qui, avec une température douce en hiver et aussi fraîche que possible en été, constituent les conditions essentielles du fonctionnement régulier des organes de tout animal.

Les éleveurs les plus expérimentés considèrent qu'un espace de 10 mètres de côté, soit 100 mètres carrés de superficie, est suffisant pour loger cent moutons, en assurant à chacun 50 centimètres de superficie, à la condition que les quatre côtés en soient garnis et qu'un râtelier double soit placé au milieu, laissant à chacune de ses extrémités 2 mètres d'espace libre pour la facile circulation des gens et des bêtes.

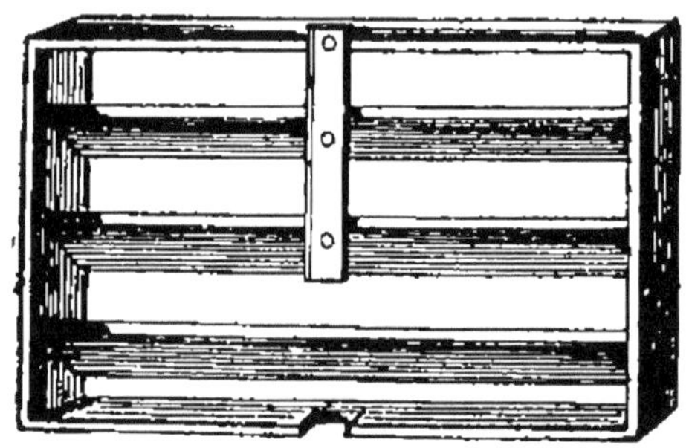

Fenêtre avec persiennes.

Quant à l'élévation, elle doit être d'au moins 5 mètres entre le sol et le plafond, et les murs seront percés de fenêtres aussi nombreuses que possible, pour assurer le renouvellement de l'atmosphère, et à leur région supérieure, afin d'éviter les courants d'air directs, toujours préjudiciables aux animaux. Chaque fenêtre sera avantageusement munie de persiennes dans le genre du modèle ci-dessus, et qui peuvent s'ouvrir et se fermer à volonté, en totalité ou en partie, permettant de régler ainsi l'aération et l'insolation, suivant les circonstances.

La meilleure forme à donner aux portes est celle recommandée par M. Villeroy. Elle est d'une seule pièce de 2 mètres de largeur, et au lieu de tourner sur des gonds, elle glisse sur des rails. Elle vient ainsi se placer devant l'ouverture dont les montants doivent toujours être arrondis et soigneusement rabotés, pour que les moutons ne s'y blessent pas et n'y accrochent pas leur toison.

Modèle de râtelier.

Le plancher bas est assez ordinairement en contre-bas du seuil, afin que la litière puisse s'accumuler jusqu'à une certaine hauteur sans inconvénient ; il est formé tout simplement par la terre du sol qui devient elle-même un engrais, quand elle a été plus ou moins pénétrée par les parties liquides du fumier ; on en enlève de temps en temps quelques centimètres, que l'on remplace par de la terre nouvelle ; on sait que, quelquefois, la terre elle-même est employée comme litière.

Dans quelques bergeries où on ne laisse pas le

fumier s'accumuler, on établit des aires en pavés, en béton ou en argile battue.

Dans celles où, au contraire, on laisse le fumier et les litières s'amonceler, il est nécessaire que les râteliers puissent être élevés progressivement, afin de se trouver toujours à un niveau convenable. On adopte pour cela des râteliers mobiles, dont nous donnons un modèle ci-dessus.

Les planchers hauts, surtout lorsque les greniers se trouvent au-dessus, doivent être plafonnés pour que l'émanation très pénétrante des bêtes à laine, n'altère pas les fourrages qui s'y trouvent déposés. Dans les constructions économiques, on se contente, à tort, d'un plancher haut, composé de solives sur lesquelles on superpose des claies ou même simplement des bottes de paille longue, destinées à servir de litière. Cette provision de paille étant épuisée au printemps, le plancher de la bergerie se trouve à claire-voie : ce système expose la laine des animaux à être salie par les brins de fourrage qui tombent du plancher.

Les meubles de la bergerie sont : un coffre à avoine avec un crible et deux mesures, l'une de 1 litre, l'autre de 5 litres ; un coupe-racines ; une auge dans laquelle on fait les mélanges ; une caisse oblongue à deux poignées avec laquelle on distribue le fourrage coupé dans les mangeoires, elle contient environ 20 litres ; deux seaux, une bêche à couper le foin, un râteau et un balai pour nettoyer devant la porte de la bergerie, une fourche pour secouer le foin, une lame fixée à un pilier pour couper la paille.

Il est bon que la chambre du berger soit attenante à la bergerie et qu'elle ait vue dans l'intérieur de celle-ci, afin que la surveillance puisse s'exercer commodément, surtout à l'époque de l'agnelage. C'est dans cette chambre, tenue avec ordre, que doivent se trouver, dans une armoire, les ustensiles à l'aide desquels le berger tient note exacte des faits qui se passent dans le troupeau, les instruments de petite chirurgie et les medicaments usuels qui permettent de parer aux nécessités urgentes. Il est d'une bonne politique de disposer toutes choses dans cette chambre pour que le berger s'y plaise. Le troupeau s'en trouve toujours mieux ainsi.

On fait quelquefois, avec une très grande économie, des bergeries temporaires, composées simplement de fermes reposant sur un petit mur d'appui. Ces fermes sont couvertes en paille ou, mieux, en panne légère dont on peut disposer lorsqu'on supprime la bergerie. Ce mode de couverture est de beaucoup préférable aux toitures en planches ou papier goudronné, préconisées par quelques-uns, mais sujettes à beaucoup d'inconvénients. L'un des pignons servant de porte, est garni de claies de 1m50. Ces bergeries ont ordinairement les râteliers ou crèches en long; ce mode se prête aux dispositions des bâtiments très étroits. En admettant, en effet, pour les râteliers, 50 centimètres plus 3 mètres entre chaque rang, on peut établir une bergerie simple, à deux rangs, dans une largeur de 4 mètres. Avec un râtelier double au milieu, on comptera 7m50 à 8 mètres. Ce sont les dimensions les plus ordinaires. On voit plus rarement des bergeries en long à quatre et six rangs dont la nécessité n'est pas bien démontrée. Les bergeries en travers s'accommodent mieux des larges bâtiments. Pour des essais d'élevage, on fait quelquefois communiquer sur un couloir ou une cour une série de boxes. Ces boxes sont closes d'une porte coupée dans un mur, à hauteur d'appui.

Une disposition excellente et économique pour une grande bergerie d'engrais, c'est un hangar immense fermé par un mur d'un côté et de l'autre par des portes doubles. On garnit l'un des compartiments de pulpe et fourrage, et on y fait passer les animaux par une porte médiane, de manière qu'un seul berger puisse opérer, sans embarras, l'alimentation d'un grand troupeau.

L'usage de parcs ou paddocks réunis aux bergeries, facilite encore beaucoup l'affouragement et favorise l'hygiène des animaux. On a quelquefois dans ce but un paddock des deux côtés : l'un au midi pour l'hiver, l'autre au nord pour l'été. Des cultivateurs intelligents ont encore, dans ce but, des fosses à fumier, couvertes ou non couvertes, où on place les animaux pendant l'affouragement, au moment de la chaleur.

Parcage. — On appelle parc une clôture mobile, formée de claies légères et portatives, diversement confectionnées, qui, une fois placées sur un champ, y circonscrivent un espace plus ou moins grand sur lequel le troupeau passe la nuit. L'action de faire ainsi séjourner un troupeau sur la terre labourée, se nomme *parcage*.

Le parcage est une opération plutôt agricole que zootechnique, dont le but est la fumure de la terre. On fait séjourner les moutons dans le parc, pour qu'ils y déposent leurs déjections et l'on attribue à ce mode de fumure des avantages qu'il ne nous appartient pas d'examiner ici. Nous nous bornerons à dire que l'on considère généralement que chaque mouton fertilise un mètre carré de terrain en quatre heures. Le travail du berger consiste donc à disposer ses claies de telle façon, qu'étant donnés un espace de terrain et un nombre d'animaux déterminés, les proportions ci-dessus soient observées en vue de la fumure de ce terrain.

TONTE DES MOUTONS

La tonte des moutons de race commune se fait à la fin de mai ; celle du mérinos vers la fin de juin. C'est le terme naturel de l'accroissement de la laine.

Au delà, le bétail peut perdre sa toison et la laine qui tombe n'a presque plus de valeur. Il est bon de la couper chaque année, elle pousse davantage ensuite. La tonte d'un an est certainement plus avantageuse que celle qui est faite de deux en deux ans. On doit tondre par un beau temps ; mieux vaut laver la laine *sur pied,* c'est-à-dire sur le corps de l'animal avant de le tondre. Le choix de l'eau est indifférent pourvu qu'elle soit propre. On lave plusieurs fois et on ne fait la tonte que quand la laine est tout à fait sèche.

La manière la plus commode de tondre l'animal est de le coucher sur une table, les jambes retenues par des cordes qui passent dans des trous. Quand il est tondu sur un côté, on le détache, on le retourne et on le lie de l'autre côté. La tonte demande des mains habiles qui tondent ras du premier coup de ciseaux sans blesser l'animal et sans avarier la toison. Une toison bien faite se détache tout entière sans se désunir.

Quand, après la tonte, on mène paître les moutons,

on a soin, pendant une semaine, de les tenir à l'ombre, afin que le soleil n'irrite point leur peau nue. Si, au contraire, le temps est froid et pluvieux et qu'ils risquent ainsi de s'enrhumer et de dépérir, on les tient à couvert sous des hangars et l'on évite de les promener au grand air.

Lavage des laines. — On lave ordinairement la tonte au mois de juillet.

On enlève d'abord de la laine, toutes les pailles et les impuretés qu'on y peut saisir. On étire les flocons, puis on les met dans des paniers à claire-voie que l'on plonge dans l'eau et on remue avec un bâton. Mais si l'eau n'est pas courante, on ne fait que soulever la laine avec la baguette, car on la feutrerait en la retournant. Enfin on la retire, on la laisse égoutter quelques instants et on l'étend sur des claies pour la sécher.

A partir de la tonte jusqu'à la vente, la laine doit être conservée dans un lieu modérément sec et non exposé au soleil. Durant les quatre premières semaines, elle perd toujours quelque peu de son poids par la dessiccation, ce qui doit faire prendre en considération le temps écoulé depuis la tonte jusqu'à la livraison au marchand.

La laine a un aspect d'autant plus beau que le moment du lavage est moins éloigné de celui de la tonte.

CASTRATION

On châtre pour disposer l'animal à l'engraissement, pour ôter à sa chair le goût de sauvage et insupportable de la chair de bélier, pour la rendre plus tendre, enfin pour obtenir une laine plus abondante et plus fine.

On châtre les béliers à tout âge ; il vaut mieux les châtrer quand ils sont à l'état d'agneaux et même dès la seconde semaine de leur naissance, car plus tôt on fait la castration, moins on court risque de faire périr les animaux. Il suffit d'inciser les bourses et d'enlever les testicules l'un après l'autre, après avoir tordu le cordon qui cède facilement. Quelques opérateurs frottent ensuite les bourses avec du saindoux, d'autres se contentent de rapprocher les lèvres de la plaie qui ne tarde pas à se cicatriser. Ce mode de castration ne convient pas pour les béliers de trois ou quatre ans. Ils ne le supporteraient pas ; on les *bistourne* ou on les *fouette*.

Le *bistournage* se fait en saisissant les testicules et en les tordant deux fois avec force dans la bourse, de manière à tourner en haut la partie inférieure du testicule et sa partie supérieure en bas ; puis on lie les bourses au-dessous des testicules pour les empêcher de redescendre et de reprendre leur position naturelle. Cette méthode, d'ailleurs très douloureuse, n'est pas sans danger pour l'animal.

Le *fouettage* est une opération facile et qui n'a pas les inconvénients du bistournage. M. Bourgeois, directeur de la bergerie de Rambouillet, le recommande vivement aux propriétaires et en fait la description suivante :

« On *fouette* les béliers toujours le matin, avant qu'on leur ait donné à manger ; il convient aussi qu'ils ne soient pas mouillés. Ce sont les mois de mars et d'octobre qu'il faut choisir préférablement pour cette opération.

« Après avoir pris le bélier que l'on veut fouetter, on lui lie les quatre membres de telle sorte que ceux de derrière soient rapprochés le plus possible de ceux de devant, sans cependant le trop gêner; on le couche sur le dos sur la litière, dans la bergerie; ensuite on arrache avec les doigts la laine existant au-dessus des testicules et qui se trouverait sous le nœud de la ficelle. La ficelle que l'on emploie doit être forte et avoir, environ, le double de grosseur du fouet ordinaire. On en fait préparer exprès, quand on a beaucoup de béliers à châtrer. On prend un bout d'environ deux pieds de cette ficelle, on attache à chaque extrémité un morceau de bois de cinq à six pouces de longueur sur sept à huit lignes de diamètre. Avec ce lien et dans son milieu, l'opérateur dispose le nœud de la saignée, dans lequel il engage les deux testicules recouverts de leurs bourses et il place ce nœud à un ou deux pouces au moins au-dessus de ces organes. Alors, deux hommes placés de chaque côté et qui tiennent le bélier, tandis qu'un troisième l'empêche de bouger, tirent également la ligature chacun par un bout, en tenant le morceau de bois à pleine main et en se plaçant pied contre pied pour avoir plus de force, car il faut serrer sans secousse, pas trop fort, afin de ne pas couper les parties enserrées dans le nœud, mais assez pour arrêter complétement la circulation au-dessous de la ligature. Ensuite, pour assurer le premier nœud, on en fait un second simple et droit, que l'on serre également bien; et on coupe chaque bout de ficelle à un pouce et demi environ du nœud; après quoi, on délie l'animal, on fait sortir la verge du fourreau, et on met le bélier sur ses pieds. Il arrive quelquefois que la ligature casse; dans ce cas, il faut en avoir une toute prête, et la remettre de la même manière, sans ôter la première. Quand on voit les béliers se secouer après cette opération, c'est un indice qu'elle est bien faite. Trois jours après, on peut couper les testicules à un pouce au-dessous du nœud. »

La chair des moutons auxquels on a enlevé les testicules lorsqu'ils étaient jeunes, est beaucoup plus agréable que celles des béliers bistournés ou fouettés.

On châtre les agneaux femelles et les brebis par l'enlèvement des ovaires, pour que leur viande en acquière plus de qualité. Mais cette opération devient souvent mortelle pour l'animal, quand elle n'est pas faite par un praticien habile. La chair de la brebis, même grasse, est bien inférieure à celle des moutons.

REPRODUCTION

C'est de trois à quatre ans que le bélier jouit de la plénitude de ses facultés reproductices, et il les conserve jusqu'à sa sixième année.

Les brebis ne doivent être saillies qu'après l'âge de dix-huit mois. Elle ne sont parfaitement aptes à concevoir que si elles ont la poitrine développée, le bassin large, les reins solides. Le signe de la santé, c'est toujours l'œil vif, l'oreille bien soutenue, la surface intérieure des paupières d'un rouge vif.

Quarante à cinquante brebis dans l'année, c'est le plus qu'on puisse sagement donner à un bélier. Pendant la lutte, il est essentiel de lui préparer une nourriture fortifiante, à laquelle on ajoute une ration d'avoine ou de pois.

Après la monte, il faut soigneusement le tenir séparé du troupeau. Les éleveurs de mérinos ne sont pas d'accord sur l'époque la plus favorable pour la monte. Les uns veulent que l'on réunisse le bélier au troupeau dans le mois de juillet, parce que c'est dans cette saison que commence à se manifester la chaleur des brebis ; d'autres, dans le nord, retardent l'accouplement jusqu'au mois de novembre, de manière à ce que la parturition s'effectue à la fin de l'hiver. Mais cette pratique a souvent cela de mauvais, dit M. Pictet de Genève, « que si on laisse passer les premières chaleurs, pour ne donner le bélier qu'à la seconde ou troisième fois que la brebis le demande, elle ne retient pas ou ne porte qu'un agneau faible. J'ai éprouvé souvent, d'une manière marquée, l'avantage que conservent les animaux provenant des accouplements précoces ; non seulement parmi les agneaux purs, la différence a été très marquée, mais les métis, nés au commencement de décembre, ont conservé un avantage étonnant sur les purs qui sont nés un ou deux mois plus tard.

Gestation. — La durée de la gestation est de 150 jours. Pendant cette période, la brebis doit être conduite avec la plus grande douceur et nourrie avec les plus grands soins. Ne perdons pas de vue qu'un avortement peut être la conséquence d'une épouvante, des efforts que l'animal aura faits, soit pour échapper aux poursuites trop ardentes du chien de garde, soit pour sauter un fossé, soit en se trouvant trop pressée au milieu du troupeau dans un passage étroit. Il ne faut pas oublier non plus que l'excès de la nourriture produira bientôt une pléthore sanguine, puis l'hémorragie, puis encore l'avortement, quand, d'une autre part, une nourriture mesurée avec trop de parcimonie ne suffit ni à l'accroissement du fœtus, ni à la réparation des forces de la brebis. Enfin, il y a le choix judicieux des aliments qui conviennent à telle ou telle race.

Parturition. — La parturition peut être contrariée par un excès ou par un manque de forces. Dans le premier cas, la bouche et les lèvres sont sèches, les yeux rouges et injectés, les oreilles brûlantes; l'animal est agité, la vitesse du pouls indique une surexcitation qu'il importe de faire disparaître le plus tôt possible. On emploie la saignée. Dans le second cas, au contraire, la brebis, par suite d'épuisement, n'a plus la force d'expulser le fœtus; il faut lui rendre la vigueur qui lui manque, et ce n'est que par une alimentation échauffante et par une boisson tonique qu'on pourra la ranimer.

Lorsque l'agneau se présente dans la position normale, c'est-à-dire les pieds de devant étendus et placés au-devant du museau, les deux jambes de derrière repliées sous son ventre, et s'allongeant en arrière à mesure qu'il est expulsé de la matrice, la parturition est parfaite, et n'a pas besoin d'être aidée, si ce n'est quand la sortie s'effectue avec trop de lenteur. Alors on doit la faciliter, en tirant l'agneau peu à peu et doucement, et seulement dans l'instant où la mère fait elle-même des efforts pour se délivrer.

Parturition difficile. — L'agneau se présentant mal, on essaye de le retourner afin de changer sa mauvaise position qui est un obstacle à sa sortie.

Daubenton résume ainsi les mauvaises positions les plus fréquentes : « 1° la mauvaise situation de la tête lorsque l'agneau, au lieu de présenter le bout du museau à l'ouverture de la matrice, présente quelques parties du sommet ou des côtés de la tête, tandis que le bout du museau est tourné de côté ou en arrière;

2° la mauvaise situation des jambes de devant, qui, au lieu d'être étendues en avant, de façon que les pieds se trouvent à l'ouverture de la matrice avec le museau, sont pliées sur le cou ou étendues en arrière; 3° la mauvaise situation du réseau ombilical lorsqu'il passe devant l'une des jambes.

« Voici ce que doit faire le berger pour changer ces mauvaises dispositions de l'agneau.

« Lorsqu'il sent à l'ouverture de la matrice, la tête de l'agneau au lieu du museau, il doit tâcher de repousser la tête en arrière et d'attirer le museau à l'ouverture de la matrice. Il est nécessaire que le berger frotte ses doigts avec de l'huile pour faire cette opération sans blesser la brebis ni l'agneau. Si les jambes de devant sont étendues en arrière, il faut que le berger tâche de faire sortir la tête, ensuite qu'il essaye d'attirer les deux jambes de devant, ou seulement l'une, pour empêcher que les épaules ne forment un trop grand obstacle à la sortie du corps de l'agneau. Si les jambes de derrière restaient étendues en arrière, on serait obligé de tirer l'agneau avec tant de force pour faire passer les épaules que l'on courrait risque de le faire mourir. Lorsque le berger reconnait que le cordon ombilical passe devant l'une des jambes, il doit tâcher de le rompre sans attirer le délivre. Le cordon se rompt de lui-même dès que l'agneau est sorti. »

Délivrance. — Dès que la brebis a expulsé l'agneau, on s'occupe de la délivrance. Il n'est pas rare que le délivre ne sorte pas de lui-même. Il faut alors le tirer, à l'aide du cordon ombilical, mais doucement, sans secousses brusques, car en tirant fort, on peut casser le cordon, causer la rupture du délivre, une déchirure de la matrice, et même la faire descendre avec le délivre.

Quelques heures seulement après le part, il faut donner à la brebis de l'eau blanche tiède, de l'avoine, de l'orge ou du son mêlé d'un peu de farine.

Allaitement. — La portée des brebis n'est ordinairement que d'un seul agneau. Quand l'agneau vient de naître, la mère le lèche pour le sécher. Si cela n'avait pas lieu, on répandrait sur l'agneau un peu de sel ou de son pour engager la mère à lécher son petit.

On débouche les pis en pressant le bout et en faisant jaillir un peu de lait. Puis, avant de laisser téter, il faut avoir soin d'ôter de dessus la mamelle, la laine qui peut la recouvrir. Sans cette précaution, l'agneau qui en avalerait serait sujet aux obstructions des intestins.

Si l'agneau ne va pas lui-même aux mamelles, on l'approche, et on lui exprime du lait du pis dans la bouche.

S'il est rebuté par la mère, on la tient en place, et on lui lève une jambe de derrière afin de permettre à l'agneau de prendre le pis.

Quand la brebis a mis bas deux agneaux, on examine, avant de lui laisser le second, si elle est assez vigoureuse, assez grasse, si elle aura assez de lait pour les allaiter tous deux. Il faut tenir compte de la saison où l'on se trouve, le meilleur régime pour une brebis mère étant le pâturage.

L'avoine et l'orge mêlés avec du son, les carottes, les raves, les choux, les betteraves, les panais sont, du reste, une excellente nourriture à offrir aux brebis qui paraissent manquer de lait.

Il faut aux brebis mères une nourriture substantielle, mais les fourrages secs donnés seuls sont à redouter; leur étable doit avoir une température un peu plus élevée qu'à l'ordinaire.

Si la brebis n'est pas en bonne santé, si son lait n'a ni la blancheur ni la consistance auxquelles se reconnaît le bon lait, s'il est clair ou jaunâtre, ou bien encore si le petit se refuse à téter, on cherche une autre nourrice, soit une chèvre, soit une brebis qui a perdu son nourrisson. On fait croire à une brebis que l'agneau qu'on lui présente est le sien, en le frottant avec la peau de l'autre; ou, mieux encore, il suffira de placer pendant la nuit cet agneau entre les pattes de la mère qui le lendemain croira que ce petit lui appartient. Enfin, à défaut de chèvre ou de brebis, l'on a recours à l'allaitement artificiel. On fait tiédir du lait de vache auquel on a ajouté un peu d'eau, et on le met dans un biberon dont le bec est formé d'un linge qui fait l'office du mamelon de la brebis. Au besoin, on peut encore substituer au lait, une décoction d'orge ou de blé dans laquelle on aura délayé un peu de farine. L'agneau doit être tenu chaudement. Un des grands inconvénients du biberon, c'est d'occasionner des diarrhées au nourrisson. Il faut alors mêler au lait une décoction de fraisier ou d'autres astringents.

S'il se trouve des agneaux gourmands qui tètent plusieurs mères et qui dérobent ainsi le lait des agneaux moins forts, ceux-ci se trouvent exposés à mourir de faim. On remédie à cet inconvénient par une surveillance attentive, en triant les agneaux faibles et en leur faisant téter leurs mères sitôt qu'elles reviennent des champs.

Un très grand inconvénient des râteliers trop élevés, c'est qu'il en tombe souvent des bourres de foin qui se mêlent dans la toison des agneaux et dans celle de leurs mères. Les agneaux qui veulent manger ce fourrage avalent, en même temps, des filaments de laine. Ceux-ci s'arrêtent dans les intestins sous forme de pelotes appelées gobes et occasionnent souvent des maladies mortelles. Il est donc important, surtout pour les nourrices, de tenir les râteliers bas.

Sevrage des agneaux.— On sèvre les agneaux de trois à quatre mois, quand les brebis commencent à n'avoir plus de lait ou à entrer en chaleur. C'est ordinairement dans la première quinzaine de juin, sauf le cas où les agneaux sont nés avant le mois de février. Il y a alors nécessité à retarder le sevrage jusqu'au temps où l'herbe est bonne.

Pour sevrer les agneaux, on les sépare de leurs mères et on les tient assez éloignés pour qu'ils ne puissent entendre les bêlements de ces dernières ni faire entendre les leurs à celles-ci. Les agneaux, à mesure qu'on les sèvre, sont réunis en troupeau sous la conduite de quelques vieilles brebis qui les empêchent de s'écarter. On les mène pâturer dans les prairies où, de préférence, poussent l'ivraie vivace, le mélilot, la flouve odorante et dans les prairies artificielles de trèfle et de pois. On évite les prés humides.

Lorsqu'on ne veut pas séparer l'agneau de sa mère, le moyen de sevrage le plus simple est de mettre à l'agneau une muselière qui ne l'empêche pas de manger, mais qui est garnie sur le nez d'une touffe de crins destinés à piquer les mamelles de la mère.

toutes les fois qu'il avance la bouche pour téter. Dans ce cas la brebis repousse toujours l'agneau.

Engraissement des agneaux. — Ils ne quittent pas la bergerie où pendant le jour, leurs mères étant au champ, on les fait allaiter par des brebis qui ont perdu leurs petits.

A quinze jours on châtre les agneaux mâles que l'on destine à l'engraissement. Cette opération rend leur chair délicate et d'un goût agréable.

A trois semaines, les agneaux mangent déjà dans l'auge et au râtelier. Ils commencent même à brouter de l'herbe. Leur nourriture doit d'abord consister en farine d'avoine, en grains cuits ou crevés dans l'eau bouillante et mêlés avec du lait; puis, à mesure qu'ils prennent de la force, on leur distribue de l'avoine pure, de l'orge en grain, des pois concassés; finalement, du foin très-fin, du trèfle sec, des gerbées d'avoine, de la paille battue, des fanes de vesce, de la pimprenelle coupée, des herbes grossières, des racines, mais surtout de la betterave champêtre si favorable à l'engraissement.

Il faut aux agneaux d'engrais, une litière sèche au moins toutes les vingt-quatre heures, et, comme ils sont assez sujets au dévoiement, on prévient ou on combat la maladie en plaçant auprès d'eux une pierre de craie pour qu'ils la lèchent.

L'agneau de lait a la chair blanche. Elle ne l'est plus quand il a brouté. Pour qu'il soit bon, il doit être gras.

Nourriture des brebis mères. — La nourriture des brebis nourrices doit être modérée dans les premiers jours qui suivent le part; on augmente successivement la ration à mesure que l'agneau devient plus fort; l'herbe est la nourriture par excellence pour la brebis mère. On prépare donc, à proximité de la bergerie, des pâturages temporaires précoces, tels que seigles, escourgeons, trèfle incarnat, navette, qu'on peut livrer de bonne heure aux mères et aux agneaux. Dans l'agnelage d'hiver à la bergerie, on réserve pour les mères les regains, trèfles, luzernes, auxquels on associe des choux, des raves, des betteraves, etc., en quantité notable.

Les fourrages grossiers trop volumineux, par conséquent les plus pauvres, ne leur conviennent pas. Ils distendent trop la panse. Ceux qui sont altérés par des moisissures, récoltés dans de mauvaises conditions de dessiccation ou qui ont fermenté outre mesure, leur sont très souvent nuisibles en provoquant l'avortement par l'empoisonnement du fœtus. Les aliments excitants tels que l'avoine ne conviennent pas non plus. Elles ont besoin de calme et de tranquillité.

La dysenterie chez les agneaux provient souvent de ce que les mères ont été trop fortement nourries, de ce que leur lait est devenu malsain par suite de la mauvaise qualité des fourrages qu'elles ont consommés; les courants d'air, les refroidissements, sont aussi des causes de dyssenterie, affection qui n'atteint du reste les agneaux que jusqu'à l'âge de six semaines.

Des farineux ou des grains, des tourteaux, des betteraves, des carottes, des raves, des navets, des pommes de terre, des topinambours, mélangés en tranches petites et minces avec des balles, des siliques ou des pailles finement hachées, conviennent parfaitement aux brebis nourrices et sont indispensables pour celles qui sont vieilles et qui ont été mal nourries. On réunit ces aliments avec des fourrages fournis par les trèfles, la luzerne, le lupin, des pailles de pois, de vesce, de féverole, d'avoine, d'orge, etc.

On augmente la ration ou on la rend plus nourrissante suivant que les mères paraissent perdre leur état.

CHAPITRE XI

MALADIES DES BÊTES DE L'ESPÈCE OVINE. — MAL DU PIS. — CHANCRE. — BOUQUET OU NOIR-MUSEAU. — CLAVELÉE : CLAVELISATION. — DARTRES. — ÉPILEPSIE. — ÉRYSIPÈLE. — FALÈRE OU TYMPANITE. — FIÈVRE INFLAMMATOIRE. — FOURCHET. — GALE. — FRACTURE DES CORNES. — GENESTADE OU CATARRHE VÉSICAL. — HYDRORACHITIS. — MALADIE DE SOLOGNE OU MALADIE ROUGE. — MÉTÉORISATION. — MUGUET. — MALADIE DES BOIS OU MALADIE GRAVE DE CHABERT. — POURRITURE OU CACHEXIE AQUEUSE DES MOUTONS. — TOURNIS. — SANG DE RATE. — LE PIÉTIN. — FOURCHET. — SAIGNÉE. — AMPUTATION DE LA QUEUE.

Nous n'avons pas ici la prétention d'écrire un cours de thérapeutique ovine. Nous voulons tout simplement essayer d'indiquer aux intéressés les traitements les plus usuels, en cas d'affections peu compliquées, et leur apprendre à distinguer, autant que possible, les maladies qui peuvent atteindre leurs animaux, en leur laissant le soin d'en tenter eux-mêmes la guérison ou de recourir aux lumières du vétérinaire, ce qui sera toujours plus prudent dans les cas graves, ou bien quand on s'aperçoit que le traitement appliqué n'apporte aucun soulagement à l'animal.

Mal du pis. — Il provient de la malpropreté des litières ou des coups de tête que les agneaux donnent à leur mère lorsqu'ils veulent téter. Ce mal se traite de la même manière que l'inflammation des mamelles de la vache.

Chancre. — Le chancre débute à la partie externe de la gencive inférieure, par une tumeur qui grossit rapidement, paraît de plus en plus enflammée à son sommet, s'élargit, se creuse, s'ulcère profondément. Après avoir envahi la gencive inférieure, elle gagne la gencive supérieure, le palais, et parfois même elle s'étend hors de la bouche, sur les lèvres et le museau. Cette maladie est contagieuse. Il faut isoler au premier symptôme les moutons qu'elle atteint.

La cautérisation avec l'acide nitrique est employée avec succès. Le chancre brûlé par l'acide se recouvre d'une croûte qui tombe bientôt et laisse une plaie vermeille qui se cicatrise. S'il se produit une suppuration, il faut cautériser de nouveau.

Bouquet ou noir-museau. — Ce mal a différents noms, suivant les localités : on l'appelle biquet, charbon, verveine, gratelle, faux-nez, barbouquet. C'est une espèce de gale au museau qui se propage souvent jusqu'aux tempes et au-dessous de l'oreille. On la guérit au début avec une friction quotidienne d'un onguent de soufre et d'huile d'olives ; si elle se montre tenace, on fait usage d'un onguent composé de chènevis pilé, de soufre, d'euphorbe, d'ellébore noir, mélangés en parties égales.

Les agneaux qui ont mangé de l'herbe humide sont particulièrement sujets à cette maladie, qui devient presque toujours mortelle pour ceux qui tètent encore. Frottez le museau avec un mélange d'hysope et de sel, lavez ensuite avec du vinaigre.

Le *bouquet* se communique. Il est donc essentiel d'isoler les bêtes malades. Si le mal persiste, on saigne l'animal à la jugulaire, en évitant de lui tirer plus d'un litre de sang.

La Clavelée. — Vulgairement nommée **picotte** ou **petite vérole** du mouton, la clavelée est, comme on sait, une maladie essentiellement contagieuse, caractérisée par l'éruption de gros boutons arrondis qui s'aplatissent bientôt vers le centre, entrent ensuite en suppuration, puis se dessèchent et sont remplacés par une croûte qui se détache en laissant une cicatrice blanchâtre. L'éruption de ces boutons ou pustules claveleuses est précédée par la fièvre et elle s'accompagne de jetage par le nez et d'une irritation des yeux qui se montrent chassieux et larmoyants.

L'éruption est dite confluente ou discrète, suivant le nombre de pustules qui se développent et la distance qui les sépare ; la gravité du mal est précisément en rapport avec cette circonstance. La clavelée confluente à boutons très-nombreux et très-rapprochés est toujours grave et souvent mortelle ; discrète, au contraire, elle est le plus ordinairement bénigne.

Les précautions à prendre à l'égard des animaux clavelisés se réduisent à les tenir à l'abri de l'humidité, du froid et des températures élevées. En été, on les laisse au grand air le plus longtemps possible ; en hiver, on les garde dans les bergeries dont on purifie l'air au moyen de fumigations acides. On mêle du sel à leur boisson et on ne leur donne qu'une médiocre quantité de nourriture, mais de bonne qualité ; de bonne paille de froment et un peu de provende, de bon foin de trèfle, minette ou luzerne.

Toutefois, lorsque la maladie prend un certain caractère d'intensité, la violence de la fièvre exige l'emploi des antiphlogistisques, l'état inflammatoire réclame même la saignée modérée, sur laquelle, toutefois, il faut être très réservé, attendu la constitution des bêtes à laine; l'atonie, la longueur de l'éruption, demandent quelques cordiaux dont il faut se garder d'abuser; les boissons diaphorétiques, l'infusion de fleurs de sureau, par exemple, le vin tiède miellé et coupé, sont alors indiqués. Dans le cas de névrose de la locomotion, de spasmes coexistants avec la clavelée, ce sont des calmants et des antispasmodiques qu'il faut. Enfin les complications d'adynamie, d'ataxie, d'affection vermineuse, de diarrhée, de pourriture, etc., veulent qu'on ajoute aux boissons des antiseptiques, des astringents, des vermifuges, etc. Lorsque les narines sont obstruées, on les injecte, avec la plus grande précaution, avec de l'eau tiède ou mieux de l'eau d'orge miellée. S'il y a des pustules entre les onglons des pieds, on lotionne la partie malade avec une décoction de mauve plusieurs fois par jour; si ces pustules sont situées sous le sabot, ce que l'on reconnaît à la claudication et à la chaleur de la partie, il faut s'assurer du point douloureux, extirper la portion de corne qui le recouvre et panser la plaie avec du vinaigre et de l'oxyde de plomb blanc. Enfin, si les pustules réunies forment un grand ulcère dont le fond et les bords paraissent noirs, l'on en détachera soigneusement cette croûte noirâtre et on lotionnera la plaie avec de la teinture de kina ou la décoction des feuilles de noyer. On pourra même avoir recours à l'eau styptique ou d'alibour.

Clavelisation. — Cette opération a pour but de communiquer artificiellement la maladie à des bêtes saines. C'est le seul moyen efficace de diminuer considérablement la mortalité ou d'imprimer à la maladie un cours bénin et régulier. « Le choix du virus claveleux, la manière de l'extraire, le mode de son insertion, et la place à préférer pour l'introduire ne sont pas indifférents. La seule matière virulente propre à la clavelisation est la sérosité roussâtre ou jaunâtre qui suinte de la surface des boutons claveleux, dès qu'on a enlevé la pellicule ou la croûte mince, blanchâtre, qui les recouvre. C'est à peu prés du sixième au huitième jour de l'apparition de l'éruption que les pustules peuvent être bonnes à donner cette sérosité qui porte le nom de *claveau*. Pour la mettre en usage ou l'inoculer, l'on en charge la pointe d'une lancette ou d'un autre instrument pointu et tranchant, que l'on introduit aussitôt, au moyen de trois ou quatre piqûres pratiquées avec le même instrument ou un autre, un peu en avant des mamelles ou des parties génitales et non sous le ventre. Cette partie, siège des insertions, est ordinairement dépourvue de laine; s'il s'en trouve à quelques bêtes, on l'arrache avant d'opérer. Il est inutile de faire observer qu'il faut choisir, pour servir à la clavelisation, des bêtes saines, la bête qui a le moins de pustules, celle dont la maladie présente le caractère le plus bénin. L'on peut prendre la matière claveleuse sur les individus déjà clavelisés, mais il faut bien se garder de la puiser sur les pustules plus ou moins grosses et quelquefois tumorales des piqûres; elles ne contiennent généralement qu'une matière purulente, et s'il peut s'y trouver quelque peu de virus, c'est dans une si faible proportion, qu'on s'exposerait à manquer l'opération en ne choisissant pas mieux le fluide virulent. L'on pratique des piqûres en faisant pénétrer, entre les lames de la peau et de manière à détacher et à soulever un peu l'épiderme, le bout de l'instrument que l'on enfonce obliquement et avec précaution, de peur de traverser la peau; puis on pince un peu la place de la piqûre par les deux extrémités de la petite incision et de façon à en procurer l'ouverture dans laquelle on porte l'humeur claveleuse dont la pointe de l'instrument est chargée. L'on a soin de tenir cet instrument verticalement, pour que le fluide descende et de ne le retirer qu'après une seconde ou deux, en appuyant légèrement avec l'un des doigts de la main gauche sur la place opérée, afin de mieux fixer le virus et d'en favoriser l'absorption. »

Dartres. — Les dartres sont produites par la malpropreté et par des aliments de mauvaise qualité. On les fait disparaître avec des cataplasmes de farine de lin bouillie dans du lait, et en les frottant avec un mélange d'huile de laurier et d'onguent mercuriel.

Les dartres anciennes se lavent plusieurs fois par jour avec du lait coupé d'eau, et le soir on les frotte avec l'onguent populeum qu'on enlève le matin pour laver de nouveau.

Épilepsie. — Cette maladie, à laquelle le cheval et les individus de l'espèce bovine sont également sujets, s'annonce avec les mêmes symptômes chez le mouton. On la considère comme incurable.

Érysipèle. — Le mouton est particulièrement exposé aux maladies inflammatoires de la peau. Le mode de traitement est le même que pour le bœuf et le cheval, mais à moindre dose.

Falère. — Indigestion gazeuse ou *tympanite* qui attaque surtout les moutons qui ont pâturé de la luzerne ou du trèfle encore mouillés de pluie ou de rosée. Elle commence par le gonflement du ventre qui amène souvent en peu d'heures l'étouffement et l'asphyxie. Cependant 20 à 25 gouttes d'alcool volatil dans un peu d'eau ordinaire peuvent dissiper l'enflure et écarter tout danger d'asphyxie. On force l'animal à trotter jusqu'à ce qu'il ait fienté.

Fièvre inflammatoire. — Moins grave que la fièvre continue, cette maladie se présente souvent avec des phénomènes gastriques. Point de saignée, mais des boissons acidulées, des lavements froids et des purgatifs.

La boisson acidulée se composera de :

Décoction de chiendent.	1 litre.
Nitrate de potasse (sel de nitre). . .	4 gr.

Le lavement de :

Décoction de mauve.	1/4 de lit.
Nitrate de potasse.	4 gr.

Le breuvage purgatif :

Séné, 10 gr., qu'on fait infuser dans un verre d'eau bouillante, et après l'avoir passé dans un linge, on ajoute 16 gr. de sulfate de magnésie.

Fourchet. — C'est l'inflammation et l'ulcération du pied du mouton, à l'entre-deux des doigts ; le mal se loge à la séparation des onglons ; il provient de l'introduction accidentelle de corps étrangers dans le canal du fourchet et s'étend peu à peu jusqu'à la couronne et aux pâturons. Le mouton boîte, la partie atteinte s'ulcère, et il en sort une matière blanche, épaisse et fétide.

On arrête l'inflammation première avec quelques bains tièdes, et des lotions d'extrait de Saturne étendu d'eau. Si l'enflure augmente, il faut recourir aux solutions de sulfate de cuivre et aux cataplasmes astringents, et, dans le cas d'inflammation interne, sacrifier le pourtour de la couronne. On peut faire une saignée si la fièvre est forte.

Quand enfin le fourchet ne cède pas et tourne à l'ulcération, on est obligé d'extirper le canal, auquel cas on appelle le vétérinaire.

Fracture des cornes. — Les cornes cassées se coupent à l'endroit de la rupture avec un fer tranchant rougi au feu. Un autre moyen, c'est de les scier jusqu'à l'os qui forme la seconde corne.

Gale. — Chez le mouton, l'éruption galeuse attaque de préférence le dos, la croupe et les flancs; elle envahit ensuite tout le reste du corps.

La laine devient sèche, elle se feutre et tombe par places; la peau est rude, tuméfiée, et se couvre de pustules d'où suinte un prurit âcre, jaune et verdâtre. L'animal, tourmenté par des démangeaisons continuelles, se frotte contre tous les objets à sa portée, se gratte avec les pieds et mord sa toison.

Le traitement consiste en frictions ou en bains.

On frictionne les endroits galeux avec des décoctions concentrées de tabac additionnées d'essence de térébenthine, d'huile empyreumatique, mais ce moyen, d'ailleurs insuffisant, a le grand désavantage de détériorer la laine. Certains onguents n'ont pas le même inconvénient; on ne les emploie le plus souvent que comme des palliatifs auxquels on a recours quand on n'est pas à même d'utiliser les bains.

Les bains guérissent sûrement et promptement; et ils permettent d'arrêter toute contagion de la gale dans le troupeau.

Le bain de Tessier se compose d'acide arsénieux 2 gr.; sulfate de fer 10 gr., peroxyde de fer anhydre 100 gr., poudre de racine de gentiane 400 gr.

Pour un bain, l'on met 11 kilogr. de poudre dans 100 litres d'eau, on fait bouillir dans une chaudière de fonte; après avoir réduit au tiers, on ajoute autant d'eau qu'il s'en est évaporé, 60 litres environ; on laisse bouillir dix minutes, et l'on verse dans un cuvier où l'on trempe les moutons galeux.

Quelques propriétaires donnent la préférence au bain Walz, composé ainsi qu'il suit :

Chaux vive.	1,000 gr.
Potasse.	1,000 »
Huile empyreumatique.	1,500 »
Goudron.	750 »
Urine de vache.	50 litr.
Eau.	100 »

Quand l'animal est retiré du bain, on le frotte à l'aide d'une brosse rude trempée dans la liqueur de ce même bain. On enlève toutes les croûtes, et huit jours après on répète le bain. La cure est complète.

Genestade ou catharre vésical. — Cette maladie affecte principalement les moutons qui broutent le genêt d'Espagne. Elle est répandue dans les Cévennes; elle se manifeste par de fréquentes envies d'uriner. L'urine est trouble et rougeâtre; l'animal a le pouls dur et précipité, la peau sèche et parfois brûlante. Il faut des boissons adoucissantes ; on emploie avec succès l'eau blanchie par la farine, les décoctions de fleurs de mauve, de graine de lin, etc.

Hydrorachitis. — C'est une sorte de faiblesse qui se déclare dans les extrémités antérieures et gagne peu à peu les extrémités postérieures. Les agneaux seuls, dans le premier mois de leur vie, y sont sujets. Les symptômes se traduisent du cinquième au dixième jour, par l'impossibilité où est l'animal de se tenir sur ses pieds, il a la tête pendante, les yeux égarés, chassieux et convulsifs. Pour traitement 1 décigr. d'opium et 1 verre de vin chaud, appliqués sur la colonne vertébrale; employer aussi les frictions sèches ; l'eau martiale sera l'unique boisson. Chaque matin un demi-jaune d'œuf délayé dans 6 à 8 gouttes d'éther sulfurique ; et, une heure après, on donnera le breuvage fondant : eau de forge 1 verre, huile de cade 8 gr.

Maladie de Sologne ou **Maladie rouge.** — La tristesse, une marche lente, une grande faiblesse, des yeux larmoyants, une bouche baveuse, le manque d'appétit, la soif, tels sont les indices de cette maladie qui semble particulière aux moutons de Sologne. A mesure qu'elle s'aggrave, les urines deviennent abondantes, ils rendent du sang par le nez et par le fondement ; la bave est écumeuse et la soif ardente. L'animal meurt en dix jours au plus. Le mal rouge est causé par l'insuffisance de nourriture et sa mauvaise qualité. Il faut donc un régime tonique, des fourrages secs, des décoctions de plantes aromatiques, sauge, menthe, hysope, auxquelles on ajoute 6 à 8 grammes de nitre par litre.

Météorisation. — Même traitement que pour

les bœufs atteints de cette sorte d'indigestion gazeuse, produite par la fermentation dans la panse, de fourrages aqueux et sucrés qui ont subi sur pied l'action du soleil ou qui ont éprouvé un commencement d'échauffement après avoir été coupés.

Muguet. — Sorte d'aphte ou de chancre qui attaque la muqueuse buccale des jeunes agneaux et les empêche de téter. La cause de cette inflammation vésiculeuse n'est pas connue. On cautérise ordinairement la bouche au moyen d'un mélange d'eau salée et de vinaigre, ou d'une dissolution d'alun et de borax. D'autres se bornent à promener sur les parties malades un linge trempé dans une infusion de sauge additionnée de miel et d'alun. Dans tous les cas et jusqu'à guérison complète, il faut nourrir les jeunes agneaux avec du lait.

Maladies des bois, maladie grave de Chabert. — Inflammation de l'estomac causant la mort en 48 heures. La sensibilité de la région de l'estomac est telle, vers la onzième côte à gauche, que l'animal tressaille et gémit au moindre contact de la main. Pouls dur et fréquent, perte de l'appétit, cessation de la rumination, convulsions, soif ardente, battements des flancs, tels sont les symptômes de cette maladie qui est produite tantôt par les substances âcres, irritantes et corrosives que l'animal peut avoir absorbées, tantôt par l'abus de l'avoine, par des courses violentes, par des refroidissements subits.

Traitement. — Au début de la maladie, on donne à boire des décoctions froides de graine de lin, de guimauve, du lait ou de l'huile d'olive ; on enveloppe l'animal de linges imbibés d'eau froide ; on lui administre tièdes des lavements mucilagineux (2 poignées de feuilles de mauves bouillies dans un litre d'eau) ; puis, la suppuration s'établissant, on a recours aux croûtons, à la farine d'orge, aux lavements nutritifs composés de trois jaunes d'œufs et d'un litre un quart de lait, battus ensemble. Si le pouls baisse, on donne pour breuvage fortifiant, 8 grammes de thériaque dissous dans un verre de vin chaud.

S'il y a des signes de gangrène, on emploie le bol tonique excitant : rue en poudre 60 grammes, extrait de genièvre 1 kilog. La dose est de 32 gr. par fois à chaque bête malade.

Pourriture ou cachexie aqueuse des moutons. — C'est la maladie la plus commune. Il est facile de la reconnaître à la pâleur de l'œil, à la décoloration, à la lividité de la bouche, à la langueur des bêtes qui en sont atteintes, à l'espèce de tumeur ou de goître qui se manifeste à la ganache, surtout le soir, et qui se dissipe pendant le repos. Cette tumeur qui se développe lentement finit par envahir les joues et les oreilles. La maladie peut se prolonger pendant plusieurs années. Elle est due à la mauvaise qualité des herbes que l'animal a pâturées soit dans les prés trop humides, soit encore au moment de la rosée et par les temps de brouillards; la boisson d'eau stagnante y contribue aussi. Il faut donc s'attacher à combattre toutes ces causes débilitantes. On aura recours à l'emploi d'un régime tonique et substantiel. On donnera de l'eau ferrée pour boisson; on répandra du sel sur la provende; on supprimera toute alimentation verte. Soignée à temps, la maladie disparaîtra bientôt; les animaux plus grièvement affectés ne recevront qu'une très bonne nourriture sèche, du foin et une ration d'avoine; on leur fera prendre tous les matins un verre d'infusion chaude de baies de genièvre ou trois ou quatre cuillerées d'une décoction de plantes aromatiques, telle que thym, sauge, lavande ou hysope, faite dans du vin et additionnée, si l'on veut, d'un peu de sous-carbonate de fer et de racine de gentiane. Passé une certaine période, la cachexie devient mortelle.

Tournis. — C'est un mal incurable mais non contagieux, causé par la présence d'un ou de plusieurs vers, en forme de vésicules, qui se logent dans le cerveau. On les nomme *cœnures cérébraux*. Ils attaquent principalement les agneaux et les jeunes bêtes. Le mouton malade tient la tête basse, inclinée de côté ou d'autre, il a les mouvements lents et incertains; il va d'un pas chancelant, s'arrête et tombe; d'autres fois, il se livre à des bonds et à une course désordonnée, est pris de vertige, tourne en cercle ou bien il s'élance en avant, la tête rasant le sol, et va tomber à peu de distance grinçant les dents et poussant des cris plaintifs. Un fait remarquable, c'est qu'il tourne et tombe toujours du côté où existe le ver. C'est la période avancée de la maladie. Aux convulsions succèdent la paralysie et la mort.

« L'examen du cerveau pendant la période d'évolution fait découvrir quelques taches circonscrites, du diamètre d'une lentille et d'une coloration rouge ou jaunâtre; ou bien l'on aperçoit une ou plusieurs élevures, du volume d'une tête d'épingle; entourées d'une étroite auréole rouge. Elles se transforment en petites vésicules contenant un fluide limpide, celles-ci prennent du développement, des points troubles s'y forment, ce sont les germes des têtes futures du ver. Les vésicules peuvent acquérir le volume d'un œuf de poule; elles sont tapissées d'un grand nombre de têtes qui se trouvent coupées. La présence de la vésicule atrophie la substance cérébrale et les os du crâne; elle est entourée d'une exsudation plastique, surtout à l'endroit correspondant aux têtes du cœnure. » (DUFAILLIT.)

L'animal atteint du tournis peut être livré sans danger à la boucherie, si on l'abat dès les premiers symptômes de la maladie.

De tous les traitements essayés pour la guérison du tournis, il n'y en a eu qu'un seul dont on puisse espérer de bons résultats, c'est l'extraction du cœnure au moyen du trépan.

Sang de rate. — L'affection à laquelle on a donné le nom de *maladie du sang,* que les uns considèrent comme contagieuse, ce qui est contesté par les autres, impose aux propriétaires la mesure prudente de se conduire comme si elle était réellement susceptible de contagion.

Le sang de rate, lorsqu'il sévit, entraîne trop rapidement la mort d'un individu atteint, pour qu'il puisse y avoir des chances de lui opposer un traitement efficace en temps opportun. Il convient donc surtout d'insister sur les moyens préventifs.

Cette affection paraît s'attaquer de préférence aux troupeaux qui habitent les plaines calcaires peu ou point boisées, où les effets de la sécheresse se font le plus sentir. Ces conditions se trouvent surtout réunies en Beauce, où le sang de rate cause, en effet, chaque année, de nombreux sinistres, principalement après les étés secs.

L'expérience a démontré que le meilleur moyen d'arrêter les ravages du sang de rate dans un troupeau, est de le faire émigrer vers des lieux ombragés et un peu humides. Il y a lieu de croire qu'en faisant entrer dans l'alimentation des moutons, pendant la saison d'été, des fourrages verts ou des racines, au lieu de les nourrir exclusivement sur les chaumes, on préviendait l'apparition de la maladie.

Une solution d'aloès dans l'alcali volatil peut être essayée comme préservatif et même comme curatif tout à fait au début du mal, lorsque sa marche en laisse le temps.

Le piétin. — Le piétin se manifeste ordinairement à son début par une boiterie. Ce symptôme, qui annonce de la souffrance, donne la mesure de la gravité du mal et de l'influence qu'il exerce sur les fonctions de l'animal. La maladie dont il s'agit ne peut en aucune façon mettre la vie en danger, mais elle n'en cause pas moins des pertes considérables quand elle sévit sur un troupeau, en raison de l'obstacle qu'elle met au développement des jeunes sujets, aux facultés laitières des mères ou à l'engraissement des moutons.

Les lésions locales du piétin sont un décollement plus ou moins considérable de l'onglon et la sécrétion, sous les parties décollées, d'une matière d'apparence caséeuse, semblable à du fromage putréfié, répandant une odeur infecte. Ces lésions s'étendent et gagnent la totalité de la phalange atteinte, s'il n'y est mis obstacle par des soins appropriés. Il y a alors chute complète de l'ongle. La maladie se borne parfois à un seul, mais elle atteint souvent les deux onglons. C'est d'habitude par leur face interne qu'elle commence.

Pris au début, le piétin est très facile à guérir. Il

suffit de détacher avec un instrument tranchant, en évitant d'atteindre les tissus vifs et de faire saigner, les portions de corne décollées, puis de toucher le tissu malade mis à nu avec un caustique. L'activité de ce dernier doit être mesurée sur l'intensité de la lésion. Au commencement, l'onguent égyptiac suffit. L'eau-forte, l'huile de vitriol ou l'eau de Rabel peuvent être aussi employées, après les avoir au préalable étendues d'eau. Si l'on préfère avoir recours à un caustique solide, on peut choisir la couperose bleue ou le vert-de-gris.

Mais nous engageons à se servir plutôt de la pâte d'alun calciné et d'acide sulfurique, mêlés de manière à lui donner la consistance du miel. Cette pâte, étendue à la surface du mal en couche mince, produit une dessiccation et provoque la sécrétion de la corne normale.

Toutes les drogues que l'on vante et que l'on vend plus ou moins cher, sans en dire la composition, ne valent pas mieux, si elles valent même autant. Nous ne connaissons pour notre part aucun moyen plus efficace.

Pour faciliter les pansements, on a imaginé un appareil de contention qui sert à fixer ensemble les quatre pieds du mouton maintenu sur le dos. Cet appareil se compose de quatre entravons fixes, qui, au moyen d'une tige coudée, sont maintenus autour du corps de l'opérateur par un ceinturon. Une courroie également fixée à la tige, assujettit les pieds tendus. A l'aide de cet appareil de l'invention d'un simple berger, M. Chatriet, un homme seul peut facilement opérer l'animal atteint de piétin.

On évite l'emploi de tous ces moyens en disposant des auges remplies de lait de chaux à la porte de la bergerie. En sortant, les moutons sont forcés de tremper leurs pieds dans ce lait de chaux. Quand le piétin est peu intense, cela suffit pour le guérir. Mais c'est là plutôt un traitement préservatif qu'un traitement curatif bien efficace.

Une condition indispensable à remplir pour obtenir la guérison du piétin, est de ne pas conduire les malades sur des terrains humides et de leur donner constamment à la bergerie une litière propre et sèche.

SAIGNÉE

La saignée du mouton se fait à la jugulaire ou bien à la saphène (veine de la face interne de la cuisse) ou enfin à la veine angulaire.

Saignée à la jugulaire. — On coupe la laine à l'endroit de la saignée. On place le mouton dans l'angle d'un mur, de manière qu'il ne puisse reculer. Un homme le maintient entre ses jambes et lui soulève la tête, pendant que l'opérateur comprime le bas du cou avec un lien qui fait gonfler la jugulaire ; alors, tenant la veine bien gonflée entre l'index et le pouce de la main gauche, il se sert d'une *flamme* (lancette) et d'un bâtonnet dont il frappe un coup sec sur la tige de la *flamme ;* ou bien il pratique la saignée avec une lancette qu'il enfonce et relève de manière à ne pas donner plus d'un centimètre de longueur à l'ouverture.

La saignée moyenne pour un mouton est de 250 à 275 grammes. La saignée s'arrête comme celle du bœuf, en rapprochant la plaie avec une épingle et du fil.

Saignée à la saphène. — Elle ne diffère de la précédente que par la manière dont on maintient l'animal ; les lèvres de la plaie s'attachent de la même façon.

Saignée angulaire. — Elle peut être pratiquée par un seul homme ; et elle n'expose pas l'animal aux accidents qui peuvent suivre les deux autres.

« Cette saignée, dit Daubenton, se fait sur le bas de la joue du mouton à l'endroit de la racine de la quatrième dent, qui est la plus épaisse de toutes ; sa racine est aussi la plus grosse. L'espace qu'elle occupe est marqué sur la face externe de l'os de la mâchoire supérieure, par une tubérosité assez saillante pour être très sensible au doigt, lorsqu'on touche la peau de la joue. Cette tubérosité est un indice très certain pour trouver la veine angulaire qui passe au-dessus. Cette veine s'étend depuis le bord inférieur de la mâchoire du dessous, près de son angle, jusqu'au-dessous de la tubérosité qui est à l'endroit de la quatrième dent mâchelière ; plus loin, la veine se recourbe et se prolonge jusqu'au trou sourcilier.

« Pour faire la saignée à la joue, le berger commence par mettre entre ses dents une lancette ouverte ; ensuite il place le mouton entre ses jambes, et il le serre pour l'arrêter ; il tient son genou gauche un peu plus avancé que le droit ; il passe la main gauche sous la tête de l'animal, et il empoigne la mâchoire inférieure de manière que ses doigts se trouvent sur la branche droite de cette mâchoire, près de son extrémité postérieure, pour comprimer la veine jugulaire qui passe dans cet endroit et pour la faire gonfler. Le berger touche, de l'autre main, la joue droite du mouton, à l'endroit qui est à peu près à égale distance de l'œil et de la bouche. Il y trouve la tubérosité qui doit le guider ; il peut aussi sentir la veine angulaire gonflée au-dessous de la tubérosité. Alors, il prend de la main droite la lancette qu'il tient dans sa bouche, et il fait l'ouverture de bas en haut, à un demi-travers de doigt au-dessous de l'éminence qui lui sert de guide.

« La saignée à la joue est donc aussi sûre que facile, puisqu'on ne peut pas se méprendre à la situation du vaisseau, et qu'il est assez gros pour fournir une quantité suffisante de sang. »

AMPUTATION DE LA QUEUE

Cette opération n'est adoptée que pour les mérinos ou bêtes à laine fine. « Dans beaucoup de pays, dit M. Tessier, et en certaines saisons, les bêtes à laine qui vivent d'herbes tendres, éprouvent des diarrhées qui saliraient la queue, et celle-ci salirait la laine des cuisses ; la terre molle s'y attacherait aussi, le pis des femelles, distendu par le lait quand elles allaitent, deviendrait sensible et douloureux s'il était frappé par cette queue chargée de crotte ; les brebis portières, à qui on fait cette opération dans leur jeunesse, reçoivent mieux le mâle, et agnèlent sans que le cordon ombilical s'embarrasse. »

C'est dans les deux premiers mois de leur naissance qu'on ampute la queue des jeunes agneaux. On ne lui laisse qu'une longueur de 8 à 10 centimètres. On se sert d'un couteau bien tranchant, et avant de faire cette amputation, on remonte la peau le plus possible, afin qu'en la ramenant, après l'opération, elle couvre bien la plaie qui se cicatrise plus vite.

LES ANIMAUX DE LA RACE PORCINE

CHAPITRE XII

CARACTÈRE GÉNÉRIQUE ET ORIGINE DU PORC. — RACES FRANÇAISES : RACE CRAONNAISE ; RACE AUGERONNE ; RACE POITEVINE ; RACES LIMOUSINE ET PÉRIGOURDINE ; RACE BRESSANNE ; RACES DIVERSES. — RACES ANGLAISES : RACE DE YORKSHIRE ; RACE DE LEICESTER ; RACE D'ESSEX ; RACE DE MIDLESSEX ; RACE DU BERKSHIRE ; RACE DU HAMPSHIRE. — AMÉLIORATION DES RACES.

CARACTÈRES GÉNÉRIQUES ET ORIGINE DU PORC

Le porc est, assurément, l'animal domestique le plus répandu dans le monde entier, en raison des grandes ressources que sa chair offre comme aliment.

C'est une des machines de viande les plus merveilleuses et les plus puissantes que l'on puisse imaginer : merveilleuse, car il transforme tout ; puissante, parce qu'il le fait avec une rapidité sans égale.

Tous les détritus, tous les résidus, tous les rebuts, toutes les immondices, il les utilise pour en faire de la viande et de la graisse, du jambon et du lard.

On a défini le cochon : le canard de la ferme. La définition est très exacte. Comme le canard, le cochon utilise un tas de choses qui, sans lui, seraient jetées aux ordures. Aussi, de tout temps, l'élevage du porc a été pratiqué à la campagne, dans les ménages les plus pauvres. Car partout où l'on mange, il y a des *eaux grasses*, c'est-à-dire des eaux de lavage de la vaisselle, mélangées aux débris de la cuisine. Ces eaux grasses qui ne pourraient être utilisées pour aucun animal et qui ne seraient bonnes qu'à être jetées sur le fumier, forment la base de l'alimentation du porc dans les petits ménages de campagne. Dans les exploitations agricoles ou industrielles qui nourrissent un nombreux personnel, l'abondance de ces eaux grasses, rend possible et même nécessaire, l'élevage d'un grand nombre de porcs.

Le porc appartient à la classe des *mammifères*, à à l'ordre des *pachydermes* et au genre *sus*.

La peau est épaisse, couverte de poils raides, cornés, souvent fourchus à leurs extrémités et plus ou moins rares, appelés *soies*. Leur nuance varie suivant les races ; elle est blanche ou noire, ou grisâtre, ou rousse.

La tête est grosse, pyramidale et allongée dans les races communes, plus petite dans les races perfectionnées ; elle est portée par une encolure courte et forte.

Les yeux sont petits, à pupille ronde; sans paupières internes.

Les oreilles sont grandes, droites ou pendantes. Les races perfectionnées les ont plus petites et ordinairement droites.

Le museau que l'on nomme *groin*, s'allonge et s'amincit sensiblement. Il est tronqué à son extrémité et il se termine au-devant de la mâchoire supérieure par un disque nu, plus ou moins cartilagineux et élastique : c'est le *boutoir*. Il est percé par les deux ouvertures petites et rondes des narines.

Les mâchoires du porc sont pourvues de six dents incisives à la mâchoire inférieure, tranchantes et dirigées en avant; quatre ou six à la mâchoire supérieure ; douze ou quatorze molaires à chaque mâchoire ; quatre canines appelées *crochets*, deux à chaque mâchoire, qui, petites dents cylindroïdes, hautes de 4 à 6 millimètres à l'état caduc, s'allongent dans leur seconde période d'une manière considérable, deviennent de grosses et longues dents fortement implantées, arquées en arrière ; ceux de la mâchoire inférieure, croisant, en avant, ceux de la mâchoire supérieure : ils sont entièrement formés d'ivoire. Ces crochets constituent pour le porc une arme terrible dont il use d'une manière redoutable contre ses ennemis.

La queue est courte, grêle, très mobile, se contournant en spirale.

Chaque pied a quatre doigts, deux grands dirigés en avant et sur lesquels s'appuie l'animal et deux très petits extérieurs, ne touchant pas le sol. Leur dernière phalange est située dans une corne triangulaire appelée *onglon*.

Chez la femelle, les mamelles sont au nombre de douze.

D'après Viborg, la longueur du canal intestinal est de 15 à 18 mètres, dont 10 à 13 pour les intestins grêles, 3 ou 4 pour le colon et le rectum, 10 à 15 centimètres seulement pour le cœcum.

Chez le porc, la plus grande quantité de la graisse se dépose sous la peau où elle atteint souvent une épaisseur considérable : elle constitue le *lard*, et, au-dessous du péritoine, où elle forme la *panne* qui fournit le saindoux. La graisse de porc fond à 27° centigrades.

Dans l'espèce porcine, le mâle se nomme *verrat;* la femelle *truie;* les jeunes *porcelets* ou *gorets;* l'animal, mâle ou femelle, *porc* ou *cochon.*

L'origine du porc ne présente aucun doute. Le sanglier qui peuple nos forêts, lui sert évidemment de souche. Quant à celle des petites races asiatiques, elle est moins connue : on suppose qu'elles descendent du sanglier des Papous.

Sous l'influence des climats, des régimes différents, l'espèce s'est subdivisée en races nombreuses, à caractères plus ou moins tranchés.

Dans plusieurs parties de la France, on ne trouve guère que l'espèce porcine du pays, c'est-à-dire des animaux aussi défectueux qu'on les puisse imaginer : hauts sur jambes, d'une ossature très forte, ayant la poitrine étroite, leur conformation démontre clairement qu'ils ne peuvent être que fort lents à s'engraisser et qu'ils sont d'un faible rendement en chair nette, comparés aux races anglaises perfectionnées.

Jusqu'à ce que ces dernières fussent mieux connues, on faisait un assez grand cas de nos races augeronnes et craonnaises qui, quoique laissant encore beaucoup à désirer, sont cependant préférables à la plupart de nos autres races françaises. Mais des engraissements comparatifs de porcs de races françaises et de races anglaises, démontrent toute la supériorité de ceux-ci, au moins sous le rapport de la dépense et du prix de revient de la viande, qui sont, en définitive, les deux considérations dominantes dans les questions économiques de cette nature. Quant à la qualité de la viande, c'est une affaire de goût; cependant la vérité commence à se faire, et on reconnaît aujourd'hui, qu'à qualité égale de nourriture, la viande des races françaises n'est pas inférieure à celle des races anglaises.

Nous allons successivement passer en revue les principales races françaises et étrangères, en indiquant les avantages qu'elles présentent au point de vue de la production, de l'élevage et de l'engraissement.

RACES FRANÇAISES

Les races françaises de l'espèce porcine descendent toutes du sanglier commun (*sus crofa*); elles présentent comme caractères généraux : taille grande, oreilles amples souvent pendantes, jambes hautes et soies fortes. Soumis à l'influence du sol et du climat, les animaux n'ont pas tardé à présenter des caractères différents qui, se reproduisant avec fixité, les ont fait diviser en races parmi lesquelles on distingue particulièrement les suivantes :

Race craonnaise. — On trouve les meilleurs types de cette race, qui est très répandue dans l'Ouest, aux environs de Craon et dans le bassin de la Mayenne. Le porc craonnais est grand; il a le corps épais, la côte ronde, le dos large et bien soutenu, la tête moyenne, à chanfrein court, droit, les oreilles pendantes, fines, laissant distinguer les veines sanguines, les jambes de moyenne longueur, bien garnies de muscles, la peau blanche et fine, les soies rares et courtes; c'est incontestablement la meilleure des races françaises, tant sous le rapport de la bonne conformation que sous celui de l'engraissement.

Verrat craonnais.

Race augeronne. — Cette race est répandue dans toute la Normandie où elle forme plusieurs variétés

Truie normande.

que nous négligerons pour nous reporter au type de la race que l'on rencontre particulièrement dans les fermes de la vallée d'Auge (Calvados). Il a la tête grosse, les oreilles très amples et pendantes, couvrant entièrement le museau, le corps long, le poitrail large, les pieds forts, les jambons ronds et très estimés. Cette race est tardive, mais produit une viande très recherchée.

Race poitevine. — Les porcs de cette race ont la tête forte, les oreilles grosses sans être longues, la

Verrat de la race poitevine.

côte plate, le dos arqué (dos de carpe), le pied gros, la jambe haute, peu musclée, ils ont la soie grossière et la peau dure.

Races limousine et périgourdine. — Ces races sont presque toujours pies, blanc et noir. Le porc limousin est généralement blanc sur les côtes et noir aux deux extrémités du corps. La tête est longue, le groin fin, le chanfrein droit, les oreilles moyennes, baissées, mais non pendantes, le corps bien fait, les soies fines; les pieds minces, fins, allongés. Ces animaux sont de taille moyenne; ils sont robustes et se nourrissent facilement.

La race *périgourdine* a plus de blanc sur le corps que la précédente, les animaux sont un peu plus gros, bien faits, épais, à poils lisses. On en exporte beaucoup dans le Quercy, le Rouergue et sur les bords de la Garonne. On donne le nom de *truffiers* aux porcs de l'espèce auxquels on a reconnu une finesse particulière d'odorat et qu'on emploie à la recherche des truffes.

Race bressanne. — Cette race est répandue dans

Truie de Bresse.

la Bresse, les Dombes, le Bugey, le Mâconnais, le Beaujolais, le Dauphiné, le Bourbonnais, la Franche-Comté, etc. Elle a la robe noire avec une bande blanche entourant le milieu du corps. Le porc bressan est tardif et donne une viande un peu trop ferme; mais ce défaut est compensé par la grande fécondité des truies.

Races diverses. — On distingue encore parmi les diverses espèces de porcs exploités en France : le porc lorrain qu'on trouve surtout dans la Meurthe et la Moselle. Il engraisse lentement à cause de la mauvaise nourriture qu'on lui donne, mais sa chair est très recherchée pour sa qualité. Il est, d'ailleurs, appelé à disparaître par son alliance avec les races anglaises qu'on pratique de plus en plus ; — le porc de Champagne qui ressemble beaucoup à celui du Poitou ; — le porc des Ardennes dont les oreilles sont droites et les soies blanches.

Toutes les races françaises marchent et pâturent bien ; elles ont leur raison d'être dans certaines localités où l'élevage se fait au moyen du pâturage et de la glandée ; mais elles sont de croissance tardive et d'engraissement difficile. On les améliore par le croisement avec les nouvelles races anglaises dont nous allons indiquer les principales.

RACES ANGLAISES

Les nouvelles races anglaises sont le produit du croisement des races locales qui avaient beaucoup de rapports avec nos races françaises, et de races chinoises, cochinchinoises ou napolitaines. Elles ont, généralement, beaucoup de propension à prendre la graisse, sont d'une croissance rapide ; elles ont les membres fins, la tête petite, les oreilles dressées. On a créé un nombre infini de races qui va toujours en augmentant, chaque agriculteur notable voulant avoir la sienne. Nous nous bornerons à indiquer les principales, celles qui sont les plus utiles pour l'amélioration de nos races françaises.

Race de Yorskshire. — Nous connaissons en France la grande et la petite race Yorkshire ; cette dernière est aussi désignée sous le nom de race de *Lincoln.*

La grande race se distingue par sa couleur blanche, son dos horizontal, la côté ronde, la croupe forte, bien garnie, descendant jusqu'aux jarrets et constituant de forts jambons, la tête forte et large, les oreilles moyennes, les membres courts et minces proportionnellement au volume du corps.

Cette race conviendrait pour l'amélioration de nos grandes races françaises à qui elle conserverait la taille, tout en améliorant les formes et en augmentant la précocité ; elle est moins en vogue aujourd'hui, et on lui préfère généralement le *berkshire* ou le *hampshire.*

La petite race est blanche ; elle se confond avec la petite race de Leicester dont nous allons parler.

Race de Leicester. — Cette race, plus connue en France sous le nom de new-leicester, est de petite taille, très trapue, prenant rapidement une grande quantité de graisse ; elle est ordinairement blanche, sans tache ; elle a le poil fin et peu abondant.

Le cou est court, ce qui fait paraître la tête enfoncée entre les épaules, les ganaches sont écartées, la gorge est très épaisse, le museau droit, les oreilles dressées, fines et très petites.

Cette race convient dans les établissements où l'on veut engraisser les porcs jeunes et où l'on tient plus à la graisse qu'à la viande ; ils sont peu difficiles sur la qualité de la nourriture et ils s'engraissent avec une rapidité étonnante. On reproche à la race de Leicester d'être peu prolifique, ce qui est dû à sa grande propension à prendre la graisse.

Verrat New-Leicester.

La race de New-Leicester et ses variétés conviennent peu pour le métissage avec nos races françaises.

Porc d'Essex.

Race d'Essex. — Le porc d'Essex est de taille

moyenne, plutôt petite que grande. Il est caractérisé par sa peau entièrement noire garnie de soies fines et rares. Il a le corps très épais, le dos un peu arqué, le cou court, la tête très petite et fine, le museau pointu, les joues larges, les membres fins ; il est d'un entretien facile et sa viande est très estimée.

Race de Midlessex. — Cette race qui a emporté plusieurs fois le prix d'honneur au concours de Poissy

Verrat Midlessex.

et les premiers prix d'animaux reproducteurs presque dans tous les concours, a beaucoup de rapports avec la race New-Leicester et non moins de propension à s'engraisser, mais elle a plus de taille, ce qui la fait préférer pour les croisements avec les races françaisee.

Race du Berkshire. — La nouvelle race du Berkshire, la seule que nous connaissions en France, est le produit obtenu par des croisements successifs de l'ancienne race de ce comté avec les races chinoises et napolitaines. L'ancienne race du Berkshire était très forte et jouissait d'une grande réputation ; c'était la mieux conformée des anciennes races anglaises.

Les éleveurs en créant la nouvelle race, se sont efforcés de diminuer la taille tout en augmentant la précocité et la sobriété et en conservant la délicatesse de chair qui distingue aujourd'hui cette race.

La race des divers croisements qui ont servi à créer la nouvelle race de Berkshire, se retrouve dans la variété du pelage qui est tantôt blanc, tantôt noir, plus souvent noir et blanc et moucheté de roux. La taille est moyenne, la tête est fine, le front s'élève brusquement, les oreilles sont dressées, assez longues et portées en avant, le corps est rond, les os minces en proportion du poids du corps. Cette race peut être considérée comme l'une des meilleures pour l'amélioration de nos races françaises.

Race du Hampshire. — La race porcine du

Porc du Hampshire.

Hampshire offre une grande similitude avec la précédente; il est même très difficile de la caractériser nettement. Cependant on considère le hampshire comme plus fort de taille et ayant la côte plus plate.

M. Bella, directeur de Grignon, a formé une sous-race *Berkskire-hampshire* qui jouit d'une réputation méritée, tant sous le rapport de la précocité que sous celui de la fécondité; elle est de taille moyenne et convient tout particulièrement pour le croisement de nos races françaises.

AMÉLIORATION DES RACES

Le porc se propage aisément et très promptement. Aucun animal domestique ne subit plus facilement les modifications qu'on veut imprimer à sa structure et à sa conformation.

« Avant d'adopter une race, fait observer M. Heuzé, dans son ouvrage sur *Le porc,* on doit l'étudier avec soin, afin de bien connaître ses qualités et ses défauts. Cette étude terminée, il faut se demander si elle répond par la couleur de son pelage, la forme de ses oreilles, sa manière de marcher et ses aptitudes particulières, aux désirs et aux caprices du commerce. Ici, on demande sur les marchés des animaux à robes blanches, à oreilles larges et tombantes; ailleurs, on désire avant tout des animaux qui marchent bien, parce qu'ils doivent chercher leur nourriture dans les pâturages ou dans les bois, et on se préoccupe surtout de la couleur de leur pelage et, à aucun prix, on ne veut acheter des animaux à robe noire ou à pelage pie ou blanc et noir. Plus loin, le pelage ou la conformation de la tête et des oreilles n'a aucune importance; ce qu'on demande, ce sont des animaux qui s'engraissent aisément et qui fournissent, à l'abatage, un lard de moyenne épaisseur et des jambons d'excellente qualité. Enfin, dans diverses contrées, par exemple, la Beauce, l'Ile-de-France, la Picardie et la Flandre, on recherche de préférence les animaux appartenant aux races Berkshire et New-Leicester, parce qu'ils s'engraissent rapidement, dans un temps très limité.

« En général, on doit adopter une race à jambes courtes, à engraissement facile, lorsqu'on réside aux environs d'un grand centre de population ; par contre, il faut préférer une race marcheuse si ses produits âgés d'un an sont destinés à parcourir de grandes distances avant d'être engraissés ou après engraissement.

« Les races élevées sur jambes, rustiques et tardives, comme les races de Bresse, de la Lorraine, etc., ne sont utiles que dans les contrées ou les animaux doivent chercher leur nourriture dans les pâturages ou au milieu des forêts, à l'époque de la maturité des glands, de la châtaigne ou de la faîne, et dans les localités où l'on spécule sur le boucanage des viandes et du lard.

« Les races de moyenne taille, remarquables par la symétrie de leurs formes, leur précocité et leur aptitude à prendre la graisse, comme les races Augeronne, Berkshire, Yorkshire, etc., ont une supériorité marquée sur les autres races, quand elles sont appelées à fournir à la consommation de la viande et du lard frais. »

On peut améliorer les races par la sélection ou par le croisement.

La sélection consiste à améliorer la race par elle-même, sans le secours de race étrangère. On choisit dans cette race les animaux les plus parfaits pour les accoupler entre eux et former ainsi des types reproducteurs. On a soin d'éliminer constamment les produits inférieurs et on nourrit bien.

Mais ce mode est très lent, très coûteux ; il exige beaucoup de persévérance et de sagacité.

« Nous ne pensons pas, d'ailleurs, dit M. Léouzon, qu'il vienne jamais à l'idée de personne de l'employer sur des bêtes aussi défectueuses que la plupart des porcs du continent, d'autant plus que le *croisement* fournit d'excellents résultats dans l'espèce qui nous occupe. »

Par ce procédé, on accouple le verrat amélioré avec les truies de la race à améliorer. On obtient ainsi des produits déjà bien meilleurs que la mère. Les femelles issues de ce premier croisement peuvent être encore données au verrat amélioré, et ainsi de suite jusqu'à ce qu'on arrive au but désiré. Souvent il est avantageux de ne pas pousser trop loin ce croisement, quand on préfère des animaux moins aptes à la graisse et plus charnus.

Le point important dans les croisements est de choisir, comme sujet améliorateur, une race qui soit en harmonie avec la race qu'on veut perfectionner et le climat qu'on habite, quoique, en général, l'espèce porcine soit moins que les autres espèces domestiques tributaire des influences climatériques et locales.

Il ne suffit pas que les croisements reposent sur les meilleurs principes, il faut aussi que le cultivateur soit bien convaincu à l'avance, qu'en opérant de tels accouplements, il s'impose l'obligation de changer, de perfectionner le régime auquel il soumet la race qu'il veut améliorer. En général, les animaux provenant de croisements exécutés entre une race indigène et une race étrangère, demandent une nourriture plus abondante, mieux choisie, plus nutritive, car par le métissage, on crée des animaux plus délicats, plus exigeants, quoique doués de qualités physiques plus belles et de qualités organiques meilleures.

Quand on est arrivé au point voulu, on fixe les caractères obtenus, c'est-à-dire qu'on donne de la fixité, de l'uniformité, de la constance à la nouvelle race, par la *consanguinité*, en accouplant les nouveaux produits entre eux. Il n'y a pas d'autre moyen.

Toutefois l'accouplement consanguin est une opération fort délicate et qui demande une attention toujours soutenue. Les animaux de la même famille ne doivent être accouplés qu'alors que ces animaux sont arrivés à un perfectionnement profond, à une entière inaltérabilité de caractère. Si l'on allie ensemble des animaux consanguins atteints de quelque vice intérieur ou descendant d'ancêtres malades, faiblement constitués, les produits risqueront toujours d'hériter de la mauvaise constitution de leurs parents et même de leurs ancêtres, et la dégénérescence ira en s'aggravant avec les accouplements consanguins successifs.

Il faut donc apporter beaucoup de soin dans ces accouplements, faire un choix très sévère des sujets et les prendre forts, robustes, exempts de défauts.

Le succès de ces alliances repose sur l'habileté de l'éleveur, sur une sélection bien comprise, conditions que les Anglais, nos maîtres en élevage, ont su remplir et à l'observation desquelles ils doivent les magnifiques races dont, à juste titre, ils se montrent si fiers.

CHAPITRE XIII

ÉLEVAGE ET MULTIPLICATION DES PORCS. — LA PORCHERIE. — ACCOUPLEMENT. — NOMBRE DE PORTÉES DE LA TRUIE, ÉPOQUES DE L'ACCOUPLEMENT. — LA GESTATION. — LE PART. — ACCIDENTS SE PRODUISANT QUELQUEFOIS A LA MISE BAS. — CASTRATION. — BOUCLEMENT.

ÉLEVAGE ET MULTIPLICATION DU PORC

La porcherie. — La plupart des cultivateurs, cela est triste à dire, semblent ignorer le principe le plus élémentaire de la physiologie, à savoir : que sans air on ne vit pas; que, sans beaucoup d'air ou avec un air vicié, l'on vit mal ou même pas du tout.

Voyez l'habitation de leurs animaux : un local bas, sans fenêtre, sans jour, où les bêtes sont entassées sur un tas de fumier en fermentation, au milieu d'un cloaque d'urine sans écoulement. En entrant, on est suffoqué par un air chaud et une odeur nauséabonde. Comment ne pas comprendre que, dans un pareil milieu, les animaux sont exposés à toutes les affections, ne prospèrent pas et dégénèrent? Et si c'est dans de pareilles conditions que l'on voit trop souvent traiter le bétail, on peut presque dire que c'est presque toujours à ce sort que l'on soumet les animaux de la race porcine que l'on enferme dans des cloaques pestilentiels où l'on s'étonne qu'ils ne périssent pas tous.

Nous n'avons pas l'intention d'entrer dans les détails d'aménagement d'une porcherie bien comprise; cela nous entraînerait trop loin et, du reste, tout éleveur qui sera soucieux d'obtenir de bons produits, pourra, sans autre guide que sa propre intelligence, concevoir pour les animaux de l'espèce une habitation dans laquelle toutes les conditions d'une hygiène suffisante pourront être à peu près observées.

Nous nous bornerons à dire que les bâtiments destinés aux porcs doivent être sains, aérés, éclairés et bien tenus. Que le sol doit être sec, pavé, cimenté ou bétonné; la pente de l'aire, suffisante pour que les urines puissent aisément s'écouler au dehors dans la fosse à purin; que les loges doivent être assez grandes pour que les animaux qu'elles doivent contenir, puissent s'y mouvoir aisément; les ouvertures aménagées de façon à permettre l'établissement de courants d'air à l'intérieur pendant l'été; enfin, la toiture, les murs et les portes en état de bien abriter les animaux pendant l'hiver, contre les pluies et le froid trop rigoureux auquel ils sont très sensibles.

« De l'eau et une loge propre, a dit un maître dans l'élevage des porcs, sont aussi nécessaires à la santé de ces animaux que la meilleure des nourritures ».

Les bains et les lavages sont, en effet, prescrits par une bonne hygiène pour toutes les espèces animales; mais le porc, en particulier, en éprouve le plus grand bien, et la fraîcheur lui est indispensable; c'est pour s'en procurer, d'ailleurs, qu'il se vautre dans la fange et dans les bourbiers, ce qu'il ne ferait pas, pour son plus grand avantage, si l'eau était mise en quantité suffisante à sa disposition.

Aussi, dans les porcheries bien comprises, ne néglige-t-on jamais d'installer un bassin d'une capacité suffisante à la portée des animaux et, quand on le peut, ces bassins sont alimentés d'eau courante.

Le porc est rustique; adulte, il craint plutôt la chaleur que le froid. Il lui faut donc des habitations très aérées. La plupart des maladies qui envahissent cet animal peuvent être attribuées à l'exiguïté, à la malpr preté des logements. En premier lieu, il ne faut pas d'humidité, mais un terrain sain et bien drainé.

Comme en Angleterre, de simples hangars couverts, avec des murs de clôture et de séparation de 1^{m},50. Des fermetures mobiles garantissent des trop grands froids de l'hiver. Cependant les jeunes porcelets, à leur naissance, sont frileux, ne profitent guère et meurent si on ne leur donne pas une douce température. Il convient donc, pour les truies-portières, au moment de leur mise bas, d'avoir des compartiments bien clos et chauffés au besoin. Le sol ne sera pas glissant pour éviter les écarts, mais il devra être imperméable; un béton bien fait est ce qu'il y a de mieux. Il faut une pente suffisante pour l'écoulement de l'urine.

Le porc adulte peut se passer de litière et coucher sur la dure. Il existe des porcheries dans lesquelles on met, à la partie la plus haute de chaque boxe, un plancher mobile de 1 mètre carré 1/2; c'est le lit de repos du porc. Il faut nettoyer avec soin, de temps en temps, ce plancher. Quand on a de la litière à bon marché, il vaut mieux leur en donner. Celle d'orge, peu employée pour les autres espèces animales de la ferme, est parfaite pour la porcherie. Les animaux mangent les quelques grains qui restent, et les barbes des épis leur servent d'étrille et de brosse.

Dans une porcherie d'une certaine importance, il convient d'avoir quelques compartiments spéciaux, si l'on s'adonne à l'élevage.

Le verrat doit être à part, et sa loge doit avoir au moins 2 mètres sur 1^{m},20, pour qu'il prenne de l'exercice. Il ne faut pas le laisser toujours enfermé. Il convient qu'il sorte plusieurs heures tous les jours; c'est une condition pour qu'il soit en bonne santé et prolifique.

Les mères-nourrices doivent avoir des loges de 2 mètres sur 1^{m},75. Pour que celles qui sont lourdes et maladroites n'écrasent pas leurs petits à la naissance ou même quelques jours après, on installe le long du mur des fers ronds en quart de cercle, de façon que, lorsque la mère se couche, les gorets circulent librement dans cette espèce de petit couloir à claire-voie.

Les auges demi-cylindriques en pierre ou en tôle de fer, fixées contre le mur ou prises dans son épaisseur, sont beaucoup plus faciles à nettoyer que toutes autres. Dans ce dernier cas, une porte en demi-cercle la ferme à volonté à l'extérieur ou à l'intérieur de la loge. On peut donc les remplir, les approprier du dehors sans être gêné par l'animal.

Il ne faut pas d'auges en bois; elles contractent une très mauvaise odeur.

A l'intérieur, on place des auges circulaires et mobiles, en fonte de fer, pour les petits gorets.

Les porcs à l'engrais ont des loges moins grandes : 1^{m},30 sur 0^{m},90. Espace restreint, douce chaleur, riche alimentation, telles sont les conditions essentielles pour obtenir un rapide engraissement.

Accouplement. — L'âge le plus convenable pour la reproduction, aussi bien pour les verrats que pour les truies, est à huit ou dix mois et il est bon de profiter de la jeunesse des porcs pour l'accouplement, car à deux ans le verrat devient sauvage et féroce, et à trois ans, la truie est intraitable.

Le verrat doit être enfermé à l'époque de la saillie et l'on reconnaît que la fécondation est achevée à l'interruption de ses mouvements et à l'espèce d'étourdissement dont il est saisi.

Un bon verrat peut saillir quatre truies en un jour. Il est rare que la truie ne soit pas fécondée dès le premier saut ; cependant il est prudent de laisser le verrat recommencer, surtout s'il a plusieurs truies à saillir.

On s'aperçoit que la truie est en rut à ses mouvement désordonnés ; elle saute sur les autres porcs comme pour les provoquer, sa vulve est enflée, et de sa bouche s'échappe une bave écumeuse. Il faut alors la conduire au verrat.

Nombre de portées de la truie, époques de l'accouplement. — La fécondation de la truie a lieu deux fois par an, au mois de mai et au mois de décembre. Elle peut, dans l'intervalle d'une portée à l'autre, nourrir ses petits convenablement, les soigner, et ne pas s'épuiser. Quand elle a été fécondée en décembre, ses petits ne voient le jour qu'après les grands froids, et lorsqu'elle a été fécondée en mai, ils arrivent assez tôt pour être déjà forts avant l'hiver. Ceci est d'autant plus important qu'un grand froid est très nuisible à une jeune portée.

De la gestation. — Pendant le travail de la gestation qui dure cent seize à cent vingt jours, la truie doit être logée à part, afin d'éviter les accidents qui pourraient la faire avorter. Il faut aussi lui faire suivre un régime particulier, pour favoriser la production du lait, et lui conserver ses forces. Elle doit être tenue très proprement, souvent baignée, brossée et bouchonnée, et surtout ne pas manquer d'eau. Il est bon de la garantir des froids pendant l'hiver, et de bien aérer sa porcherie pendant l'été.

Du part. — On sait que la truie est près de mettre bas quand ses mamelles se gonflent, et qu'elle concentre sa litière en un cercle au milieu duquel elle se couche. Elle fait alors connaître les douleurs qu'elle éprouve, en mugissant d'une façon plaintive. Il devient prudent d'avoir près d'elle quelqu'un qui protège les petits, en l'empêchant de les dévorer, comme cela arrive quelquefois. Mais dès que la truie a reconnu ses petits et qu'elle les a accueillis, cet accident n'est plus à craindre. Pour l'éviter, d'ailleurs, on peut frotter le dos des petits, avec une substance amère, comme la coloquinte, mais il faut agir avec prudence, et prendre garde d'irriter la mère.

Aussitôt après la délivrance, le goret déchire lui-même le cordon ombilical; puis, après quelques instants de repos, il marche et cherche les mamelles de sa mère.

Accidents se produisant quelquefois à la mise bas. — Quand le part est laborieux, les efforts que fait la truie en criant, peuvent produire un renversement de la matrice, renversement qu'augmenterait le moindre attouchement. On commence par lui serrer le groin et, en lui tenant le train de derrière aussi élevé que possible, on plonge l'utérus, ordinairement fort enflé, dans un bain d'eau tiède. On repousse ensuite peu à peu la matrice, en la maintenant jusqu'à ce qu'elle soit rentrée dans le vagin, et on y seringue une lotion astringente, faite avec de l'eau tiède, légèrement vinaigrée. Ensuite on fait bouillir une demi-poignée de fleurs de sureau dans deux décilitres de vin rouge, coupés d'autant d'eau. On trempe dans cette décoction un tampon d'étoupes que l'on introduit dans le vagin, et qu'on maintient jusqu'à ce que l'animal cesse de le repousser.

Quand, après avoir mis bas, la truie est trop faible pour se relever, qu'elle repousse ses petits, que son pouls est faible, que sa respiration est précipitée, il faut s'empresser de la secourir, et lui administrer promptement une décoction de menthe, de thym, de sauge ou de quelque autre plante cordiale, mêlée d'un demi-litre de vin rouge. Si une première administration ne produisait pas d'effet, il faudrait la recommencer au bout de deux ou trois heures, et la renouveler ensuite de six en six heures jusqu'à ce que la truie ait repris ses forces. A la rigueur, on peut remplacer le vin par du cidre ou par de la bière, ou même par de l'eau-de-vie étendue de beaucoup d'eau.

L'abattement qui suit d'ordinaire la mise bas et qui se dissipe au bout de quelques instants de repos, ne doit pas être confondu avec la prostration générale.

Castration. — Les porcs ont une telle propension à la reproduction que, outre qu'ils se multiplieraient à l'infini, cette propension nuirait à leur engraissement. Il faut donc châtrer les porcs mâles et les femelles qu'on ne destine pas à la reproduction.

Les jeunes truies destinées à être mises de bonne heure à l'engrais doivent être châtrées à six semaines; on ne les châtre qu'à six mois si elles ne doivent être mises à l'engrais que l'année suivante.

Il en est de même des porcs mâles : quand on diffère trop de les châtrer, l'opération devient grave et on s'expose à les perdre.

Quand le porc n'a que six semaines, la castration s'opère en ouvrant les bourses sur chaque testicule, en tirant ces organes par l'ouverture et en les excisant. Passé six semaines, ce moyen donnerait lieu à une hémorrhagie dangereuse.

On a alors recours à l'emploi des casseaux ou à la ligature des cordons spermatiques.

On confie généralement ces opérations à des châtreurs de profession que l'on appelle *châtreurs, castreurs, hongreurs, affranchisseurs, armageurs* ou *mégeyeurs*.

La castration de la truie demande une main exercée et quelques connaissances anatomiques. Elle consiste dans l'extirpation des ovaires. Les animaux doivent être préparés par la diète à la castration. Pour les truies, il faut être certain qu'elles n'ont pas été fécondées par le verrat, car, dans ce cas, l'opération serait suivie d'avortement ou d'une inflammation du bas-ventre qui la ferait périr. On peut attendre pour la châtrer qu'elle ait mis bas ses petits et qu'elle les ait allaités.

Bouclement. — Le porc avec son groin fouille le sol, détruit les gazons, met à nu les racines des arbres et dépave même les aires des loges et des cours.

On l'empêche de fouir le terrain à l'aide d'une opération qu'on appelle le bouclement.

Pour boucler les porcs, on prend un fil de laiton non recuit, d'une longueur de quarante centimètres et de la grosseur d'une aiguille à tricoter. A l'un des bout, on fait une maille dans laquelle on engage l'autre bout. On lie le groin du porc pour l'empêcher de crier ou de de mordre; on perce l'extérieur de ce groin avec une alène et on passe le bout du fil de laiton dans l'ouverture, puis on joint les deux bouts au moyen de la maille.

Cette armature occasionne au porc une douleur assez vive, chaque fois qu'il veut fouiller le sol ou déplacer une pierre.

Quand la plaie s'est cicatrisée et que la pression de l'armature ne fait plus souffrir l'animal, on renouvelle l'opération en déplaçant le fil de laiton.

CHAPITRE XIV

ALIMENTATION DES PORCS. — PORCS AVANT LE SEVRAGE. — PORCS APRÈS LE SEVRAGE. — RÉGIME D'ÉTÉ ET RÉGIME D'HIVER. — ENGRAISSEMENT DES PORCS; FORMULES DES RATIONS.

Porcs avant le sevrage. — Dans la question d'alimentation des porcs il y a lieu de distinguer l'âge de l'animal, la saison, la nature des lieux et des ressources de la ferme.

Prenons d'abord l'animal à sa naissance, alors que c'est sa mère qui l'alimente par l'allaitement.

« L'allaitement des gorets est chose très simple, écrit M. Sanson dans son ouvrage sur l'*Alimentation raisonnée des animaux*. Ceux-ci tètent leur mère librement, restant toujours avec elle. Pourvu que celle-ci soit bien nourrie, les petits viennent bien, ayant à leur disposition assez de lait pour en prendre à satiété, si toutefois on a affaire à une bonne nourrice. Mais c'est à la condition que le nombre de ces gorets ne dépasse point celui des mamelles qui fonctionnent. La lutte pour la vie s'impose. C'est la loi du plus fort qui règne sans partage. Chacun défend avec ardeur la mamelle qu'il a adoptée. Le faible est toujours évincé, il n'y a pas de place pour lui. Il est donc voué à une mort certaine. Le plus simple est de le sacrifier tout de suite, au lieu de le laisser mourir d'inanition.

« Six semaines, deux mois au plus d'allaitement sont suffisants. Entre ces deux limites, le sevrage s'opère un peu plus tôt ou un peu plus tard, selon que la nourrice se comporte sous le rapport de son propre accroissement, ce qui dépend beaucoup du nombre de gorets qu'elle nourrit.

Pour le préparer, on commence, vers la fin de la troisième ou de la quatrième semaine, à donner aux porcelets, une fois par jour, dans des petites auges circulaires où ils ne peuvent introduire que leur groin, du lait écrémé ou du petit-lait. La nourrice peut aussi être mise dehors pendant ce temps.

La semaine suivante, la même distribution a lieu deux fois par jour, mais on ajoute au liquide, un peu de farine d'orge pour en faire une bouillie très claire.

Huit nouveaux jours écoulés, les jeunes ne sont plus mis avec leur mère que deux fois dans la journée et, le reste du temps, on remplit leur auge avec un mélange moins clair de petit-lait et de farine d'orge, de façon à ce qu'ils en aient toujours à leur disposition.

Cela dure encore une semaine après laquelle on ne les laisse téter qu'une seule fois chaque jour. Après huit jours de ce régime, ils sont complètement sevrés. Alors commence pour eux un nouveau régime dont nous allons maintenant nous occuper.

Porcs après le sevrage. — Nous ne nous occuperons ici, presque exclusivement, que de l'animal destiné à l'engraissement.

Quant à ceux destinés à la reproduction, ils ont été choisis parmi les mieux conformés de la portée, ceux qui paraissent les plus vigoureux et dont on espère les meilleurs rejetons.

La seule différence de traitement que l'on appliquera, au surplus, entre les premiers et les seconds, c'est que ceux-ci devront recevoir une nourriture plus substantielle, sous un plus petit volume, propre à développer dans leur constitution la vigueur et les qualités physiques nécessaires aux fonctions qu'ils sont appelés à remplir.

Vers cinq ou six mois, les porcelets entrent dans l'état adulte. Leur développement est déjà assez avancé et leurs organes assez puissants, pour permettre une nourriture moins choisie, plus économique. Toutefois, il est préférable de persister dans une alimentation riche, jusqu'à dix ou douze mois, pour ceux réservés à la reproduction ; ils y gagneront sous tous les rapports.

Les autres ont été émasculés et ils deviennent des machines à production de viande et de graisse.

Dans les premiers temps qui suivent le sevrage, on doit leur donner à manger cinq ou six fois par jour et à discrétion ; quand ils laissent une partie de ce qui leur a été servi, il faut le leur retirer et laver l'auge avant d'y déposer un autre repas. L'abandon d'une partie de la nourriture qu'on leur a offerte constitue une indication de la quotité de nourriture qu'ils sont susceptibles d'absorber.

Au fur et à mesure que l'animal se développe, l'alimentation doit, naturellement, comporter une plus forte proportion de substance solide et une relation nutritive moins étroite.

Pendant le premier mois, la ration pourra être composée de façon à ce que, dans un kilogramme, il entre de 850 à 950 grammes de petit-lait et de 80 à 150 grammes de farine d'orge, de fèves ou de maïs.

Dans ces rations, le petit-lait peut être remplacé, poids pour poids, par des eaux grasses ou par des eaux de féculerie dont la composition n'est que très peu différente. On peut même leur substituer, en totalité, les drèches de brasserie ou de distillerie.

Après un mois, six semaines, on diminue les quantités de petit-lait, d'eaux grasses ou de féculerie, qu'on peut réduire de 715 à 730 grammes, ainsi que celles des farines qu'on limite à 80 ou 90 grammes, mais on ajoute des pommes de terre cuites dans la proportion de 200 à 225 grammes.

On peut remplacer la pomme de terre par d'autres racines, navets, betteraves, carottes, topinambours, préférablement soumis à la cuisson. Mais ces aliments très aqueux et beaucoup moins riches en éléments protéiques que la pomme de terre, exigent, si on les substitue à celle-ci, l'introduction dans la ration, de substances plus riches en principes albuminoïdes ou en corps gras, c'est-à-dire une augmentation compensatrice de farines, ou encore des grains, ou des débris de viande, déchets de boucherie, viande de cheval, ou des tourteaux. On écrase le tout ensemble et on forme une bouillie que les porcs mangent avec plaisir.

Les grains forment certainement la nourriture la plus propre à hâter l'engraissement, et à rendre la viande et le lard fermes et savoureux. Malheureusement, dans le plus grand nombre de cas, leur prix élevé en restreint l'emploi dans l'alimentation, où ils n'entrent que comme supplément avec des tubercules ou des racines. Mais toutes les fois que les circonstances le permettent, on devra en user le plus largement possible, surtout vers la fin de l'engraissement.

On peut donner ces grains aux porcs de différentes manières, crus ou entiers; mais, le plus souvent on les concasse ou bien, ce qui vaut mieux, on les fait ramollir dans l'eau bouillante et même cuire pour les rendre plus nutritifs. Certains engraisseurs font germer le seigle et l'orge, les sèchent et les broient. La germination ayant pour effet de transformer certains principes insolubles en principes solubles nutritifs, augmente beaucoup les facultés engraissantes des grains.

Régime d'été et régime d'hiver. — Le mode d'alimentation que nous venons de décrire s'applique, uniquement, aux sujets entretenus à la porcherie d'une manière permanente, soit en été, parce que c'est ce régime que l'on a adopté, soit en hiver, parce que pendant la saison froide on ne peut mettre dehors les animaux qui souffrent beaucoup d'une température trop basse.

En été, on peut donner à la porcherie des fourrages verts : luzerne, trèfle, vesce, pois, qu'on distribue dans les loges et dans les cours. Il est préférable de les placer dans un râtelier plutôt que de les jeter sur le sol, comme cela se fait le plus souvent; on évite ainsi le gaspillage par le piétinement. On doit compter pour chaque porc, huit à dix kilogrammes de trèfle par jour. Si on utilise d'autres végétaux, tels que choux, chicorée, laitue, feuilles de carottes, de betteraves, etc., il y a lieu d'augmenter ou de diminuer le poids de la ration journalière, en tenant compte de la proportion de principes alimentaires que renferme chaque substance. Les tables de la composition chimique des aliments que nous publions à la fin de ce volume permettront de calculer ces substitutions.

Sur les bords de la mer, plusieurs plantes marines, le scirpe, les varechs, le chou de mer, peuvent aussi être utilisées à la nourriture du porc. Cet animal, essentiellement omnivore, s'accommode aussi bien des débris de laiterie, de la cuisine, du jardin, des débris et des résidus de toutes sortes. Le sang, les chevaux ou autres animaux abattus, à moins que ce soit pour des maladies infectieuses, et alliés à des substances végétales, sont également bons pour lui.

Dans les régions où l'on mène les porcs au pâturage, les prairies artificielles, les terres en culture, les marais et les bois peuvent être appropriés à cet usage.

« Le trèfle et la luzerne, explique M. L. Léouzon, constituent les meilleurs pâturages pour les porcs. Il convient de ne les y mettre qu'après la dernière coupe, pour utiliser ce qui repousse, car il est certainement plus avantageux de faucher et de faire consommer le fourrage en vert à la porcherie. Il est nécessaire de les boucler pour qu'ils ne dévastent pas les champs à la recherche d'insectes et de racines.

Après la moisson, on lâche les porcs, après l'enlèvement des gerbes, dans les éteules, où ils ramassent les épis qui ont échappé aux moissonneurs; mais c'est une ressource de bien courte durée, et dont peut-être les moutons profiteraient mieux, parce qu'ils mangeraient aussi les herbes que les porcs délaissent.

Après la récolte des pommes de terre et des topinambours dont on veut supprimer la culture, il est avantageux de livrer le champ aux porcs, qui recherchent avidement ces tubercules, perdus sans cela ou nuisibles à la récolte subséquente.

Aucun autre animal ne saurait mieux utiliser les produits naturels des bois et des marais.

Il résiste parfaitement à la mauvaise influence des lieux marécageux et y trouve en abondance des feuilles, des racines, des insectes et des vers.

Dans les forêts, grâce à son odorat, il découvre des insectes, des racines ; il ramasse des fruits sauvages épars au milieu des bois, et tire un excellent parti des glands, des faînes, des châtaignes, dont le plus grand nombre serait perdu sans profit. On s'était beaucoup exagéré le mal occasionné par le parcours des porcs dans les forêts ; on est convaincu qu'il peut y pâturer sans nul inconvénient pour la forêt ni pour lui-même.

Quelle que soit la nature du pâturage, « il ne faudrait pas croire cependant, observe Élizée Lefèvre, que cette pâture dispense entièrement de donner aucune nourriture à la maison, lors même que la nourriture du dehors serait suffisante, car il est bon que le maître puisse chaque jour juger de l'appétit et de la santé de ses porcs en les voyant à l'auge, et c'est en outre un moyen facile de les faire rentrer à heure fixe, ce à quoi ils ne manqueront jamais, quand ils seront sûrs de trouver quelque chose d'agréable en rentrant. »

Toutefois le gland peut être considéré comme convenant particulièrement aux porcs ; il est, à la fois, tonique et nutritif. Les animaux qui s'en nourrissent dans les forêts donnent une viande d'excellente qualité et un lard remarquable par sa fermeté.

La faîne est moins nutritive que le gland, cependant les porcs la mangent avec plaisir. On lui reproche avec raison, quand elle a été consommée en grande quantité, de diminuer la qualité et la finesse de la viande et de produire du lard sans consistance.

Les porcs, à leur retour de la glandée, ont besoin d'une eau blanche et même d'eau pure pour se désaltérer.

La châtaigne est le meilleur de tous les fruits secs. On la donne fraîche avec son écorce, ou sèche après l'avoir pelée et fait cuire ou macérer. Ce fruit, donné à l'état cru, met les animaux très-bien en chair. Il faut qu'il ait été cuit pour qu'il puisse les amener promptement à l'état de fin gras.

Les porcs qu'on engraisse dans le Périgord, l'Aveyron, le Limousin, les Apennins, etc., consomment toujours des châtaignes : leur viande est abondante et savoureuse.

La châtaigne crue, fraîche ou sèche, est aussi la base de la nourriture des porcs qu'on engraisse dans le Cantal. On la fait cuire d'abord à moitié, ensuite entièrement, et on y ajoute des pommes de terre également cuites, le tout écrasé dans l'eau et mêlé avec du son. Ce mode d'engraissement dure six semaines ou deux mois. Pendant ce temps, on distribue du sel pour augmenter l'appétit des animaux.

L'eau dans laquelle on a fait cuire ces fruits est toujours donnée aux porcs ; elle est très-alimentaire.

En Normandie et en Bretagne, on donne, aux porcs qu'on élève, des pommes véreuses tombées avant la maturité.

Le maïs forme la base de l'engraissement du porc dans la Guyenne, le Languedoc, la Bresse, etc. Il est très riche en matières hydrocarbonées et azotées. Dans le Périgord, on le donne souvent seul vers la fin de l'engraissement. Parmentier a toujours constaté que la chair des animaux qui mangent du maïs était fine, tendre et délicate, et leur graisse ferme, abondante et savoureuse.

La supériorité de la qualité des animaux engraissés avec du maïs est incontestable. Les acheteurs ne s'y trompent pas. On n'a, pour s'en assurer, qu'à consulter les mercuriales du marché de Paris. Les porcs de certaines provenances y obtiennent toujours des prix de faveur.

Quel que soit le pays où l'on opère, rien n'est plus facile maintenant, d'ailleurs, que de se procurer du maïs à des prix abordables. Il s'en importe des quantités considérables et le commerce le met partout à la disposition des acheteurs.

Engraissement des porcs. — L'engraissement, dit le savant professeur anglais Tanner, doit commencer ou être précédé par une nourriture modérément bonne, de manière à amener le jeune cochon à une bonne condition ordinaire.

Il y a perte, pendant un certain temps, à donner une forte nourriture d'engraissement à un cochon maigre. Son organisation n'est pas accoutumée à une nourriture riche, elle ne peut se l'assimiler faute de cellules spéciales prêtes à la recevoir et à la transformer en graisse. Ces cellules se produisent par une nourriture de qualité modérée. Après leur formation, on peut donner au cochon une nourriture plus forte, il sera à même d'en bien profiter.

L'âge de la mise à l'engrais dépend de la race : pour les races précoces, c'est vers dix ou douze mois ; pour les races primitives, on attend deux ans, deux ans et demi.

La saison la plus favorable pour commencer l'engraissement, est l'automne ; en hiver, la salaison étant plus facile, les porcs gras se vendent mieux. A cette époque aussi, les aliments de toute sorte sont abondants ; la chaleur, les insectes et la vive lumière n'incommodent plus les animaux qui vivent dans une douce quiétude et profitent mieux de leur nourriture ; la température humide concourt aussi à activer l'assimilation.

Pendant l'été, l'engraissement ne peut être avantageux que dans les environs des villes où l'on consomme du porc frais en toutes saisons. Le prix élevé des porcs gras, par suite de leur rareté à cette époque de l'année, peut compenser les difficultés plus grandes de l'engraissement.

Il n'est pas possible de fixer une limite à la durée de l'engraissement car elle peut varier beaucoup, suivant l'aptitude de l'animal, la nourriture et les soins qu'il reçoit. Toutefois, l'engraissement ne dure pas plus de deux mois à deux mois et demi dans les circonstances ordinaires.

Quant aux méthodes d'engraissement, elles peuvent se résumer dans les principes suivants, établis par la saison, quelle que soit, d'ailleurs, l'alimentation fournie et composés suivant les formules que nous avons énumérées plus haut, à savoir : « Que toutes les actions condimentaires doivent intervenir pour faire ingérer à l'animal, dans les vingt-quatre heures, la plus forte quantité possible de la ration.

« Plus encore, ajoute cet auteur, pour les porcs à l'engrais que pour tous les autres genres d'animaux, la recommandation générale ainsi répétée a son efficacité pleine et entière. La goinfrerie naturelle à l'espèce, pourrait presque passer pour une vertu, tant est incontestable son utilité. »

Pour activer l'engraissement du porc, on a proposé divers moyens : administration de soufre, d'antimoine, de narcotiques, etc. Ces ingrédients sont parfaitement inutiles : après une bonne alimentation, rien ne hâtera davantage l'achèvement de l'engrais que des soins et de la propreté. Cependant, le sel, donné dans une juste proportion, peut être avantageux ; il excite l'appétit et donne de la saveur aux aliments qui en manquent et que les animaux consomment avec dégoût.

Les repas seront réguliers, et après chacun d'eux les auges seront nettoyées et souvent lavées. Les loges seront tenues proprement, avec une litière abondante, dans une demi-obscurité et loin de tout bruit.

Les porcs éprouvent beaucoup de bien d'être lavés, et il est très-avantageux de ne pas négliger cette opération, au moins trois fois par semaine. Certains engraisseurs recommandent de les brosser souvent et en obtiennent de bons résultats.

M. Gobin résume ainsi les principes applicables à l'engraissement du porc :

1° Graduation des aliments en qualité ;

2° Quantité en rapport avec le poids de l'animal ;

3° Variété dans les aliments qui composent la ration ;

4° Propreté et régularité dans la distribution de la nourriture.

On a considéré les substances animales comme donnant de la viande et du lard de mauvaise qualité : c'est une erreur. Viborg affirme que les porcs soumis à ce régime, viande de cheval et grains ou pommes de terre, fournissaient un lard savoureux, assez ferme, et une viande de bon goût.

A l'École vétérinaire d'Alfort, on nourrit et on consomme depuis longtemps des porcs dont l'alimentation a pour base la viande de cheval, et on s'en trouve bien.

« Chaque porc âgé de sept, huit ou neuf mois, et pesant de 55 à 70 kil., rapporte M. Magne, recevait deux distributions composées chacune à peu près de :

Viande cuite.	2 kil.	»
Pommes de terre.	1	»
Farine d'orge (2 litres).	»	754
Eau, ou bouillon, ou eaux grasses de la cuisine des élèves.	6 litres.	

et quand il n'y avait pas de viande, de :

Pommes de terre cuites.	4 kil.	»
Farine (4 litres).	1	500
Eau ou eaux grasses.	6 litres.	

« Vers la fin de l'engraissement, quinze jours ou trois semaines avant d'égorger les animaux, la quantité de la viande et celle de la farine étaient augmentées.

« Avec ce régime, des porcs de 55 à 70 kil. augmentaient par jour de 500 à 550 grammes au début de l'engraissement, et de 700 à 750 grammes vers la fin de l'opération. Ils pesaient de 80 à 100 kil. après un engraissement de quarante-cinq jours. »

D'après de nombreuses expériences dues au savant Renault, la cuisson des viandes provenant d'animaux affectés de maladies contagieuses a pour effet d'anéantir complètement les propriétés virulentes de ces viandes. Ainsi, toute viande, si on a soin de la faire cuire, peut être donnée impunément aux porcs, dont la chair, parfaitement consommable, pourra provoquer quelque répugnance, mais sera du moins sans aucun danger.

Cependant, chez certaines espèces et dans certaines circonstances, on a constaté que les animaux, pour l'alimentation desquels la viande entrait en proportion aussi importante, avaient une chair dont le goût rappelait celui des carnivores. Mais si on a la précaution, alors, de ne faire entrer la viande que pour un tiers ou même moitié dans l'alimentation du porc, et si, surtout, quelques semaines avant la fin de l'engraissement, on lui substitue quelques farineux, ce goût disparaît absolument.

Une nourriture fort économique pour le porc est celle des résidus de féculerie, de fromagerie, de beurrerie, etc.

M. Boursier, féculier à Chevrières (Oise), a nourri longtemps quantité de porcs avec les pulpes de pommes de terre, auxquelles il ajoutait seulement quelques farineux pour terminer l'engraissement. La ration ne lui revenait pas à 0 fr. 20.

A Gournay (Seine-Inférieure), centre des fromageries très connues de Gervais et de Ponnel, il y a d'immenses porcheries peuplées chacune journellement de 2 à 300 porcs, qui, jusqu'à l'âge de huit ou dix mois, ne consomment que du petit-lait qui leur arrive directement de la fromagerie. Pour l'engraissement, on ajoute des farineux et on ne laisse plus les animaux courir dans la prairie.

Les racines et surtout les pommes de terre, les topinambours conviennent admirablement aux porcs.

Il vaut mieux les leur donner cuites que crues.

Les pulpes, même celles de sucrerie, peuvent entrer pour 1/3 dans l'alimentation du porc.

Les farineux de toute nature leur font donner un lard et une viande d'excellente qualité.

Au prix dérisoire où est tombé le blé, ce serait une bonne opération que d'en donner aux porcs. Il faudrait moudre son grain avec des petits moulins économiques, prendre 60 p. 100, c'est-à-dire la plus belle farine pour faire le pain et livrer les déchets au bétail; c'est le porc qui les paierait le mieux.

Voici une formule de ration qui a donné de bons résultats sur un porc de trois mois et demi, qui pesait 30 kilogrammes :

Pommes de terre	2 kil.
Carotte ou betterave.	1 »
Farine d'avoine.	0.333
Petit-lait.	0.833
Eaux grasses	0.250
	4.416

A sept mois, étant bien en chair pour être soumis à l'engraissement, il pesait 90 kilogr., d'où augmentation de 60 kilogr., ou environ 750 grammes par jour.

Cette ration représentait plus de 1/7 du poids de l'animal.

Voici, pour terminer sur ce sujet, quelques types de rations d'engraissement, les chiffres étant établis pour 100 kilogr. de poids vif :

PREMIER TYPE

5 kilogrammes de pommes de terre.
1 — de farine de fèves.
1 — de balles de blé.
5 litres de petit-lait.

DEUXIÈME TYPE

5 kilogrammes de betteraves.
1 — de son.
1 — de maïs.
1 — de seigle.
1 — de glands frais.

TROISIÈME TYPE

3 kilogrammes de glands frais.
1 — de seigle.
1 — d'orge.
500 grammes de tourteaux de colza.
2 litres de petit-lait.

On s'accorde généralement à considérer le maïs comme très utile à la fin de l'engraissement pour donner au lard une fermeté de premier ordre. Il faut seulement se souvenir que le maïs a besoin d'être concassé pour être absorbé ; on le retrouve tout entier dans les déjections quand on l'administre sans concassage préalable.

CHAPITRE XV

MALADIES DES BÊTES DE L'ESPÈCE PORCINE : CHARBON DE LA LANGUE OU GLOSSANTHRAX. — ANGINE OU ESQUINANCIE. — LA LADRERIE OU POURRITURE DE SAINT-LAZARE. — POUX OU MALADIE PÉDICULAIRE. — PETITE VÉROLE. — SOYON. — INFLAMMATION INTESTINALE OU ENTÉRITE. — DIARRHÉE. — CONSTIPATION. — GALE. — DARTRES. — APHTES. — CHANCRE. — CHARBON. — MAMMITE OU INFLAMMATION DES MAMELLES. — INFLAMMATION DES POUMONS. — POULS ET SAIGNÉE DU PORC.

MALADIES DES BÊTES DE L'ESPÈCE PORCINE

Les porcs peuvent être sujets à de nombreuses maladies ; mais presque toutes proviennent du manque de soins, de la mauvaise qualité de leur nourriture, de la malpropreté et de l'humidité de leur logis. Aussi, ne saurait-on trop insister, dans l'intérêt de l'éleveur, sur l'importance de la propreté et d'une bonne hygiène.

A l'apparition de quelques symptômes graves, il vaudrait toujours mieux avoir recours à l'expérience d'un vétérinaire qui appréciera plus sûrement le caractère de la maladie et les moyens de la combattre.

Cependant, vu la difficulté d'administrer des médicaments aux porcs, ce qu'il y a de plus simple à faire lorsque de sérieux symptômes de maladies internes se déclarent, serait de sacrifier l'animal.

Quoi qu'il en soit, nous allons essayer de décrire les affections qui atteignent le plus communément les porcs, en indiquant le traitement avec lequel on peut en triompher.

Charbon de la langue ou glossanthrax. — Cette maladie se manifeste sous la forme de pustules livides ou noirâtres qui ne tardent pas à se déchirer et à envahir toute l'épaisseur de la langue, en laissant écouler un liquide âcre et corrosif.

Aussitôt qu'un animal paraît atteint de cette maladie, on doit l'isoler, car elle se montre, ordinairement, sous la forme épizootique.

Le glossanthrax qui, souvent, tue l'animal en quelques heures, nécessite un traitement prompt et énergique qui consiste à enlever les parties pustuleuses avec le bistouri et à laver la plaie plusieurs fois par jour avec de l'acide sulfurique ou chlorhydrique étendu d'eau, et ensuite à faire des lotions avec une décoction de quinquina.

Angine ou esquinancie. — Débute par un mal de gorge et s'annonce par une respiration gênée et bruyante, une voix rauque, une grande difficulté d'avaler même les liquides qui reviennent en partie par les narines. La bouche est ouverte, la langue pendante, baveuse et d'un rouge foncé. La gorge enfle et prend une teinte rouge, la respiration devient de plus en plus difficile.

Cette affection très grave peut amener la mort du porc en moins de deux jours, si elle n'est pas prise à temps ; souvent elle atteint un tel degré d'intensité qu'elle se termine par la gangrène.

« Dès son apparition, recommande M. Sanson, il faut pratiquer une saignée aux veines des oreilles et administrer un vomitif avec quatre grains d'émétique en solution dans 100 grammes d'eau distillée et donnés en deux fois dans le cours d'une heure. En même temps on fait prendre des boissons acidulées avec un peu de vinaigre ou bien on y ajoute 10 grammes de tartre ou 15 grammes de sel de Glauber. Si la gorge enfle, on y maintient un cataplasme de farine de lin et si le gonflement augmente on remplace le cataplasme par des frictions avec l'essence de térébenthine, puis avec de la pommade camphrée. Si la tuméfaction prend le caractère gangréneux vers la fin, il faut y pratiquer des incisions et la cautériser profondément avec le fer rouge ; mais, dans ce cas, il y a peu de chances de succès et il vaut mieux sacrifier l'animal.

La ladrerie ou pourriture de Saint-Lazare. — Les causes premières de cette maladie sont une mauvaise alimentation et le séjour des animaux dans les habitations malsaines. La ladrerie est particulière aux porcs ; c'est le développement d'une espèce de ver hydatide, qui a l'apparence d'une granulation blanche, de forme ovoïde. Les vers se répandent aussi dans la graisse et le lard. Le signe extérieur auquel on reconnait un cochon ladre, est dans les vésicules qui se forment à la langue. Il est prudent de ne pas manger de cochon atteint de cette maladie qui peut communiquer le tœnia.

On a préconisé beaucoup de remèdes contre cette maladie; la vérité c'est qu'elle est incurable.

Poux ou maladie pédiculaire. — C'est le développement des poux sur le porc. On a beau les détruire, ils se reproduisent avec une effrayante rapidité et fourmillent bientôt par tout le corps. Ils se fraient un passage sous la peau, sortant par le nez, par la bouche et par les yeux.

Le porc atteint de la maladie pédiculaire, maigrit et finit par périr d'épuisement.

Un bon régime, des soins de propreté et des frictions à l'huile de pétrole, suffisent pour détruire rapidement ces parasites.

Petite vérole. — La petite vérole des porcs a beaucoup d'analogie avec celle de l'homme : elle se déclare par une éruption de boutons qui commencent par des taches rouges ; elle est précédée de tristesse, de fièvre et d'abattement. La maladie augmente jusqu'au sixième jour ; alors la suppuration s'établit, et la croûte qui se forme tombe le douzième jour.

L'usage du petit-lait pour les gorets et celui de l'eau acidulée pour les porcs faits, combat avec succès cette affection.

Si l'attaque paraît violente, il y a lieu de recourir à l'emploi de médicaments sudorifiques.

Voici une formule conseillée par Bénion et qui réussit le plus ordinairement :

Fleurs de camomille.	30	grammes
— sureau.	25	—
— tilleul.	20	—
Graines de lin.	15	—
Nitrate de potasse.	2	litres.

Faire bouillir la graine de lin pendant un quart d'heure dans l'eau et passer; remettre l'eau sur le feu, et, quand elle bout, y faire infuser les fleurs susindiquées ; passer de nouveau, ajouter le nitrate de potasse et donner en quatre fois, dans la journée, à trois heures d'intervalle.

On peut encore donner, à jeun, une demi-cuillerée de fleur de soufre dans un peu de son sec.

On peut, enfin, remplacer ces médicaments par la poudre d'ipécacuanha (50 centigrammes), par l'émétique (10 centigrammes), ou par le kermès (25 à 30 centigrammes). On délaye ou on dissout ces agents dans de l'eau tiède (un verre) et on mélange à autant de lait tiède et sucré. On donne, en trois fois, dans la journée.

Enfin, il y a lieu, si l'on veut, à l'avenir, éviter l'invasion de cette maladie sur les porcelets, de procéder à une désinfection complète du local où on loge habituellement les animaux. Faire d'abord un lavage du sol et des murs à l'eau bouillante phéniquée, puis brûler du soufre, en ayant soin de bien fermer toutes les ouvertures et de n'ouvrir qu'au bout de quarante-huit heures. Après ce temps, bien aérer l'habitation et la laver de nouveau à l'eau acidulée avec de l'acide sulfurique du commerce à la dose de 5 à 10 0/0. On blanchit ensuite les murs à la chaux. Enfin, si le sol est mauvais, il faut le refaire à neuf, en ayant soin de défoncer à 30 centimètres au moins, d'enlever la terre et de la remplacer par du mâchefer ou un bon béton en chaux hydraulique sur lequel on fera un pavage en brique sur champ.

Cette maladie paraît contagieuse et n'attaque qu'une seule fois le même individu. Il faut isoler les malades dans un local où la température sera douce et uniforme et éviter les refroidissements.

Soyon. — Le *soyon* ou la *soie* est une maladie assez commune chez le porc. Cette maladie est le résultat de l'enfoncement de quelques faisceaux de *soie* de chaque côté de la gorge, un peu au-dessous des parotides. Cet enfoncement s'effectue lentement; il parvient, au bout d'un temps variable, à produire un petit paquet cylindrique ouvert à l'extérieur, dans lequel les soies se trouvent accumulées, compriment les tissus, provoquent une inflammation locale et le développement d'une tumeur douloureuse avec engorgement de toute la région de la gorge, ce qui porte obstacle au libre exercice de la respiration. La respiration est gênée, le pouls accéléré et la soif très vive.

Cette maladie, qu'on a confondue à tort avec le *charbon de la gorge et de la langue*, en diffère essentiellement.

L'extirpation circulaire de la peau qui sert de base au paquet de soie dont il a été question plus haut, constitue la base du traitement.

On ouvre les abcès qui parfois naissent dans les tissus indurés, on les cautérise au fer rouge. On accélère la chute de l'eschare qui en résulte, en enduisant la partie brûlée, avec un corps gras, graisse ou beurre, puis on lotionne avec une solution de sulfate de cuivre. On administre des boissons acidulées et on soumet l'animal à un bon régime tonique.

Les porcs malades doivent être isolés à cause du caractère contagieux de la maladie.

Inflammation intestinale ou entérite. — L'entérite du porc est l'inflammation de la muqueuse intestinale dont les causes ordinaires sont : les boissons insalubres, le défaut de propreté, les aliments avariés ou trop alibiles.

Les animaux qui en sont atteints ne mangent pas, recherchent les boissons froides, ont l'œil terne, la gueule sèche et rouge violacé, la peau chaude et rouge. Ils sont constipés, ils ont le ventre gonflé et ils font entendre des grognements plaintifs.

Aussitôt l'apparition de ces symptômes, on doit saigner copieusement l'animal aux deux oreilles. On lui fait absorber le plus possible de boissons blanches acidulées avec du vinaigre ou d'acide sulfurique. La constipation est combattue par des lavements à l'huile de lin Si la diarrhée survient, il faut frictionner le ventre avec un liniment ammoniacal, administrer des lavements astringents préparés avec une décoction de chêne vert ou de feuilles de noyer.

La marche de l'entérite aiguë est très rapide : les animaux succombent vers le cinquième ou le sixième jour, mais plus promptement lorsqu'ils sont gras.

En résumé, c'est une affection très grave et lorsqu'elle se déclare, il est préférable de recourir aux lumières du vétérinaire.

Entérite vermineuse des porcelets. — Les jeunes porcelets sont quelquefois atteints d'une sorte d'inflammation des intestins qui est déterminée par une sorte de vers qu'ils absorbent avec leurs aliments et leurs boissons et qui se multiplient dans le tube intestinal en y occasionnant de sérieux désordres.

On constate l'existence de cette affection lorsqu'on voit que, malgré un bon appétit, l'animal reste maigre avec le ventre retroussé. D'autres fois l'appétit disparaît ou il est dépravé. C'est alors que le sujet mange des choses malpropres, non alimentaires. Souvent aussi on constate des coliques que l'animal exprime en se couchant sur le ventre qu'il frotte violemment sur le sol. Il y a parfois diarrhée, d'autres fois on a affaire à une constipation persistante. Mais dans tous les cas, les matières fécales mal liées indiquent une digestion imparfaite. Quelquefois aussi les matières présentent des stries sanguinolentes, prélude d'une véritable dysenterie.

Les vermifuges, tels que le semen-contra, la mousse de Corse, la fougère mâle, l'écorce de racine de grenadier, l'essence de térébenthine, l'huile empyreumatique, la suie de cheminée, agissent sûrement contre cette affection.

Les purgatifs employés ensuite, c'est-à-dire après l'administration d'un des médicaments précédents, sont destinés à expulser les cadavres des vers tués par les vermifuges. Le sirop de nerprun, l'aloès, le jalap, le séné, la scammonée, la gommegutte, les sels purgatifs, etc., sont indiqués. Enfin, il y a souvent lieu de recourir, après l'expulsion des vers, à des médicaments toniques ou stimulants, tels que la sauge, l'armoise, l'absinthe, l'ail, le camphre, l'assafœtida, la gentiane qui aideront le sujet à se remettre et à reprendre rapidement la chair et la graisse qu'il aura perdues.

On ne saurait vraiment conseiller de faire prendre les divers médicaments en breuvage. Le porc est trop indocile et difficile à manier. Mais on peut les donner en électuaire ou mieux en poudre mélangée aux aliments. Voici un moyen qui nous a souvent réussi :

Mettre dans du lait tiède :

	grammes.
Suie de cheminée finement pulvérisée. . . .	10 à 15
Sirop de nerprun.	15 à 20

Continuer ce traitement pendant deux, trois, et quelquefois quatre jours de suite.

On pourrait remplacer la formule précédente par celle-ci :

	Grammes.
Racine de fougère mâle pulvérisée	25 à 30
Aloès pulvérisé	1 à 3

Faire une pâte épaisse à l'aide de miel ou d'un jaune d'œuf et la diviser en quatre ou cinq bols ou pilules que l'on administre en une fois au jeune porcelet.

Plus simplement encore on peut se contenter de mettre 1 à 2 grammes de semen-contra et 10 à 15 grammes de baies de nerprun dans un demi-litre de lait.

Mais ces diverses médications seront vaines si elles ne sont aidées par une bonne hygiène, par une préparation soignée des aliments et par une désinfection complète de l'habitation.

Diarrhée. — Les porcs, et surtout les jeunes gorets à l'époque du sevrage, sont très sujets au flux diarrhéique. Les loges froides et humides, le peu de lait des nourrices, la nature de ce liquide, les variations subites de température en sont les causes principales. A ces causes succède l'inflammation intestinale suivie de constipation, de diarrhée, se terminant quelquefois par une dysenterie mortelle.

Les moyens préservatifs doivent s'appliquer sur la mère et les gorets.

On donne aux truies une excellente alimentation, on les tonifie avec du kermès ; aux gorets on administre 10 à 20 gouttes de laudanum ou 8 à 16 grammes de crème de tartre soluble.

Constipation. — Les truies, après le part, et les porcelets trop fortement nourris, sont souvent constipés. Ils ne mangent plus, boivent beaucoup, et leurs excréments sont desséchés.

On peut les purger avec du sulfate de soude ou sel de Glauber dans du lait ou dans un breuvage adoucissant, et leur administrer des lavements au son.

Gale. — Cette maladie, qui peut se communiquer d'un porc à l'autre, se développe surtout chez les animaux mal nourris et logés dans des bâtiments malpropres.

Elle est due à la présence sous l'épiderme de petits insectes presque microscopiques (sarcoptes) et se reconnaît à de très petites élevures rouges bientôt remplacées par une surface rouge, humide, saignante dont les soies tombent. Les animaux cherchent à se frotter ; la surface malade s'agrandit sans cesse, suppure et se couvre de croûtes.

Il faut bien nourrir les animaux, les tenir très proprement, laver fréquemment les parties malades avec de l'eau savonneuse ; puis, chaque jour aussi, faire des lotions avec de l'eau sulfureuse ou avec de l'huile de pétrole, ou bien des frictions soit avec de la pommade sulfureuse, soit avec la pommade mercurielle.

Dartres. — Les dartres se développent dans les mêmes conditions que la gale et présentent à peu près les mêmes caractères que les surfaces galeuses ; seulement elles ne sont pas dues à un insecte, et n'ont pas de propriété contagieuse.

On doit donner aux animaux dartreux une bonne nourriture, les tenir très proprement et faire sur les parties malades des lotions savonneuses et des applications d'huile de pétrole, d'huile de cade ou de glycérine iodée. En même temps, on ajoute aux boissons un peu de sulfate de soude ou de sel de nitre.

Aphtes. — La maladie aphteuse ou *fièvre aphteuse* ou encore *cocotte*, est éruptive, enzootique, épizootique ; elle est caractérisée par l'apparition, dans la bouche ou entre les onglons, de tumeurs, ampoules ou phlyctines isolées ou confluentes.

Cette maladie, que l'on nomme aussi *mal de la langue*, mal des pieds, est contagieuse dans le plus grand nombre des cas, et se communique à tous les animaux domestiques.

On en préserve les animaux par des soins hygiéniques bien entendus et des soins de propreté.

Pour guérir ceux qui en sont affectés, on donne des boissons acidulées, telles que du petit-lait ou de l'eau dans laquelle on a versé quelques gouttes d'acide chlorydrique ou du vinaigre fort. On doit traiter les aphtes de l'espace interongulaire avec le lait de chaux ou le sulfate de cuivre.

Si ces moyens ne suffisent pas, si la fièvre aphteuse se complique, il faudra faire venir le vétérinaire.

Chancres. — On appelle ainsi les plaies ulcéreuses qui se font remarquer dans la bouche ou à l'extrémité des oreilles, qui tiennent à une disposition constitutionnelle ou qui sont la conséquence d'une maladie éruptive, notamment la fièvre aphteuse.

Le seul traitement que l'on peut employer, c'est la cautérisation par le feu, l'azotate d'argent, l'acide chlorhydrique ou l'acide azotique. On peut couper l'extrémité de l'oreille qui présente un chancre.

Charbon. — Le charbon du porc, encore désigné

sous le nom d'*anthrax* et d'érysipèle gangreneux, est une maladie contagieuse très grave et rapidement mortelle qu'il ne faut pas confondre avec le *soyon* ou l'*angine*. (Voir ces mots).

Quand le charbon revêt la forme foudroyante, les animaux meurent dans le court espace d'une heure, et quelquefois même avant qu'on les soupçonne malades.

Les porcs perdent subitement l'appétit; les oreilles deviennent pendantes, brunes, douloureuses à la pression; la gueule est entr'ouverte, souvent écumeuse; le groin prend une teinte plombée; des taches rougeâtres de plus en plus foncées apparaissent au ventre, aux oreilles et aux cuisses; des vésicules livides et blafardes, contenant un liquide âcre et irritant, se montrent sur la langue, qui est rouge et engorgée; les animaux poussent fréquemment des grognements plaintifs; ils se paralysent du train postérieur, les excréments sont ramollis, mélangés avec un sang noir et très fétides.

Lorsque la maladie suit une marche moins rapide, les animaux succombent au bout de 24 à 48 heures; la guérison est très rare et les animaux restent fréquemment paralysés du train postérieur.

Le charbon se développe surtout dans les saisons chaudes, dans les saisons pluvieuses et sur les sols marécageux.

En attendant l'arrivée du vétérinaire, il faut isoler les animaux malades, leur administrer des breuvages acidulés avec du vinaigre, percer les ampoules de la bouche et les brûler ou cautériser avec de l'acide chlorhydrique ou esprit de sel.

Mammite ou inflammation des mamelles. —

C'est surtout dans les quatre ou cinq premiers jours qui suivent la mise bas que la mammite apparaît le plus souvent. Les truies bien nourries, bonnes nourrices, celles qui ont les mamelles volumineuses, pendantes, y sont plus exposées que les autres. La malpropreté des étables est encore une cause de la mammite.

La mammite de la truie est générale ou partielle, superficielle ou profonde.

Les symptômes généraux de l'inflammation des mamelles varient suivant l'intensité de la maladie. Ordinairement la fièvre de réaction passe inaperçue; peut-être y a-t-il quelquefois un moment d'inappétence, un peu de chaleur à la peau, mais ce n'est que dans le cas où la mammite se généralise dans toute l'étendue des glandes.

Les mamelles et les tétines sont dures, chaudes, douloureuses, rouges, luisantes; les truies cherchent à se soustraire à la douleur que détermine la succion des petits.

Pour traiter la mammite, on entretient les porcheries dans un grand état de propreté, on soumet les malades à un régime rafraîchissant, on fait des lotions répétées avec des décoctions émollientes de mauve, de guimauve, de graine de lin, et on pratique une ou deux saignées à la queue quand l'inflammation a une certaine intensité.

Inflammation des poumons. — La cause la plus fréquente de cette maladie est une habitation froide et humide.

Les symptômes sont une respiration pénible et précipitée, souvent une toux, la fièvre et la perte d'appétit.

Il faut pratiquer une saignée et administrer une forte purgation. A un porc de grandeur moyenne on peut donner :

Calomel.	» kil.	194 mill.
Émétique tartrique.	»	259
Nitre..	1	295

On répète la dose pendant deux jours consécutifs et on donne pendant quelques jours :

Digitale.	» kil.	129 mill.
Émétique tartrique.	»	259
Nitre.	1	295

Pouls et saignée du porc. — Le pouls par la qualité et le nombre de ses pulsations, est un parfait indicateur de l'état de santé ou de la maladie de l'animal.

A l'état normal, le pouls du porc a 70 à 80 pulsations par minute. On peut l'explorer directement sur le cœur, au côté gauche, ou bien à l'artère fémorale qui traverse obliquement l'intérieur de la cuisse, ou bien encore à l'artère radiale située dans le sillon au dessous du genou.

La saignée se pratique le plus souvent chez le porc, par l'amputation d'une partie des oreilles ou de la queue. C'est là un moyen barbare qui peut déprécier l'animal pour la vente. Il est préférable d'ouvrir une ou plusieurs veines dans une région où elles sont très superficielles, telles que celles qui sont situées sur la surface intérieure de l'oreille et spécialement vers son bord externe. On détermine leur gonflement par la pression des doigts sur la base de l'oreille. En ligaturant fortement la jambe au bas de l'épaule, la veine de l'intérieur de l'avant-bras peut devenir assez saillante pour être ouverte.

La saignée est toujours très efficace quand il existe une inflammation chez le porc; elle fait même souvent avorter la maladie.

« Toutefois, fait observer très judicieusement M. Pradal, on ne doit jamais la pratiquer sans motif plausible, comme le font les gens de la campagne et tous les empiriques. On reconnaîtra la nécessité de cette opération, en examinant le malade avec attention; on doit s'assurer des signes qu'il présente. Ainsi, la saignée sera indiquée lorsque la température du corps de l'animal sera anormalement élevée, lorsque ses yeux seront rouges, que la respiration et le pouls seront accélérés. On se gardera de la pratiquer, au contraire, lorsque la température du corps sera normale, les oreilles fraîches, lorsque les yeux et l'intérieur de la bouche seront pâles. L'animal, alors, a plutôt besoin d'être excité que d'être affaibli. »

CHAPITRE XVI

Tables de la composition chimique des aliments.

Nous terminons cet ouvrage en reproduisant ci-après les tables établies par Th. von Gohren, les plus complètes qui aient été publiées jusqu'à ce jour, et dans lesquelles l'éleveur trouvera l'énumération de la presque totalité des aliments que la nature ou l'industrie peut mettre à la disposition du bétail, pour sa nourriture.

Ces tables précieuses résument la composition chimique de chacun de ces aliments considéré à part et indiquent, notamment, la proportion moyenne des éléments protéiques, des matières grasses et des extractifs non azotés qu'ils contiennent. Elles peuvent donc, ainsi, constituer un guide à peu près sûr pour l'éleveur qui s'est bien pénétré des principes que nous avons développés, d'une manière aussi complète que possible, dans le corps de cet ouvrage, et qui ont trait à ce que l'on appelle la *relation nutritive* des aliments.

Elles lui permettront, par conséquent, de substituer, suivant les cas, telle substance alimentaire à telle autre qui sera mieux à sa portée ou qu'il pourra se procurer plus avantageusement, en respectant les principes de la relation nutritive dont il importe de s'écarter le moins possible.

Ce sera une affaire de calculs avec lesquels on arrivera bien vite à se familiariser, en procédant d'après l'exemple que nous avons donné dans la partie de l'ouvrage ci-dessus rappelée.

Nous disons que ces tables constitueront un guide *à peu près* sûr, mais non pas certain. On conçoit très bien, en effet, que les indications qui y sont contenues ne sauraient être positivement absolues. Suivant que, par exemple, la plante dont provient l'aliment a végété dans un sol plus ou moins fertile, qu'elle a été récoltée au moment le plus favorable, ou qu'elle a été plus ou moins bien conservée, il peut se produire des écarts plus ou moins considérables dans sa composition normale.

Aussi doit-il être bien entendu que ces tables ne sont données ici que pour servir, à défaut de l'analyse directe des aliments dont on dispose, et n'indiquent que des moyennes qu'un éleveur intelligent peut corriger, du reste, soit qu'il sache dans quelles conditions les substances qui y sont énumérées ont été produites, soit qu'il se rende compte, par un examen attentif, de l'influence qu'elles exercent sur les animaux auxquels on les sert en nourriture.

Sans doute, l'analyse chimique serait toujours préférable, mais nous comprenons qu'elle entraine souvent des frais et des pertes de temps, devant lesquels l'opérateur recule. Aussi, serait-il bien désirable de voir se multiplier les stations agronomiques, les laboratoires publics dans lesquels les agriculteurs et les industriels, qui ont à nourrir les animaux pour les exploiter, trouveraient rapidement, et moyennant une très faible dépense, tous les renseignements qui leur sont nécessaires.

Mais si, à l'aide de ces tables, on peut, à la rigueur, se passer de l'analyse chimique pour tous les produits naturels dont il est possible de faire usage, insistons sur ce point qu'elle est indispensable lorsque l'on emploie des produits industriels ou des résidus de l'industrie, tels que tourteaux, drèches, etc., etc., qui peuvent avoir des compositions bien variables, sans compter que si l'on s'est adressé à un fournisseur peu scrupuleux, on risque de tomber sur des marchandises adultérées, dont le poids est augmenté à l'aide de matières inertes ou peu alimentaires, et qui, dans ces conditions, n'atteignent plus du tout le but que l'on a eu en vue.

TABLES

DE LA

COMPOSITION CHIMIQUE DES ALIMENTS

DÉSIGNATION des ALIMENTS	EAU (moyenne probable).	MATIÈRE SÈCHE TOTALE (organique et inorganique).			Parties constituantes isolées					
					ÉLÉMENTS protéiques.			MATIÈRES grasses.		
		Minimum.	Maximum.	MOYENNE probable.	Minimum.	Maximum.	MOYENNE probable.	Minimum.	Maximum.	MOYENNE probable.
I. Semences.										
Coton	8,7	—	—	91,3	—	—	22,8	19,49	—	30,9
Fèves de jardin	14,8	—	—	85,2	—	—	—	—	—	0,8
Féverolles	14,1	85,2	87,3	85,9	22,8	27,1	25,1	1,2	2,0	1,6
Faines	18,0	—	—	82,0	—	—	—	23,0	—	24,0
Sarrasin	13,2	85,3	87,0	86,8	2,6	13,1	7,8	0,4	2,7	1,5
— de Tartarie	10,62	—	—	89,4	—	—	11,2	—	—	[illegible]
— d'Ecosse	10,57	—	—	89,4	—	—	10,7	—	—	[illegible]
— ordinaire	9,57	—	—	90,4	—	—	10,7	—	—	[illegible]
Épeautre	14,8	—	—	85,2	—	—	10,0	—	—	1,5
Pois	13,2	83,1	91,1	86,8	20,1	24,2	22,4	0,8	5,3	[illegible]
Pois plats	14,0	—	—	86,0	—	—	25,6	—	—	1,9
Gesse tubéreuse	6,2	—	—	93,8	—	—	28,2	—	51,51	41,[illegible]
Sainfoin (Esparcette)	16,0	—	—	84,0	—	—	—	—	—	[illegible]
Glands frais non décortiqués	55 5	44,0	45,4	44,5	2,0	2,1	2,0	1,5	2,3	[illegible]
— secs	14,3	—	—	85,7	—	—	5,2	—	—	[illegible]
— secs décortiqués	16,7	80,8	85,7	83,3	5,0	6,3	5,7	3,6	5,4	[illegible]
Aulne	14,0	—	—	86,0	—	—	—	—	—	[illegible]
Orge de printemps	14,3	80,9	89,2	85,7	2,6	27,1	10,0	1,4	2,6	[illegible]
— d'hiver	14,3	—	—	85,7	—	—	9,0	—	—	[illegible]
Avoine	13,7	83,6	90,5	86,3	6,3	21,4	12,0	3,9	7,3	[illegible]
Chènevis	12,2	—	—	87,8	—	—	16,3	32,37	—	33,[illegible]
Millet non battu	13,0	—	—	87,0	—	—	—	—	—	[illegible]
— battu	13,1	—	—	86,9	—	—	14,5	—	—	[illegible]
Châtaignes vraies	49,2	—	—	50,8	—	—	3,0	—	—	[illegible]
— de cheval	49,2	—	—	50,8	—	—	6,4	—	—	[illegible]
Trèfle rouge	15,0	—	—	85,0	—	—	—	—	—	[illegible]
Lin	11,8	87,7	92,5	88,2	20,0	24,4	21,7	31,4	89,0	37,0
Cameline	7,5	91,6	94,3	92,5	23,5	28,3	25,9	28,2	30,0	[illegible]
Lentille	13,4	—	—	86,6	—	—	24,0	—	—	[illegible]
Lupin jaune	12,7	82,4	90,6	87,2	28,3	39,2	35,4	4,0	7,9	[illegible]
— bleu	15,0	78,0	87,1	85,0	21,7	35,9	28,0	4,6	8,8	[illegible]
Madia	7,4	91,6	93,7	92,6	18,4	22,9	20,6	36,5	41,0	[illegible]
Maïs	12,7	85,6	91,8	87,3	8,7	12,6	10,6	3,5	9,2	[illegible]
Pavot œillette	14,7	—	—	85,3	—	—	17,5	40,07	—	41,0
Carottes	12,0	—	—	88,0	—	—	—	—	—	[illegible]
Champignons comestibles	18,0	81,0	83,1	82,0	17,0	29,6	24,2	1,2	1,9	[illegible]
Morilles	15,81	—	—	84,2	—	—	28,6	—	—	[illegible]
Truffes	70,83	—	—	29,2	—	—	9,6	—	—	[illegible]
Seigle	14,3	81,7	88,2	85,7	8,8	22,9	11,0	0,9	2,8	[illegible]
Navette	11,8	88,0	92,9	88,2	17,4	27,4	19,4	36,8	55,0	45,[illegible]
Riz décortiqué	14,6	—	—	85,4	—	—	7,5	—	—	[illegible]
— non décortiqué	12,0	—	—	88,0	—	—	—	—	—	[illegible]
Betteraves	14,0	—	—	86,0	—	—	—	—	—	[illegible]
Navets	12,0	—	—	88,0	—	—	—	—	—	[illegible]
Moutarde	12,0	—	—	88,0	—	—	—	—	—	[illegible]
Serradelle	10,0	86,93	92,64	90,0	18,44	25,88	22,8	5,0	7,86	6,0
Sésame	4,6	—	—	95,4	—	—	18,9	—	49,31	37,[illegible]
Soleil	8,0	89,8	93,8	92,0	12,7	13,3	13,0	21,0	34,7	23,6
Sorgho	14,0	—	—	86,0	—	—	11,0	—	—	[illegible]

DÉSIGNATION des ALIMENTS	de la matière sèche.						DANS 100 PARTIES DE MATIÈRE S[ÈCHE] SONT CONTENUS :							
	EXTRACTIFS non azotés.			LIGNEUX.										
	Maximum.	Minimum.	MOYENNE probable.	Minimum.	Maximum.	MOYENNE probable.	Cendres totales.	Potasse.	Soude.	Chaux	Magnésie.	Oxyde de fer.	Acide phosphorique.	Acid[e]
Coton	—	—	14,4	—	—	16,0	8,90	1,244	0,074	0,334	0,474	0,076	1,416	0
Fèves de jardin	—	—	—	—	—	—	3,22	1,417	0,048	0,215	0,245	0,010	1,144	0
Féverolles	[illegible]	45,3	44,5	11,3	12,6	11,7	8,0*	1,20	0,04	0,15	0,20	—	1,16	0
Faines	—	—	—	—	—	—	2,54	0,578	0,253	0,621	0,295	0,068	0,527	0
Sarrasin	52,1	62,6	58,0	15,0	40,2	17,6	1,37	0,316	0,084	0,061	0,170	0,024	0,667	0
— de Tartarie	—	—	59,6	—	—	20,0	4,60*	—	—	—	—	—	—	—
— d'Ecosse	—	—	61,1	—	—	15,0	2,68*	—	—	—	—	—	—	—
— ordinaire	—	—	61,5	—	—	15,5	2,74*	—	—	—	—	—	—	—
Épeautre	—	—	51,0	—	—	16,5	4,29	0,637	0,043	0,112	0,277	0,069	0,886	0
Pois	[illegible]	59,6	52,6	3,6	9,2	6,4	2,73	1,141	0,026	0,136	0,217	0,016	0,995	0
Pois plats	—	—	49,9	—	—	5,4	3,2*	—	—	—	—	—	—	—
Gesse tubéreuse	—	—	7,2	—	—	13,9	3,2*	—	—	—	—	—	—	—
Sainfoin (Esparcette)	—	—	—	—	—	—	4,57	1,304	0,125	1,443	0,304	0,073	1,093	0
Glands frais non décortiqués	[illegible]	36,5	35,2	4,3	4,5	4,4								
— secs	—	—	62,1	—	—	12,2	2,18	1,898	0,014	0,151	0,115	0,022	0,325	0
— secs décortiqués	[illegible]	69,9	66,4	4,6	5,9	5,1								
Aulne	—	—	—	—	13,6	—	2,08	0,723	0,030	0,629	0,192	0,061	0,277	0
Orge de printemps	[illegible]	76,3	64,1	2,5	—	7,1	2,60	0,524	0,066	0,068	0,224	0,025	0,902	0
— d'hiver	—	—	63,4	—	14,1	8,5	1,99	0,325	0,082	0,015	0,249	0,034	0,634	0
Avoine	[illegible]	71,8	56,6	4,1	—	9,0	3,14	0,514	0,070	0,117	0,222	0,021	0,723	0
Chènevis	—	—	21,0	—	—	12,1	5,27	1,069	0,041	1,246	0,300	0,053	1,922	0
Millet non battu	—	—	—	—	—	—	3,43	0,394	0,044	0,022	0,330	0,037	0,674	0
— battu	—	—	61,8	—	—	6,4								
Châtaignes vraies	—	—	42,7	—	—	0,8	2,38	1,319	0,169	0,092	0,478	0,003	0,431	0
— de cheval	—	—	38,9	—	—	2 9	2,36	1,393	—	0,274	0,012	—	0,529	0
Trèfle rouge	—	—	—	—	—	—	4,50	1,591	0,043	0,288	0,581	0,077	1,707	0
Lin	[illegible]	19,0	17,5	3,2	18,0	8,0	3,69	1,130	0,076	0,299	0,527	0,041	0,531	0
Cameline	[illegible]	19,8	17,3	9,0	11,5	10,7	9,2*	—	—	—	—	—	—	—
Lentille	—	—	49,4	—	—	6,9	1,8*	0,77	0,18	0,09	0,04	—	0,52	—
Lupin jaune	[illegible]	36,4	29,2	12,2	17,5	13,8	3,95	1,179	0,015	0,352	0,460	0,045	1,658	0
— bleu	[illegible]	43,8	36,6	8,9	13,9	11,9	3,95	1,179	0,015	0,352	0,460	0,015	1,658	0
Madia	[illegible]	7,5	6,2	18,0	27,1	22,5	4,5*	0,44	0,52	0,36	0,82	—	2,58	—
Maïs	[illegible]	71,6	61,0	8,9	20,4	7,6	1,51	0,422	0,028	0,034	0,226	0,019	0,680	0
Pavot œillette	—	—	15,5	—	—	6,1	6,04	0,823	0,062	2,136	0,573	0,026	1,894	0
Carottes	—	—	—	—	—	—	8,51	1,023	0,401	3,303	0,571	0,084	1,341	0
Champignons comestibles	[illegible]	53,6	43,9	5,1	6,1	5,6	6,7*	—	—	—	—	—	—	—
Morilles	—	—	40,6	—	—	—	8,20*	—	—	—	—	—	—	—
Truffes	—	—	17,5	—	—	—	2,83*	—	—	—	—	—	—	—
Seigle	[illegible]	60,0	67,2	1,8	10,1	3,7	2,09	0,658	0,036	0,055	0,241	0,034	0,981	0
Navette	[illegible]	12,4	9,9	5,3	11,0	10,0	4,41	1,088	0,022	0,630	0,524	0,069	1,880	0
Riz décortiqué	—	—	76,0	—	—	0,9	0,39	0,083	0,072	0,013	0,044	0,005	0,208	0
— non décortiqué	—	—	—	—	—	—	6,9*	1,27	0,31	0,35	0,59	—	3,26	0
Betteraves	—	—	—	—	—	—	5,30	1,301	0,487	0,1[illegible]9	0,855	0,020	0,879	0
Navets	—	—	—	—	—	—	3,5*	0,77	0,09	0,61	0,30	—	4,41	0
Moutarde	—	—	—	—	—	—	4,20	0,678	0,224	0,808	0,421	0,042	1,077	0
Serradelle	[illegible]	40,28	37,2	16,11	20,37	21,0	3,5*	—	—	—	—	—	—	—
Sésame	—	—	49,1	—	—	11,7	8,7*	—	—	—	—	—	—	—
Soleil	—	—	23,9	—	—	28,5	3,0*	—	—	—	—	—	—	—
Sorgho	—	—	63,0	—	—	—	1,86	0,378	0,061	0,023	0,276	0,035	0,947	—

ÉSIGNATION des ALIMENTS.	EAU (moyenne probable).	MATIÈRE SÈCHE TOTALE (organique ou inorganique). Minimum.	Maximum.	MOYENNE probable.	Parties constituantes isolées de la matière sèche — ÉLÉMENTS protéiques. Minimum.	Maximum.	MOYENNE probable.	MATIÈRES grasses. Minimum.	Maximum.	MOYENNE probable.	EXTRACTIFS non azotés. Minimum.	Maximum.	MOYENNE probable.	LIGNEUX. Minimum.	Maximum.	MOYENNE probable.	DANS 100 PARTIES DE MATIÈRE SÈCHE SONT CONTENUS : Cendres totales.	Potasse.	Soude.	Chaux.	Magnésie.	Oxyde de fer.	Acide phosphorique.	Acide sulfurique.	Chlore.
e géante	8,7	—	—	91,3	—	—	18,0	—	—	11,[illegible]	—	—	53,7	—	—	5,7	2,56*	0,523	—	0,144	0,292	—	1,200	—	0,090
de raisin	12,0	—	—	88,0	—	—	—	—	—	[illegible]	—	—	—	—	—	—	2,81	0,805	—	0,943	0,241	0,016	0,675	0,071	0,009
	13,27	—	—	86,7	—	—	8,8	—	—	2,[illegible]	—	—	60,9	—	—	4,5	4,71*	—	—	—	—	—	—	—	—
t	14,3	81,3	89,2	85,7	8,7	24,1	13,2	1,0	2,7	1,[illegible]	60,2	74,5	66,2	0,7	8,3	3,0	1,97	0,614	0,044	0,066	0,236	0,026	0,928	0,007	0,004
	13,6	84,2	91,0	86,4	26,5	28,6	27,5	1,2	2,7	1,[illegible]	40,5	51,8	49,1	3,5	6,7	5,6	3,10	0,934	0,244	0,249	0,278	0,039	1,158	0,114	0,084
anche	13,68	—	—	86,3	—	—	27,8	—	—	48,0	—	—	48,3	—	—	6,9	3,61*	—	—	—	—	—	—	—	—
isc	14,36	—	—	85,6	—	—	29,1	—	—	46,7	—	—	46,7	—	—	6,2	3,64*	—	—	—	—	—	—	—	—
dinaire	12,93	—	—	87,1	—	—	27,5	—	—	47,8	—	—	47,8	—	—	7,2	4,60*	—	—	—	—	—	—	—	—
acines et tubercules.																									
	83,0	—	—	17,0	—	—	1,1	—	—	0,8	—	—	13,8	—	—	0,7	1,1*	—	—	—	—	—	—	—	—
	80,0	—	—	20,0	—	—	—	—	—	[illegible]	—	—	—	—	—	—	1,0*	0,42	0,08	0,09	0,07	—	0,15	0,10	0,04
de terre	75,0	20,1	29,3	25,0	1,0	4,4	2,0	0,04	0,8	[illegible]	16,13	26,1	20,7	0,31	2,7	1,1	3,77	2,276	0,099	0,097	0,177	0,045	0,653	0,245	0,117
(Chou-rave	86,7	—	—	13,3	—	—	2,7	—	—	[illegible]	—	—	8,6	—	—	0,8	7,26	2,934	0,740	0,825	1,191	0,031	1,088	0,924	0,584
avet	87,6	9,6	15,3	12,4	0,7	1,7	1,2	—	—	[illegible]	8,8	9,2	9,0	—	—	1,1	1,0*	0,49	0,06	0,14	0,09	—	0,08	0,01	—
	94,5	—	—	5,5	—	—	1,3	—	—	[illegible]	—	—	2,1	—	—	1,0	1,0*	—	—	—	—	—	—	—	—
	85,9	10,1	20,8	14,1	0,5	2,4	1,8	0,2	0,8	[illegible]	5,9	15,5	9,6	0,7	3,4	1,4	5,58	1,965	1,232	0,637	0,264	0,058	0,695	0 875	0,290
géante	87,0	—	—	13,0	—	—	1,2	—	—	[illegible]	—	—	9,6	—	—	1,2	0,8*	—	—	—	—	—	—	—	—
	88,3	—	—	11,7	—	—	1,6	—	—	[illegible]	—	—	8,2	—	—	1,0	0,7*	—	—	—	—	—	—	—	—
e champêtre	88,0	7,7	24,6	12,0	0,6	2,6	1,1	0,08	0,6	[illegible]	3,0	13,4	9,0	0,7	4,5	1,0	6,44	3,479	1,024	0,265	0,292	0,058	0,544	0,204	0,541
globe jaune	66,0	31,6	36,4	34,0	2,6	4,6	3,6	0,2	0,4	[illegible]	24,7	30,4	27,6	0,5	1,5	1,0	1,5*	—	—	—	—	—	—	—	—
blanche	91,5	7,1	13,9	8,5	0,5	1,8	1,0	0,1	0,2	[illegible]	3,7	10,9	5,8	0,3	1,0	0,7	0,6*	0,31	0,02	0,08	0,01	—	0,11	1,04	0,04
à sucre	81,5	10,2	21,8	18,5	0,6	2,8	1,0	—	0,3	[illegible]	10,1	17,9	15,3	1,0	3,4	1,3	3,86	2,127	0,386	0,207	0,291	0,036	0,424	0,147	0,20
abour	80,0	10,5	20,9	20,0	1,8	2,2	2,0	—	—	[illegible]	14,0	15,9	14,9	1,3	2,7	1,6	4,88	2,330	0,496	0,160	0,143	0,183	0,683	0,240	0,189
	92,0	—	—	8,0	—	—	1,1	—	—	[illegible]	—	—	5,0	—	—	1,0	8,01	3,637	0,788	0,849	0,296	0,065	0,018	0,896	0,406
ges et feuilles des es à racines alimentaires.																									
	85,0	—	—	15,0	—	—	—	—	—	[illegible]	—	—	—	—	—	—	1,5*	1,12	0,01	0,27	0,06	—	0,17	0,17	00,3
s de terre, vertes	82,5	—	—	17,5	—	—	—	—	—	[illegible]	—	—	—	—	—	—	1,5*	0,23	0,04	0,51	0,26	—	0,10	0,09	0,07
fanées	11,1	4,6	15,0	88,9	5,7	12,9	9,4	1,2	3,6	2,[illegible]	33,0	38,6	35,4	21,7	36,6	31,1	11,4*	—	—	—	—	—	—	—	—
omme de terre seules	15,0	—	—	85,0	—	—	18,1	—	—	[illegible]	—	—	40,6	—	—	12,8	13,5*	—	—	—	—	—	—	—	—
	15,0	—	—	85,0	—	—	7,8	—	—	[illegible]	—	—	36,5	—	—	32,5	8,2*	—	—	—	—	—	—	—	—
urrage	89,1	5,5	14,5	10,9	0,9	2,8	1,7	—	—	[illegible]	4,3	9,9	6,0	0,5	2,7	1,6	1,2*	—	—	—	—	—	—	—	—
ve	85,7	13,3	15,0	14,3	2,4	2,8	2,6	—	—	[illegible]	8,3	9,0	8,4	0,8	1,4	1,1	16,88	2,431	0,655	5,021	0,672	1,021	1,749	1,972	1,278
anc	88,5	—	—	11,5	—	—	1,5	—	—	[illegible]	—	—	5,9	—	—	2,0	13,92	5,505	0,752	2,726	0,530	0,139	1,215	2,062	1,088
s de choux	82,0	—	—	18,0	—	—	1,1	—	—	[illegible]	—	—	12,1	—	—	2,8	1,2*	0,51	0,06	0,13	0,05	—	0,24	0,09	0,01
e champêtre	90,7	8,0	10,0	9,3	1,4	2,8	2,0	0,3	0,5	[illegible]	2,9	5,1	4,1	0,9	2,4	1,5	15,18	4,668	3,080	1,085	1,444	0,220	0,[illegible]29	0,906	2,536
à sucre	89,0	—	—	11,0	—	—	2,2	—	—	[illegible]	—	—	4,6	—	—	1,9	17,58	5,007	2,576	2,576	2,659	0,172	1,213	0,912	2,016
— fermentée	60,4	—	—	89,6	—	—	4,9	—	—	[illegible]	—	—	16,8	—	—	12,8	3,6*	—	—	—	—	—	—	—	—
	80,7	17,8	23,5	19,3	3,2	3,8	3,5	0,6	1,0	0,[illegible]	7,0	12,9	9,2	3,0	3,4	3,2	13,53	1,524	2,083	4,431	0,468	0,340	0,598	1,014	1,208
	85,0	—	—	15,0	—	—	—	—	—	[illegible]	—	—	—	—	—	—	2,5	0,36	0,10	0,84	0,10	—	0,26	0,30	0,40
abour, tiges et feuilles	16,0	—	—	84,0	—	—	7,6	—	—	1,[illegible]	—	—	36,7	—	—	22,1	11,9*	—	—	—	—	—	—	—	—
topinamb. fraîches	80,0	—	—	20,0	—	—	3,3	—	—	0,[illegible]	80,0	—	9,8	—	—	3,4	2,7*	—	—	—	—	—	—	—	—
— fanées	16,0	—	—	84,0	—	—	4,2	—	—	0,[illegible]	16,0	—	52,7	—	—	24,4	1,8*	—	—	—	—	—	—	—	—
	89,8	—	—	10,2	—	—	—	—	—	—	89,8	—	—	—	—	—	11,64	2,727	1,100	3,882	0,461	0,184	0,850	1,094	1,479

DÉSIGNATION des ALIMENTS	EAU (moyenne probable).	MATIÈRE SÈCHE TOTALE (organique ou inorganique). Minimum.	Maximum.	MOYENNE probable.	Parties constituantes isolées de la matière sèche. ÉLÉMENTS protéiques. Minimum.	Maximum.	MOYENNE probable.	MATIÈRES grasses. Minimum.	Maximum.	MOYENNE probable.
IV. Pailles.										
Fève de jardin	15,0	—	—	85,0	—	—	—	—	—	—
Féverolle	18,0	78,0	85,5	82,0	3,3	16,4	9,9	0,7	2,2	1,0
Sarrasin	16,0	—	—	84,0	—	—	—	—	—	—
Epeautre d'hiver	14,3	—	—	85,7	—	—	2,0	—	—	1,5
Pois	14,3	82,6	88,1	85,7	4,8	10,1	7,3	1,5	3,3	2,0
Orge	14,3	82,5	89,1	85,7	1,9	5,4	3,0	1,1	1,5	1,4
Orge avec trèfle, mélangés	14,0	84,4	90,3	86,0	6,0	9,1	6,5	1,7	2,3	2,0
Avoine	14,3	78,8	89,7	85,7	1,3	6,1	2,5	0,8	3,1	2,0
Tiges de chanvre	15,0	—	—	85,0	—	—	—	—	—	—
Branches de houblon	10,6	—	—	89,4	—	—	5,5	—	—	4,8
Trèfle battu	15,0	—	—	85,0	—	—	9,0	—	—	2,0
Tiges de lin	14,0	—	—	86,0	—	—	—	—	—	—
Lupin battu	14,2	—	—	85,8	—	—	4,9	—	—	1,5
Maïs	14,0	—	—	86,0	—	—	3,0	—	—	1,1
Tiges de pavot	16,0	—	—	84,0	—	—	—	—	—	—
Navette	18,0	78,5	87,8	82,0	2,7	4,6	3,0	1,0	5,7	1,5
Seigle d'été	14,3	—	—	85,7	—	—	—	—	—	0,7
— d'hiver	14,3	81,4	89,7	85,7	1,5	4,1	2,0	1,3	2,5	1,4
Froment d'hiver	14,3	74,0	91,9	85,7	1,4	5,6	2,0	0,6	2,0	1,5
Vesce	14,3	83,3	87,5	85,7	6,2	7,5	7,0	—	—	2,0
V. Balles et siliques.										
Féverolle	15,3	82,0	85,0	85,7	10,5	10,7	10,6	1,0	2,0	1,5
Epeautre	14,3	—	—	85,7	—	—	2,9	—	—	1,3
Pois	14,3	—	—	85,7	—	—	8,1	1,0	2,0	1,5
Orge	14,3	—	—	85,7	—	—	3,0	—	—	1,5
Avoine	14,3	—	—	85,7	—	—	4,0	—	—	1,5
Lin	12,0	—	—	88,0	—	—	—	—	—	—
Lupin	14,3	—	—	85,7	—	—	2,7	—	—	2,5
Rafles de maïs	14,0	—	—	86,0	—	—	1,4	—	—	1,4
Balles de seigle	14,3	—	—	85,7	3,5	3,7	3,6	1,2	1,8	1,4
Siliques de colza	12,2	82,0	93,5	87,8	3,3	4,9	4,0	1,6	3,1	1,8
Balles de riz	—	—	—	—	—	—	—	—	—	—
Trèfle blanc	11,41	—	—	88,6	—	—	18,4	—	—	3,1
Balles de froment	14,3	86,0	91,5	85,7	3,3	7,4	4,5	1,4	1,8	1,5
Siliques de vesce-fourrage	14,3	84,9	87,5	85,7	7,2	15,7	8,5	1,0	2,0	1,5
VI. Fourrages verts.										
Spergule champêtre	80,9	10,2	24,6	19,4	0,9	4,3	2,3	0,5	0,8	0,7
Féverolle comm^e de la flor^on	87,3	—	—	12,7	—	—	2,8	—	—	0,3
Sarrasin	85,0	12,5	17,5	15,0	1,5	3,2	2,4	0,5	0,8	0,6
Pois	81,5	13,3	23,9	18,5	3,2	3,9	3,5	—	—	0,6
Esparcette (sainfoin)	78,5	20,0	23,4	21,5	3,2	4,3	3,5	0,6	0,9	0,7
Chardon-fourrage	86,7	—	—	13,3	—	—	2,9	—	—	0,9
Genêt	51,5	—	—	48,5	—	—	4,5	—	—	2,0
Avoine	81,8	14,5	23,0	18,2	1,8	3,1	2,4	0,5	0,0	0,6

DÉSIGNATION des ALIMENTS	EXTRACTIFS non azotés. [Minimum]	Maximum.	MOYENNE probable.	LIGNEUX Minimum.	Maximum.	MOYENNE probable.	Cendres totales.	DANS 100 PARTIES DE MATIÈRE SÈCHE SONT CONTENUS : Potasse.	Soude.	Chaux.	Magnésie.	Oxyde de fer.	Acide phosphorique.	Acide [illegible]
IV. Pailles.														
Fève de jardin		—	—	—	—	—	4,79	1,528	0,375	1,315	0,800	0,054	0,457	0,2…
Féverolle	[illegible]	38,8	29,7	25,8	41,7	35,6	5,35	2,236	0,131	1,198	0,406	0,067	0,395	0,1…
Sarrasin		—	—	—	—	—	6,15	2,882	0,136	1,134	0,225	—	0,731	0,3…
Epeautre d'hiver		—	28,7	—	—	48,0	5,85	0,608	0,030	0,837	0,145	0,045	0,299	0,1…
Pois	[illegible]	39,8	32,3	33,6	51,8	39,2	5,13	1,175	0,209	1,889	0,413	0,088	0,413	0,3…
Orge	[illegible]	45,5	31,3	34,4	54,0	45,6	4,80	1,097	0,198	0,373	0,125	0,083	0,215	0,1…
Orge avec trèfle, mélangés	[illegible]	34,7	32,5	37,0	39,7	38,0	7,0*	—	—	—	—	—	—	—
Avoine	[illegible]	48,9	33,6	30,0	50,2	41,2	4,70*	1,040	0,186	0,416	0,190	0,058	0,220	0,1…
Tiges de chanvre		—	—	—	—	—	3,90	0,536	0,081	2,388	0,287	0,045	0,273	0,0…
Branches de houblon	67,2						4,85	1,360	0,196	1,498	0,324	0,043	0,523	0,4…
Trèfle battu		—	20,0	—	—	48,0	6,0	2,765	0,104	1,384	0,758	0,058	0,511	0,0…
Tiges de lin		—	—	—	—	—	3,53	1,006	0,287	0,785	0,232	0,085	0,464	0,2…
Lupin battu		—	33,2	—	—	41,8	4,96	0,962	0,316	1,774	0,434	0,280	0,444	0,3…
Maïs		—	37,9	—	—	40,0	4,87	1,118	0,713	0,469	0,300	0,076	0,617	0,1…
Tiges de pavot		—	—	—	—	—	5,78	2,194	0,077	1,748	0,374	0,127	0,187	0,2…
Navette	[illegible]	34,0	32,2	37,5	40,9	40,0	4,92	1,342	0,460	1,396	0,300	0,091	0,293	0,3…
Seigle d'été		—	—	—	—	—	4,44	1,303	—	0,484	0,205	—	0,351	0,1…
— d'hiver	[illegible]	44,5	35,0	30,1	51,9	42,0	4,79	0,922	0,103	0,411	0,130	0,050	0,246	0,1…
Froment d'hiver	[illegible]	42,6	35,0	28,9	52,6	49,2	5,37	0,733	0,074	0,309	0,133	0,033	0,258	0,1…
Vesce	[illegible]	37,9	26,7	30,8	53,1	44,0	5,25	0,746	0,819	1,851	0,440	0,079	0,320	0,3…
V. Balles et siliques.														
Féverolle	[illegible]	29,5	28,5	33,1	37,0	36,1	6,41	4,156	0,151	0,794	0,699	0,030	0,317	0,1…
Epeautre		—	31,5	—	—	41,5	9,50	0,903	0,029	0,228	0,238	0,047	0,699	0,2…
Pois	[illegible]	36,6	33,3	22,7	39,5	36,8	6,0*	—	—	—	—	—	—	—
Orge		—	37,2	—	—	30,0	13,95	1,097	0,134	1,475	0,180	0,208	0,284	0,4…
Avoine		—	28,2	—	—	34,0	8,31	0,534	0,342	0,461	0,171	0,121	0,155	0,4
Lin		—	—	—	—	—	6,22	1,754	0,343	1,745	0,872	0,098	0,516	0,3
Lupin		—	44,7	—	—	33,0	2,16	1,027	0,080	0,421	0,172	0,005	0,131	0,0
Rafles de maïs		—	42,6	—	—	37,8	0,52	0,265	0,007	0,019	0,023	0,001	0,024	0,0
Balles de seigle	[illegible]	31,5	29,7	41,5	46,6	43,5	9,65	0,608	0,031	0,404	0,132	0,022	0,648	0,0
Siliques de colza	[illegible]	48,7	40,6	33,0	43,6	35,4	8,42	1,333	0,509	4,177	0,477	0,120	0,393	0,8
Balles de riz		—	—	—	—	—	10,0	0,160	0,158	0,101	0,96	0,054	0,180	0,0
Trèfle blanc		—	36,8	—	—	22,4	7,90*	—	—	—	—	—	—	—
Balles de froment	[illegible]	53,9	42,1	20,3	39,7	30,7	10,73	0,981	0,192	0,202	0,136	0,040	0,461	—
Siliques de vesce-fourrage	[illegible]	42,3	31,4	—	49,6	36,3	8,0	—	—	—	—	—	—	—
VI. Fourrages verts.														
Spergule champêtre	[illegible]	10,4	8,2	3,8	8,6	5,6	6,76	2,365	0,546	1,295	0,819	—	0,996	0,2…
Féverolle comm^e de la flor^on		—	5,1	—	—	3,5	1,0*	—	—	—	—	—	—	—
Sarrasin	[illegible]	7,4	6,8	4,2	4,4	4,8	1,4*	—	—	—	—	—	—	—
Pois	[illegible]	10,5	7,6	3,0	7,7	5,4	7,49	2,786	0,276	1,876	0,701	0,064	0,820	0,6…
Esparcette (sainfoin)	[illegible]	10,8	8,5	5,8	12,9	7,6	5,50	1,566	0,180	2,016	0,357	0,063	0,547	0,…
Chardon-fourrage		—	6,1	—	—	1,4	1,96*	1,18		0,68	—	—	0,09	—
Genêt		—	8,8	—	—	29,0	4,0*	—	—	—	—	—	—	—
Avoine	[illegible]	8,8	7,0	4,6	7,0	6,5	8,12	3,354	0,289	0,532	0,248	0,057	0,689	0,…

DÉSIGNATION des ALIMENTS.	EAU (moyenne probable).	MATIÈRE SÈCHE TOTALE (organique ou inorganique).			Parties constituantes isolées de la matière sèche. ÉLÉMENTS protéiques.			MATIÈRES grasses.			EXTRACTIFS non azotés.			LIGNEUX			DANS 100 PARTIES DE MATIÈRE SÈCHE SONT CONTENUS : Cendres totales.								
		Minimum.	Maximum.	MOYENNE probable.	Minimum.	Maximum.	MOYENNE probable.	Minimum.	Maximum.	MOYENNE probable.	Minimum.	Maximum.	MOYENNE probable.	Minimum.	Maximum.	MOYENNE probable.	Cendres totales.	Potasse.	Soude.	Chaux.	Magnésie.	Oxyde de fer.	Acide phosphorique.	Acide sulfurique.	Chlore.
....	76,0	20,4	33,5	24,0	3,1	3,6	3,3	0,6	0,9	[illegible]	[illegible]	14,0	10,4	7,3	8,6	7,9	1,6	0,63	0,01	0,12	0,03	—	0,24	0,02	—
....	82,0	15,7	19,4	18,0	2,7	4,7	3,7	—	—	[illegible]	[illegible]	7,3	6,1	3,9	8,3	6,0	10,5	3,893	0,677	2,736	0,642	0,096	1,282	0,341	0,365
....	82,2	14,3	23,2	17,8	0,9	2,0	1,5	0,4	0,7	[illegible]	[illegible]	15,3	10,3	3,0	5,9	4,7	6,0	2,160	0,269	0,807	0,686	0,163	0,652	9,216	0,461
rais, fermenté........	88,3	—	—	11,7	—	—	1,4	—	—	[illegible]	[illegible]	—	4,5	—	—	4,9	0,7*	—	—	—	—	—	—	—	—
fané..................	77,0	—	—	23,0	—	—	1,8	—	—	[illegible]	[illegible]	—	9,1	—	—	9,6	1,4*								
....	86,0	13,0	15,0	14,0	2,7	3,1	2,9	—	—	[illegible]	[illegible]	3,9	3,7	3,6	15,0	4,2	8,10	2,688	0,269	1,282	0,332	0,095	0,909	1,131	0,595
fermenté..............	60,4	—	—	39,6	—	—	4,9	—	—	[illegible]	[illegible]	—	16,8	—	—	12,8	3,6*	—	—	—	—	—	—	—	—
nes de houbl. fraîches.	58,0	—	—	47,0	—	—	2,9	—	—	[illegible]			35,3				4,85	1,360	0,196	1,498	0,324	0,043	0,523	0,158	0,440
hybride...............	82,0	13,0	23,3	18,0	2,4	5,7	3,3	0,6	0,7	[illegible]	[illegible]	8,4	6,5	3,6	16,4	6,5	4,76	1,317	0,145	1,619	0,595	0,018	0,484	0,196	0,260
de Bokhara............	87,5	—	—	12,5	—	—	2,9	—	—	[illegible]	[illegible]	—	3,5	—	—	3,6	2,1	—	—	—	—	—	—	—	—
houblon...............	79,0	20,7	23,3	21,0	3,2	5,7	3,5	0,8	0,9	[illegible]	[illegible]	10,0	8,2	6,0	7,6	6,9	6,45	2,014	0,527	1,787	0,544	0,085	0,549	0,258	0,571
incarnat..............	82,0	17,4	18,5	18,0	2,7	3,0	2,8	0,6	0,9	[illegible]	[illegible]	7,4	6,7	3,8	7,5	6,2	6,08	1,403	0,517	1,921	0,370	0,120	0,428	0,154	0,216
rouge.................	79,3	14,7	28,7	20,7	2,2	6,2	3,7	0,7	0,8	[illegible]	[illegible]	15,1	8,3	3,7	11,0	6,5	6,83	2,196	0,13[illegible]	2,406	0,744	0,072	0,674	0,206	0,266
blanc.................	80,2	16,4	20,3	19,8	3,5	4,5	4,0	0,8	0,9	[illegible]	[illegible]	9,8	8,0	5,2	6,0	5,6	7,46	1,207	0,538	2,313	0,715	0,173	1,007	0,582	0,262
élégant (peu avt la fleur)	83,0	—	—	17,0	—	—	2,8	—	—	[illegible]	[illegible]	—	7,2	—	—	5,3	6,69	1,450	0,151	3,904	0,267	0,068	0,512	0,124	0,063
es de garance, vertes..	83,8	—	—	16,2	—	—	2,3	—	—	[illegible]	[illegible]	—	4,6	—	—	3,3	3,97*	—	—	—	—	—	—	—	—
....	86,9	10,6	16,1	13,1	2,4	3,4	2,8	0,2	0,4	[illegible]	[illegible]	7,3	6,2	1,4	4,9	2,8	1,0*	—	—	—	—	—	—	—	—
fermenté..............	80,0	—	—	20,0	—	—	3,1	—	—	[illegible]	[illegible]	—	6,5	—	—	6,9	1,6*	—	—	—	—	—	—	—	—
ne....................	75,3	16,5	30,1	24,7	2,8	7,2	4,5	0,5	0,9	[illegible]	[illegible]	14,4	8,4	3,5	13,4	9,3	7,46	1,834	0,153	3,146	0,393	0,103	0,657	0,442	0,257
en fleurs.............	69,0	19,0	37,1	32,0	4,0	5,9	5,4	—	—	[illegible]	[illegible]	—	13,5	4,6	11,6	9,2	6,95	2,518	0,109	0,720	0,640	0,063	0,405	0,250	0,359
rass d'Italie.........	73,4	24,9	28,3	26,6	2,6	4,6	3,6	—	—	[illegible]	[illegible]	12,9	12,1	4,8	9,4	7,1	2,8*	—	—	—	—	—	—	—	—
rde blanche...........	87,4	—	—	12,6	—	—	3,3	—	—	[illegible]	[illegible]	—	3,5	—	—	3,8	2,0*	—	—	—	—	—	—	—	—
elle..................	82,0	14,2	20,0	18,0	2,6	3,6	3,1	—	—	[illegible]	[illegible]	7,0	6,6	5,0	8,1	6,6	1,3*	—	—	—	—	—	—	—	—
s douces div. en fleurs	70,8	22,0	40,5	29,2	1,9	4,0	2,6	0,8	1,1	[illegible]	[illegible]	15,4	11,7	7,0	16,3	12,1	7,01	2,080	0,257	0,510	0,204	0,098	0,592	0,260	0,367
ly....................	68,1	—	—	31,9	—	—	2,0	—	—	[illegible]	[illegible]	—	13,6	—	—	13,9	7,24	2,380	0,171	0,521	0,224	0,061	0,842	0,206	0,248
s de prairie..........	71,9	12,4	48,1	28,1	1,6	6,0	3,1	0,3	1,5	[illegible]	[illegible]	22,8	12,1	3,12	17,0	10,0	6,02	1,538	0,265	1,007	0,380	0,075	0,482	0,275	0,435
sucré.................	76,2	15,9	26,0	23,8	1,7	3,1	2,5	1,4	1,5	[illegible]	[illegible]	10,2	12,2	5,4	8,5	6,8	6,50	1,871	0,887	0,612	0,269	0,064	0,388	0,220	0,500
VII. Foin.																									
é.....................	10,4	85,7	95,0	89,9	6,0	15,1	10,6	—	—	[illegible]	[illegible]	68,2	55,4	11,3	16,3	14,5	5,2*	—	—	—	—	—	—	—	—
de chicorée (foin brun)	31,3	58,8	85,0	68,7	9,2	13,0	11,1	2,3	3,8	[illegible]	[illegible]	36,6	30,9	18,2	11,8	10,0	13,9*	—	—	—	—	—	—	—	—
....	15,0	79,8	82,2	85,0	8,4	18,4	9,.	2,3	6,8	[illegible]	[illegible]	49,7	42,3	19,0	30,7	23,5	6,6*	—	—	—	—	—	—	—	—
(foin brun.)..........	16,2	—	—	83,8	—	—	16,2	—	—	[illegible]	[illegible]	—	35,4	—	—	20,2	8,4*	—	—	—	—	—	—	—	—
trèfle hybride........	16,7	—	—	83,3	—	—	15,3	—	—	[illegible]	[illegible]	—	25,9	—	—	30,5	4,76	1,317	0,145	1,619	0,595	0,018	0,484	0,196	0,260
esparcette............	16,4	83,3	84,0	83,6	12,8	17,1	13,3	—	—	[illegible]	[illegible]	34,7	34,5	—	—	27,1	5,50	1,566	0,180	2,016	0,357	0,063	0,547	0,167	0,211
seigle-fourrage.......	9,5	—	—	90,5	—	—	9,8	—	—	[illegible]	[illegible]	—	30,1	—	—	40,3	7,4*	—	—	—	—	—	—	—	—
lupin jaune...........	15,0	—	—	85,0	6,0	18,7	11,8	—	—	[illegible]	[illegible]	31,2	28,5	25,9	48,3	35,5	6,3*	—	—	—	—	—	—	—	—
trèfle-houblon........	16,4	83,3	84,0	83,6	14,0	14,6	14,3	3,2	3,3	[illegible]	[illegible]	33,2	32,0	26,2	28,0	27,1	6,45	2,014	0,527	1,787	0,544	0,085	0,529	0,258	0,571
trèfle incarnat.......	16,7	—	—	83,3	—	—	12,2	—	—	[illegible]	[illegible]	—	27,1	—	—	33,8	6,08	1,403	0,517	1,921	0,370	0,120	0,428	0,154	0,216
luzerne...............	16,4	83,3	87,5	83,6	13,1	19,7	14,4	2,3	8,8	[illegible]	[illegible]	34,8	25,7	19,3	40,0	34,7	7,46	1,834	0,153	3,146	0,393	0,103	0,637	0,442	0,257
marais................	13,0	85,4	88,7	87,0	6,8	8,4	7,6	4,4	4,9	[illegible]	[illegible]	44,9	35,7	24,0	41,5	32,8	7,11	2,060	0,574	0,471	0,333	0,188	0,533	0,267	0,452
moha..................	13,4	83,7	90,1	86,6	7,0	14,6	10,8	2,0	2,4	[illegible]	[illegible]	41,2	38,5	26,8	34,5	29,4	6,93	2,518	0,139	0,720	0,640	0,063	0,405	0,250	0,354
trèfle rouge..........	16,0	78,4	87,1	84,0	7,6	18,3	13,4	1,4	8,5	[illegible]	[illegible]	48,6	28,5	18,8	48,1	33,3	6,88	2,196	0,139	2,406	0,741	0,072	0,674	0,206	0,266
seradelle.............	16,0	83,3	84,7	84,0	14,6	15,4	14,9	1,5	1,9	[illegible]	[illegible]	35,5	31,6	26,1	33,9	30,0	6,5*	—	—	—	—	—	—	—	—
spergule..............	14,6	83,3	87,5	85,4	7,8	12,0	10,4	2,4	3,2	[illegible]	[illegible]	44,2	36,6	20,2	35,1	27,8	6,76	2,365	0,516	1,295	0,819	—	0,99[illegible]	0,233	0,529
herbes douces.........	14,3	—	—	85,7	5,1	14,8	9,5	1,2	3,2	[illegible]	[illegible]	48,1	39,1	16,9	33,6	28,8	7,01	2,080	0,257	0,510	0,204	0,098	0,[illegible]92	0,260	0,307
trèfle blanc..........	16,7	78,5	84,6	83,3	7,7	16,8	14,9	1,4	3,7	[illegible]	[illegible]	41,3	33,9	22,7	25,6	25,0	7,16	1,207	0,538	2,313	0,715	0,178	1,007	0,582	0,262
vesce-avoine..........	16,7	—	—	83,3	—	—	12,6	—	—	[illegible]	[illegible]	—	33,2	—	—	28,0	7,2*	—	—	—	—	—	—	—	—
trèfle élégant........	16,7	—	—	83,3	—	—	13,8	—	—	[illegible]	[illegible]	—	35,0	—	—	25,5	6,09	1,430	0,151	3,904	0,267	0,068	0,512	0,124	0,063

DÉSIGNATION des ALIMENTS	EAU (moyenne probable).	MATIÈRE SÈCHE TOTALE (organique ou inorganique).			Parties constituantes isolées de la matière sèche. ÉLÉMENTS protéiques.			MATIÈRES grasses.			EXTRACTIFS non azotés.			LIGNEUX			DANS 100 PARTIES DE MATIÈRE SÈCHE SONT CONTENUS :							
		Minimum.	Maximum.	MOYENNE probable.	Minimum.	Maximum.	MOYENNE probable.	Minimum.	Maximum.	MOYENNE probable.	Minimum.	Maximum.	MOYENNE probable.	Minimum.	Maximum.	MOYENNE probable.	Cendres totales.	Potasse.	Soude.	Chaux.	Magnésie.	Oxyde de fer.	Acide phosphorique.	Acide
Lichen d'Islande	9,5	—	—	90,5	—	—	2,6	—	—	[illegible]	—	—	72,1	—	—	13,4	1,0*	—	—	—	—	—	—	—
Foin de prairie naturelle	14,8	80,3	90,2	85,7	7,2	17,1	8,5	1,4	5,6	[illegible]	22,6	48,2	38,3	24,0	39,9	29,3	6,02	1,538	0,265	1,007	0,380	0,075	0,482	0,2
VIII. Produits et résidus d'industrie.																								
Tourteau de coton	10,0	85,8	93,4	90,0	18.2	28,3	23,5	5,1	9,8	[illegible]	26,5	36,7	32,0	17,0	27,0	21,1	6,60	1,653	—	1,302	1,007	0,123	3,178	0,0
— — décortiqué	10,0	89,6	92,8	90,0	34,3	43,8	40 9	10,9	19,7	[illegible]	10,5	27,4	15,8	6,7	11,4	9,0	7,9*	—	—	—	—	—	—	—
Résidu de bière	90,0	—	—	—	—	—	3,0	—	—	[illegible]	Alcool 3 à 4 °/°			—	—	—	6,24	2,129	0,555	0,184	0,396	0,021	2,002	0,1
Drèche	76,7	20,5	30,0	23,3	3,2	6,3	4,8	1,1	2.5	[illegible]	6,7	14,8	9,5	2,8	9,5	6,2	5,03	0,223	0,055	0,567	0,436	—	1,781	—
Résidu de distillerie de vin	—	—	—	—	—	—	—	—	—	[illegible]	Alcool 30 à 50 °/°			—	—	—	—	—	—	—	—	—	—	—
Tourteau de faine	11,7	83,1	90,0	88,3	23,1	24,0	23,7	0,4	7,5	[illegible]	18,0	24,8	21,0	6,1	12,9	9,5	4,81*	0,721	0,513	1,471	0,396	0,030	1,079	0,0
Débris de sarrasin	13,2	—	—	86,8	—	—	2 6	—	—	[illegible]	—	—	82,2	—	—	—	0,06	0,16	0,04	0,01	0.08	—	0,030	0,0
Son de sarrasin	25,0	—	—	75,0	14,4	21,98	15,6	3,5	5,57	[illegible]	[illegible]	61,17	24,5	8,9	22,22	12,8	2,6*	32,43	2,11	9,74	13,25	1,53	3,601	2,8
Farine de sarrasin	15,3	84,6	84,8	84,7	8,6	9,9	9,2	1.6	2,0	[illegible]	[illegible]	62,6	61,3	8,6	11,3	10,0	0,94*	—	—	—	—	—	—	—
Tranches de diffusion	89,8	4,0	13,8	10,2	0.7	1,3	0,9	0,1	0,2	[illegible]	[illegible]	6,9	5,7	2,1	3,1	2,6	6,37	0,607	0,243	2,070	0,450	0,450	0,399	0,2
— aigries en fosse	90,2	—	—	9,8	—	—	0,6	—	—	[illegible]	[illegible]	—	5.2	—	—	2.2	1,7*	—	—	—	—	—	—	—
Tourteau d'arachide	7,8	—	—	92,2	—	—	29,2	—	—	[illegible]	—	—	25,7	—	—	21,1	5,0*	—	—	—	—	—	—	—
Cosse de pois	12,28	—	—	87,7	—	—	7,2	—	—	[illegible]	—	—	1,0	—	—	35,5	2,56*	—	—	—	—	—	—	—
Pain d'orge	11,8	—	—	80,2	—	—	5,6	—	—	[illegible]	—	—	82,1	—	—	—	—	—	—	—	—	—	—	—
Débris d'orge	10,9	—	—	19,1	—	—	14.0	—	—	[illegible]	—	—	60,0	—	—	8,2	5,63	0,946	0,079	0,209	0,353	0,095	1,039	0,1
Farine d'orge blutée	14,5	85,0	86,0	85,5	12,5	14,3	13,6	—	—	[illegible]	[illegible]	69,8	67,0	—	—	—	2,33	0,670	0,059	0,065	0,315	0,047	1,102	0,0
— non blutée	11,1	—	—	88,9	—	—	11.3	—	—	[illegible]	—	—	34,8	—	—	31,9	5,7*	—	—	—	—	—	—	—
Son d'orge	12,0	—	—	88,0	—	—	14,8	—	—	[illegible]	—	—	46,8	—	—	19,4	2,43	0,631	0,045	0,067	0,317	0,053	1,242	0,0
Pain d'avoine	8,6	—	—	91,4	—	—	8.9	—	—	[illegible]	—	—	72,4	—	—	—	—	—	—	—	—	—	—	—
Farine d'avoine	12,0	87,7	88,3	88,0	16,1	19,5	17.7	5,7	6,3	[illegible]	[illegible]	64,8	63,9	—	—	—	—	—	—	—	—	—	—	—
Tourteau de chènevis	13,0	83,5	91,2	87,0	27,0	34,4	29,6	6,2	10,2	[illegible]	[illegible]	30,3	22,3	16,0	24,6	19,6	8,0*	—	—	0,90	—	—	1,35	—
Son de millet	9,5	—	—	90,5	—	—	6,5	—	—	[illegible]	—	—	14,4	—	—	57,6	7,5*	—	—	—	—	—	—	—
Caroube	13,5	85,9	87,4	86,5	5,9	7,7	6,8	0,96	1,1	[illegible]	70,4	71,5	70,9	3,9	7,1	5,5	2,3*	—	—	—	—	—	—	—
Pulpe de pomme de terre	82,5	—	—	17,5	—	—	0,8	—	—	[illegible]	—	—	15,0	—	—	1,3	0,72	0,115	—	0,354	0,056	0,007	0,177	—
— — (pressée)	53,5	—	—	46,5	—	—	2,3	—	—	[illegible]	—	—	36,4	—	—	5,1	2,4*	—	—	—	—	—	—	—
Pelures de pommes de terre	30,0	—	—	70,0	—	—	—	—	—	[illegible]	—	—	—	—	—	—	6,78	4,881	0,048	0,652	0,454	0,192	0,229	0,0
Eaux de féculerie	95,0	—	—	5,0	0.9	1.3	1,0	0,1	0,2	[illegible]	[illegible]	2,9	2.8	0,5	0,6	0,6	9,46	4.237	0,723	0,492	0,806	0,165	1,846	0,6
Résidus d'amidonnerie	69,0	—	—	30,1	—	—	4.6	—	—	[illegible]	[illegible]	—	24,4	—	—	0,4	3,21	0,276	0,048	0,675	0,331	0,219	1,652	0,0
Tourteau de coco	11,6	88,2	88,6	88,4	19,3	37,2	23,4	6,9	18.2	[illegible]	[illegible]	47,4	32,9	—	—	17,2	6,26	2,540	0,144	0,295	0,185	0,222	1,089	0,2
— de pépins de courge	12,0	—	—	88,0	—	—	55,6	—	—	[illegible]	—	—	8,0	—	—	4,9	8,1*	—	—	—	—	—	—	—
— de cameline	15,0	—	—	85,0	—	—	28,5	—	—	[illegible]	—	—	28,6	—	—	12,5	6,9*	—	—	0,75	—	—	1,8	—
— de lin	11,5	81,1	92,9	88,5	20,6	37,8	28,3	6,0	18,2	[illegible]	[illegible]	41,3	31,5	5,1	16,8	11,0	5,84	1,421	0,085	0,491	0,925	0,151	1,847	0,1
Farine de lin épuisée d'huile	9,7	—	—	90,3	—	—	33,1	—	—	[illegible]	—	—	35,3	—	—	6,7	7,0*	—	—	—	—	—	—	—
Résidus de macération	9,26	—	—	7,4	—	—	0,8	—	—	[illegible]	—	—	4,7	—	—	1,7	0,4*	0,15	0,05	0,11	0,05	—	0,03	0,0
Tourteau de madia	11,2	—	—	88,8	—	—	31,6	—	—	[illegible]	—	—	9,8	—	—	23,7	6,7*	—	—	0,55	—	—	2,45	—
Germes de malt (touraillons)	10,8	79,5	96,8	89,2	13,7	25,0	23,7	1,7	4,0	[illegible]	[illegible]	45,3	36,2	12,0	32,1	20,0	7,35	2,265	0,180	0,210	0,203	0,115	1,982	0,3
Malt touraillé, sans germes	7,5	90,0	95,8	92,5	8,8	10,0	9,4	2,2	2,5	[illegible]	[illegible]	78,7	69.7	8,0	9,5	8,7	2,78	0,480	—	0,106	0,233	0,022	1,015	—
Malt frais, avec ses germes	47,5	—	—	52,5	—	—	6,5	—	—	[illegible]	—	—	38,5	—	—	4,3	1,5*	0,25	—	0,05	0,12	—	0,53	—
Farine de maïs	10,0	—	—	90,0	—	—	15,2	—	—	[illegible]	—	—	70,5	—	—	—	0,68	0,196	0,024	0,043	0,101	0,027	0,306	—
Son de maïs	12,0	—	—	88,0	—	—	8,0	—	—	[illegible]	—	—	61,0	—	—	12,7	2,3*	—	—	—	—	—	—	—
Tourteau de germes de maïs	10,1	—	—	89,9	13,68	—	15,4	9,62	—	[illegible]	—	49,46	45,6	7,34	—	10,3	7,2	—	—	—	—	—	—	—
Résidus de distiller. de maïs	90,6	7,8	11,0	9,4	1,9	2,0	2,0	0,8	1,2	[illegible]	[illegible]	6,0	4,9	0,6	1,3	1,0	0,5*	—	—	0,01	—	—	2,24	—
Résidus de mélasse	92,2	6,4	9,8	8,0	1.2	3,0	1,7	—	—	[illegible]	[illegible]	5,8	4,6	—	—	—	15,6	11,84	1,568	0,161	—	0,461	0,113	0,1
Lait de vache	87,0	10,0	14,9	13,0	2,4	6,8	4,0	2,2	5.9	[illegible]	[illegible]	8.3	4,7	—	—	—	4,88	1,204	0,473	1,066	0,149	0,026	0,388	0,0

DÉSIGNATION des ALIMENTS	EAU (moyenne probable).	MATIÈRE SÈCHE TOTALE (organique ou inorganique).			Parties constituantes isolées de la matière sèche. ÉLÉMENTS protéiques.			MATIÈRES grasses.			EXTRACTIFS non azotés.			LIGNEUX			DANS 100 PARTIES DE MATIÈRE SÈCHE SONT CONTENUS : Cendres totales.	Potasse.	Soude.	Chaux.	Magnésie.	Oxyde de fer.	Acide phosphorique.	Acide sulfurique.	Chlore.
		Minimum.	Maximum.	MOYENNE probable.	Minimum.	Maximum.	MOYENNE probable.	Minimum.	Maximum.	MOYENNE probable.	Minimum.	Maximum.	MOYENNE probable.	Minimum.	Maximum.	MOYENNE probable.									
vache écrémé	89,8	9,7	11,5	10,2	2,5	4,9	3,2	0,6	1,4	[illegible]	[illegible]	6,1	5,3	—	—	—	0,8*	—	—	—	—	—	—	—	—
concentré	21,5	—	—	78,5	—	—	10,2	—	—	[illegible]	[illegible]	—	52,9	—	—	—	2,5*	—	—	—	—	—	—	—	—
beurre	90,1	9,2	10,3	9,9	2,5	3,8	3,2	0,2	1,5	[illegible]	[illegible]	6,0	5,3	—	—	—	0,6*	—	—	—	—	—	—	—	—
au d'œillette	9,8	84,7	95,7	90,2	27,0	34,3	32,5	7,3	17,0	[illegible]	[illegible]	29,6	26,7	11,4	13,7	12,5	8,74	0,258	0,264	3,063	0,699	0,090	3,584	0,220	0,062
it	93,0	5,4	8,6	7,0	0,5	0,8	0,7	0,5	1,0	[illegible]	[illegible]	6,1	5,0	—	—	—	0,6*	—	—	—	—	—	—	—	—
au de noix	13,7	—	—	86,3	—	—	34,6	—	—	12,5	[illegible]	—	27,8	—	—	6,4	5,35	1,770	—	0,362	0,650	0,016	2,340	0,066	0,012
de palme	8,5	89,7	92,6	91,5	10,7	27,2	16,4	7,9	29,3	[illegible]	[illegible]	48,3	36,5	9,9	24,9	21,5	2,90	0,554	0,026	0,347	0,504	0,103	1,223	0,059	—
de palme traitée par ure de carbone	9,0	90,3	93,4	91,0	13,1	21,2	18,5	1,2	5,5	[illegible]	[illegible]	49,2	36,4	16,9	37,4	28,6	3,5*	—	—	—	—	—	—	—	—
au de colza	15,0	80,8	96,5	85,0	20,8	41,8	28,3	4,4	18,8	[illegible]	[illegible]	40,9	24,3	8,3	28,4	15,8	6,42	1,462	0,213	0,790	0,822	0,213	2,256	0,381	0,041
navette épuis. d'huile	7,9	91,0	92,8	92,1	27,1	36,8	32,3	2,0	3,8	[illegible]	[illegible]	38,8	34,1	12,8	18,1	14,9	8,1*	—	—	—	—	—	—	—	—
de riz non décortiqué	11,9	90.8	92,9	88,1	9,9	10,7	10,3	9,3	11,9	10,0	[illegible]	—	47,6	—	—	14,1	9.5*	—	—	—	—	—	—	—	—
de riz décortiqué	10,03	88,46	91,42	90,0	9,31	15,56	12,0	7,31	15,36	10,8	[illegible]	—	46,5	2,56	18,39	9,9	10,76*	1,16	0,46	0,18	1,85	0,35	4,57	0,16	Traces
de riz	10,02	—	—	90,0	—	—	3,1	—	—	[illegible]	[illegible]	—	51,6	—	—	—	—	—	—	—	—	—	—	—	—
seigle	43,0	—	—	57,0	—	—	4,5	—	—	[illegible]	[illegible]	74,5	69,3	1,0	1,5	1,2	1,97	0,757	0,034	0,020	0,157	0,050	0,951	—	—
de seigle	14,2	85,4	86,0	85,8	10,5	13,2	11,7	1,6	2,5	[illegible]	[illegible]	62,0	48,6	9,0	28,5	15,0	8,22	2,219	0,109	0,285	1,300	0,216	3,939	—	—
seigle	12,5	81,6	89,9	87,5	10,1	18,1	13,7	1,9	4,7	[illegible]	[illegible]	7,0	5,6	1,3	1,6	1,5	0.6*	—	—	—	—	—	—	—	—
s de distillerie de seigle	89,7	7,9	12,3	10,3	1,9	2,1	2,0	0,3	0,9	[illegible]	[illegible]	—	32,1	—	—	35,1	17.46*	0,26	0,05	0,08	0,01	0,07	0,46	0,24	0,02
s de betterave	91,0	—	—	9,0	—	—	0,9	—	—	[illegible]	[illegible]	—	6,2	—	—	1,2	0,6*	—	—	—	—	—	—	—	—
de betterave	18,6	75,5	89,2	81,4	4,0	10,5	7,0	—	—	[illegible]	[illegible]	66,8	62,8	—	—	—	9.97	6,965	1,215	0,568	0,031	0,028	0,060	0,203	1,023
pressée fraîche	70,3	23,0	34,4	29,7	1,0	3,0	1,9	0,1	0,25	[illegible]	[illegible]	19,5	18,3	—	—	6,3	3,70	1,278	0,295	0,827	0,241	0,113	0,364	0,123	0,133
battue)	64,0	30,2	41,4	36,0	—	—	4,2	16,9	34,7	[illegible]	[illegible]	2,6	2,4	—	—	—	0,4*	—	—	—	—	—	—	—	—
urbinée	84,0	15,0	18,0	16,0	0,8	1,0	0,9	—	—	[illegible]	[illegible]	12,4	10,7	—	3,9	3,1	1,2*	0,26	0,05	0,14	—	—	0,07	0.04	—
oir	36,3	—	—	63,7	—	—	8,5	—	—	[illegible]	[illegible]	—	49,5	2,6	—	3,5	1,4*	—	—	—		—	0,45	—	—
au de sésame	11,5	86,3	89,8	8,5	31,9	42,3	34,5	9,8	12,8	[illegible]	[illegible]	23,8	21,0	C,1	12,9	9,5	11.8*	—	—	—	—	—	—	—	—
u de soleil	10,0	88,0	92,0	90,0	31,8	36,5	34,2	10,5	13,8	[illegible]	[illegible]	23,9	22,1	9,2	12,6	10,9	10.6*	—	—	0,76	—	—	1,76	—	—
amidonnerie frais	72,1	26,0	32,5	27,9	6,1	6,6	6,8	2,5	2,6	[illegible]	[illegible]	18,0	13,5	2,7	3,0	2,8	0,7*	—	—	—	—	—	—	—	—
de raisin	39,0	—	—	61,0	—	—	9,1	—	—	[illegible]	[illegible]	—	—	—	—	—	—	—	—	—	—	—	—	—	—
pes de raisin	60,0	—	—	40,0	—	—	—	—	—	[illegible]	[illegible]	—	—	—	—	—	1,6*	0,80	0,04	0,21	0,10	—	0,34	0,07	0,01
…	76,92	0,5	12,0	—	—	—	0,1	—	—	[illegible]	alcool	6 à 22 %		—	—	—	0,28	0,18	—	0,02	0,02	—	0,05	0,01	—
vin	74,4	—	—	25,6	—	—	1,2	—	—	[illegible]	[illegible]	—	22,0	—	—	—	0,3*	—	—	—	—	—	—	‖	—
de cuve de vin	50,0	—	—	50,0	—	—	7,3	—	—	[illegible]	[illegible]	—	—	—	—	—	1,6*	0,86	0,01	0,25	0,05	—	0,25	0,12	0,01
nc	36,5	—	—	63,5	—	—	7,0	—	—	[illegible]	[illegible]	—	54,2	—	—	0,8	1,0*	—	—	—	—	—	0,45	—	—
froment	45,5	—	—	54,5	—	—	4,9	—	—	[illegible]	[illegible]	—	48,5	—	—	—	—	—	—	—	—	—	—	—	—
de froment	13,6	84,5	87,4	86,4	10 9	13,8	12,0	1,0	1,2	[illegible]	[illegible]	73,4	72,3	0,2	0,7	0,5	0,47	0,169	0,004	0,013	0,039	—	0,245	—	—
froment	13,4	84,8	87,4	86,6	10,1	27,0	14,0	2,5	5,5	[illegible]	[illegible]	61,5	45,0	4,1	34,6	18,3	6,19	1,048	0,028	0,194	0,014	0,059	3,159	0,008	—
euilles d'arbres.																									
…	60,0	—	—	40,0	—	—	5,0	—	—	[illegible]	[illegible]	—	25,8	—	—	6,2	2,1*	—	—	—	—	—	—	—	—
…		—	—		—	—	5,0	—	—	[illegible]	[illegible]	—	25,5	—	—	5,7	3,8*	—	—	—	—	—	—	—	—
e…		—	—		—	—	4,0	—	—	[illegible]	[illegible]	—	26,7	—	—	7,3	2,0*	—	—	—	—	—	—	—	—
…		—	—		—	—	4,4	—	—	[illegible]	[illegible]	—	27,0	—	—	7,2	1,4*	—	—	—	—	—	—	—	—
ouge		—	—		—	—	4,2	—	—	[illegible]	[illegible]	—	24,5	—	—	9,5	1,8*	0,10	0.01	0,90	0,12	—	0,08	0,07	0,07
lanc (abattu)		—	—		—	—	3,1	—	—	[illegible]	[illegible]	—	28,8	—	—	5,9	6,88	0,207	0,043	3,108	0,408	0,072	0,245	0,250	0,027
abattu)	60,0	—	—	40,0	—	—	5,7	—	—	[illegible]	[illegible]	—	27,0	—	—	5,3	4,9	0,164	0,030	2,883	0,194	0,030	0,396	0,217	—
lanc		—	—		—	—	7,1	—	—	[illegible]	[illegible]	—	21,2	—	—	9,9	1,8*	—	—	—	—	—	—	—	—
oir		—	—		—	—	3,6	—	—	[illegible]	[illegible]	—	29,4	—	—	5,3	1,7*	—	—	—	—	—	—	—	—
…		—	—		—	—	4,4	—	—	[illegible]	[illegible]	—	26,3	—	—	5,5	3,8*	—	—	—	—	—	—	—	—
e sanglier		—	—		—	—	4,5	—	—	[illegible]	[illegible]	—	25,9	—	—	6,7	2,9*	—	—	—	—	—	—	—	—
r…		—	—		—	—	5,8	—	—	[illegible]	[illegible]	—	26,3	—	—	5,8	2,1*	—	—	—	—	—	—	—	—

DÉSIGNATION des ALIMENTS	EAU (moyenne probable).	MATIÈRE SÈCHE TOTALE (organique ou inorganique).			Parties constituantes isolées de la matière sèche.												DANS 100 PARTIES DE MATIÈRE SÈ[CHE] SONT CONTENUS :							
					ÉLÉMENTS protéiques.			MATIÈRES grasses.			EXTRACTIFS non azotés.			LIGNEUX										
		Minimum.	Maximum.	MOYENNE probable.	Minimum.	Maximum.	MOYENNE probable.	Minimum.	Maximum.	MOYENNE probable.	Minimum.	Maximum.	MOYENNE probable.	Minimum.	Maximum.	MOYENNE probable.	Cendres totales.	Potasse.	Soude.	Chaux.	Magnésie.	Oxyde de fer.	Acide phosphorique.	Acide
Châtaignier (printemps)......	70,0	—		30,0	—	—	—	—	—	—	—	—	—	—	—	—	2,1*	0,83	—	0,46	0,08	—	0,50	0,
— (automne).......		—	—		—	—	—	—	—	—	—	—	—	—	—	—	3,0*	0,59	—	1,22	0,24	—	0,25	0,
Tilleul d'été..............	60,0	—		40,0	—	—	5,5	—	—	—	—	—	24,6	—	—	6,1	3,8*	—	—	—	—	—	—	—
— d'hiver..............		—	—		—	—	5,9	—	—	—	—	—	24,5	—	—	6,4	3,2*	—	—	—	—	—	—	—
Mûrier....................	65,0	28,0	36,0	35,0	5,8	7,7	6,5	—	—	—	18,7	26,2	23,5	—	—		3,8*	—	0,74	0,89	0,18	0,04	0,33	0,
— (désséchées)..........	—	—	—	100	—	—	17,6	—	—	—	—	—	—	—	—	—	12,8*	2,88	0,17	4,26	0,64	—	0,66	0,
Aiguilles de sapin (automne)	55,0	—	-	45,0	—	—	—	—	—	—	—	—	—	—	—	—	3,50	0,197	0,059	1,163	0,203	0,222	0,198	0,
— de pin (automne)...	55,0	—	—	45,0	—	—	—	—	—	—	—	—	—	—	—	—	5,82	0,105	0,015	0,773	0,099	0,193	0,258	0,
Noyer (printemps).........	70,0	—		30,0	—	—	—	—	—	—	—	—	—	—	—	—	2,3*	0,90	—	0,62	0,11	—	0,49	0,
— (automne)............		—	—		—	—	—	—	—	—	—	—	—	—	—	—	2,8*	0,76	—	1,53	0,20	—	0,11	0,
Olivier....................		—	—		—	—	—	—	—	—	—	—	—	—	—	—	2,6*	0,64	—	1,46	0,18	—	0,09	0,
Sumac.....................	60,0	—	—	40,0	—	—	—	—	—	—	—	—	—	—	—	—	3,2*	0,80	—	0,69	0,20	—	0,37	0,
Orme......................		—	—		—	—	4,7	—	—	—	—	—	24,6	—	—	7,6	3,1*	—	—	—	—	—	—	—
Saule.....................		—	—		—	—	4,9	—	—	—	—	—	25,0	—	—	7,4	2,7*	—	—	—	—	—	—	—
X. Matériaux de litière.																								
Genêt à balai..............	84,0	—	—	16,0	—	—	—	—	—	—	—	—	—	—		—	1,81	0,645	0,040	0,289	0,213	0,084	0,151	0,
Jonc......................	86,0	—	—	14,0	—	—	—	—	—	—	—	—	—	—		—	5,59	2,205	0,365	0,421	0,356	0,504	0,156	0,
Fougère...................	84,0	—	—	16,0	—	—	—	—	—	—	—	—	—	—	—	—	6,76	2,405	0,273	0,830	0,469	0,111	0,553	0,
Bruyère...................	80,0	—	—	20,0	—	—		—	—	—	—	—	—	—			2,08	0,268	0,137	0,447	0,195	0,085	0,140	0,
Roseaux herbeux...........	86,0	—	—	14,0	—	—	—	—	—	—	—	—	—	—		—	6,9*	2,31	0,51	0,37	0,29	—	0,47	0,
— creux...........	82,0	—	—	18,0	—	—	—	—	—	—	—	—	—	—	—		4,47*	8,33	0,028	0,406	0,130	0,079	0,276	0,
Prêles....................	86,0	—	—	14,0	—	—	—	—	—	—	—	—	—		—		20,40*	2,70	0,01	2,56	0,47	—	0,41	1,
Zostère marine............	82,0	—	—	18,0	—	—	—	—	—	—	—	—	—	—	—	—	14,91	1,935	3,322	2,031	1,215	0,115	0,468	3,
Scirpes...................	86,0	—	—	14,0	—	—	—	—	—	—	—	—	—	—	—	—	5,59	2,205	0,465	0,421	0,356	0,199	0,504	0,
XI. Fruits et graines.																								
Pommes....................	83,0	—	—	17,0	—	—	0,89	—	—	—	—	—	13,3	—	—	2,9	1,44	0,514	0,376	0,059	0,126	0,020	0,196	0,
Abricots..................	83,5	—	—	16,5	—	—	0,54	—	—	—	—	—	9,8	—	—	5,4	0,76*	—	—	—	—	—	—	—
Poires (rouges douces)......	83,5	—	—	16,5	—	—	0,25	—	—	—	—	—	11,4	—		4,6	1,97	1,077	0,168	0,157	0,103	0,020	0,299	0,
Poire impériale............	81,4	—	—	18,6	—	—	0,37	—	—	—	—	—	13,0	—	—	4,7	1,97	1,077	0,168	0,157	0,103	0,020	0,299	0,
Baies de ronce............	86,4	—	—	13,6	—	—	0,51	—	—	—	—	—	7,0	—	—	5,6	0,41*	—	—	—	—	—	—	—
Fraises...................	87,2	—		12,8	—	—	0,51	—	—	—	—	—	7,1	—		5,0	3,40	0,746	0,968	0,483		0,20	0,470	0,
Airelle...................	77,5	—	—	22,0	—	—	0,79		—	—	—	—	7,6	—	—	13,1	0,85*	—	—	—	—	—	—	—
Framboises................	86,2	—	—	13,8	—	—	0,58	—	—	—	—	—	6,9	—	—	5,6	0,38*	—	—			—	—	—
Groseilles................	84,8	—	—	15,2	—	—	0,55	—	—	—	—	—	8,3	—	—	5,4	0,59*	—	—	—	—	—	—	—
Cerises douces............	79,2	—	—	20,8	—	—	0,95	—	—	—	—	—	13,1	—	—	6,1	2,20	1,141	0,048	0,164	0,120	0,044	0,351	0,
— aigres.............	80,5	—		19,5	—	—	0,82	—	—	—	—	—	11,8	—		6,2	2,20	1,141	0,048	0,164	0,120	0,044	0,351	0,
Mûres (noires)............	84,7	—	—	15,3	—	—	0,81	—	—	—	—	—	13,0			1,2	0,56*	—	—	—	—	—	—	—
Mirabelles................	82,2	—	—	17,8	—	—	0,19	—	—	—	—	—	9,9	—	—	7,0	0,57*	—	—		—			—
Pêches....................	80,7	—	—	19,3	—		0,46	—	—	—	—	—	10,2	—	—	7,4	0,67*	—	—	—		—	—	—
Prunes....................	87,0	—	—	13,0	—	—	0,45	—	—	—	—	—	7,5			4,5	1,82	1,078	0,010	0,183	0,099	0,058	0,275	0,
Reines-Claude.............	80,3	—	—	19,7	—	-	0,43	—	—	—	—	—	14,8	—	—	4,0	0,36*	—	—	—	—	—	—	—
Groseilles à maquereau	86,0	—	—	14,0	—	—	0,41	—	—	—	—	—	9,5	—		3,4	3,39*	1,310	0,336	0,414	0,198	0,155	0,667	0,
Raisins...................	78,9	—	—	21,1	—	—	0,72	—	—	—	—	—	15,8	—	—	4,5	0,86*	—	—	—	—	—	—	—
Prunes de Damas...........	81,6	—	—	18,4	—	—	0,80	—	—	—	—	—	10,0	—	—	5,6	0,66*	—	—	—	—	—	—	—

TABLE DES MATIÈRES

DEUXIÈME PARTIE

L'ÉLEVAGE DU BÉTAIL

TROISIÈME PARTIE

LE BÉTAIL

ANIMAUX DE L'ESPÈCE BOVINE

ANIMAUX DE L'ESPÈCE OVINE

ANIMAUX DE LA RACE PORCINE

FIN DE LA TABLE DES MATIÈRES

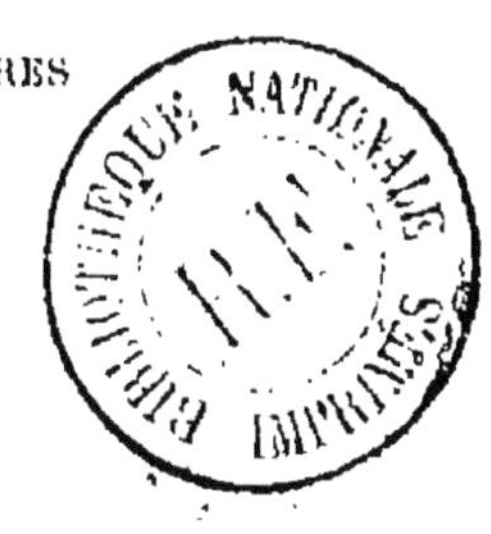

SAINT-DENIS. — IMPRIMERIE H. BOUILLANT, 20, RUE DE PARIS.

Voir pages 17 et 18, format in-8° carré.

NOUVEAU DICTIONNAIRE NATIONAL

OU DICTIONNAIRE UNIVERSEL

DE LA LANGUE FRANÇAISE

Répertoire encyclopédique des Lettres, de l'Histoire, de la Géographie, des Sciences, des Arts et de l'Industrie.

PAR BESCHERELLE AINÉ

CONTENANT :

1° La NOMENCLATURE la plus riche et la plus étendue que l'on puisse trouver dans aucun dictionnaire.
2° L'ÉTYMOLOGIE de tous les mots de la langue, d'après les recherches les plus récentes;
3° La PRONONCIATION de tous les mots qui offrent quelque difficulté;
4° L'EXAMEN critique et raisonné des principaux dictionnaires;
5° La SOLUTION de toutes les difficultés d'orthographe, de grammaire et de style;
6° La BIOGRAPHIE des personnages les plus remarquables de tous les pays et de tous les temps;
7° Les NOMS de tous les peuples anciens et modernes, de tous les souverains, des institutions, des sectes religieuses, politiques, philosophiques, les grands événements, sièges, batailles, etc.
8° La GÉOGRAPHIE ancienne et moderne, physique et politique.

Ancien Dictionnaire de BESCHERELLE entièrement refondu.

Le *Nouveau Dictionnaire National de Bescherelle* se compose de 508 feuilles. Il forme quatre magnifiques volumes en caractères neufs et très lisibles, 4.064 pages ou 16.256 colonnes, matière de 400 volumes in-8, nombreuses vignettes, imprimé sur papier glacé et satiné. 100 fr. Relié 1/2 chagrin. 120 fr.

Souscription permanente, 184 livraisons à 50 cent. la livraison.

Parait également en 18 fascicules, composés de 10 livraisons, à 5 fr.

GRAMMAIRE NATIONALE

Ou grammaire de Voltaire, de Racine, de Bossuet, de Fénelon, de J.-J. Rousseau, de Bernardin de Saint-Pierre, de Chateaubriand, de tous les écrivains les plus distingués de la France; par MM. BESCHERELLE frères. 1 fort vol. in-8 jés. 10 fr.

DICTIONNAIRE CLASSIQUE DE LA LANGUE FRANÇAISE

Comprenant les mots du Dictionnaire de l'Académie, tous ceux autorisés par l'emploi qu'en ont fait les bons écrivains; leurs acceptions propres et figurées et l'indication de leur emploi dans les différents genres de styles; les termes usités dans les sciences, ou tirés des langues étrangères; la prononciation de tous les mots qui présentent quelque difficulté, géographie, d'histoire et de biographie, etc. Par M. BESCHERELLE aîné, *auteur du Dictionnaire National de la langue française*. 1 fort volume grand in-8 jésus illustré, 1.200 gravures dans le texte et 40 cartes et gravures d'ensemble .... 18 fr.

Souscription en environ 180 livraisons à 10 cent. (deux par semaine).

BESCHERELLE Aîné

NOUVEAU DICTIONNAIRE ENCYCLOPÉDIQUE ILLUSTRÉ

RÉDIGÉ D'APRÈS LE NOUVEAU DICTIONNAIRE DE BESCHERELLE ET CELUI DE L'ACADÉMIE

Langue française — Histoire — Biographie — Géographie — Sciences Arts — Industrie

Par *E. BERGEROL* et *F. TULOU*

2.000 vignettes, dessins de CHAPUIS et de CATENACCI. 1 volume in-18, 1,026 pages cart. dos toile, 2 fr. 60. — Relié toile pleine, 3 fr.

GRAMMAIRES EN DEUX LANGUES

GRAMMAIRE DE LA LANGUE ANGLAISE. 1° Traité de la prononciation avec un *syllabaire*, exemples de lectures; — 2° Cours de thèmes complet sur les règles, difficultés de la langue; — 3° Idiotismes; — 4° Dialogues familiers, par CLIFTON et MERVOYER. 1 vol. in-18... 2 fr.

GRAMMAIRE PRATIQUE ET RAISONNÉE DE LA LANGUE ALLEMANDE, par Er. GRÉGOIRE. 1 vol. grand in-18.......... 8 fr.

NEW ETYMOLOGICAL FRENCH GRAMMAR, by A. CHASSANG. With introductory remarks for the use of English schools and colleges, by L. Paul BLOUNT, B. A. French Master, St-Paul's School, Examiner at Christ's Hospital. London. 1 vol. in-18. 5 fr.

GRAMMAIRE ALLEMANDE pratique et raisonnée, par H.-A. BIRMANN. 1 vol. in-18........ 1 fr. 50

RECUEIL DE LECTURES ALLEMANDES en prose et en vers, par H. BIRMANN et DREYFUS. 1 vol. in-18.................... 1 fr. 50

GRAMMAIRE ESPAGNOLE-FRANÇAISE DE SOBRINO. Très complète et très detaillée, contenant toutes les notions nécessaires pour apprendre à parler et à écrire correctement l'espagnol. Nouvelle édition, refondue par A. GALBAN. 1 vol. in-8, cartonné.................. 4 fr.

NOUVELLE GRAMMAIRE ESPAGNOLE-FRANÇAISE. Avec des thèmes, grand nombre d'exemples dans chaque leçon, par A. GALBAN. 1 vol. in-18.................. 2 fr.

LEÇONS D'ESPAGNOL à l'usage des établissements d'instruction, par ALLAUX.
1re partie, in-18, cartonné.... 2 fr.
2e partie, in-18, cartonné.... 2 fr.

NOUVELLE GRAMMAIRE RUSSE à l'usage des Français, par N. SOKOLOFF. 1 vol. in-18. 3 fr. 50

GRAMÁTICA DE LA LENGUA FRANCESA, para los españoles, por CHANTREAU, corrigée avec le plus grand soin par A. GALBAN. 1 vol. in-8.................. 4 fr.

GRAMMAIRE ITALIENNE en 25 leçons, d'après VERGANI, corrigée et complétée par C. FERRARI. 1 vol. in-18...................... 2 fr.

NUOVA GRAMMATICA FRANCESE-ITALIANA di LUDOVICO GOUDAR. Nuova edizione, corretta e arrichita da CACCIA. 1 vol. in-18. 2 fr.

GRAMMAIRE ALLEMANDE à l'usage des Italiens, par ENENKEL. 1 vol. in-18................... 2 fr.

METODO TEORICO E PRATICO por apprendere a leggere, scrivere e parlare la *Lingua tedesca*, da ARTURO ENENKEL. 1 vol. in-18, cartonné.................. 2 fr.

GRAMMAIRE PORTUGAISE, raisonnée et simplifiée, par M. Paulino DE SOUZA. 1 fort v. grand in-18. 6 fr.

ABRÉGÉ DE LA GRAMMAIRE PORTUGAISE de M. P. DE SOUZA, avec un cours gradué de thèmes, par L.-S. DE FONSECA. 1 v. in-18. 3 fr.

GRAMMAIRE DE LA LANGUE D'OIL, français des XIIe et XIIIe siècles, par A. BOURGUIGNON. 1 vol. in-18...................... 2 fr.

DICTIONNAIRE USUEL DE LA LANGUE FRANÇAISE

Comprenant : 1° Les mots admis par l'Académie, les mots nouveaux dont l'emploi est suffisamment autorisé, les archaïsmes utiles à connaître pour l'intelligence des auteurs classiques, la prononciation dans les cas douteux, les étymologies, la solution des difficultés grammaticales et un grand nombre d'exemples; — 2° L'histoire, la mythologie et la géographie, par MM. BESCHERELLE aîné et A. BOURGUIGNON. 1 vol. grand in-18, 1271 pages. Relié toile. 6 fr.

DICTIONNAIRE PORTATIF DES COMMUNES DE FRANCE

De l'Algérie, des colonies et des pays de protectorat, précédé de tableaux synoptiques, par GINDRE DE MANCY, nouvelle édition revue et mise à jour, par M. DÉSIRÉ LACROIX. 1 fort vol. in-32, d'environ 200 pages............ 5 fr.

DICTIONNAIRE USUEL DE TOUS LES VERBES FRANÇAIS

Tant réguliers qu'irréguliers, par MM. BESCHERELLE frères. 2 forts vol. in-8 à 3 col., 12 fr. Relié 16 fr.

DICTIONNAIRE DES SYNONYMES DE LA LANGUE FRANÇAISE, par A. BOURGUIGNON et H. BERGEROL. 1 v. in-32 relié. 5 fr.

DICTIONNAIRE ÉTYMOLOGIQUE DE LA LANGUE FRANÇAISE, par MM. BERGEROL et TULOU. 1 vol. in-32, format Casin relié.................. 5 fr.

NOUVEAU DICTIONNAIRE DES RIMES. Precédé d'un traité complet de la versification, par QUITARD. 1. vol. in-32 fr. 2 ; relié.. 2 fr. 50

DICTIONNAIRE DES TERMES

DE MARINE, par POUSSART, officier de marine, Grav., Cartes. 1 vol. in-32 relié .... 3 fr. 50

PETIT DICTIONNAIRE D'HISTOIRE, DE GÉOGRAPHIE ET DE MYTHOLOGIE, par QUITARD, faisant suite au *Petit Dictionnaire national* de M. BESCHERELLE. 1 vol. in-32 broché. 1 fr. 50; relié 2 fr.

NUOVO VOCABOLARIO UNIVERSALE della lingua italiana, storico, scientifico, etc., compilato da B. MELZI. 1 vol. in-18 jésus, relié ..... 6 fr.

NUOVO VOCABULARIO UNIVERSAL DA LENGUA PORTUGUEZA, par LEVINDO CASTRO DE LA FAYETTE. Format Cazin, édition de luxe, 1 vol. grand in-32, petit caractère, 1.200 pages. 6 fr.

PETIT DICTIONNAIRE NATIONAL. Nouvelle édition entièrement refondue, d'après le nouveau Dictionnaire National et la 7e édition du Dictionnaire de l'Académie, par BESCHERELLE aîné. 1 vol. in-32 élégamment relié, toile souple. 2 fr.

DICTIONNAIRES EN DEUX LANGUES

Avec la prononciation figurée, très complets et exécutés avec le plus grand soin contenant chacun la matière d'un fort vol. in-8, à l'usage des voyageurs, des lycées, des collèges, de la jeunesse des deux sexes, et de toutes les personnes qui étudient les langues étrangères.

Nouveau dictionnaire anglais-français et français-anglais, par CLIFTON. 1 volume relié, revu par M. FENARD .... 5 fr.

Nouveau dictionnaire allemand-français et français-allemand, par K. ROTTECK, revu par M. KISTER. 1 vol. relié .... 5 fr.

Nouveau dictionnaire italien-français et français-italien, par C. FERRARI. 1 vol. relié .... 5 fr.

Nouveau dictionnaire français-espagnol et espagnol-français, par VICENTE SALVA. 1 vol. relié.. 6 fr.

Nouveau dictionnaire portugais-français et français-portugais, par SOUZA PINTO. 1 fort vol. relié. 6 fr.

Nouveau dictionnaire français-russe et russe-français, par SOKOLOFF. 2 vol. reliés .... 10 fr.

Nouveau dictionnaire latin-français, par de SUCKAU. 1 vol. relié. 5 fr.

Nouveau dictionnaire français-latin, par BENOIST. 1 vol. relié 5 fr.

Nouveau dictionnaire grec-français, rédigé sur un plan nouveau, par A. CHASSANG. 1 vol. relié.... 6 fr.

Nouveau dictionnaire grec moderne-français et français-grec moderne, par Emile LEGRAND. 2 vol. reliés .... 12 fr.

Diccionario español-inglés é inglés-español portatil, por D. F. COLONA BUSTAMANTE. 2 vol. reliés.... 6 fr.

Nouveau dictionnaire español-alemán y alemán-español, por ARTURO ENENKEL. 1 vol. relié .... 6 fr.

Diccionario español-italiano é italiano-español, por D.-J. CACCIA. 1 vol. relié .... 5 fr.

New dictionary of the english and italian languages, by ALFP. DE BIRMINGHAM. 1 vol. rel .... 6 fr.

Dictionnaire italien-allemand et allemand-italien, composé d'après un nouveau plan, par ARTURO ENENKEL. 1 vol. relié .... 6 fr.

Dictionnaire anglais-portugais et portugais-anglais, par CASTRO DE LAFAYETTE. 1 volume ...... 6 fr.

Dictionnaire portugais-allemand et allemand-portugais, par ENENKEL. 1 vol. in-32 relié .... 8 fr.

GUIDES POLYGLOTTES

Manuels de la conversation et du style épistolaire, à l'usage des voyageurs et des écoles. Grand in-32, format dit Cazin, reliure élégante. . . . . 2 fr.

Français-anglais, par M. CLIFTON.

Français-italien, par M. VITALI.

Français-allemand, par M. EBELING.

Français-espagnol, par BUSTAMENTE.

Español-francés, par BUSTAMANTE.

English-french, par CLIFTON.

Hollands-fransch, van A. DUFRICHE.

Español-inglés, por BUSTAMANTE y CLIFTON.

English-italian, par CLIFTON.

Español-aleman, por BUSTAMANTE y EBELING.

Deutsch-english, von EBELING.

Español-italiano, por BUSTAMANTE.

Italiano-tedesco, da GIOVANNI VITALI.

Portuguez-francez, por M. CAROLINO DUARTE.

English-portuguese, par CLIFTON et DUARTE.

Español-portugués, por BUSTAMENTE y DUARTE.

Par exception. Relié souple, 3 fr.

Français-roumain, par M. Hazan.
Grec moderne-français, par M. B. Legrand.
Russe-français, par le comte de Monteverde.
Anglais-russe, par le même.
Russe-allemand, par le même.
Russe-italien, par le même.
Guides en six langues : français-anglais-allemand-italien-espagnol-portugais............ 5 fr.
Español-francés con la pronunciacion figurada de todas las palabras francesas. par Corona Bustamante 3 fr.
Français-espagnol, avec la *prononciation figurée des mots espagnols*..................... 3 fr.
Français-anglais avec la *prononciation figurée des mots anglais*.
Français-italien avec la *prononciation figurée des mots italiens*.
Allemand-français, avec la prononciation figurée des mots français.
Polyglot guides manual of conversation. English and French with the figured pronunciation of the French, by M. Clifton.
Français-allemand, avec la prononciation figurée des mots allemands, par M. Birmann.
Guide en quatre langues français-anglais-allemand-italien.

GRANDS DICTIONNAIRES EN DEUX LANGUES

NOUVEAU DICTIONNAIRE latin-français, par MM. H. Goelzer et Benoist. 1 volume grand in-8° à 3 colonnes................. **10** fr.

DICTIONNAIRE anglais-français et français-anglais. Composé sur un nouveau plan d'après les ouvrages spéciaux les plus récents, par Clifton et Adrien Grimaux. 2 vol. in-8, 2,200 pages à 3 colonnes, **20** fr. — Reliés, 2 volumes en un, **25** fr., en 2 volumes............... **28** fr.

GRAND DICTIONNAIRE français-allemand et allemand-français, par H. A. Birmann. 2 forts vol. grand in-18, **25** fr. Reliés........ **33** fr.

GRAND DICTIONNAIRE espagnol-français et français-espagnol. Avec la prononciation dans les deux langues, rédigé par D. Vincente Salva et d'après les meilleurs dictionnaires anciens et modernes, par MM. Noriega et Guim. 1 fort vol. gr. in-8, 1.600 pages à 3 colonnes, **18** fr.; relié...... **23** fr.

GRAND DICTIONNAIRE italien-français et français-italien. Rédigé d'après les ouvrages et les travaux les plus récents, avec la prononciation dans les deux langues, par MM. Caccia et Ferrari. 2 forts vol. grand in-8 à 3 colonnes, réunis en 1 vol. **20** fr.; reliés.... **25** fr.

DICTIONARY spanish-english et inglès-espanol. Le plus complet de ceux publiés jusqu'à ce jour, rédigé d'après les meilleurs dictionnaires anglais et espagnols : *de l'Académie espagnole, Salva, Seouse, Clifton, Woucesten, Webster, etc.*, par Lopez et Bensley. 1 vol. gr. in-8 rel. **20** fr.

NOUVEAU DICTIONNAIRE grec-français, par M. Chassang. 1 vol. gr. in-8 relié............. **20** fr.

CODES ET LOIS USUELLES

Classés par ordre alphabétique, contenant la législation jusqu'à ce jour collationnés sur les textes officiels, présentant en notes sous chaque article **des Codes, ses** différentes modifications, la corrélation des articles **entre eux, la concordance** avec le droit romain, l'ancienne législation française **et les lois nouvelles,** précédée des *Lois Constitutionnelles* **et accompagnée d'une table chronologique** et d'une table des matières.

Par MM. Augustin **ROGER** et Alexandre **SOREL**

Président du Tribunal Civil de Compiègne, Chevalier de la Légion d'honneur

15e édition imprimée en caractères neufs, entièrement refondue et considérablement augmentée.

1 vol. gr. in-8 d'environ 1,500 pages. — Broché, **20** fr. Relié demi-chagrin, **25** fr.

LE MÊME OUVRAGE édition portative, format grand in-32 jésus, en deux parties. — Cette édition, entièrement refondue, est imprimée en caractères neufs comme l'édition grand in-8°.

1re Partie. Les *Codes*, broché. 4 fr. »
Relié, 1/2 chagrin......... 5 fr. **25**

2e Partie. Les *Lois usuelles*, b. 4 fr. »
Relié, 1/2 chagrin......... 5 fr. **25**

RÉPÉTITIONS ÉCRITES SUR LE CODE CIVIL

Contenant l'exposé des principes généraux, leurs motifs et la solution des questions théoriques, par **Mourlon**, docteur en **droit, avocat à la cour d'appel.**

[illegible]e Édition, revue et mise au courant, par Ch. Demangeat, conseiller à la cour de cassation, professeur honoraire à la faculté de droit de Paris. 3 vol. in-8. **37** fr. **50**

Chaque examen, formant 1 vol., se vend séparément.................. **12** fr. **50**

DICTIONNAIRE DE DROIT COMMERCIAL, INDUSTRIEL ET MARITIME

Par J. Ruben de Couder, docteur en droit, président du tribunal civil de la Seine, 3e édition dans laquelle a été entièrement refondu et remis au courant l'ancien ouvrage de MM. Gouget et Merger. 6 forts vol. in-8, **60 fr.** Bien reliés. **72 fr.**

ŒUVRES COMPLÈTES DE BUFFON. Avec la nomenclature Linéenne et la classification de Cuvier; édition nouvelle : annotée par M. Flourens, membre de l'Académie française, nouvelle édition. 12 volumes, grand in-8, illustré de 150 planches, 400 sujets coloriés, dessins originaux de MM. Traviès et Gobin. **150 fr.**

ŒUVRES DE CUVIER. Suivies de celles du comte de Lacépède, complément aux Œuvres complètes de Buffon, annotées par M. Flourens. 4 forts vol. gr. in-8, 150 sujets coloriés. **50 fr.**

CHEFS-D'ŒUVRE DE LA LITTÉRATURE FRANÇAISE

Format in-8 cavalier, papier vélin satiné du Marais. Imprimés avec luxe, ornés de gravures sur acier; dessins par les meilleurs artistes. — **60 volumes sont en vente à 7 fr. 50.** — On tire, de chaque volume de la collection, *150 exemplaires numérotés* sur papier de Hollande avec fig. sur Chine avant la lettre; le volume, **15 fr.**

OEUVRES COMPLÈTES DE MOLIÈRE

2e édition, très soigneusement revue sur les textes originaux, avec un nouveau travail de critique et d'érudition, aperçus d'histoire littéraire, examen de chaque pièce, commentaires, vocabulaire par L. Moland. 12 vol.

ŒUVRES COMPLÈTES DE J. RACINE

Avec une Vie de l'auteur et un examen de chacun de ses ouvrages, par M. Saint-Marc-Girardin, de l'Académie française. 8 vol.

ESSAIS DE MICHEL DE MONTAIGNE

Nouvelle édition, avec les notes de tous les commentateurs, complétée par M. J.-V.-L. Clerc, étude sur Montaigne par Prevost-Paradol. 4 vol. avec portrait.

ŒUVRES COMPLÈTES DE LA BRUYÈRE

Publiées d'après les éditions données par l'auteur, notice sur La Bruyère, variantes, notes et un lexique, par A. Chassang, lauréat de l'Académie française, inspecteur général de l'instruction publique. 2 vol.

ŒUVRES COMPLÈTES DE LA ROCHEFOUCAULD

Nouvelle édition, avec des notices sur la vie de La Rochefoucauld et sur ses divers ouvrages, variantes, notes, table analytique, un lexique, par A. Chassang. 2 vol.

ŒUVRES COMPLÈTES DE BOILEAU

Avec des commentaires et un travail de M. Gidel. Gravures de Staal. 4 vol.

ANDRÉ CHÉNIER

Œuvres poétiques. Nouvelle édition, vignettes de Staal. 2 vol.

OEUVRES COMPLÈTES DE MONTESQUIEU

Textes revus, collationnés et annotés par Édouard Laboulaye, membre de l'Institut. 7 vol.

OEUVRES DE PASCAL

LETTRES ÉCRITES A UN PROVINCIAL

Nouvelle édition, introduction, notice, variantes des éditions originales, commentaire, bibliographie, par L. Derome. Portraits des personnages importants de Port-Royal, gravés sur acier. 2 vol.

OEUVRES CHOISIES DE PIERRE DE RONSARD

Avec notice, notes et commentaires, par Sainte-Beuve; nouvelle édition revue et augmentée, par Moland. 1 vol. avec portrait.

OEUVRES DE CLÉMENT MAROT

Annotées, revues sur les éditions originales; Vie de Clément Marot, par Charles d'Héricault. 1 volume avec portrait.

OEUVRES DE JEAN-BAPTISTE ROUSSEAU

Avec un nouveau travail de Ant. de Latour, 1 vol. orné du portrait de l'auteur.

CHEFS-D'OEUVRE LITTÉRAIRES DE BUFFON

Introduction par M. Flourens, de l'Académie française. 2 vol. avec portrait.

L'IMITATION DE JÉSUS-CHRIST

Traduction nouvelle avec des réflexions, par M. de Lamennais. 1 vol.

ŒUVRES CHOISIES DE MASSILLON

Accompagnées de notes, notice par M. Godefroy. 2 vol. avec portrait.

ŒUVRES COMPLÈTES DE BÉRANGER

8 vol. in-8, format caval., magnifiquement imprimés, papier vélin satiné, contenant :

Les Œuvres anciennes, illustrées de 53 gravures sur acier, d'après CHARLET, JOHANNOT, RAFFET, etc. .... **28 fr.**

Les Œuvres posthumes. Dernières chansons (1834 à 1851), illustrées de 14 gravures sur acier, de A. de LEMUD. 1 vol .... **12 fr.**

Ma Biographie, illustrée de 8 gravures. 1 vol .... **12 fr.**

Musique des chansons, airs notés anciens et modernes. Edition revue par F. BÉRAT, ill. de 80 gravures d'après GRANDVILLE et RAFFET. 1 vol... **10 fr.**

MÊME OUVRAGE, sans gravures .... **6 fr.**

Correspondance de Béranger. Un magnifique portrait gravé sur acier, 4 forts vol. 1.200 lettres et le catalogue analytique de 150 autres .... **24 fr.**

CHANSONS DE BÉRANGER anciennes et posthumes. Nouvelle édition populaire, illustrée de 161 dessins inédits de BAYARD, DARJOU, GODEFROY DURAND, PAUQUET, etc., gravés par les meilleurs artistes, vignettes par M. GIACOMELLI. 1 vol. gr. in-8. **10 fr.**

COLLECTION DE GRAVURES, POUR LES ŒUVRES DE BÉRANGER. Pour les anciennes chansons, 53 gravures .... **18 fr.**
Pour les œuvres posthumes, 23 gravures .... **12 fr.**

MUSIQUE DES CHANSONS DE BÉRANGER, airs notés anciens et modernes. Nouvelle édition revue par FRÉDÉRIC BÉRAT, augmentée de la musique des chansons posthumes d'airs composés par BÉRANGER, HALÉVY, GOUNOD, LAURENT DE RILLÉ, 120 gravures d'après GRANDVILLE et RAFFET. 1 vol. gr. in-8..... **10 fr.**

ALBUM BÉRANGER, par **GRANDVILLE.** 80 dessins, 1 v. in-8 cav. **10 fr.**
Ces gravures ne font pas double emploi avec les aciers.

CHANTS ET CHANSONS POPULAIRES DE LA FRANCE. Nouvelle édition, *avec musique*, illustrée de 339 belles gravures sur acier, d'après DAUBIGNY, M. GIRAUD, MEISSONIER, STAAL, STEINHEIL, TRIMOLHET, gravés par les meilleurs artistes. Notice par A. DE LAMARTINE, 3 vol. gr. in-8 .... **48 fr.**

CHANTS ET CHANSONS POPULAIRES DES PROVINCES DE FRANCE. Notice par CHAMPFLEURY. Accompagnement de piano par J.-B. WECKERLIN. Illustrés par BIDA, COURBET, JACQUE, etc. 1 vol. gr. in-8 .... **12 fr.**

CHANSONS NATIONALES ET POPULAIRES DE LA FRANCE, Notes historiques et littéraires par DUMERSAN et NOEL SÉGUR, vignettes dans le texte, et gravures sur acier, 2 vol. gr. in-8 .... **20 fr.**

L'ANCIENNE CHANSON POPULAIRE EN FRANCE aux seizième et dix-septième siècles, par J.-B. WECKERLIN, bibliothécaire au Conservatoire de musique. 30 anciens airs notés, gravures en chromotypographie. 1 vol. in-18.... **5 fr.**
Il a été tiré 50 exemplaires numérotés sur papier de Hollande.......... **10 fr.**

LE BÉRANGER DES ÉCOLES, accompagné d'une étude et de notes, par E. LEGOUVÉ, de l'Académie française, 1 vol. in-18 .... **1 fr. 50**

BIBLIOTHÈQUE D'UN DÉSŒUVRÉ

Série d'ouvrages in-32, format elzévirien.

ŒUVRES COMPLÈTES DE BÉRANGER, avec les 10 chansons publiées en 1847. 1 vol 3 50

ŒUVRES POSTHUMES DE BÉRANGER. Dernières chansons et

Ma Biographie, appendice, notes inédites de Béranger. 1 vol. [illegible]

PIERRE DUPONT. Muse populaire, chants et poésies. 1 vol. [illegible]

Ouvrages grand in-8° jésus, magnifiquement illustrés

GALERIES DE PORTRAITS

GRAVURES SUR ACIER

20 fr. le volume. — 1/2 reliure soignée, tranches dorées, **26 fr.**

Galerie de Portraits historiques

Tirée des *Causeries du lundi*, par Sainte-Beuve, de l'Académie française. Portraits gravés sur acier. 1 vol.

Galerie des grands Écrivains français

Par le même, semblable au précédent pour l'exécution et les illustrations. 1 vol.

Nouvelle Galerie des grands Ecrivains français

Tirée des *Portraits littéraires* et des *Causeries du Lundi*, par le même. 1 vol.

Galerie de Femmes célèbres

Tirée des *Causeries du Lundi*, des *Portraits littéraires*, des *Portraits de Femmes*, par le même. 1 vol.

Nouvelle Galerie de Femmes célèbres

Par le même, semblable pour l'exécution à ceux ci-dessus. 1 vol.

Ces 5 volumes se complètent l'un par l'autre. Ils contiennent la fleur des *Causeries du Lundi*, des *Portraits littéraires* et des *Portraits de Femmes*.

Poésies d'André Chénier

Avec notice et notes par M. L. Moland, grav. sur acier, dessins de Staal. 1 vol.

Lettres choisies de Madame de Sévigné

Avec une magnifique galerie de portraits sur acier. 1 volume.

Histoire de France

Depuis la fondation de la monarchie, par Mennechet, ill. 20 grav. sur acier, gravées par F. Delannoy, Outhwaite, etc. 1 vol.

La France guerrière

Récits historiques d'après les chroniques et les mémoires de chaque siècle, par Ch. d'Héricault et L. Moland, gravures sur acier. 1 vol.

Dante Alighieri

La Divine Comédie, traduite en français par le chevalier Artaud de Montor, préface de M. Louis Moland. Illustrée, dessins de Yan'Dargent. 1 vol.

Galerie illustrée d'histoire naturelle

Tirée de Buffon, édition annotée par Flourens, 33, gravures sur acier, coloriées, dessins nouveaux de Ed. Traviès et H. Gobin. 1 vol.

Nouvelle Galerie d'Histoire naturelle

Tirée des œuvres complètes de Buffon et de Lacépède, vie de Buffon par Flourens, illustrée dans le texte, coloriées et hors texte, 30 planches sur acier de MM. Traviès et Henri Gobin, 1 fort volume.

La Femme jugée par les grands Ecrivains des deux sexes

La Femme devant *Dieu*, devant la *Nature*, devant la *Loi*, devant la *Société*. Riche et précieuse mosaïque de toutes les opinions émises sur la Femme depuis les siècles les plus reculés jusqu'à nos jours, par D.-J. Larcher, introduction de Bescherelle aîné, 20 superbes gravures sur acier, dessins de Staal. 1 volume.

Les Femmes d'après les Auteurs français

Par E. Muller. Illustré des portraits des femmes les plus illustres, gravés au burin, dessins de Staal, 1 vol.

Lettres choisies de Voltaire

Notice et notes explicatives par M. L. Moland, ornées de portraits historiques. Dessins de Philippoteau et Staal, gravés sur acier. 1 vol.

Galeries historiques de Versailles

(Edition unique)

Ce grand et important ouvrage a été entrepris au frais de la liste civile du roi Louis-Philippe, et rédigé d'après ses instructions. Il renferme la description de 1,200 tableaux; des notices historiques sur 676 écussons armoriés, 10 volumes in-8°, accompagnés d'un atlas de 100 gravures in-folio. . . . . **100 fr.**

ALBUM (formant un tout complet) de 400 gr., avec notice. Relié, doré. [illegible]

CHEFS-D'ŒUVRE DU ROMAN FRANÇAIS

12 beaux vol. in-8 cavalier, illustr. de charmantes grav. sur acier, dessins de STALL.

Chaque volume sans tomaison se vend séparément 7 *fr.* 50.

Œuvres de Mme de La Fayette. 1 vol.
Œuvres de Mmes de Fontaines et de Tencin. 1 vol.
La vie de Marianne, suivie du *Paysan parvenu*, par MARIVAUX 2 vol.
Œuvres de Mme Riccoboni. 1 vol.
Œuvres de Mme Elie de Beaumont, de Mme de Genlis, de Fiévée, de Mme Duras. 1 vol.
Œuvres de Mme de Souza... 1 vol.
Corinne ou l'Italie, par Mme DE STAEL. 1 vol.

ŒUVRES DE WALTER SCOTT

Traduction de M. DEFAUCONPRET, édition de luxe revue et corrigée avec le plus grand soin, illustrée de 59 magnifiques vignettes et portraits sur acier d'après RAFFET. 30 volumes in-8 cavalier, papier glacé et satiné............ 150 fr.
Chaque volume.. 5 fr.

TOMES.
1. Waverley.
2. Guy Mannering.
3. L'antiquaire.
4. Rob-Roy.
5. Le nain noir.
6. Les puritains d'Ecosse. La prison d'Edimbourg.
7. La fiancée de Lamermoor. L'officier de fortune.
8. Ivanhoé.
9. Le Monastère.
10. L'abbé.
11. Kenilworth.
12. Le Pirate.
13. Les aventures de Nigel.
14. Peveril du Pic.
15. Quentin Durward.
16. Eaux de St-Ronan.
17. Redgauntlet.
18. Connétable de Chester
19. Richard en Palestine.
20. Woodstock.
21. Chronique de la Canongate.
22. La jolie fille de Perth.
23. Charles le Téméraire.
24. Robert de Paris.
25. Le Château périlleux. La Démonologie.
26. 27. 28. Histoire d'Écosse.
29. 30. Romans poétiques.

LE MÊME OUVRAGE. 30 volumes in-8 carré, avec gravures sur acier. Chaque volume contient au moins un roman complet.................... 3 fr. 50

ŒUVRES DE J. FENIMORE COOPER

Traduction de M. DEFAUCONPRET, avec 90 vignettes, d'après les dessins de MM. Alfred et Tony JOHANNOT. 30 volumes in-8.................. 150 fr.
On vend séparément chaque volume.......................... 5 fr.

TOMES.
1. Précaution.
2. L'Espion.
3. Le Pilote.
4. Lionel Lincoln.
5. Les Mohicans.
6. Les Pionniers.
7. La Prairie.
8. Le Corsaire rouge.
9. Les Puritains.
10. L'Ecumeur de mer.
11. Le Bravo.
12. L'Heidenmauer.
13. Le Bourreau de Berne.
14. Les Monikins.
15. Le Paquebot.
16. Eve Effingham.
17. Le lac Ontario.
18. Mercédès de Castille
19. Le tueur de daims.
20. Les deux Amiraux.
21. Le Feu-Follet.
22. A Bord et à Terre.
23. Lucie Hardinge.
24. Wyandotté.
25. Satanstoé.
26. Le Porte-Chaine.
27. Ravensnest.
28. Les Lions de mer.
29. Le Cratère.
30. Les Mœurs du jour.

LE MÊME OUVRAGE, 30 volumes in-8 carré avec gravures sur acier. Chaque volume contient au moins un roman complet.................... 3 fr. 50

HISTOIRE DES DEUX RESTAURATIONS

Jusqu'à l'avènement de Louis-Philippe (janvier 1813 à octobre 1830); par ACHILLE DE VAULABELLE. Nouvelle édition illustrée de vignettes et portraits sur acier, gravés par les premiers artistes, dessins de PHILIPPOTAUX. 10 vol. in-8. 60 fr.

ŒUVRES COMPLÈTES D'AUGUSTE THIERRY

5 volumes in-8 cavalier, papier vélin glacé, le volume..... 6 fr.

Histoire de la Conquête de l'Angleterre.............. 2 vol.
Lettres sur l'Histoire de France.— Dix ans d'Etudes historiques. 1 v.
Récits des temps mérovingiens.................. 1 vol.
Essai sur l'Histoire du Tiers-Etat.................. 1 vol.

GÉOGRAPHIE GÉNÉRALE, PHYSIQUE, POLITIQUE & ÉCONOMIQUE

Par Louis GRÉGOIRE, docteur ès lettres, professeur d'histoire et de géographie, avec 109 cartes, 500 gravures, 16 types de races avec costumes, en chromo, 20 gravures sur acier. 1 fort volume grand in-8 de 1,200 pages........ 30 fr.
Relié demi-chagrin, tranches dorées, 36 fr. — Avec plaques spéciales... 40 fr.

DICTIONNAIRE ENCYCLOPÉDIQUE
D'HISTOIRE, DE BIOGRAPHIE, DE MYTHOLOGIE & DE GÉOGRAPHIE

1° Histoire : l'Histoire des peuples, la Chronologie des dynasties, l'Archéologie, l'Etude des institutions, — 2° Biographie : la Biographie des hommes célèbres, avec notices biographiques. — 3° Mythologie : Biographie des dieux et des personnages fabuleux, fêtes et mystères. — 4° Géographie : la Géographie physique, politique, industrielle et commerciale, la Géographie ancienne et moderne, comparée, par le même.

Nouvelle édition mise au courant des modifications amenées par les événements politiques. 1 fort volume grand in-8 à 2 colonnes de 2,132 pages, la matière d'environ 60 vol. in-8. — Broché, 20 fr. — Relié........... 25 fr.

DICTIONNAIRE ENCYCLOPÉDIQUE DES LETTRES ET DES ARTS

AVEC DES GRAVURES INTERCALÉES DANS LE TEXTE

Par le Même

1 volume grand in-8 illustré, 15 fr. — Relié .... 20 fr.

DICTIONNAIRE ENCYCLOPÉDIQUE DES SCIENCES

AVEC DES GRAVURES INTERCALÉES DANS LE TEXTE

Par M. Victor DESPLATS

Docteur en médecine, Professeur agrégé à la Faculté de médecine de Paris, Professeur des sciences physiques et naturelles au lycée Condorcet et au collège Chaptal.

1 volume grand in-8 illustré, 15 fr. — Relié............................ 20 fr.

Nouveau DICTIONNAIRE de Géographie ancienne et moderne, par le même. 1 vol. grand in-32, relié.................... 5 fr.

DICTIONNAIRE classique d'Histoire, de Géographie, de Biographie et de Mythologie, rédigé d'après le *Dictionnaire encyclopédique d'Histoire et de Géographie*, par L. Grégoire. 1 fort volume de 1.260 pages, grand in-18, relié. 8 fr.

ŒUVRES COMPLÈTES DE CHATEAUBRIAND

Nouvelle édition, précédée d'une Étude littéraire sur Chateaubriand, par Sainte-Beuve, de l'Académie française, 12 très forts volumes in-8, sur papier cavalier vélin, ornés d'un beau portrait de Chateaubriand et de 42 gravures par Staal, le volume .... 6 fr.

Les notes manuscrites de Chateaubriand, recueillies par Sainte-Beuve, sur les marges d'un exemplaire de la 1re édition de l'*Essai sur les Révolutions*, donnent à notre édition de cet ouvrage une valeur exceptionnelle.

LES MÉMOIRES D'OUTRE-TOMBE

6 volumes in-8 cavalier, grav. sur acier, le volume 6 fr. — Relié......... 9 fr.

ON VEND SÉPARÉMENT AVEC TITRE SPÉCIAL

Le Génie du Christianisme	1 vol.
Les Martyrs................	1 vol.
L'Itinéraire de Paris à Jérusalem..............	1 vol.
Atala. René. Le dernier Abencerage. Les Natchez Poésies..............	1 vol.
Voyage en Amérique, en Italie, en Suisse..........	1 vol.
Le Paradis perdu, littérature anglaise..............	1 vol.
Histoire de France.........	1 vol.
Études historiques	1 vol.

Chaque vol. avec 3, 4 ou 5 grav. 6 fr. — Relié demi-chagrin, tranches dorées. 9 fr.

ŒUVRES COMPLÈTES DE SHAKSPEARE

Traduction de M. Guizot, nouvelle édition complète, revue, avec une étude sur Shakspeare, des notices sur chaque pièce et des notes.
8 vol. in-8 cavalier, sans gravures, le vol. 5 fr. — Avec gravures le vol. 6 fr.

COLLECTION DES COMPACTES

Grand in-8 jésus à 2 colonnes

Gravures sur acier, à 12 fr. 50 le volume

Reliés demi-chagrin, tranches dorées 18 fr.

ŒUVRES COMPLÈTES DE MOLIÈRE. Gravures sur acier, dessins de G. STAAL, notes philologiques et littéraires, par LEMAISTRE. 1 vol.

ŒUVRES DE P. ET TH. CORNEILLE. Vie de P. Corneille, par FONTENELLE. Grav. sur acier, 1 vol. 12 grav.

ŒUVRES DE J. RACINE. Avec Essai sur la vie et les ouvrages de J. Racine, par LOUIS RACINE; 13 vignettes d'après STAAL 1 vol

ŒUVRES COMPLÈTES DE BOILEAU. Notice par M. SAINTE-BEUVE. Notes de tous les commentateurs; grav. sur acier. 1 vol.

ŒUVRES COMPLÈTES DE BEAUMARCHAIS. Notice par M. LOUIS MOLAND, enrichie à l'aide des travaux les plus récents, gravures, dessins de STAAL. 1 vol.

ŒUVRES COMPLÈTES DE CASIMIR DELAVIGNE. — Théâtres. — Messéniennes. — Œuvres posthumes. Illustrées. 1 vol.

MORALISTES FRANÇAIS — PASCAL, LAROCHEFOUCAULD, LA BRUYÈRE, VAUVENARGUES, avec portraits. 1 vol.

PLUTARQUE. VIE DES HOMMES ILLUSTRES, traduit par RICARD. 14 grav. 1 vol.

ŒUVRES COMPLÈTES D'ALFRED DE MUSSET. 28 gravures, dessins de M. BIDA, notice biographique par son frère. 10 vol. in-8 cavalier.................... 80 fr.
Édition en 1 vol. gr. in-8, ornée de 29 gravures................ 20 fr.

LE PLUTARQUE FRANÇAIS. Vie des hommes et des femmes illustres de la France. Édition revue sous la direction de M. T. HADOT. 180 biographies, autant de portraits sur acier, dessins de INGRES, MEISSONIER, etc, 6 vol. gr. in-8............. 96 fr.

EUGÈNE SUE. — **Le Juif-Errant.** Édition illustrée par GAVARNI, 4 vol. gr. in-8..................... 40 fr.

ŒUVRES CHOISIES DE GAVARNI. — **La Vie de jeune homme.** — **Les débardeurs**, notice par BALZAC, TH. GAUTHIER. 1 vol. gr. in-8, 80 grav........... 10 fr.

TABLEAU DE PARIS, par TEXIER. Illustré, 1500 grav., dessins de BLANCHARD, CHAM, GAVARNI, etc. 2 vol. in-folio............ 20 fr.
Relié en toile, tr. dor., fers spéciaux 2 vol., 30 fr.; rel. en 1 vol. 25 fr.

ŒUVRES DE GRANVILLE

9 vol. grand in-8 jés., brochés, 90 fr. — Reliure 1/2 chag. tranches dorées 6 fr. par vol.

FABLES DE LA FONTAINE. Illustrées de 240 gravures. Un sujet pour chaque fable. 1 vol. gr. in-8, 18 fr.

LES FLEURS ANIMÉES. Texte par Alphonse KARR, TAXILE DELORD et le comte FŒLIX. Planches très soigneusement retouchées pour la gravure et le coloris. 2 volumes gr. in-8, 50 gravures coloriées............. 25 fr.

LES PETITES MISÈRES DE LA VIE HUMAINE. Illustrées, texte par OLD-NICK, portrait de GRANDVILLE 1 fort vol. gr. in-8 jésus... 15 fr.

LES MÉTAMORPHOSES DU JOUR. 70 gravures coloriées. Texte par MM. ALBÉRIC SECOND, TAXILE DELORD, LOUIS HUART, MONSELET. Notice sur Grandville, par Charles BLANC. 1 magnifique gr. in-8. 18 fr.

CENT PROVERBES. Illustrés, gravures coloriées, texte par TROIS TÊTES DANS UN BONNET. Édition, revue et augmentée pour le texte, par QUITARD 1 volume grand in-8........ 15 fr.

HISTOIRE DE FRANCE. Depuis les temps les plus reculés jusqu'à la révolution de 1789, par ANQUETIL, suivie de l'*Histoire de la Révolution*, du *Directoire*, du *Consulat*, de l'*Empire* et de la *Restauration*, par GALLOIS, vignettes sur acier. 10 volumes in-8 cavalier à............... 7 fr. 50

HISTOIRE DE FRANCE (1830 à 1875). ÉPOQUE CONTEMPORAINE. Par GRÉGOIRE, professeur d'histoire. 4 volumes in-8 cavalier, gravures sur acier, le vol. 7 fr. 50

HISTOIRE DE LA GUERRE Franco-Allemande (1870-1871) Par M. AMÉDÉE LE FAURE, illustrée portraits hist., combats, batailles Cartes avec les positions stratégiques 2 magnifiques volumes gr. in-8 15 fr.

Relié, doré 2 volumes en un. 20 fr.

Atlas de la guerre (1870-1871) Cartes des batailles et sièges, LE MÊME. 1 v. in-4°, 50 cart., 3 fr.

HISTOIRE DE LA GUERRE D'ORIENT, par M. A. LE FAURE, cartes, plans, d'après l'état-major russe et autrichien, portraits grav., etc. 2 vol. in-8 colombier.............. 15 fr.
Relié, doré, 2 vol. en un.. 20 fr.

LE VOYAGE EN TUNISIE, de M. A. LE FAURE, préface de JÉZIERSKI, carte, 1 vol. gr. in-8, 70 pages. 1 fr.

HISTOIRE DE LA RÉVOLUTION FRANÇAISE, par LOUIS BLANC. 12 vol. in-8................. 60 fr.

ENCYCLOPÉDIE THÉORIQUE-PRATIQUE DES CONNAISSANCES UTILES. Composée de traités sur les connaissances les plus indispensables avec 1,500 gravures dans le texte. 2 vol. gr. in-8. 25 fr.

UN MILLION DE FAITS. Aide-mémoire universel des sciences, des arts et des lettres, par J. AICARD, L. LALANNE, LUD. LALANNE, etc. 1 fort vol. in-18 1,720 col., avec grav. 9 fr.

BIOGRAPHIE PORTATIVE UNIVERSELLE. 29.000 noms, suivie d'une table chronologique et alphabétique, par LALANNE, A. DELLOYE, etc. 1 vol. de 2,000 col....... 8 fr.

MYTHOLOGIE DE LA GRÈCE ANTIQUE. Par Paul DECHARME professeur de littérature grecque à la Faculté des lettres de Nancy, ancien membre de l'Ecole française d'Athènes, 180 gravures et 4 chromolithographies, d'après l'antique. 1 vol. grand in-8 raisin........... 16 fr.

GÉOGRAPHIE UNIVERSELLE. Par MALTE-BRUN. 6e édit. 6 vol. grand in-8, orne de grav. et cartes. 60 fr.

ATLAS DE LA GÉOGRAPHIE UNIVERSELLE. Ou description de toutes les parties du monde sur un plan nouveau, par MALTE-BRUN. 1 vol. gr. in-folio, de 72 cartes, dont 14 doubles, coloriées, 1 vol. in-fol. 20 fr.

LORD MACAULAY. Histoire d'Angleterre sous le règne de Jacques II. Traduit de l'anglais par le comte DE PEYRONNET, 3 volumes in-8...................... 15 fr.

— **Histoire du règne de Guillaume III.** Pour faire suite à l'Histoire du règne de Jacques II, traduit par PICHOT. 4 volumes in-8. 20 fr.

HISTOIRE DES GIRONDINS, par A. DE LAMARTINE. Illustrée, 300 gravures avec des portraits. 3 volumes grand in-8 jésus........... 24 fr.

OUVRAGES RELIGIEUX

ŒUVRES COMPLÈTES DE BOSSUET

Classées pour la première fois selon l'ordre logique et analogique, publiées par l'abbé MIGNE, éditeur de la *Bibliothèque du clergé*. 11 volumes grand in-8 . . . . 60 fr.

Discours sur l'Histoire universelle. Edition revue d'après les meilleurs textes, illustrée. Gravures en taille-douce. 1 vol. gr. in-8. . 18 fr.

Oraisons funèbres et panégyriques. Edition illustrée. 12 gravures sur acier, d'après REMBRANDT, MIGNARD, RIBERA, POUSSIN, CARRACHE, etc. 1 vol. grand in-8. . . . 18 fr.

Méditations sur l'Évangile. Revues sur les éditions les plus correctes. 12 gravures de RAPHAEL, RUBENS, POUSSIN, REMBRANDT. 1 volume gr. in-8. . . . . 18 fr.

Élévations à Dieu sur tous les mystères de la religion chrétienne. 1 vol. grand in-8, 10 magnifiques gravures de LE GUIDE, POUSSIN, VANDERWERF, MARATTE, etc. 18 fr.

Œuvres oratoires complètes, oraisons funèbres, panégyriques, sermons. Edition suivant le texte de l'édition de Versailles, amélioré à l'aide des travaux les plus récents. 4 volumes in-8, 30 fr. — Bien relié. . 38 fr.

Les Vies des Saints. POUR TOUS LES JOURS DE L'ANNÉE, nouvellement écrites par une réunion d'ecclésiastiques et d'écrivains catholiques, classées pour chaque jour de l'année par ordre de dates, d'après les Martyrologes et Godescard; illustrées 1800 gravures. 4 beaux volumes grand in-8. 40 fr.

Reliure chagrin, tranches dorées, 4 t. en 2 volumes. . . . . 52 fr.

Les VIES DES SAINTS ont obtenu l'approbation des archevêques et des évêques

Les Saints Évangiles. Traduction de LEMAISTRE DE SACY, selon saint Marc, saint Mathieu, saint Luc et saint Jean, encadrements en couleur, gravures sur acier, frontispice or. 1 volume grand in-8 . . . . 20 fr.

Manuel ecclésiastique Ou répertoire offrant alphabétiquement 640 p. blanches, autant de titres avec divisions et sous-divisions sur le dogme, etc. Ouvrage à l'aide duquel il est impossible de perdre une seule pensée, soit qu'elle survienne à l'église, etc. 1 volume in-4 relié . . . . 6 fr.

L'Imitation de Jésus-Christ. Traduction, avec des réflexions à la fin de chaque chapitre, par M. l'abbé F. DE LAMENNAIS. Nouv. édit., avec encadrements couleur, 10 gravures sur acier, avec frontispice or. 1 vol. grand in-8 jésus . . . . . . **20 fr.**

L'Imitation de Jésus-Christ. Traduite par l'abbé DASSANCE, avec encadrements variés, frontispice or et couleur et 10 gravures sur acier. 1 volume grand in-8. . . . . **20 fr.**

Les Femmes de la Bible. Principaux fragments d'une histoire du peuple de Dieu, par Mgr DARBOY, archevêque de Paris, avec une collection de portraits des Femmes célèbres de l'Ancien et du Nouveau Testament, dessin de G. STAAL. 2 vol. grand in-8. Chaque volume, formant un tout complet, se vend séparément. . . . . . **20 fr.**

Les Saintes Femmes. Texte par le MÊME. Collection de portraits, gravés sur acier, des femmes remarquables de l'histoire de l'Eglise. 1 volume grand in-8 jésus . . . . . . **20 fr.**

LA SAINTE BIBLE. Traduite en français, par LEMAISTRE DE SACY, accompagnée du texte latin de la Vulgate, 80 gravures sur acier de RAPHAEL, LE TITIEN, LE GUIDE, PAUL VÉRONÈSE, SALVATOR ROSA, POUSSIN, etc., 6 volumes grand in-8, carte de la Terre-Sainte et du plan de Jérusalem. . . . . **100 fr.**

La Sainte Bible. Traduite en français par LEMAISTRE DE SACY, avec magnifiques gravures d'après RAPHAEL, LE TITIEN, LE GUIDE, PAUL VÉRONÈSE, POUSSIN. 1 fort volume, grand in-8, carte de la Terre Sainte et plan de Jérusalem. . . . . **25 fr.**
Relié, tranche dorée . . . . **32 fr.**

Biblia sacra. (Approuvée), *Vulgatæ editionis* SIXTI V, PONTIFICIS MAXIMI *jussu recognita et* CLEMENTIS VIII *auctoritate edita*. — 1 beau volume in-18, caractères très lisibles. **6 fr.**

La Bible des enfants. Par l'abbé A. SACHET. — Ouvrage illustré de nombreuses gravures. 1 volume in-18 jésus. Cartonné . . . . **1 fr.**
Relié toile . . . . **1 fr. 50**

Reliure, tranche dorée, **6 fr.** par volume.

NOUVEAU MANUEL DE DROIT ECCLÉSIASTIQUE

Par ÉMILE OLLIVIER. 1 volume in-18 de 700 pages, **7 fr. 50.**

COLLECTIONS D'OUVRAGES ILLUSTRÉS POUR LES ENFANTS

86 jolis volumes grand in-18 à 2 fr. 50 ; reliés dorés, 3 fr. 50

ANDERSEN. **La Vierge des Glaciers**, etc. 1 vol.
— **Histoire de Valdemar Daæ.** — Petite-Poucette, etc. 4 vol.
— **Le camarade de voyage.** — Sous le saule. Les Aventures, etc. 1 vol.
— **Le Coffre volant, les Galoches du bonheur**, etc. 1 vol.
— **L'Homme de neige, le Jardin du Paradis, les deux Coqs**, 1 vol.
BAYARD (Histoire du bon chevalier sans peur et sans reproches), par LE LOYAL SERVITEUR, 2 vol.
BELLOC (LOUISE SW.), 7 vol.
— **La Tirelire aux histoires.** 2 vol.
— **Histoires et contes.** 1 vol.
— **Contes familiers.** 1 vol.
— **Grave et gai. Rose et Gris.** 1 v.
— **Lectures enfantines.** 1 vol.
— **Contes pour le 1er âge.** 1 vol.
BERNARDIN DE SAINT-PIERRE. **Paul et Virginie. Chaumière indienne.** 1 vol.
BERQUIN. **Ami des enfants.** 1 vol.
— **Sandford et Merton.** 1 vol.
— **Le petit Grandisson.** 1 vol.
— **Théâtre choisi.** 1 vol.
BOCHET. **Le premier livre des enfants.** Alphabet illustré. 1 vol.
BOISGONTIER. **Choix de nouvelles**, DE GENLIS, BERQUIN. 1 vol.
BOUILLY. (Œuvres de J.-N.). 7 v.
— **Contes à ma fille.** 1 vol.
— **Conseils à ma fille.** 1 vol.
— **Les Encouragements de la jeunesse.** 1 vol.
— **Contes populaires.** 1 vol.
— **Contes aux enfants de France.** 1 vol.
— **Causeries et nouvelles causeries.** 1 vol.
— **Contes à mes petites amies.** 1 v.
BUFFON (Le petit) illustré. Histoire et description des animaux. 1 fort v.
CAMPE **Histoire de la découverte de l'Amérique.** 1 vol.
COZZENS (S. W.) **Voyage dans l'Arizona**, traduction. 1 vol.
— **Voyage au Nouveau Mexique.** Traduction de W. BATTIER. 1 vol.
DEMESSE (Henri). **Zizi, histoire d'un moineau de Paris.** 1 vol.
DESBORDES-VALMORE. **Contes et scènes, vie de famille.** 2 vol.
— **Les poésies de l'enfance.** 1 vol.

DU GUESCLIN (La Vie de). D'après la chanson et la chronique. Texte rajeuni par MOLAND. 2 vol.

FÉNELON. **Aventures de Télémaque.** 1 vol.

FLORIAN. **Fables.** 1 vol.

— **Don Quichotte de la jeunesse.** 1 vol.

FOÉ (de). **Aventures de Robinson Crusoé.** 1 vol.

FOURNIER. **Animaux historiques.** 1 vol.

GENLIS. **Veillées du Château.** 2 v.

GRIMM. Contes. 1 vol. illustré.

HÉRICAULT et L. MOLAND. **La France guerrière.** 4 vol.

— **Vercingétorix à Duguesclin.** 1 vol.

— **Jeanne d'Arc à Henri IV.** 1 vol.

— **Louis XIV à la République.** 1 v.

— **Rivoli à Solférino.** 1 vol.

HÉRODOTE. **Récits historiques,** extraits par M. L. HUMBERT, 1 vol.

HERVEY. **Petites histoires.** 1 vol.

JACQUET (l'abbé). **L'Année chrétienne,** la vie d'un saint pour chaque jour, approuvée de NN. SS. les Archevêques et Evêques. 2 vol.

LA FONTAINE. **Fables.** 1 vol.

LAMBERT. **Lectures de l'enfance.** 1 vol.

LE PRINCE DE BEAUMONT. **Le Magasin des enfants** 2 vol.

LOIZEAU DU BIZOT. **Cent petits contes pour les enfants.** 1 vol.

MAISTRE (de). **Œuvres complètes.** Voyage autour de ma chambre. Cité d'Aoste. La Jeune Sibérienne, etc. 1 v.

MANZONI. **Les Fiancés.** Histoire milanaise. 2 vol.

MONTGOLFIER. **Mélodies du Printemps.** 1 vol.

MONTIGNY (Mlle de). **Grand'Mère chérie.** 1 vol.

— **Mille et une Nuits des Familles** (Les). 2 vol.

— **Les Mille et une Nuits de la jeunesse.** 1 vol.

NODIER. **Neuvaine de la Chandeleur,** génie Bonhomme. 1 vol.

PELLICO (Silvio). **Mes prisons,** suivi des Devoirs des hommes. 1 v.

PERRAULT, Mme **D'AULNOY**. **Contes des fées.** 1 vol.

PLUTARQUE. **Vie des Grecs célèbres,** par M. L. HUMBERT. 1 vol.

SACHOT. **Inventeurs et Inventions.** 1 vol.

SCHMID. **Contes.** 4 vol. se vendant séparément.

SÉVIGNÉ. **Lettres choisies.** 1 vol.

SWIFT. **Voyages de Gulliver.** 1 v.

THÉATRE DE L'ENFANCE ET DE LA JEUNESSE. 1 vol.

CONTES ET HISTORIETTES. Par UN PAPA. 1 volume illustré, gros *caractères.*

VAULABELLE. **Ligny, Waterloo.** 1 vol.

WISEMAN. **Fabiola.** Trad. 1 vol.

WYSS. **Robinson Suisse.** 2 vol.

COLLECTION DE
43 BEAUX VOLUMES ILLUSTRÉS

GRAND IN-8 RAISIN, 7 FR. 50

Demi-reliure en maroquin, plats toile, doré sur tranche, le volume, 11 fr.
Toile dorée, fers spéciaux, 10 fr.

Cette charmante collection se distingue non seulement par l'excellent choix des auteurs et l'élégance du style, mais encore par un grand nombre de gravures dans le texte et hors texte, exécutées par les premiers artistes. Jamais livres édités a ce prix n'ont offert autant de belles illustrations.

ANDERSEN. **Contes Danois,** Traduit du danois par M. L. MOLAND et E. GRÉGOIRE. 1 vol.

— **Nouveaux Contes Danois,** traduits par les mêmes. 1 vol.

— **Les Souliers rouges et autres contes,** trad, par les mêmes. 1 vol.

BAYARD. **La très joyeuse, plaisante et récréative histoire du Gentil (seigneur de),** composée par Le Loyal Serviteur. Introduct. par L. MOLAND. 1 vol.

BELLOC. **Le fond du sac de la grand'mère,** contes et histoires. 1 vol.

— **La tirelire aux histoires.** Lectures choisies. 1 vol.

J.-R. BELLOT. **Journal d'un voyage aux mers polaires à la** recherche de SIR JOHN FRANKLIN. 1 vol.

Bernardin DE SAINT-PIERRE. **Paul et Virginie** suivi de **la Chaumière indienne** 1 vol.

BERQUIN. **L'ami des enfants.** 1 v.

BERQUIN. Sandford et Merton. — Le Petit Grandisson. — Le Retour de Croisière. — Les Sœurs de lait. — L'honnête Fermier. 1 v.

BERTHOUD (Œuvres de S. Henry). La Cassette des sept amis. 1 vol.
Les Hôtes du logis. 1 vol.
Soirées du docteur Sam. 1 vol.
Le Monde des Insectes. 1 vol.
L'homme depuis cinq mille ans. 1 vol.
Contes du docteur Sam. 1 vol.

BUFFON des familles. Histoire et description des animaux, extraite des *Œuvres de Buffon* et de *Lacépède*. 1 v.

CAMPE. Découverte de l'Amérique. 1 vol.

COZZENS (S.-W). La contrée merveilleuse, voyage dans l'Arizona et le Nouveau Mexique, trad. de W. Battier. 1 vol.

DESNOYERS. Aventures de Robert Robert et de son fidèle compagnon Toussaint Lavenette. 1 vol.

DU GUESCLIN (Histoire). Introduction par L. Moland. 1 vol.

FABRE. Histoire de la Bûche. Récits sur la vie des plantes. 1 vol.

FÉNELON. Aventures de Télémaque. 1 vol.

FLORIAN. Don Quichotte de la jeunesse. 1 vol.
— Fables. 1 vol.

FOË. Aventures de Robinson Crusoé. 1 vol.

GALLAND. Les Mille et une Nuits des familles. Contes arabes. 1 vol.

GENLIS. Les veillées du château. 1 vol.

JACQUET (l'abbé). Vie des Saints les plus populaires et les plus intéressants, avec l'approbation de plusieurs archevêques et évêques. 1 v.

LE PRINCE DE BEAUMONT. Le Magasin des enfants. 1 vol.

LEVAILLANT. Voyages dans l'intérieur de l'Afrique. 1 vol.

LONLAY (Dick de). Au Tonkin, récits anecdotiques. 1 vol.

MAISTRE (de). Œuvres complètes du comte Xavier. Voyage autour de ma chambre, le Lépreux de la cité d'Aoste, les Prisonniers du Caucase, la Jeune Sibérienne, préface par Sainte-Beuve. 1 vol.

NODIER. Le Génie Bonhomme. — Séraphine. — François-les-bas-bleus. — La Neuvaine de la Chandeleur. — Trilbly. — Trésors des Fèves. 1 vol.

PELLICO. Mes prisons, suivi des *Devoirs des hommes*. 1 vol.

PERRAULT, D'AULNOY, LEPRINCE DE BEAUMONT et HAMILTON. Contes des fées. 1 v.

SCHMID. Contes. Traduction de l'abbé Macker, la seule approuvée par l'auteur. 2 beaux vol. Chaque volume complet se vend séparément.

SWIFT. Voyages de Gulliver. 1 vol.

WISEMAN. Fabiola ou l'Eglise des Catacombes. 4 vol.

WYSS. Robinson suisse, avec la suite. Notice de Nodier. 1 vol.

ALBUMS POUR LES ENFANTS

In-4°, impr. en *chromo*, cartonné, dos toile, couv. chromo .... 6 fr.
Relié toile, tranche dorée, plaque spéciale................ 8 fr.

JEANNE D'ARC, texte par M. Moland, dessin chromo, de Lix.

JE SERAI SOLDAT, alphabet militaire. Nombreuses gravures en chromo, représentant tous les costumes de l'armée.

DON QUICHOTTE. Gravure chromo, vignettes 1 vol.

VOYAGES DE GULLIVER à Lilliput et à Brobdingnac. Ouvrage illustré de chromotypographie.

LES HÉROS DU SIÈCLE. — Récits militaires anecdotiques, par Dick de Lonlay, dessins de Bombled. 1 vol.

NOUVEAU VOYAGE EN FRANCE par un Papa, gravures couleurs. 1 vol.

JE SAURAI LIRE, illustré par Lix, grav. chromo. 1 vol.

JE SAIS LIRE. — Contes et historiettes, gravures chromo, par Lix. 1 v.

PETIT VOYAGE EN FRANCE. Gravures chromo. 1 volume.

CONTES DE MADAME D'AULNOY. Chromo. 1 vol.

CHOIX DE FABLES DE LA FONTAINE. — Illustrations, gravure chromo, par David. 1 volume.

CONTES DE PERRAULT. — Gravures chromolithographie de Lix. Illustrations par Staal. 1 volume.

ANIMAUX SAUVAGES ET DOMESTIQUES. — 1 volume.

ROBINSON CRUSOÉ. — Gravures chromolithographie. 1 volume.

CHANSONS ET RONDES ENFANTINES

Album illustré, format in-8 colombier, notices et accompagnement de piano par J.-B. Weckerlin. Chromotypographies, par Henri Pille. Dessins de J. Blass, Trimole, gravés par Lefman, élégamment relié étoffe, tr. dorée .... 10 fr.

CHANSONS ET RONDES ENFANTINES DES PROVINCES DE LA FRANCE, par J.-B. Weckerlin. Album illustré, format in-8° colombier, avec notices et accompagnement de piano. Chromotypographies par Lix, relié étoffe riche.. 10 fr.

NOUVELLES CHANSONS ET RONDES ENFANTINES, musique de Weckerlin, dessins de Sandoz, Poirson, etc. Album in-8 colombier, illustrations. Élégamment relié étoffe, tr. dorées ..... 10 fr.

ŒUVRES DE TOPFER. — **Premiers voyages en zigzag**, ou excursions d'un pensionnat en vacances dans les cantons suisses, etc. 35 grands dessins par Calame. 1 vol. grand in-8. 12 fr. Relié. 18 fr.

— **Nouveaux voyages en zigzag** à la Grande-Chartreuse, au Mont-Blanc, etc. 43 grav. tirées à part et 320 sujets dans le texte, par MM. Calame, Girardet, Daubigny. 1 vol. in-8, 12 fr. — Relié....... 18 fr.

— **Les nouvelles génevoises**, 40 gravures hors texte, gravées par Best, Leloir, Hotelin. 1 vol. in-8. 10 fr. Relié .... 18 fr.

— **Albums Topfer**, *formant chacun un grand volume in-8 jésus oblong*, à .... 7 fr. 50
Relié toile, plaque spéciale, dorés sur tranche, le volume.. 10 fr. 50

MONSIEUR JABOT .... 1 vol.
MONSIEUR VIEUX-BOIS. 1 vol.
MONSIEUR CRÉPIN ...... 1 vol.
MONSIEUR PENCIL ...... 1 vol.
LE DOCTEUR FESTUS... 1 vol.
ALBERT .... 1 vol.

HISTOIRE DE M. CRYPTOGAME .... 1 vol.

ALBUMS DES PETITS ENFANTS

Richement illustrés et imprimés en couleur. Grand in-8 cart. 3 fr.; relié doré, 5 fr.

JEUX DE L'ENFANCE par un Papa, dessins de Le Natur. 1 vol.

ALPHABET DES ANIMAUX. Dessins de Traviès et Gobin. 1 vol.

ALPHABET DES OISEAUX. Dessins de Traviès et Gobin. 1 vol.

VOYAGE DU MANDARIN KA-LI-KO ET DE SON SECRÉTAIRE PA-TCHOU-LI, par Eugène Le Mouel. 1 album in-4° oblong, 32 gravures chromo, relié plaque spéciale.

COLLECTION ENFANTINE

Albums in-4° imprimés en plusieurs couleurs, chaque album.............. 0.50

1er LIVRE DES PETITS ENFANTS.
2e LIVRE DES PETITS ENFANTS.
3e LIVRE DES PETITS ENFANTS.
L'ANGE GARDIEN.
LE BON FRÈRE.
LE CHAT DE LA GRAND'MÈRE.
JACQUES LE PETIT SAVOYARD.
LE CHAPEAU NOIR.
LE POLE NORD.
LES AVENTURES D'HILAIRE.
MURILLO ET CERVANTÈS.
LE DERNIER CONTE DE PERRAULT.

BIBLIOTHÈQUE PATRIOTIQUE ET INSTRUCTIVE

27 volumes in-8 carré, broché, 3 fr. 50. — Relié toile, tranches dorées, 5 fr.

FRANÇAIS ET ALLEMANDS. — Histoire anecdotique de la guerre de 1870-71, par Dick de Lonlay.

1er volume. — Niederbronn, Wissembourg, Frœschwiller, Chalons, Reims, Buzancy, Baseilles, Sedan. 50 dessins de l'auteur. 1 volume.

2e volume. — Sarrebruck, Spickeren, La Retraite sur Metz, Pont-à-Mousson, Borny. Dessins de l'auteur, cartes et plans de batailles. 1 vol.

3e volume. — Gravelotte, Rezonville, Vionville, Mars-la-Tour, Saint-Marcel, Flavigny. Dessins de l'auteur, cartes et plans de batailles. 1 vol.

4e volume. — Les lignes d'Amanvillers, Saint-Privat, Sainte-Marie-aux-Chênes, les Fermes de Moscou et de Leipzick, Saint-Hubert, le Point-du-Jour. Dessins de l'auteur, cartes et plans de batailles. 1 volume.

5e volume. — L'investissement de Metz, la Journée des Dupes, Servigny, Noisseville, Flanville, Nouilly, Coincy. Dessins de l'auteur, cartes et plans de batailles, 1 volume.

6e volume. — Le blocus de Metz, Peltre, Mercy-le-Haut, Ladonchamps, la Capitulation. Dessins de l'auteur, cartes et plans de batailles. 1 vol.

L'ARMÉE DE LA LOIRE, récits anecdotiques de la guerre de 1870-71, par GRENET.
1er volume. — Toury, Orléans, Coulmiers, Beaune-la-Rolande, Villepion, Loigny. 1 volume.
2e volume. — Beaugency, Vendôme, Le Mans, Sillé-le-Guillaume, Alençon.

L'ARMÉE DE L'EST, récits anecdotiques de la guerre de 1870-71, par GRENET.
1er volume. — La Bourgonce, Dijon, Nuits.
2e volume. — Villersexel, Héricourt, la Cluze.

PLUTARQUE. — Les Romains illustres, par Louis HUMBERT, professeur au lycée Condorcet. 1 vol.

JOURNAL D'UN AUMONIER MILITAIRE pendant la guerre franco-allemande par M. l'abbé DE MEISSAS. 1 volume.

L'ALLEMAGNE EN 1813 par GALLI, gravures d'après les dessins de DICK DE LONLAY. 1 volume.

GALERIE DES ENFANTS CÉLÈBRES, par Louis TULOU. — Du Guesclin, Jeanne d'Arc, Turenne, Duguay-Trouin, Watteau, Mozart, Béranger, Lamartine, etc., illustré de 16 dessins hors texte, par DAVID. 1 volume

NOUVELLE GALERIE DES ENFANTS CÉLÈBRES. — V. Hugo, Vaucanson, Michel-Ange, Bayard, Newton, Mme Desbordes-Valmore, Rossini, etc. 1 volume in-8 carré, par F. TULOU illustré par Jules DAVID.

LES GÉNÉRAUX DE VINGT ANS, Hoche, Marceau, Joubert, Desaix, par François TULOU. 1 volume illustré de 10 gravures, dessins de DICK DE LONLAY

LES MARINS FRANÇAIS depuis les Gaulois jusqu'à nos jours, par DICK DE LONLAY. Combats, batailles. Biographie, souvenirs anecdotiques. 1 volume illustré, 110 dessins par l'auteur.

ORIGINAUX ET BEAUX ESPRITS, par SAINTE-BEUVE. — Aggrippa d'Aubigné, Voiture, Chapelle, Santeuil, de Chaulieu, Nodier. 1 volume.

LETTRES DE MADAME DE SÉVIGNÉ. — Notice par SAINTE-BEUVE, accompagnées de notes. Illustrées de vignettes et portraits. 1 vol.

DERNIERS RÉCITS, par Mme BELLOC. — Mathurin, Une Nuit terrible, Orléans en 1829. Malemort, Le Père Kelern, la Grève, Rosette et Joson. 1 volume.

BÊTES ET PLANTES, par SANTINI, officier d'Académie. 1 volume.

LA CASE DE L'ONCLE TOM, par Mistress BERTHER STOVE, traduit par MICHIELS, illustré par DAVID. 1 vol.

A TRAVERS LA BULGARIE. — Souvenirs de guerre et de voyage, par DICK DE LONLAY. Illustré de 20 dessins par l'auteur. 1 volume.

LES LEÇONS D'UNE JEUNE MÈRE. — Contes et récits, par Mme BELLOC. 1 volume.

LA RUSSIE INCONNUE. — Trois parties : 1re, En pleine forêt; 2e et 3e, La chasse et la pêche.

L'ARMÉE RUSSE EN CAMPAGNE. — Schipka, Lovtcha, Plevna, par DICK DE LONLAY. 1 vol. illustré de 28 dessins par l'auteur.

LES FRANÇAIS DU XVIIIe SIÈCLE. par GIDEL. 1 volume illustré.

LES FRANÇAIS EN ALLEMAGNE. — Campagne de 1806, par GALLI, 1 vol. illustré de nombreux dessins par DICK DE LONLAY.

EN ASIE CENTRALE A LA VAPEUR. — De Paris à Samarkand en 43 jours. Impressions de voyage, par Napoléon NEY, préface par Pierre VÉRON, illustré de dessins de DICK DE LONLAY, 1 volume.

BIBLIOTHÈQUE CHOISIE

Collection des meilleurs auteurs français et étrangers, anciens et modernes grand in-18 (dit anglais). Cette collection est divisée par séries. La première contient des volumes à 3 fr. 50. La deuxième à 3 fr. le volume.

PREMIÈRE SÉRIE, volumes grand in-18 jésus à 3 fr. 50

ABRANTÈS (Mémoires de Mme d'). Souvenirs historiques sur Napoléon, la Révolution, le Directoire, le Consulat, l'Empire et la Restauration. 10 vol. in-18.
Même ouvrage, 10 vol. in-8. Le volume................. 6 fr.

— Histoire des Salons de Paris, tableaux et portraits du grand monde sous Louis XVI, le Directoire, le Consulat et l'Empire, la Restauration et le règne de Louis-Philippe, par *le même*. 4 volumes in-18.
Même ouvrage. 4 vol. in-8 cavalier. Le volume.................. 6 [illegible]

BELLOT. Voyage aux mers polaires, portrait et carte. 1 volume.
BÉRANGER (Œuvres complètes), avec gravures. 4 volumes.
— Chansons anciennes. 2 volumes.
— Œuvres posthumes. Dernières chansons (1834 à 1851, 1 volume.
— Ma Biographie. Ouvrages posthumes de Béranger. 1 volume.
BOURGOIN. Les maîtres de la critique, 1 volume.
CHARPENTIER. La Littérature française au dix-neuvième siècle. 1 volume.
DARBOY (Mgr) Les Femmes de la Bible. 1 fort volume. Gravures.
DUFAUX. Ce que les maîtres et domestiques doivent savoir. 1 v.
DUPONT (Pierre). Chansons et Poésies. 4e édition. 1 volume.
ELGET. Guide pratique des ménages, 2,000 recettes. 1 volume.
FAVRE. Conférences littér. 1 vol.
FLOURENS (Œuvres de). 10 vol.
— De l'unité de composition du Débat entre Cuvier et Saint-Hilaire. 1 volume.
Examens du livre de M. Darwin sur l'origine des espèces. 1 vol.
Ontologie naturelle, 3e édition. 1 v.
Psychologie comparée. 1 volume.
De la Phrénologie. 1 volume.
De la longevité humaine. 1 volume.
De l'instinct des animaux. 1 volume.
Histoire des travaux et des idées de Buffon. 1 volume.
Des manuscrits de Buffon. 1 vol.
FRANÇOIS DE SALES (Saint) Nouveaux choix de Lettres. 1 v.
GERUZEZ. Essai de littérature française. 2 volumes.
JAMES. Toilette d'une Romaine. 1 volume
JOUVENCEL. Les Déluges. 1 vol.
LAMARTINE Histoire de la Révolution de 1848. 4e édition. 2 vol.
LAMENNAIS. L'Imitation de J.-C., gravures sur acier. 1 volume.
MAROT (Œuvres choisies de). Etude sur la vie de ce poète, notes, par VOIZARD, docteur ès lettres. 1 vol.
MARTIN. Education des mères de famille. Ouvrage couronné par l'Académie française. 1 volume.
Mémoires militaires du baron Serrurier, colonel d'artillerie légère. 1 vol. in-18.......... 3 50
Mémoires de Constant, premier valet de chambre de l'Empereur, sur la vie privée de Napoléon Ier, sa famille et sa cour. 4 volumes in-18. Le volume.................. 3 50
Même ouvrage. 4 volumes in-8 cavalier. Le volume.............. 6 fr.
MENNECHET (Œuvres). 8 volumes.
Matinées littéraires. Cours de littérature moderne. 4 volumes.
Nouveau Cours de littérature grecque, revu et complété par M. CHARPENTIER. 1 volume.
Nouveau Cours de littérature romaine, revu par le même.
Histoire de France depuis la fondation de la monarchie. 2 vol. Ouvrage couronné par l'Académie française.
NECKER DE SAUSSURE. Education progressive. 2 volumes.
OLLIVIER de l'Académie française.
Michel-Ange. 1 volume...... 3 50
1789-1889. 1 volume........ 3 50
Lamartine. 1 volume........ 3 50
Principes et conduite. 1 volume grand in-18................ 3 50
L'Eglise et l'Etat au concile du Vatican. 2 volumes........ 8 fr.
PARDIEU (M.). Excursion en Orient, l'Egypte. 1 volume.
ROUSSEAU (J.-J.). Lettre à d'Alembert sur les spectacles, texte revu d'après les anciennes éditions, introduction, notes par M. FONTAINE, à la Faculté des Lettres. 1 volume.
SAINTE-BEUVE (Œuvres de) 20 v.
Causeries du lundi. 15 volumes. Chaque volume se vend séparément.
Portraits littéraires et derniers portraits, suivis des *Portraits de Femmes*. Nouvelle édition. 4 volumes.
Table générale et analytique des *Causeries du lundi*, des *Portraits littéraires* et des *Portraits de Femmes*. 1 volume.
— Extrait des causeries du lundi par ROBERT et PICHON. 1 volume.
Discours prononcé au Collège de France, cours de poésie latine. 1 volume.................. 0 75
SAINTE BIBLE, traduite par LEMAISTRE DE SACY. 2 forts volumes.

DEUXIÈME SÉRIE, vol. in-18 à 3 fr. — Relié veau, genre antique. 5 fr.

ARIOSTE. Roland furieux. Trad. par HIPPEAU. 2 vol.
ARISTOTE. La politique. Traduc. de THUROT, revue par BASTIEN. 1 vol.
— Poétique et Rhétorique. Trad. nouvelle, par Ch. RUELLE. 1 vol.
AURIAC. Théâtre de la foire. 1 vol.
BACHAUMONT. Mémoires secrets revus, avec notes. 1 vol.
BARTHELEMY. Némésis. 1 vol.

BEAUMARCHAIS. Mémoires. 1 v.
— Théâtre. 1 vol.

BEECHER-STOWE. La Case de l'oncle Tom. Trad. par MICHIELS. 1 v.

BÉRANGER des familles, vignettes sur acier. 1 vol.

BERNARDIN DE SAINT-PIERRE. Paul et Virginie; LA CHAUMIÈRE INDIENNE, vign. 1 vol.

BERTHOUD. Les petites Chroniques de la Science. 10 vol.
— Légendes et traditions surnaturelles des Flandres. 1 vol.
— Les femmes des Pays-Bas et des Flandres. 1 vol.

BOILEAU (Œuvres de), notice de SAINTE-BEUVE, notes de GIDEL. 1 vol.

BOSSUET (Œuvres de). 11 vol.
— Discours sur l'histoire universelle. 1 vol.
— Élévations à Dieu, sur les mystères de la Religion. 1 vol.
— Méditations sur l'Évangile. 1 v.
— Oraisons funèbres, panégyriques. 1 vol.
— Sermons (Édition complète). 4 vol.
— Sermons choisis. Nouv. édit. 1 vol.
— Traité de la connaissance de Dieu et de soi-même. 1 vol.
— Traité de la Concupiscence. Maximes et réflexions sur la comédie. La logique. Libre arbitre. 1 vol.

BOURDALOUE. Chefs-d'œuvre oratoires. 1 vol.

BRILLAT-SAVARIN. Physiologie du goût, *Gastronomie* par BERCHOUX. 1 vol.

BYRON (Œuvres complètes de lord). Trad. de AMÉDÉE PICHOT. 18e édition. 4 vol.

CAMOENS. Les Lusiades. Traduction nouvelle avec une étude sur la vie et les œuvres de Camoëns, par Ed. HIPPEAU. 1 vol.

CANTU. Abrégé de l'histoire universelle. Traduit par L. XAVIER DE RICARD, portrait de l'auteur. 2 vol.

CERVANTES. Don Quichotte. Trad par DELAUNAY. 2 vol.

CHASLES (Philarète). 4 vol.
— Études sur l'Allemagne. 1 vol.
— Voyages, Philosophie, et Beaux-Arts. 1 vol.
— Portraits contemporains. 1 vol.
— Encore sur les contemporains. 1 vol.

CHATEAUBRIAND. (16 vol.)
— Génie du Christianisme, suivi de la *Défense du Génie du Christianisme*. Avec notes. 2 vol.
— Les Martyrs ou le Triomphe de la Religion chrétienne. 1 vol.
— Itinéraire de Paris à Jérusalem. 1 vol.
— Atala, — René. — Le dernier Abencerrage. — Nachez. 1 vol.
— Voyages en Amérique, en Italie et au Mont-Blanc. 1 vol.
— Paradis perdu. Littér. anglaise. 1 v.
— Études historiques. 1 vol.
— Histoire de France. — Les Quatre Stuarts. 1 vol.
— Mélanges historiques et politiques. Vie de Rancé. 1 vol.

CHÉNIER (ANDRÉ). Œuvres poétiques. Nouvelle édition. 2 vol.
— Œuvres en prose. 1 vol.

COLIN D'HARLEVILLE. Théâtre. Introduction par L. MOLAND. 1 vol.

CORNEILLE. Édition collationnée sur la dernière publiée du vivant de l'auteur, notes. 2 vol.
— Théâtre. 1 vol.

COURIER. Œuvres. Essai sur sa vie et ses écrits par ARMAND CARREL. 1 v.

COUSIN. Instruction publique en France. 2 vol.
— Enseignement de la médecine. 1 vol.
— Jacqueline Pascal. 1 vol.

CRÉQUY (La marquise de). Souvenirs (1718-1803) 5 vol., 10 portraits.

CYRANO DE BERGERAC. Histoire de la Lune et du Soleil 1 vol.

DANTE. La divine Comédie. Trad. par ARTAUD DE MONTOR. 1 vol.

DASSOUCY. Aventures burlesques, avec préface et notes, 1 vol.

DELILLE (Œuvres), avec notes, 2 vol.

DEMOUSTIER Lettres à Émilie sur la mythologie, notice, 1 vol.

DÉSAUGIERS. (Théâtre choisi). Introduction par MOLAND. 1 vol.

DESCARTES. Œuvres choisies. Discours de la méthode. Méditations métaphysiques. 1 vol.

DESTOUCHES. Théâtre. Notes de MOLAND. 1 vol.

DIODORE DE SICILE. Traduction avec notes. 4 vol.

DONVILLE. Mille et un calembours et bons mots, *histoire du Calembour*. 1 vol.

DUPONT. Muse Juvénile, vers et prose. 1 vol.

DU PUGET. Romans de famille, trad. du suédois, sur textes originaux.
— Les Voisins, par Mme BREMER. 4e édit. 1 vol.

— **Le foyer domestique**, par Mlle BREMER, ou *Chagrins et joies de la famille*, 2e édit. 1 vol.

Les filles du Président, par Mlle BREMER, 3e édit. 1 vol.

La Famille H., par BREMER. 1 vol.

— **Un journal**, par Mlle BREMER. 1 v.

— **Guerre et Paix. Le voyage de la Saint-Jean**, par BREMER. 1 vol.

— **Abrégé des voyages de Bremer** dans l'ancien et le Nouveau-Monde. 1 vol.

— **La vie de la famille dans le Nouveau-Monde.** Lettres écrites pendant un séjour dans l'Amérique du Nord et à Cuba. 3 vol.

— **Les Cousins**, par Mme la baronne de KNORRING, 2e édit. 1 vol.

— **Une femme capricieuse**, par Mme CARLEN. 2 vol.

— **L'Argent et le Travail**, tableau de genre, par l'ONCLE ADAM. 1 vol.

— **La Veuve et ses Enfants**, par Mme SCHWARTZ.

— **Histoire de Gustave II Adolphe**, par A. FRYXELL. 1 vol.

— **Fleurs scandinaves**, poésies. 1 v.

— **La Suède depuis son origine jusqu'à nos jours**. 1 vol.

— **Chroniques du temps d'Erick de Poméranie**, par BERNHARD. 1 v.

DUPUIS. Origines de tous les Cultes. 1 vol.

ESCHYLE. Théâtre. Trad. revue par HUMBERT. 1 vol.

FENELON. Œuvres choisies. — De l'existence de Dieu. — Lettres sur la religion, etc. 1 vol.

— **Dialogue sur l'Éloquence.** — De l'éducation des Filles. Fables. Dialogues des morts. 1 vol.

— **Aventures de Télémaque**, notes géographiques, littéraires. Grav. 1 v.

FLEURY. Discours sur l'histoire ecclésiastique. Mœurs des Israélites, etc. 2 vol.

FLORIAN. Fables, suivies de son Théâtre, notice par SAINTE-BEUVE. Illustrées par Grandville. 1 vol.

— **Don Quichotte de la Jeunesse**, vignettes, dessins de Staal. 1 vol.

FONTENELLE. Éloges, introduction et notes par P. BOUILLIER. 1 vol.

FURETIÈRE. Le Roman bourgeois. Ouvrage comique. Notice et notes, par F. TULOU. 1 vol.

GILBERT (Œuvres de). Notice historique, par Ch. NODIER. 1 vol.

GŒTHE. Faust et le second Faust, choix de poésies de Gœthe, Schiller, etc. trad. par GÉRARD DE NERVAL. 1 v.

— **Werther suivi de Herman et Dorothée.** 1 vol.

GOLDSMITH. Le Vicaire de Wakefield. Texte et traduction. 1 vol.

GRESSET. Œuvres choisies. 1 v.

HAMILTON. Mémoires de Gramont. Préface par SAINTE-BEUVE. 1 v.

HÉRICAULT. Maximilien et le Mexique. L'empire Mexicain. 1 v.

HÉRODOTE. Histoire. Trad. de LARCHER, notes, commentaires, index, par L. HUMBERT. 2 vol.

HOMÈRE. Iliade. Trad. DACIER. Nouvelle édition, revue. 1 vol.

— **Odyssée.** Trad. par le même, revue, petits poèmes attribués à Homère. 1 v.

JACOB (P.-L.). Recueil de Farces, soties et moralités du XVe siècle. Maître Pathelin. Moralité de l'Aveugle, etc. 1 volume.

LA BRUYERE. Les caractères de Théophraste. Notice de S.-BEUVE. 1 volume.

LAFAYETTE. Romans, nouvelles. — Zaïde. — Princesse de Clèves. — Princesse de Montpensier. 1 vol.

LA FONTAINE. — **Fables.** 1 vol.

LAMENNAIS. 9 vol.

— **Essai sur l'indifférence en matière de religion.** 4 vol. le 1er vol. se vend séparément.

— **Paroles d'un Croyant.** — *Le Livre du peuple.* 1 vol.

— **Affaires de Rome.** 1 vol.

— **Les Évangiles**, trad., notes et réflexions. 1 vol.

— **De l'Art et du Beau**, tiré de l'*Esquisse d'une Philosophie.* 1 vol.

— **De la Société première et de ses lois.** 1 vol.

LA ROCHEFOUCAULD. Réflexions, sentences et maximes morales. *Œuvres choisies de Vauvenargues*, notes de Voltaire. 1 vol.

LAVATER et GALL. Physiognomonie et Phrénologie, par A. YSABEAU, 150 figures. 1 vol.

LONLAY (Dick de). En Bulgarie. Sistova, Tirnova, Souvenirs de guerre, 67 dessins. 1 vol. in-18.

MACHIAVEL. Le Prince. Traduction GUIRAUDET, maximes extraites des Œuvres de MACHIAVEL, Notes. 1 vol.

MAHOMET. Le Koran. 1 vol.

MAISTRE (J. de). Les Soirées de St-Pétersbourg. 2 vol.

MAISTRE (Xavier de). Œuvres complètes; nouv. édit. *Voyage autour de ma chambre. La jeune Sibérienne*. Préface par Sainte-Beuve. 1 vol. illustré.

MALEBRANCHE. De la recherche de la vérité, notes et études de François Bouillier. 2 vol.

MALHERBE. Œuvres poétiques, vie de Malherbe, par Racan. 1 vol.

MANZONI. Les Fiancés. Histoire milanaise. 2 vol. illustrés.

MARCELLUS. Souvenirs de l'Orient. 3e édit. 1 vol.

MARIVAUX. Théâtre choisi. Introduction par Moland. 1 vol.

MARMIER. Lettres sur la Russie. 2e édit. 1 vol.

— Les Voyageurs nouveaux. 3 vol.

— Lettres sur l'Adriatique, Montenegro. 2 vol.

MAROT. Œuvres complètes. 2 vol.

MARTEL. Recueil de proverbes français. 1 vol.

MARTIN. Le Langage des Fleurs, gravures coloriées. 1 vol.

MASSILLON. Petit Carême. Sermons divers. 1 vol.

MASSILLON, FLÉCHIER, MASCARON. Oraisons. 1 vol.

MAURY. Essai sur l'éloquence de la Chaire. 1 vol.

MÉNIPPÉE (La Satire). Par Pichon Rapin, Passerat, Gillot, Florent, Chrétien. 1 vol.

MERLIN COCCAIE. Histoire macaronique, prototype de Rabelais, plus l'horrible bataille advenue entre les mouches et les fourmis. 1 vol.

MICHEL. Tunis. L'Orient Africain. Arabes, Maures, Intérieurs, Sérails, Harems. 1 vol.

MILLE ET UNE NUITS. Contes arabes. Trad. par Galland. 3 vol.

MILLE ET UN JOURS. Contes arabes. 1 vol.

MILLEVOYE. Œuvres. Notice par M. Sainte-Beuve. 1 vol.

MOLIÈRE. (Œuvres complètes), avec des remarques nouvelles, par Lemaistre; vie de Molière, par Voltaire. 3 vol.

MONTAIGNE (Essais de), notes de tous les commentateurs. 2 vol.

MONTESQUIEU. L'esprit des lois, notes de Voltaire, de La Harpe. 1 vol.

— Lettres Persanes, suivies de *Arsace et Isménie* et du *Temple de Gnide*. 1 vol.

— Considérations sur les causes de la grandeur des Romains et de leur décadence. 1 vol.

MOREAU. Œuvres, *le Myosotis*. 1 v.

PARNY. Œuvres, élégies et poésies. Préface de M. Sainte-Beuve. 1 vol.

PASCAL. Pensées sur la Religion. Edition conforme au véritable texte de l'auteur, additions de Port-Royal. 1 vol.

— Lettres écrites à un Provincial. Essai sur les *Provinciales*. 1 vol.

PELLICO. Mes Prisons, suivies des Devoirs des hommes, 6 grav. 1 vol.

PÉTRARQUE. Œuvres amoureuses. Sonnets, triomphes, traduits en français, texte en regard. 1 vol.

PICARD. Théâtre. Note, notices, par L. Moland. 2 vol.

PINDARE et les lyriques grecs, traduction par M. C. Poyard. 1 vol.

PLATON. L'Etat ou la République. Trad. de Bastien. 1 vol.

PLATON, Apologie de Socrate. — Criton-Phédon-Gorgias, 1 vol.

PLUTARQUE. Les vies des Hommes illustres. Traduites par Ricard. Vie de Plutarque, etc. 4 vol.

POÈTES moralistes de la Grèce, Hésiode, Théognis, etc. 1 vol.

RACINE. Théâtre complet, remarques littéraires, notes class. par Lemaistre. 1 vol.

REGNARD. Théâtre. Notes et notices. 1 vol.

REGNIER. Œuvres complètes. 1 v.

ROMANS GRECS. Les Pastorales de Longus. — Les Ethiopiennes d'Héliodore. Etude sur le roman grec, par A. Chassang. 1 vol.

RONSARD, Œuvres choisies. Notices, notes, par Sainte-Beuve. Edition revue par Moland. 1 vol.

RUNEBERG. Le roi Fialar. Le Porte-Enseigne Stole. — La Nuit de Noël. Traduit par Valmore. 1 vol.

SAINT-EVREMONT, Œuvres choisies. Vie et ouvrages de l'auteur. par A.-Ch. Gidel. 1 vol.

SEDAINE. Théâtre, introduction par L. Moland. 1 vol.

SÉVIGNÉ. Lettres choisies. Notes explicatives sur les faits et personnages du temps et observations littéraires, par Sainte-Beuve, 1 vol.

SOPHOCLE. Tragédies. Traduction par L. Humbert. 1 vol.

SOREL. La vraie Histoire comique de Francion. 1 vol.

STAEL. Corinne ou l'Italie, observations par Mme NECKER DE SAUSSURE et SAINTE-BEUVE. 1 vol.
— **De l'Allemagne**, Edit. revue. 1 vol.
— **Delphine**. Nouv. édit. revue 1 vol.
STERNE, Tristram Shandy. Voyage sentimental. 2 vol.
TABARIN (Œuvres de). *Aventures du Capitaine Rodomont*, la *Farce des Bossus*, pièces tabariniques. 1 vol.
TASSE. Jérusalem délivrée. Trad. de LE PRINCE LEBRUN. 1 vol.
THÉATRE DE LA RÉVOLUTION. — Charles IX. — Les victimes cloîtrées. — Madame Angot. — Madame Angot dans le sérail, introduction, notes par M. MOLAND. 1 vol.
THIERRY (Œuvres d'Augustin). Edit. définitive revue par l'auteur. 9 v.
— **Histoire de la Conquête de l'Angleterre**. 4 vol.
— **Lettres sur l'Histoire de France**. 1 vol.
— **Dix ans d'études historiques**. 1 v.
— **Récits des temps mérovingiens**. 2 vol.
— **Essai sur l'Histoire du Tiers-État**. 1 vol.
THIERS. Histoire de la Révolution de 1870. 1 vol.
THUCYDIDE. Histoire. Traduction LOISEAU. 1 vol.
VADÉ. Œuvres. La Pipe cassée. — Chansons. — Bouquets poissards. etc. Notice par J. LEMER. 1 v.
VAUQUELIN DE LA FRESNAYE. (Œuvres poétiques de. Texte conforme à l'édition de 1605. 1 vol.
VILLENEUVE-BARGEMONT. Le livre des affligés. 2 vol.
VILLON. Poésies complètes, Notes par L. MOLAND. 1 vol.
VOISENON. Contes et Poésies fugitives. Notice sur sa vie. 1 vol.
VOLNEY. Les Ruines. — La loi naturelle. — L'histoire de Samuel. Edition revue 1 vol.
VOLTAIRE. 11 vol.
— **Le Siècle de Louis XIV**. Edition revue. 1 vol.
— **Siècle de Louis XV, histoire du Parlement**. 1 vol.
— **Histoire de Charles XII**. Edition revue. 1 vol.
— **Lettres choisies**. Notice et notes sur les faits et sur les personnages du temps, par L. MOLAND. 2 vol.
WAREE. Curiosités judiciaires, historiques, anecdotiques. 1 vol.
YSABEAU (Docteur). Le Médecin du Foyer. *Guide médical des Familles*. 1 vol.

NOUVELLE BIBLIOTHÈQUE LATINE-FRANÇAISE

REIMPRESSION DES CLASSIQUES LATINS

75 *volumes, format grand in-18 à* **3** *fr.*

TRADUCTIONS REVUES ET REFONDUES AVEC LE PLUS GRAND SOIN

Le succès de cette collection est aujourd'hui avéré. Belle impression, joli papier, correction soignée, revision intelligente et sérieuse, rien n'a été négligé pour recommander ces éditions aux amis de la bonne littérature. La modicité du prix, jointe aux avantages d'une bonne exécution, fait rechercher nos *classiques* avec prédilection.

6 volumes à 4 fr. 50

CLAUDIEN. Œuvres complètes, traduites en français, par M. HEGUIN DE GUERLE. 1 vol.
SAINT JÉROME. Lettres choisies texte latin revu. Trad. nouvelle et introduction par CHARPENTIER. 1 vol.
OVIDE. Les Métamorphoses. Trad. française de GROS, refondue par M. CABARET-DUPATY. Notice par M. CHARPENTIER. Edition complète en 1 volume.
TERENCE (Comédies). Traduction nouvelle par BERTOLAUD, docteur ès lettres de Paris, 1 fort volume.

72 volumes à 3 fr. — Chaque volume se vend séparément.

AULU-GELLE (Œuvres complètes), édition revue par CHARPENTIER et BLANCHET. 2 vol

CATULLE, TIBULLE et PROPERCE. Œuvres traduites par HÉGUIN DE GUERLE, VALATOUR et GENOUILLE. 1 vol.

CÉSAR. Commentaires sur la Guerre des Gaules et sur la Guerre civile, trad. par M. ARTAUD. Édition revue par LEMAISTRE, notice par M. CHARPENTIER. 2 vol.

CICÉRON. (Œuvres complètes), avec la traduction française améliorée et refaite en grande partie par CHARPENTIER, LEMAISTRE, GÉRARD-DELCASSO, CABARET-DUPATY, etc. 20 vol.

TOME I. — Etude sur Cicéron : Vie de Cicéron par Plutarque; Tableau synchronomique de la vie et ouvrages de Cicéron.

II. — Traité sur l'art oratoire : Rhétorique; l'Invention.

III. — L'Orateur.

IV. — Brutus; l'Orateur; des Orateurs parfaits; les Topiques; les Partitions oratoires.

V. — Discours; Introduction aux Verrines; Discours pour SEXTIUS ROSCIUS D'AMÉRIE; Discours pour PUBLIUS QUINTUS; discours pour Q. ROSCIUS, le Comédien; Discours contre Q. CECILIUS; Première action contre VERRÈS; Seconde action contre VERRÈS, livre premier.

VI. —Seconde action contre VERRÈS, livre deuxième; Seconde action contre VERRÈS, livre troisième; Seconde action contre VERRÈS, livre quatrième.

VII. — Seconde action contre VERRÈS, livre cinquième; Discours pour A. CÆCINA; Discours pour M. FONTEIUS; Discours en faveur de la loi MANILIA; Discours pour A. CLIENTIUS AVITUS; Premier discours sur la loi agraire; Deuxième discours sur la loi agraire; Troisième discours sur la loi agraire; Discours pour C. RABIRIUS.

VIII. — 1er discours contre L. CATILINA; 2e discours contre L. CATILINA; 3e discours contre L. CATILINA; 4e discours contre L. CATILINA; Discours pour L. LICINIUS MURENA; Discours pour P. SYLLA; Discours pour le poète A. LICINIUS ARCHIAS; Discours pour L. FLACCUS; Discours de CICÉRON au Sénat, après son retour; Discours de CICÉRON au peuple.

IX. — Discours de CICÉRON pour sa maison; Discours pour P. SEXTIUS; Discours contre P. VATINIUS; Discours sur la réponse des aruspices; Discours sur les provinces consulaires; Discours pour L. CORNELIUS BALBUS; Discours pour MARCUS CÆLIUS RUFUS.

X. — Discours contre L. CALPURNIUS PISON; Discours pour CN. PLANCIUS; Discours pour C. RABIRIUS POSTHUMUS; Discours pour T. A. MILON; Discours pour MARCUS MARCELLUS; Discours pour QINTUS LIGARIUS; Discours pour le roi DÉJORATUS; Première philippique de M. T. CICÉRON contre M. ANTOINE.

XI. — Deuxième, troisième à quatorzième philippique.

XII. — Lettres : Lettres I à CLXXXII An de Rome 685 à décembre 701.

XIII. — Lettres CLXXXIII à CCCLXXIII avril 702 à la fin d'avril 704.

XIV. — Lettres CCCLXXIV à [illegible], 2 mai 704 à 708.

XV. — Lettres DCLXVII à DCCCLII, 708 à 710; Dates incertaines des lettres DCCCLIII à DCCCLIX. Lettres à BRUTUS.

XVI. — Ouvrages philosophiques; Académiques; des vrais biens et des vrais maux; Les Paradoxes.

XVII. — Tusculanes; De l'amitié; De la demande du consulat.

XVIII. — Des Devoirs; Dialogue de la vieillesse; De la nature des Dieux.

XIX. — De la Divination; Du Destin; De la République; Des Lois.

XX. — Fragments; Fragments des Discours de M. CICÉRON; Fragments des Lettres; Fragments du Timée, du Protagoras, de l'Économique; Fragments des ouvrages philosophiques; Fragments des poëmes. Ouvrages apocryphes : Discours sur l'amnistie; Discours au peuple; Invective de SALLUSTE contre CICÉRON; Invective de CICÉRON contre SALLUSTE. Lettre à OCTAVE; La Consolation.

CORNELIUS NEPOS Traduct. par M. AMÉDÉE POMMIER. **EUTROPE.** Abrégé de l'histoire romaine, traduit par DUBOIS. 1 vol.

HORACE (Œuvres complètes). Traduction revue par LEMAISTRE. Étude sur Horace par RIGAULT. 1 vol.

JORNANDES. De la succession du royaume, origine et actes des Goths. Traduction de SAVAGNER. 1 vol.

JUSTIN (Œuvres complètes). Abrégé de l'Histoire universelle de Trogue Pompée. Trad. par PIERROT. Revue par PESSONNEAUX. 1 vol.

JUVENAL ET PERSE (Œuvres complètes), suivie des fragments de *Turnus* et de *Sulpicia*, traduction de DUSSAULX, LEMAISTRE. 1 vol.

LUCAIN. La Pharsale. Trad. de MARMONTEL, revue par DURAND. 1 v.

LUCRÈCE (Œuvres complètes), traduction de LAGRANGE, revue par BLANCHET. 1 vol.

MARTIAL (Œuvres complètes), traduction de MM. V. VERGER, DUBOIS et J. MANGEART. Précédée des *Mémoires de Martial*, par JULES JANIN. 2 vol.

PETITS POËTES. ARBORIUS, GALPURNIUS, EUCHARIA, GRATIUS, FALISCUS, LUPERCUS, SERVASTUS, NEMESIANUS, PENTADIUS, SABINUS, VALERIUS CATO, VESTRITIUS SPURINA et le *Pervigilium Veneris*, traduction de CABARET-DUPATY. 1 vol.

PHÈDRE (Fables) suivies des Œuvres d'**Avianus**, de **Denis Caton**, de **Publius Syrus**. Edition revue par M. E. PESSONNEAUX. 1 vol.

PLAUTE. Son théâtre. Traduction nouvelle de M. NAUDET, membre de l'Institut. 4 vol.

PLINE L'ANCIEN. L'Histoire des animaux, traduct. de GUÉROULT. 1 v.

PLINE LE JEUNE (Lettres). Trad. par M. CABARET-DUPATY. 1 vol.

PLINE LE NATURALISTE (Morceaux extraits). Traduction de GUÉROULT. 1 vol.

QUINTE-CURCE (Œuvres complètes). Edition revue par M. B. PESSONNEAUX. 1 vol.

QUINTILIEN (Œuvres complètes). Traduction de OUIZILLE. Revue par CHARPENTIER. 3 vol.

SALLUSTE (Œuvres complètes). Traduction DU ROZOIR. Revue par M. CHARPENTIER. 1 vol.

SÉNÈQUE LE PHILOSOPHE (Œuvres complètes), édition revue par CHARPENTIER et LEMAISTRE. 4 v.

— (Tragédies). Edition revue par CABARET-DUPATY. 1 vol.

SUETONE (Œuvres). Trad. refondue par CABARET-DUPATY. 1 vol.

TACITE (Œuvres complètes), traduction de DUREAU DE LA MALLE, revue par M. CHARPENTIER. 2 vol.

TITE-LIVE (Œuvres complètes), traduites. Edition revue par E. PESSONNEAUX et BLANCHET. Etude sur Tite-Live, par M. CHARPENTIER. 6 v.

VALÈRE MAXIME (Œuvres complètes), traduction de FRÉMION. Edition revue par M. CHARPENTIER. 2 v.

VELLÉIUS PATERCULUS, traduction refondue avec le plus grand soin par M. GRÉARD. — **FLORUS** (Œuvres). Notice sur Florus, par M. VILLEMAIN. 1 vol.

VIRGILE. Œuvres complètes, traduites en français. Nouvelle édition refondue par M. Félix LEMAISTRE, précédée d'une Étude sur Virgile par M. SAINTE-BEUVE. 2 vol.

Nouveau Dictionnaire complet des COMMUNES DE LA FRANCE

Algérie, Tunisie, Tonkin, et toutes les Colonies françaises

La nomenclature de toutes les communes, les châteaux, les bureaux de poste, les stations de chemins de fer, etc., par M. GINDRE DU MANCY. Nouvelle édition 1 fort vol. gr. in-8 à 2 col., **15** fr.; relié 1/2 chagr. **18** fr. — Relié toile.... **17** fr.

BIBLIOTHÈQUE D'UTILITÉ PRATIQUE

Format in-18, avec planches, vignettes explicatives, gravures.

NOUVEAU GUIDE DES AFFAIRES. Le droit usuel ou l'avocat de soi-même, par DURAND DE NANCY, 18e éd., augmentée, 1 fort vol. gr. in-18, 502 pages **4** fr. **50**. — Relié **5** fr.

TRAITÉ PRATIQUE D'ARPENTAGE, nivellement, levée de plans, par A. POUSSART, professeur de mathématiques, 1 vol. in-18 br., nombreuses figures. . . . . **3** fr.

Guide pratique des Gardes champêtres et des Gardes particuliers, par M. MARCEL GRÉGOIRE, sous-préfet. 1 vol in-18. . . . . **2** fr.

GUIDE DES PROPRIÉTAIRES, LOCATAIRES OU FERMIERS comprenant : 1° La solution de toutes les difficultés pouvant surgir dans leurs rapports entre eux, avec les concierges ou administrations publiques (*Expropriation, Servitudes, Voirie, Contributions directes, Enregistrement des baux*); 2° Des modèles de tous les actes sous seing privé relatifs aux locations, par A. Deglos, docteur en droit. 1 vol. br. 4 fr. 50, relié........................ 5 fr.

MANUEL PRATIQUE des JUGES DE PAIX. Précis raisonné et complet de leurs attributions judiciaires, extra judiciaires, civiles, ouvrage entièrement neuf, par M. Georges Martin, juge de paix. 1 volume grand in-18................. 6 fr.

LA TENUE DES LIVRES apprise sans maître, en partie simple et en partie double, mise à la portée de toutes les intelligences, par Louis Deplanque, expert, prof. de comptabilité, 20e éd.. 1 fort vol. in-8. 7 f. 50

LA TENUE DES LIVRES rendue facile, ou méthode raisonnée pour l'enseignement de la comptabilité, par Degrange. Edition revue par Lefebvre. 1 vol. in-8......... 5 fr.

GUIDE POUR LE CHOIX D'UNE PROFESSION. Contenant des renseignements précis sur les professions qui exigent des préparations spéciales et sur les institutions, facultés et écoles qui préparent aux différentes carrières, par F. de Donville. 1 vol. in-18......... 3 fr. 50

LES PROFESSIONS FÉMININES, par F. Tulou. 1 vol. in-18, 3 fr. 50

TENUE DES LIVRES rendue facile à l'usage des personnes destinées au commerce, par un ancien négociant. 1 vol................ 3 fr.

NOUVEAU MANUEL EPISTOLAIRE, en français et en anglais. Théorie, pratique, par J. Mc. Laughlin, Officier d'académie, professeur au collège Sainte-Barbe. 1 fort volume in-18, contenant 558 pages, broché, 3 fr. 50. — Elégamment relié........................ 4 fr.

NOUVEAU GUIDE de la CORRESPONDANCE COMMERCIALE, contenant 515 lettres : circulaires, offres de service, remises, traites, lettres de change, avaries, etc., par Henri Page. 1 volume in-8... 6 fr.

NOUVEAU CORRESPONDANT COMMERCIAL en français et en anglais. Recueil complet de lettres sur toutes les affaires de commerce, par M. Laughlin. 1 vol. br. 3 fr. Relié........................ 4 fr.

LE SECRÉTAIRE COMMERCIAL par Henri Page. Extrait du précédent. 1 vol. in-18............... 3 fr.

NOUVEAU MANUEL ÉPISTOLAIRE, en français et en anglais. Théorie, pratique, modèle de lettres, etc. 1 fort volume de 558 pages, broché 3 fr. 50. Relié......... 4 fr.

MANUEL DU CAPITALISTE ou Comptes faits des intérêts à tous les taux, pour toutes sommes de un jusqu'à 366 jours, ouvrage utile aux négociants, banquiers, commerçants de tous les états, etc., par Bonnet. Notice sur l'intérêt, l'escompte, etc., par M. Joseph Garnier, revue pour les calculs, par M. X. Rymkiewicz, calculateur au Crédit foncier. 1 vol. in-8, 6 fr. Relié.......... 7 fr. 50

GUIDE DU CAPITALISTE ou Comptes faits d'intérêts à tous les taux, pour toutes les sommes de un à 366 jours, par Bonnet, 1 vol. in-18, 3 fr. Relié................. 4 fr.

BARÊME UNIVERSEL. Calculateur du negociant. Comptes faits des prix par pièces, mesures, nombres, kilogrammes, etc., par Donker et Henry, 1 vol. in-8................ 8 fr.

LE LIVRE DE BARÊME ou Comptes faits. Comptes faits depuis 0.02 jusqu'à 100 fr. Tableau des jours écoulés et à parcourir du 1er janv. au 31 déc. Mesures légales, etc. Revu par Pons. 1 vol. in-18, 3 fr. Relié toile, 4 fr.

TOUS CYCLISTES ! Traité pratique et théorique de vélocipédie, par Ph. Dubois et A. Varennes, 1 volume in-18....................... 2 fr. 25

LE CHASSEUR AU CHIEN D'ARRÊT, par Elzéar Blaze, 1 v. in-18..................... 3 fr. 50

LE CHASSEUR AU CHIEN COURANT, formant avec le Chasseur au chien d'arrêt un cours complet de chasse à tir et à courre, par Elzéar Blaze, 2 vol. in-18. Le volume......... 3 fr. 50

LE CHASSEUR AUX FILETS ou chasse des dames, par Le Même, 1 vol..................... 3 fr. 50

LE CHASSEUR CONTEUR, ou les Chroniques de la Chasse, par le même, 1 vol............. 3 fr. 50

GUIDE DU CHASSEUR AU CHIEN D'ARRÊT sous ses rapports, théorique, pratique et juridique, par F. Cassassoles. 1 volume in-18 grav................ 3 fr. 50

LE PÊCHEUR A LA MOUCHE ARTIFICIELLE ET LE PÊCHEUR A TOUTES LIGNES, par Massas. Edition revue, étude sur le repeuplement des cours d'eau et la pisciculture, par Larbalétrier. 80 vignettes. 1 vol............. 2 fr.

CHASSES ET PÊCHES ANGLAISES. Variétés de pêches et de chasses. 1 vol. in-18......... 0 fr.

LA PÊCHE EN MER ET LA CULTURE DES PLAGES. Pêches côtières à la ligne et aux filets

Pêches à pied. Grandes pêches, par ALBERT LARBALÉTRIER. 1 vol. in-18, illustré, 140 gravures .... 3 fr. 50

L'ART D'INSTRUIRE ET D'ÉLEVER LES OISEAUX. Oiseaux chanteurs, oiseaux parleurs, oiseaux de volière, par L.-E. CHAMPAIME. 1 vol. Nombreuses gravures 3 fr. 50

GUIDE PRATIQUE DES MAIRES, DES ADJOINTS, DES SECRÉTAIRES DE MAIRIE ET DES CONSEILLERS MUNICIPAUX : Lois, décrets, arrêtés, par DURAND DE NANCY, édit. mise au courant, par RUBEN DE COUDER, conseiller à la Cour de cassation, 12e édition, 1 fort vol. in-18. 7 fr. 50
Relié.................... 8 fr. 50

LOI MUNICIPALE *du 5 avril 1884 comprenant* : **La circulaire ministérielle**, 1 v. in-18, 178 p. 1 fr. 25

— **CODE DES COMMUNES.** Recueil annoté des Lois et décrets sur l'administration municipale; par SOUVIRON, 1 fort vol. in-8... 5 fr.

NOUVEAU TRAITÉ PRATIQUE DU JARDINAGE, par A. YSABEAU. 1 vol. in-18................ 2 fr.

TRAITÉ PRATIQUE DE LA LAITERIE. Lait, beurre, fromages, par Albert LARBALÉTRIER, professeur à l'école d'agriculture du Pas-de-Calais. Orné de 73 gravures. 1 vol. in-18........................ 2 fr.

TRAITÉ DE CHAUFFAGE ET D'ÉCLAIRAGE DOMESTIQUES, propreté et économie, par LARBALÉTRIER. 1 vol. in-18.......... 2 fr.

TRAITÉ PRATIQUE DES SAVONS ET DES PARFUMS, manuel raisonné du cabinet de toilette, par LARBALÉTRIER, 1 volume in-18.......................... 2 fr. 50

CHEVAL DE CHASSE ET DE SERVICE, par le baron de FLEURY, suivi de **Maughty boy**, dressage d'un cheval. 1 vol. in-18. 3 fr. 50

MANUEL PRATIQUE DE L'ACHAT ET DE LA VENTE DU BÉTAIL. Bœufs, veaux, moutons, porcs, par Henri VILLIERS, professeur vétérinaire, et Albert LARBALÉTRIER, professeur d'agriculture du Pas-de-Calais. Nombreuses gravures 1 vol. in-18.. .... 2 fr. 50

LES VACHES LAITIÈRES. Choix, races, entretien, etc. Par Albert LARBALÉTRIER, professeur à l'École pratique d'agriculture du Pas-de-Calais. 36 figures, 1 v. in-18. 2 fr.

LES ANIMAUX DE BASSE-COUR. Elevage et entretien. Par LE MÊME 1 vol. in-18..... 3 fr. 50

LE NOUVEAU JARDINIER FLEURISTE. Avec les principaux arbres d'ornement, la nomenclature des fleurs de parterre, de bordure, de massif, etc., par HIPP. LANGLOIS. 258 fig. 1 fort vol. in-18. 3 fr. 50

TARIF POUR CUBER LES BOIS EN GRUME ET ÉQUARRIS. D'après les mesures anciennes, avec leur réduction en mesures métriques, tableau servant à déterminer les produits en nature, par PRUGNAUX, arpenteur forestier. Edition revue. 1 vol. in-18.................... 2 fr.

TARIF DE CUBAGE DES BOIS ÉQUARRIS ET RONDS. Evalués en stères et fractions décimales du stère, par J.-A.-FRANÇON, cubeur juré de la ville de Lyon. 1 fort vol. in-18..................... 2 fr. 50

DICTIONNAIRE PORTATIF DES COMMUNES DE LA FRANCE ET DE L'ALGÉRIE et des autres colonies françaises, par GINDRE DE MANCY. Edition entièrement refaite par M. LACROIX, chef de bureau au ministère de l'instruction publique. 1 v. de 800 p., relié. 5 fr.

LE JARDINIER DE TOUT LE MONDE. Traité complet de toutes les branches de l'horticulture, par A. YSABEAU. 1 fort volume in-18, illustré.................. 4 fr. 50

COURS D'ARBORICULTURE. 1re *Partie*. — **Principes généraux d'arboriculture.** Par DU BREUIL, 175 figures, carte en couleur. 7e édition. 1 vol. in-18,........ 3 fr. 50

Le même. 2e *Partie*. — **Culture des arbres et arbrisseaux à fruits de table**, 555 figures et 4 planches, 1 vol. in-18, 7e édition......... 8 fr.

CULTURE DES ARBRES ET ARBRISSEAUX D'ORNEMENTS. Plantations et lignes d'ornement. — Parcs et jardins, par DU BREUIL. 1 vol. in-18, tableaux, plans, 90 figures, 7e édition........ 3 fr.

INSTRUCTION ÉLÉMENTAIRE SUR LA CONDUITE DES ARBRES FRUITIERS, par LE MÊME. — Ouvrage destiné aux jardiniers, aux élèves des fermes-écoles et des écoles normales primaires. 1 vol. in-18, illustré, 207 figures, 9e édition.......................... 2 fr. 50

TRAITÉ ÉLÉMENTAIRE D'AGRICULTURE, par GIRARDIN, directeur et professeur de chimie agricole et industrielle de l'École supérieure des sciences, etc., et A. DUBREUIL, professeur d'arboriculture et de viticulture. 4e édition, 695 gravures, 2 forts volumes grand in-18 .... 12 fr.

ÉLÉMENTS DE BOTANIQUE. Première partie. ORGANOGRAPHIE, par

M. Payer, de l'Institut, professeur de botanique. 1 volume in-18, 663 figures........................ 4 fr.

LES MACHINES DYNAMO-ÉLECTRIQUES, par R. V. Picou, ingénieur des Arts et Manufactures, 1 vol. in-18.............. 3 fr. 50

MANUEL DU POIDS DES MÉTAUX, employés dans les constructions, à l'usage de toutes les personnes s'occupant de bâtiments, par Arnoult, vice-président de la Chambre des entrepreneurs, 1 vol. relié toile................ 2 fr. 50

GASTON BONNEFONT. La machine à coudre. Ses principales applications, son rôle dans la famille et dans l'industrie. 1 vol. in-18, orné de nombreux dessins... 1 fr.

NOUVELLE FLORE FRANÇAISE. Description des plantes qui croissent spontanément en France et de celles qu'on y cultive en grand, indication de leurs propriétés, etc., par M. Gillet, vétérinaire principal de l'armée, et par M. J.-H. Magne, professeur de botanique. 1 beau vol. in-18, 97 planches, plus de 1,200 figures. 6e édition.................... 8 fr.

LE PETIT CUISINIER MODERNE ou les secrets de l'art culinaire, par Gustave Garlin (de Tonnerre), élève des premiers cuisiniers de Paris. 1 vol. in-8 illustré, 976 pages, relié.................. 8 fr.

LA CUISINE ANCIENNE, par Garlin (de Tonnerre). 1 vol. in-8 illustré...................... 8 fr.

TRAITÉ PRATIQUE DE L'ÉLEVAGE DU PORC ET DE CHARCUTERIE, par Aug. Valessert, ancien charcutier, par Alb. Larbalétrier, professeur d'agriculture. 1 beau volume in-18, orné de gravures.................... 3 fr. 50

CAUSERIES CHEVALINES, par Gaume, propriétaire-éleveur. 1 vol. grand in-18.............. 3 fr. 50

LE CUISINIER EUROPÉEN. Ouvrage contenant les meilleures recettes des cuisines françaises et étrangères, par Jules Breteuil, ancien chef de cuisine. 1 fort vol. grand in-18, illustré 300 gravures, 748 pages, relié.............. 5 fr.

LE CUISINIER DURAND. Cuisine du nord et du midi, 9e édition, revue par C. Durand, petit-fils de l'auteur. 1 vol. in-18 illustré, 160 figures. 6 fr.

TRAITÉ DE L'OFFICE, par T. Berthe, ex-officier de bouche. 1 vol. in-18.................. 3 fr. 50

TRAITÉ PRATIQUE DE LA PATISSERIE, contenant un aperçu des glaces, sirops et confitures, par H. Guerre. 16 planches hors texte, coloriées. 1 vol. in-8 broché, 6 fr. Relié........................ 7 fr.

L'ENFANT. — Hygiène et soins médicaux pour le premier âge. A l'usage des jeunes mères et des nourrices, par Ermance Dufaux de la Jonchère. Précédé d'une introduction, par le docteur Blachez. Nombreuses grav. 1 vol. in-18. 4 fr.

LE CONSERVATEUR OU LIVRE DE TOUS LES MÉNAGES, d'après les travaux de Carême, Appert, etc., par Léon Krebs. 150 gravures. 1 volume................ 3 fr. 50

BOISSONS ÉCONOMIQUES ET LIQUEURS DE TABLE. Traité pratique de la fabrication des vins, cidres, bières, liqueurs, etc., par Krebs, 1 vol. in-18...... 3 fr. 50

GUIDE PRATIQUE DES MÉNAGES, contenant plus de 2,000 recettes sur la préparation et la conservation des aliments, etc., par le docteur Elget. 1 volume. 3 fr. 50

RACES CHEVALINES ET LEUR AMÉLIORATION. Entretien, élevage du cheval, de l'âne et du mulet. 1 vol. in-18.................. 8 fr.

JEUX DE SOCIÉTÉ. Jeux de salon. — Jeux d'enfants. — Jeux d'esprit et d'improvisation. — Patiences. — Jeux divers. — Rondes et danses de société, par L. de Valaincourt. 1 vol. illustré de nombreuses vignettes.................. 3 fr. 50

TRAITÉ DE WHIST par M. Deschapelles, 1 vol. in-18.. 3 fr. 50

LE JEU DE TRICTRAC rendu facile pour toute personne d'un esprit juste et pénétrant. 2 vol. in-8. 8 fr.

NOUVELLE ACADÉMIE DES JEUX. Contenant un dictionnaire des jeux anciens, le nouveau jeu de croquet, le Besigue chinois et une étude sur les jeux et paris de courses, par Jean Quinola. 1 fort vol. avec figures................ 3 fr.

ANALYSE DU JEU DES ÉCHECS par A.-D. Philidor. Edition augmentée de 68 parties jouées par Philidor, du traité de Greco, des débuts de Stamme et de Ruy Lopez, par C. Senson. 1 fort vol. in-18, plan. 5 fr.

ENCYCLOPEDIANA. Recueil d'anecdotes anciennes, modernes et contemporaines, etc., édition illustrée de 128 vignettes. 1 vol. in-8 de 840 pages.................. 6 fr.

RACES BOVINES ET LEUR AMÉLIORATION. Entretien, multiplication, élevage, engraissement du bœuf. 1 vol. in-18....... 5 fr.

LE CHEVAL. Traité complet d'hypologie, suivi d'un cours complet d'équitation pour un cavalier et sa dame, par Santini. 1 v. in-18. 3 fr. 50

DICTIONNAIRE DE JURISPRUDENCE HIPPIQUE, traité des courses, par CHARTON DE MEUR, avocat. 1 vol. in-18...... 3 fr. 50

CHOIX ET NOURRITURE DU CHEVAL, ou description de tous les caractères à l'aide desquels on peut reconnaître l'aptitude des chevaux. 1 volume in-18, avec vignettes...................... 3 fr. 50

MÉDECINE VÉTÉRINAIRE RURALE. Suivie d'un Formulaire pharmaceutique, par UN VÉTÉRINAIRE. 1 fort volume in-18...... 4 fr. 50

TRAITÉ PRATIQUE DE MÉDECINE VÉTÉRINAIRE, art de prévenir et de guérir les maladies chez le cheval, l'âne, le mulet, le bœuf, le mouton, le porc et le chien, par H.-A. VILLIERS et LARBALÉTRIER. 1 volume avec figures.... 3 fr. 50

CH. LE BRUN-RENAUD. Manuel pratique d'équitation, à l'usage des deux sexes. Ouvrage orné de 45 fig. 1 beau volume.............. 2 fr.

TRAITÉ PRATIQUE DE LA FABRICATION DES EAUX-DE-VIE par la distillation des vins, cidres, marcs, etc. Fabrication des eaux-de-vie communes avec le trois-six d'industrie, etc., par CH. STEINER, chimiste-distillateur. 50 figures dans le texte. 1 vol. grand in-18. 3 fr. 50

LES NOUVELLES MÉTHODES DE LA CULTURE DE LA VIGNE, et de vinification, par A. BEDEL. 1 volume in-18, orné de nombreuses gravures................. 3 fr. 50

TRAITÉ PRATIQUE DES ENGRAIS, origine, utilité, emploi, par A. BEDEL.

NOBILIAIRE DE NORMANDIE. Publié sous la direction de DE MAGNY. 2 vol. grand in-8.......... 40 fr.

ABRÉGÉ MÉTHODIQUE DE LA SCIENCE DES ARMOIRIES, etc., par M. MAIGNE. Edit. augmentée, ill. 1 vol. in-18.... 10 fr.

Imprimé à 154 exemplaires numérotés sur papier de Hollande..... 20 fr.

MANUEL PRATIQUE DE L'AMATEUR DE CHIENS. Chiens de chasse, chiens de garde, chiens de berger, chiens d'agrément. 1 volume in-18...................... 2 fr.

MEUNERIE ET BOULANGERIE, par LÉON HENDOUX, nombreuses vignettes explicatives. 1 vol. in-18, 20 feuilles.................... 5 fr.

TRAITÉ COMPLET DE MANIPULATION DES VINS, par A. BEDEL, 2e édition. 1 beau vol. in-18, avec gravures........... 3 fr. 50

L'ART DE RECONNAITRE LES FRUITS DE PRESSOIR (pommes et poires), par A. TRUELLE. 1 vol. in-18.......................... 4 fr.

Les fruits de pressoir et la fabrication du cidre et du poiré et de leurs dérivés, par TRITSCHLER. 1 vol. in-18 .... 3 fr. 50

TRAITÉ THÉORIQUE ET PRATIQUE DE LA BRASSERIE, analyse détaillée des méthodes les plus récentes appliquées à la fabrication de la bière, par A. BEDEL. 1 vol. in-18.............. 3 fr. 50

ÉLÉMENTS GÉNÉRAUX DE LÉGISLATION FRANÇAISE. — Par A. BOURGUIGNON. 1 fort volume in-18, 720 pages.............. 6 fr.

TRAITÉ PRATIQUE D'AGRICULTURE, par A. BOURGUIGNON, 1 vol. in-18 de 400 pages........... 3 fr.

GUIDE DU COMMERÇANT, par A. ROGER, avocat à la Cour d'appel de Paris, 1 vol. in-18 de 450 pages. 3 fr.

L'INDUSTRIE, par ARTHUR MANGIN, 60 gravures intercalées dans le texte, 1 volume in-18 de 460 pages... 3 fr.

LA NOUVELLE LOI MILITAIRE promulguée le 16 juillet 1889, contenant les décrets, modèles de certificats à l'usage des jeunes gens soldats ou de leurs parents, annotée et commentée par M. E. SERGENT. 1 vol. in-32 d'environ 300 pages. 1 fr. 50

LOI SUR LE RECRUTEMENT DE L'ARMÉE, votée par la Chambre des députés et par le Sénat, et promulguée le 16 juillet 1889, par le Président de la République. 1 vol. de 64 pages in-32........ 0 fr. 30

LEÇONS PRIMAIRES DE LAVIS DES PLANS. Par M. GILLET-DAMITTE, professeur. In-12.. 75 cent.

TRAITÉ ÉLÉMENTAIRE DE TOPOGRAPHIE et de lavis des plans, illustré, planches coloriées, notions de géométrie, avec gravures, par M. TRIPON, professeur de topographie. 1 vol. in-4e relié...... 10 fr.

TRAITÉ ÉLÉMENTAIRE PRATIQUE D'ARCHITECTURE

[illegible] étude des cinq ordres d'après JACQUES BAROZZIO DE VIGNOLE. Ouvrage divisé en 72 planches, comprenant les cinq ordres, composé, dessiné et mis en ordre par J.-A. LEVEIL, architecte, gr. sur acier par HIBON.............. [illegible]

TRAITÉ THÉORIQUE ET DESCRIPTIF
DES ORDRES D'ARCHITECTURE

Ouvrage servant d'introduction développée à l'*Architecture rurale*, avec 42 planches, par SAINT-FÉLIX. 1 volume in-4 cartonné.... 15 fr. Net 10 fr.

LA SCIENCE DES ARMES
L'ASSAUT ET LES ASSAUTS PUBLICS — LE DUEL ET LA LEÇON DE DUEL
Par GEORGES ROBERT

PROFESSEUR D'ESCRIME AU LYCÉE HENRI IV ET AU COLLÈGE SAINTE-BARBE

Notice sur Robert aîné, par ERNEST LEGOUVÉ. Lettre de M. HÉBRARD DE VILLENEUVE, président de la Société d'Encouragement de l'escrime. 1 vol. grand in-8, 7 grands tableaux .... 12 fr.

LE CUISINIER MODERNE, ou les secrets de l'art culinaire. Suivi d'un index des termes techniques, par Gustave GARLIN (de Tonnerre.) Ouvrage complet illustré (60 planches, 330 dessins), comprenant 5,000 titres et 700 observations. 2 v. in-4. 36 fr.

LE PATISSIER MODERNE, suivi d'un traité de confiserie d'office, par GUSTAVE GARLIN (de Tonnerre). Ouvrage illustré de 262 dessins gravés par M. BLITZ, 1 volume grand in-8, relié toile.................. 20 fr.

PRINCIPES DE GÉOLOGIE

Ou illustrations de cette science empruntés aux changements modernes que la Terre et ses habitants ont subis, par CHARLES LYELL, baronnet, traduit de l'anglais, sur la 10e édition par M. JULES GINESTOU, 2 volumes in-8 .... 25 fr.

ÉLÉMENTS DE GÉOLOGIE

Ou changements anciens de la Terre et de ses habitants, tels qu'ils sont représentés par les monuments géologiques, par LE MÊME. Traduit de l'anglais par M. GINESTOU, 6e édition, augmentée, illustrée, 770 gravures. 2 beaux volumes in-8....... 20 fr.

ABRÉGÉ DES

ÉLÉMENTS DE GÉOLOGIE

Par LE MÊME. Traduit par M. JULES GINESTOU. Ouvrage illustré de 644 gravures. 1 fort volume grand in-18 jésus.......................... 10 fr.

GUIDE DU SONDEUR

Ou traité théorique et pratique des sondages, par MM. DEGOUSÉE et CH. LAURENT, ingénieurs civils, fabricants d'équipages de sonde, entrepreneurs de sondages. 2 forts vol. in-8. Gravures dans le texte et accompagné d'un atlas de 62 planches gravées sur acier.............. 30 fr.

COURS ÉLÉMENTAIRE

D'HISTOIRE NATURELLE

A l'usage des lycées et des maisons d'éducation, rédigé conformément au programme de l'Université. 3 forts vol. in-12, 2.000 figures intercalées dans le texte. Le cours comprend :

Zoologie, par M. MILNE EDWARDS, membre de l'Institut, professeur au Jardin des Plantes. 1 vol..... 6 fr.

Botanique, par M. A. DE JUSSIEU, de l'Institut, professeur au Jardin des Plantes. 1 vol............... 6 fr.

Minéralogie et Géologie, par M. F. S. BEUDANT, de l'Institut, inspecteur gén. des études. 1 vol....... 6 fr.

La géologie seule, 1 volume. 4 fr.

GÉOLOGIE

Par M. E.-B. DE CHANCOURTOIS. 1 volume...................... 1 fr. 25

COURS ÉLÉMENTAIRE DE CHIMIE

Par V. REGNAULT, de l'Institut, directeur de la manufacture nationale de Sèvres. 4 v. in-18, 700 fig., 5e éd. 20 fr.

COURS ÉLÉMENTAIRE DE

Mécanique, Théorique et Appliquée

A l'usage des Facultés, des établissements d'enseignement secondaires, des écoles normales et des écoles industrielles, par LE MÊME. 1 vol. in-8, illustré, 551 figures, 9e édition. 8 fr.

COURS ÉLÉMENTAIRE D'ASTRONOMIE

Concordant avec les articles du programme officiel pour l'enseignement de la cosmographie dans les lycées, par LE MÊME. 1 vol. in-18, illustré de planches en taille-douce, vignettes, 6e édition.................. 7 fr. 50

NOTIONS ÉLÉMENTAIRES DE

MÉCANIQUE RATIONNELLE

A l'usage des candidats à l'École forestière et à l'École navale des aspirants au baccalauréat ès sciences et a certificat de capacité des sciences appliquées, par M. G. PINET, inspecteur des études à l'Ecole polytechnique, 1 vol. in-18....... 2 fr.

TRAITÉ D'ASTRONOMIE

Appliquée à la géographie et à la navigation, par EMM. LIAIS, astronome, auteur de l'*Espace céleste*, 1 fort vol. grand in-8............... 10 fr.

DE L'EXPLOITATION DES CHEMINS DE FER

Leçons faites à l'Ecole nationale des ponts et chaussées, par F. JACQMIN, directeur de la Cie des chemins de fer de l'Est. 2 vol. in-8 caval. 16 fr.

LES MACHINES A VAPEUR

Leçons faites à l'Ecole nationale des ponts et chaussées, par LE MÊME. 2 forts vol. gr. in-8 cavalier. 16 fr.

TRAITÉ ÉLÉMENTAIRE

DES CHEMINS DE FER

Par AUGUSTE PERDONNET. 3e édition, considérablement augmentée. 4 très forts volumes in-8, avec 1.100 figures, tableaux, etc............... 70 fr.

LE SAVOIR-VIVRE

Dans la vie ordinaire et dans les cérémonies civiles et religieuses

Par Ermance DUFAUX. 1 vol in-18, 3 fr.

Cet ouvrage est un travail neuf pour la forme et par le fond, rempli d'appréciations personnelles, et décelant à chaque page un auteur appartenant à la bonne compagnie.

DICTIONNAIRE GÉNÉRAL DES SCIENCES THEORIQUES ET APPLIQUÉES

Comprenant les mathématiques, la physique et la chimie, la mécanique et la technologie, l'histoire naturelle et la médecine, l'économie rurale et l'art vétérinaire, par MM. PRIVAT-DESCHANEL et AD. FOCILLON, professeur des sciences physiques et naturelles, 2e édition, 2 forts volumes grand in-8e, brochés, 32 fr. Reliés 40 fr.

L'ESPACE CÉLESTE & LA NATURE TROPICALE

Description physique de l'univers, d'après des observations personnelles faites dans les deux hémisphères, par L. LIAIS, ancien astronome de l'Observatoire de Paris, avec une préface de BABINET, de l'Institut. Illustrée de dessins de YAN DARGENT. Un magnifique volume grand in-8e jésus............... 15 fr.

Relié demi-doré, 21 fr. — Toile, fers spéciaux..................... 20 fr.

CHIROMANCIE NOUVELLE EN HARMONIE AVEC LA PHRÉNOLOGIE ET LA PHYSIOGNOMONIE. **LES MYSTÈRES DE LA MAIN**, art de connaître la destinée de chacun d'après la seule inspection de la main, par A. DESBAROLLES. 17e édition, figures. 1 vol. in-18 . . . . 5 fr.

GRAPHOLOGIE *ou les mystères de l'Ecriture* par DESBAROLLES et JEAN HIPPOLYTE; autographies. 1 volume in-18. . . . . 4 fr.

MANUEL DU DRAINAGE, par le baron VAN DER BRAKELL. 1 volume in-18. 7 cart. . . . . . . 3 fr. 50

MANUEL DES CHAUFFEURS ET DES CONSTRUCTEURS DE MACHINES A VAPEUR, par TH. BUREAU, ingénieur des ponts et chaussées, 3e édit. 111 fig. et 5 pl. 1 volume in-18. . . . . 5 fr.

LE BARREAU AU XIXe SIÈCLE par M. O. PINARD, avocat (ex-ministre de l'intérieur). 2 v. in-8. 8 fr.

SUPPLÉMENT AU DICTIONNAIRE DE LA CONVERSATION ET DE LA LECTURE

16 volumes in-8 de 500 pages ou livraisons pareilles à celles des 52 volumes, publiés de 1833 à 1839. 80 fr.

DICTIONNAIRE DE LA CONVERSATION ET DE LA LECTURE

8 volumes grand in-8, de 500 pages, à 2 colonnes, 200 fr. Net 120 fr.

60 000 volumes complets de L'ILLUSTRATION

DIVISÉS EN QUATRE CATÉGORIES DE PRIX

1° Volumes 27, 28, 29, 30, 31, 32, 33, 34, 35, 36, 37 à 47, 56 à 60. Le volume 18 fr. Net. . . . . . 6 fr.
2° Série de 46 volumes, 27 à 70, 72 et 73 inclusivement, contenant les *guerres de Crimée, des Indes, de la Chine, d'Italie, du Mexique,* le vol. 18 fr. Net. . . . . 12 fr.
3° Les collections complètes dont il ne nous reste plus qu'un petit nombre d'exemplaires restent fixées au même prix que précédemment. 2 volumes . . . . 18 fr.
4° Volumes 55 à 70, 72 et 73. (Le tome 71 est épuisé) à. . . . . . . 18 fr.
Reliure et tranches dorées. Le v. 6 fr.

Volumes grand in-18, couverture illustrée, à 2 fr.

DELORD et **HUART**. **Les Cosaques.** Relation charivarique, comique et véridique des hauts faits des Russes en Orient. 100 vignettes par CHAM. 1 vol.

DUNOIS (ARMAND). **Le Secrétaire des Familles et des Pensions**, 1 vol.

— **Le Secrétaire des compliments**, lettres de bonne année, lettres de fêtes, compliments. 1 vol.

FRAISSINET (ED.). **Le Japon**, Histoire et descriptions, mœurs, costumes et religion. Nouvelle édition avec une carte. 2 vol.

LAMARTINE. Raphaël. Pages de la vingtième année, 3e édition. 1 v.

MULLER (E.). **La Politesse**, manuel des bienséances et du savoir-vivre. 1 vol.

PHILIPON DE LA MADELAINE. Manuel épistolaire à l'usage de la jeunesse. 17e édition. 1 vol.

REGNAULT. Histoire de Napoléon Ier. 4 vol.

Volumes in-32, dits Cazin, à 1 franc, net 75 cent.

CHAUVERON et **S. BERGER. Du travail des enfants mineurs.** 1 v.

CONSTANT. Adolphe. 1 vol.

GODWIN. Caleb Williams. 3 vol.

EUGÈNE SUE. Arthur. 4 vol.

REVEL (TH.). **Manuel des Maris.** 1 v.

MAITRE PIERRE. Vie de Napoléon, par MARCO DE SAINT-HILAIRE. 1 v.

SAINT-REAL. Œuvres. 2 vol.

DUCIS. Œuvres. 7 vol.

Jongleurs, Tours, etc. . . . 1 fr. 50

DESTOUCHES. Œuvres. 3 vol.

Les Allopathes et les Homœopathes devant le Sénat, par DUPIN et BONJEAN. 1 vol.

Les Mois, poème en douze chants, par ROUCHER. 2 vol.

La Natation. Art de nager appris seul, avec figures, par P. BRISSET. 1 vol.

GIRARDIN. Dossier de la guerre de 1870-1871. 1 vol.

BONJEAN. Conservation des oiseaux. 1 vol.

Volumes grand in-18, couverture illustrée, à 1 fr. 50

BARÊME OU COMPTES FAITS en francs et centimes. 1 vol. in-32 cartonné.

BOCHET. **Le Livre du jour de l'An**. 1 vol.

DUNOIS. **Le petit Secrétaire français**. 1 vol.

— **Le petit Secrétaire des compliments**, lettres de bonne année; lettres de fêtes. 1 vol.

MARTIN (Mme Aimé). **Le Langage des Fleurs**. 1 vol.

MÜLLER. **Petit traité de la Politesse française**. Codes de bienséances et du savoir-vivre. 1 vol.

PÉRIGORD. **Le Trésor de la Cuisinière et de la Maîtresse de maison**. 7e édit., revue, corr. 1 vol.

ROBERT (Gaston). **Les Tours des Cartes**. 1 vol. in-18, illustré de 50 grav.

— **Les gais et curieux tours d'escamotage anciens et modernes**. 1 vol. in-8, 74 figures explicatives.

— **Tours de physique amusante anciens et modernes**. 1 vol. in-18 53 figures explicatives.

DICK DE LONLAY. **Les Combats du général de Négrier au Tonkin**. 30 gravures. 1 vol.

— **Le Siège de Tuyen-Quan**, 20 gravures, 1 vol.

— **La Marine française en Chine l'amiral Courbet et « le Bayard »** Souvenirs anecdotiques. — 40 gravures. 1 vol.

— **La Cavalerie française à la bataille de Rezonville**. 1 vol. in-18 dessins de l'auteur.

— **La défense de Saint-Privat** dessins de l'auteur. 1 vol.

— **Les Zouaves à l'armée du Rhin** dessins de l'auteur, 1 vol.

— **Souvenirs de Frédéric III** (examens critiques et commentaires), 1 v.

HUMBERT (L.). **Le Fablier de la Jeunesse**. Nombreuses vignettes. 1 v.

OUVRAGES DE JOSEPH GARNIER

MEMBRE DE L'INSTITUT

PROFESSEUR D'ÉCONOMIE POLITIQUE A L'ÉCOLE NATIONALE DES PONTS ET CHAUSSÉES

SECRÉTAIRE PERPÉTUEL DE LA SOCIÉTÉ D'ÉCONOMIE POLITIQUE, ETC.

PREMIÈRES NOTIONS D'ÉCONOMIE POLITIQUE, SOCIALE OU INDUSTRIELLE. *La Science du bonhomme Richard*, par Franklin; *l'Economie politique en une leçon*, par Frédéric Bastiat; *Vocabulaire de la science économique*, 6e édit. 1 vol. in-18.................... 2 fr. 50

TRAITÉ D'ÉCONOMIE POLITIQUE, SOCIALE OU INDUSTRIELLE. Exposé didactique des principes et des applications de cette science, avec des développements sur le Crédit, les Banques, le Libre-Echange, la Production, l'Association, les Salaires. — 9e édition revue, fort volume gr. in-18.... 7 fr. 50

TRAITÉ DE FINANCES. — L'impôt en général, — Les diverses espèces d'impôts. — Le Crédit public. — Emprunts. — Dépenses publiques — Les Réformes financières. 4e édition. 1 vol. in-6............ 8 fr.

NOTES ET PETITS TRAITÉS faisant suite au *Traité d'économie politique* et au *Traité de finances* — **Eléments de statistique et Opuscules divers**: Notice et questions sur l'économie politique; — la Monnaie, la Liberté du travail, du Commerce; les Traités de commerce, l'Accaparement, les Changes, l'Agiotage. 3e édition augmentée. 1 vol. in-18.............. 4 fr. 50

TRAITÉ COMPLET D'ARITHMÉTIQUE *théorique et appliquée au commerce, à la Banque, aux finances, à l'industrie*. Problèmes raisonnés, notes et notions. 3e édition. 1 vol. in-8 .... [illegible]

TRAITÉ ÉLÉMENTAIRE DES OPÉRATIONS DE BOURSE. Par A. COURTOIS fils, membre de la Société d'économie politique de Paris. 10e édition remaniée et augmentée. 1 vol. gr. in-18.......... 4 fr.

MANUEL DES FONDS PUBLICS ET DES SOCIÉTÉS PAR ACTIONS. Par LE MÊME. 8e édition complètement refondue et considérablement augmentée. 1 fort vol. in-8 raisin 1,300 pages...... 25 fr.

TABLEAU DES COURS DES PRINCIPALES VALEURS. Négociées et cotées aux bourses des effets publics de Paris, Lyon et Marseille, du 17 janvier 1797 (28 nivôse an V) à nos jours, par LE MÊME. 3e édition. 1 vol. gr. in-8 oblong, relié...................... 15 fr.

ÉTUDES SUR LA CIRCULATION ET LES BANQUES, par M. Alfred SUDRE. 1 vol. gr. in-18... 3 fr. 50

BANQUES POPULAIRES. Associations coopératives de crédit. Par Alph. COURTOIS. 1 volume in-18, portrait................ 3 fr. 50

GUIDE COMPLET DE L'ÉTRANGER DANS PARIS. Nouvelle édition, illustrée, vignettes des monuments, plan de Paris. Description des 20 arrondissements avec un plan à chacun. 1 vol. relié....... 4 fr.

NOUVEAU GUIDE PRATIQUE DANS PARIS, à l'usage des étrangers. 1 vol. relié........... 2 fr.

GUIDE UNIVERSEL DE L'ÉTRANGER A LYON, avec les renseignements nécessaires au voyageur. Illustré. PLAN DE LYON. 1 vol. in-32 toile........ 2 fr. 50

GUIDE GÉNÉRAL A MARSEILLE. Description de ses monuments, places. Dictionnaire des rues, illustré, vues, plan. 1 vol. in-32, relié.

NOUVEAU GUIDE GÉNÉRAL EN ITALIE. Sicile, Sardaigne et autres îles de la Péninsule. A l'usage des personnes qui font en ce pays un voyage d'affaires, d'agrément ou d'études. Plans et vues, carte générale des chemins de fer. 1 volume in-32, relié........ 6 fr.

ATLAS UNIVERSEL DE GÉOGRAPHIE PHYSIQUE ET POLITIQUE

Par M. L. GRÉGOIRE

Docteur ès lettres, Professeur d'Histoire et de Géographie, auteur du *Dictionnaire des Lettres et des Arts*, du *Dictionnaire d'Histoire et de Géographie*, de la *Géographie illustrée*, etc. 1 volume in-4e cartonné, contenant 110 cartes coloriées et environ 70 petites cartes ou plans en cartouches............... 12 fr. 50

ŒUVRES DE P.-J. PROUDHON

De la Célébration du Dimanche. 1 volume.................. 75 c.

Résumé de la Question sociale. Banque d'échange. 1 vol. 1 fr. 25

Intérêt et principal, discussion entre *Proudhon* et *Bastiat*. 1 vol.. 1 fr. 50

Idée générale de la Révolution au XIXe siècle. 1 volume..... 3 fr.

La Révolution sociale démontrée par le coup d'État. 1 vol. 2 fr. 50

Des Réformes à opérer dans l'exploitation des Chemins de fer et de leurs conséquences. 1 volume................ 3 fr. 50

Proposition relative à l'impôt sur le revenu. 1 volume....... 75 c.

LAMENNAIS. Essai sur l'Indifférence en matière de religion. 4 vol. in-8................ 20 fr.

— **Correspondance, notes et souvenirs de l'auteur, 1818 à 1840, 1859.** 2 vol. in-8................ 10 fr.

ROBERTSON, œuvres complètes, notice, par BUCHON, 2 v. gr. in-8. 20 fr.

MACHIAVEL, œuvres complètes, notices, par BUCHON, 2 v. g. in-8. 20 fr.

ITALIE CONFÉDÉRÉE. Histoire de la campagne de 1859, par AMÉDÉE DE CÉSENA. 4 volumes grand in-8, illustrés.................. 24 fr.

LAMARTINE. Histoire de la Révolution de 1848. 2 vol. in-8. 12 fr.

LAMARTINE. Raphaël, pages de la 20e année. 2e éd. 1 vol. in-8.. 5 fr.

— **Histoire de la Russie**, par LE MÊME. 2 vol. in-8........ 10 fr.

COUR MARTIALE DU SERASKERAT, procès de **SULEIMAN-PACHA**, portraits et cartes par A. LE FAURE. 1 vol. gr. in-8. 7 fr. 50

TRAITÉ ÉLÉMENTAIRE DE MINÉRALOGIE, par BEUDANT. 2 vol. in-8, 1,500 pages. — 24 planches. — 4,000 sujets. — Paris, Verdière, net. 6 f.

TABLEAU DE LA LITTÉRATURE ESPAGNOLE depuis le XIIe siècle jusqu'à nos jours, par M.-F. PIFFERRER. 4 vol. Net............ 3 fr.

CASTERA. Histoire de Catherine II, Impératrice de Russie. 4 vol. 10 fr.

ÉTUDES SUR L'HISTOIRE DES ARTS. Des progrès et de la décadence de la statuaire et de la peinture antiques, la Grèce et l'Italie, par P.-T. DECHAZELLE. 2 vol. in-8. 6 fr.

DE L'UNITÉ SPIRITUELLE ou de la Société et de son but au delà du temps, par BLANC DE SAINT-BONNET. 2e édit. 3 forts vol. in-8.... 24 fr.

DANAÉ, par GRANIER DE CASSAGNAC. 1 vol. in-8.............. 2 fr. 50

HISTORIA DE GIL BLAS DE SANTILLANA. Traducida por el P. ISLA. Bella edición con láminas de acero. 1 tome in-8..... 7 fr. 50

— MÊME OUVRAGE. 1 vol. in-18. 5 fr.

EL INGENIOSO HIDALGO DON QUIJOTE DE LA MANCHA. Edición conforme á la última corregida por la Academia española. Un tomo en 8. *Con retratos y láminas.* 10 fr.

— MÊME OUVRAGE. 1 v. in 18... 5 fr.

LE MIE PRIGIONI. Memorie di SILVIO PELLICO da Salluzo, con ritratto ill. In-18.............. 2 fr.

— MÊME ÉDITION augm. du *Devoir des hommes*. 1 vol in-18......... 3 fr.

IL VERO SECRETARIO ITALIANO, o guida a scrivere ogni sorte di lettere, per cura di B. MELZI. 1 v. grand in-18 jésus............ 2 fr.

EL NUOVISSIMO SECRETARIO ITALIANO, o guida a scrivere ogni sorta di lettere, per cura di B. MELZI. 1 vol. grand in-18 jésus... 1 fr. 50

NUOVISSIMA SCELTA DI PROSE ITALIANE. Tratte da più celebri autori antichi e moderni, con brevi notizie sopra la vita e gli scritti di ciascheduno, por uso dei dilettanti della lingua italiana, da TOLA. 1 gr. in-18................. 1 fr. 50

COLLECTION DE NOUVELLES CARTES

Itinéraire *à l'usage des voyageurs et des gens du monde*, chemins de fer et routes, dressées, coloriées, par BERTHE, grand colombier, chacune.......................... 1 fr.

Europe. Etats de l'Europe.
France en 83 départements.
Espagne et Portugal.
Hollande et Belgique.
Italie et ses divers états, en une feuille.
Confédération Suisse, en 22 cantons.
Russie d'Europe.
Grèce actuelle et Morée.
Turquie d'Europe et d'Asie.
Angleterre, Ecosse et Irlande.
Empire d'Allemagne.
Mappemonde.
Suède et Norvège.
Amérique méridionale.
Amérique septentrionale.
Asie.
Afrique, plan de l'île Bourbon.
Océanie et Polynésie, Egypte et Palestine.
Amérique méridionale et septentrionale

Carte de Tunisie. 1 feuille col. 2 fr.

CARTES MURALES écrites, coloriées.

Carte de France en 89 départements. 1 feuille grand monde.... 4 fr. 50

Carte d'Europe. 1 f. gr. monde. 4 fr. 50

Les mêmes, collées sur toile, vernies et montées sur gorges et rouleaux. 10 fr.

Mappemonde en deux hémisphères. Haut. 0m90, largeur 1m80. 6 fr. 50

Collée sur toile, montée sur gorge et rouleau.......................... 14 fr.

Le Rhin et les pays voisins, de Constance à Cologne. 1 f. jés. 2 fr.

Carte des environs de Paris. Villes communes et châteaux desservis par les chemins de fer. 1 f. col.., 2 fr.

Carte du Tong-King, de l'Annam, Cochinchine, Cambodge, plan d'Hanoï, demi-colombier. 60 cent.

Carte de l'Algérie et de la Tunisie, colorié, 1 demi-colombier. 60 cent.

Carte de la Belgique, demi-jés. 1 fr.

Carte de la Hollande, demi-jés. 1 fr.

Nouvelle carte de l'Italie...... 2 fr.

Carte de l'Angleterre, de l'Irlande et de l'Ecosse. 1 feuil. jés... 2 fr.

Nouvelle carte de l'Espagne et du Portugal. 1 feuille jésus.... 2 fr.

Nouvelle carte de la Suisse. 2 fr.

Nouvelle carte de l'Allemagne. 1 feuille jésus.............. 2 fr.

Carte physique et politique du Portugal. 1 feuille demi-jés. 1 fr.

Paris fortifié et ses environs. Les nouveaux forts au $\frac{200}{400}$ 1 f. 1/2 jés. 1 fr.

CARTE DES ENVIRONS DE PARIS AVEC ROUTES VÉLOCIPÉDIQUES, 1 feuille grand colombier.......... 2 fr.

BIBLIOTHÈQUE NATIONALE R.F. IMPRIMÉS

PARIS. — IMPRIMERIE P. MOUILLOT, 13, QUAI VOLTAIRE. — 75043.

www.ingramcontent.com/pod-product-compliance
Ingram Content Group UK Ltd.
Pitfield, Milton Keynes, MK11 3LW, UK
UKHW022320190726
13856UKWH00001B/115

9 782013 58376